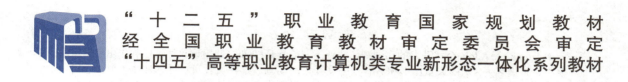

"十二五"职业教育国家规划教材
经全国职业教育教材审定委员会审定
"十四五"高等职业教育计算机类专业新形态一体化系列教材

中文 Animate 案例教程

万 忠　王爱赪　沈大林 ◎ 主　编
张 伦　王浩轩　曾　昊 ◎ 副主编

中国铁道出版社有限公司
CHINA RAILWAY PUBLISHING HOUSE CO., LTD.

内 容 简 介

Animate是Adobe公司开发的动画制作软件，其前身是Flash。使用该软件可以制作出字节量很小、扩展名为.swf的矢量图形和具有很强交互性的动画。这种文件可以插入HTML中，也可以单独成为网页；可以独立制作多媒体课件，也可以制作游戏和处理视频等。本书基于中文版Animate CC 2017软件进行介绍。

本书采用案例驱动的编写方式，除第0章外，每章均以节为教学单元，每节由"案例描述"、"操作方法"、"相关知识"和"思考与练习"四部分组成。全书共11章，提供43个案例、10个综合实训和大量的习题，读者可以边进行案例制作，边学习相关知识和技巧。

本书适合作为高等职业院校非计算机专业的教材，也可作为广大计算机爱好者、多媒体程序设计人员的自学参考书。

图书在版编目（CIP）数据

中文Animate案例教程/万忠，王爱赪，沈大林主编. —北京：中国铁道出版社有限公司, 2023.2

"十二五"职业教育国家规划教材 "十四五"高等职业教育计算机类专业新形态一体化系列教材

ISBN 978-7-113-29513-4

Ⅰ.①中… Ⅱ.①万… ②王… ③沈… Ⅲ.①动画制作软件-高等职业教育-教材 Ⅳ.①TP391.414

中国版本图书馆CIP数据核字（2022）第143537号

书　　名：中文 Animate 案例教程
作　　者：万　忠　王爱赪　沈大林

策　　划：祁　云　　　　　　　　　编辑部电话：(010) 63549458
责任编辑：祁　云　徐盼欣
封面设计：刘　颖
责任校对：苗　丹
责任印制：樊启鹏

出版发行：中国铁道出版社有限公司（100054，北京市西城区右安门西街 8 号）
网　　址：http://www.tdpress.com/51eds
印　　刷：三河市国英印务有限公司
版　　次：2023 年 2 月第 1 版　2023 年 2 月第 1 次印刷
开　　本：850 mm×1 168 mm　1/16　印张：22.75　字数：580 千
书　　号：ISBN 978-7-113-29513-4
定　　价：68.00 元

版权所有　侵权必究

凡购买铁道版图书，如有印制质量问题，请与本社教材图书营销部联系调换。电话：(010) 63550836

打击盗版举报电话：(010) 63549461

目 录

第0章　绪言 ……………………… 1

0.1　中文Animate CC 2017工作区 …… 1
- 0.1.1　欢迎屏幕 ……………………… 1
- 0.1.2　工作区 ………………………… 3
- 0.1.3　工具箱 ………………………… 5
- 0.1.4　面板和面板组 ………………… 8
- 0.1.5　舞台和舞台工作区 …………… 10
- 0.1.6　工作区布局设置 ……………… 12
- 思考与练习0-1 ……………………… 13

0.2　时间轴 …………………………… 13
- 0.2.1　时间轴的组成和特点 ………… 13
- 0.2.2　编辑图层 ……………………… 16
- 思考与练习0-2 ……………………… 18

0.3　"库"面板、元件和实例 ……… 18
- 0.3.1　"库"面板和元件分类 ……… 18
- 0.3.2　创建元件和实例 ……………… 20
- 0.3.3　复制元件和编辑元件 ………… 22
- 思考与练习0-3 ……………………… 24

0.4　文档基本操作和Animate CC 2017帮助 …………………………… 24
- 0.4.1　建立Animate文档和文档属性设置 ………………………… 24
- 0.4.2　添加辅助线、导入和编辑图像 … 26
- 0.4.3　打开、保存和关闭Animate文档 … 28
- 0.4.4　Animate CC 2017帮助 ………… 29
- 思考与练习0-4 ……………………… 32

0.5　简单动画的制作、播放和导出 … 32
- 0.5.1　制作"水平移动的彩球"动画 … 32
- 0.5.2　动画的播放 …………………… 35
- 0.5.3　Animate动画的导出 ………… 37
- 思考与练习0-5 ……………………… 39

0.6　教学方法和课程安排 …………… 40

第1章　基本操作和场景 …………… 42

1.1　【案例1】鲜花图像移动切换 …… 42
- 1.1.1　案例描述 ……………………… 42
- 1.1.2　操作方法 ……………………… 42
- 1.1.3　相关知识 ……………………… 47
- 思考与练习1-1 ……………………… 49

1.2　【案例2】鲜花图像渐显切换 …… 50
- 1.2.1　案例描述 ……………………… 50
- 1.2.2　操作方法 ……………………… 50
- 1.2.3　相关知识 ……………………… 52
- 思考与练习1-2 ……………………… 56

1.3　【案例3】跳跃的足球 …………… 56
- 1.3.1　案例描述 ……………………… 56
- 1.3.2　操作方法 ……………………… 57
- 1.3.3　相关知识 ……………………… 60
- 思考与练习1-3 ……………………… 61

1.4　【案例4】彩蝶Logo ……………… 62
- 1.4.1　案例描述 ……………………… 62
- 1.4.2　操作方法 ……………………… 62
- 1.4.3　相关知识 ……………………… 67
- 思考与练习1-4 ……………………… 71

1.5　【案例5】鲜花图像多场景切换 … 72
- 1.5.1　案例描述 ……………………… 72
- 1.5.2　操作方法 ……………………… 72
- 1.5.3　相关知识 ……………………… 75
- 思考与练习1-5 ……………………… 76

1.6　【综合实训1】滚动动画 ………… 76
- 1.6.1　实训效果 ……………………… 76
- 1.6.2　实训提示 ……………………… 77
- 1.6.3　实训测评 ……………………… 77

第2章　绘制简单图形 ……………… 78

2.1　【案例6】珠宝和项链 …………… 78
- 2.1.1　案例描述 ……………………… 78
- 2.1.2　操作方法 ……………………… 78
- 2.1.3　相关知识 ……………………… 83
- 思考与练习2-1 ……………………… 88

2.2　【案例7】摄影展厅 ……………… 89
- 2.2.1　案例描述 ……………………… 89
- 2.2.2　操作方法 ……………………… 89
- 2.2.3　相关知识 ……………………… 92

思考与练习2-2 95
2.3 【案例8】双摆指针表 96
　2.3.1 案例描述 96
　2.3.2 操作方法 97
　2.3.3 相关知识 102
　　思考与练习2-3 104
2.4 【案例9】闪耀红星和弹跳彩球 ... 104
　2.4.1 案例描述 104
　2.4.2 操作方法 105
　2.4.3 相关知识 109
　　思考与练习2-4 111
2.5 【综合实训2】欢庆节日 112
　2.5.1 实训效果 112
　2.5.2 实训提示 112
　2.5.3 实训评测 113

第3章　矢量绘图和特殊绘图 114

3.1 【案例10】荷叶与荷花 114
　3.1.1 案例描述 114
　3.1.2 操作方法 114
　3.1.3 相关知识 118
　　思考与练习3-1 121
3.2 【案例11】名胜图像滚动显示 ... 121
　3.2.1 案例描述 121
　3.2.2 操作方法 122
　3.2.3 相关知识 126
　　思考与练习3-2 128
3.3 【案例12】摄影展厅彩球 129
　3.3.1 案例描述 129
　3.3.2 操作方法 129
　3.3.3 相关知识 133
　　思考与练习3-3 137
3.4 【综合实训3】红花绿叶 138
　3.4.1 实训效果 138
　3.4.2 实训提示 138
　3.4.3 实训评测 140

第4章　导入对象和编辑文本 141

4.1 【案例13】小池荷花 141
　4.1.1 案例描述 141
　4.1.2 操作方法 141
　4.1.3 相关知识 143

　　思考与练习4-1 147
4.2 【案例14】中秋夜看电影 148
　4.2.1 案例描述 148
　4.2.2 操作方法 148
　4.2.3 相关知识 150
　　思考与练习4-2 154
4.3 【案例15】单首音乐播放器 154
　4.3.1 案例描述 154
　4.3.2 操作方法 154
　4.3.3 相关知识 155
　　思考与练习4-3 159
4.4 【案例16】北京故宫 159
　4.4.1 案例描述 159
　4.4.2 操作方法 160
　4.4.3 相关知识 164
　　思考与练习4-4 168
4.5 【案例17】鲜花电影文字 169
　4.5.1 案例描述 169
　4.5.2 操作方法 169
　4.5.3 相关知识 171
　　思考与练习4-5 172
4.6 【综合实训4】最新汽车展 173
　4.6.1 实训效果 173
　4.6.2 实训提示 173
　4.6.3 实训评测 174

第5章　传统补间动画和引导层的应用 175

5.1 【案例18】旋转摆动动画集锦 ... 175
　5.1.1 案例描述 175
　5.1.2 操作方法 176
　5.1.3 相关知识 183
　　思考与练习5-1 186
5.2 【案例19】水中游鱼和气泡 187
　5.2.1 案例描述 187
　5.2.2 操作方法 187
　5.2.3 相关知识 191
　　思考与练习5-2 193
5.3 【案例20】儿童玩具小火车 193
　5.3.1 案例描述 193
　5.3.2 操作方法 194
　5.3.3 相关知识 198

思考与练习5-3 ································· 199
　5.4 【综合实训5】击打台球 ············ 200
　　5.4.1 实训效果 ······················· 200
　　5.4.2 实训提示 ······················· 200
　　5.4.3 实训测评 ······················· 201

第6章　补间动画和补间形状动画 ········ 202

　6.1 【案例21】米老鼠玩跷跷板 ········· 202
　　6.1.1 案例描述 ······················· 202
　　6.1.2 操作方法 ······················· 202
　　6.1.3 相关知识 ······················· 204
　　思考与练习6-1 ································· 207
　6.2 【案例22】图像漂浮切换 ············ 207
　　6.2.1 案例描述 ······················· 207
　　6.2.2 操作方法 ······················· 208
　　6.2.3 相关知识 ······················· 210
　　思考与练习6-2 ································· 215
　6.3 【案例23】浪遏飞舟和文字变形 ··· 216
　　6.3.1 案例描述 ······················· 216
　　6.3.2 操作方法 ······················· 216
　　6.3.3 相关知识 ······················· 218
　　思考与练习6-3 ································· 219
　6.4 【案例24】开关门式图像切换 ······ 220
　　6.4.1 案例描述 ······················· 220
　　6.4.2 操作方法 ······················· 220
　　6.4.3 相关知识 ······················· 222
　　思考与练习6-4 ································· 223
　6.5 【综合实训6】红楼翻页画册 ········ 223
　　6.5.1 实训效果 ······················· 223
　　6.5.2 实训提示 ······················· 224
　　6.5.3 实训测评 ······················· 226

第7章　遮罩层的应用和IK动画 ········ 227

　7.1 【案例25】唐诗朗诵 ··············· 227
　　7.1.1 案例描述 ······················· 227
　　7.1.2 操作方法 ······················· 227
　　7.1.3 相关知识 ······················· 230
　　思考与练习7-1 ································· 230
　7.2 【案例26】太空星球 ··············· 231
　　7.2.1 案例描述 ······················· 231
　　7.2.2 操作方法 ······················· 232
　　7.2.3 相关知识 ······················· 234
　　思考与练习7-2 ································· 236
　7.3 【案例27】运动员晨练 ············· 237
　　7.3.1 案例描述 ······················· 237
　　7.3.2 操作方法 ······················· 237
　　7.3.3 相关知识 ······················· 240
　　思考与练习7-3 ································· 246
　7.4 【案例28】滚动变色文字 ············ 246
　　7.4.1 案例描述 ······················· 246
　　7.4.2 操作方法 ······················· 246
　　7.4.3 相关知识 ······················· 248
　　思考与练习7-4 ································· 252
　7.5 【综合实训7】遮罩层应用集锦 ··· 252
　　7.5.1 实训效果 ······················· 252
　　7.5.2 实训提示 ······················· 253
　　7.5.3 实训评测 ······················· 258

第8章　ActionScript程序设计1 ········ 259

　8.1 【案例29】按钮控制自转星球 ··· 259
　　8.1.1 案例描述 ······················· 259
　　8.1.2 操作方法 ······················· 259
　　8.1.3 相关知识 ······················· 263
　　思考与练习8-1 ································· 267
　8.2 【案例30】画册浏览1 ············· 267
　　8.2.1 案例描述 ······················· 267
　　8.2.2 操作方法 ······················· 268
　　8.2.3 相关知识 ······················· 271
　　思考与练习8-2 ································· 272
　8.3 【案例31】按钮控制变换图像 ··· 272
　　8.3.1 案例描述 ······················· 272
　　8.3.2 操作方法 ······················· 273
　　8.3.3 相关知识 ······················· 275
　　思考与练习8-3 ································· 279
　8.4 【案例32】画册浏览2 ············· 280
　　8.4.1 案例描述 ······················· 280
　　8.4.2 操作方法 ······················· 280
　　8.4.3 相关知识 ······················· 284
　　思考与练习8-4 ································· 287
　8.5 【案例33】连续整数和与积 ········ 288
　　8.5.1 案例描述 ······················· 288

8.5.2 操作方法 …………………… 288
8.5.3 相关知识 …………………… 290
思考与练习8-5 ……………………… 292

8.6 【综合实训8】动画浏览器 …… 292
8.6.1 实训效果 …………………… 292
8.6.2 实训提示 …………………… 293
8.6.3 实训测评 …………………… 298

第9章 ActionScript程序设计2 ……… 299

9.1 【案例34】中国名花浏览1 …… 299
9.1.1 案例描述 …………………… 299
9.1.2 操作方法 …………………… 300
9.1.3 相关知识 …………………… 307
思考与练习9-1 ……………………… 309

9.2 【案例35】猜字母大小游戏 …… 310
9.2.1 案例描述 …………………… 310
9.2.2 操作方法 …………………… 310
9.2.3 相关知识 …………………… 312
思考与练习9-2 ……………………… 314

9.3 【案例36】荧光数字表 ………… 314
9.3.1 案例描述 …………………… 314
9.3.2 操作方法 …………………… 314
9.3.3 相关知识 …………………… 317
思考与练习9-3 ……………………… 320

9.4 【案例37】MP3播放器 ………… 320
9.4.1 案例描述 …………………… 320
9.4.2 操作方法 …………………… 320
9.4.3 相关知识 …………………… 323
思考与练习9-4 ……………………… 324

9.5 【案例38】键盘控制汽车 ……… 324
9.5.1 案例描述 …………………… 324
9.5.2 操作方法 …………………… 324
9.5.3 相关知识 …………………… 325
思考与练习9-5 ……………………… 327

9.6 【案例39】寻找童年 …………… 327
9.6.1 案例描述 …………………… 327
9.6.2 操作方法 …………………… 328
9.6.3 相关知识 …………………… 329
思考与练习9-6 ……………………… 330

9.7 【综合实训9】调色板 ………… 331
9.7.1 实训效果 …………………… 331
9.7.2 实训提示 …………………… 331
9.7.3 实训评测 …………………… 333

第10章 组件动画 …………………… 334

10.1 【案例40】四则运算练习器 …… 334
10.1.1 案例描述 …………………… 334
10.1.2 操作方法 …………………… 334
10.1.3 相关知识 …………………… 338
思考与练习10-1 …………………… 340

10.2 【案例41】人工智能会议登记表 …… 341
10.2.1 案例描述 …………………… 341
10.2.2 操作方法 …………………… 341
10.2.3 相关知识 …………………… 343
思考与练习10-2 …………………… 344

10.3 【案例42】列表浏览金陵十二钗 …… 345
10.3.1 案例描述 …………………… 345
10.3.2 操作方法 …………………… 346
10.3.3 相关知识 …………………… 348
思考与练习10-3 …………………… 349

10.4 【案例43】中国名花浏览2 …… 349
10.4.1 案例描述 …………………… 349
10.4.2 操作方法 …………………… 349
10.4.3 相关知识 …………………… 352
思考与练习10-4 …………………… 352

10.5 【综合实训10】指针表 ………… 353
10.5.1 实训效果 …………………… 353
10.5.2 实训提示 …………………… 353
10.5.3 实训评测 …………………… 355

第 0 章　绪　言

本章介绍中文 Animate CC 2017 的工作区、面板和面板组、舞台工作区、时间轴和"库"面板，以及创建和编辑元件与实例的基本方法，并通过制作一个简单的动画，帮助读者了解制作动画的基本方法、Animate 文档的基本操作方法、时间轴的基本操作方法，以及动画的播放和导出方法等，为全书的学习奠定坚实的基础。

0.1　中文 Animate CC 2017 工作区

0.1.1　欢迎屏幕

双击桌面上的 Adobe Animate CC 2017 快捷方式图标，启动 Animate CC 2017 程序，打开 Adobe Creative Cloud Animate CC 程序加载窗口，如图 0-1-1 所示。稍等片刻后，即可自动关闭该窗口，打开中文 Adobe Animate CC 2017 的欢迎屏幕，如图 0-1-2 所示。

图 0-1-1　Adobe Creative Cloud Animate CC 程序加载窗口

图 0-1-2　中文 Adobe Animate CC 2017 的欢迎屏幕

Adobe Creative Cloud 是一套包含平面设计、视频编辑、网页开发、摄影应用的云端套装软件，由 Adobe 公司发行。这些软件通过云端提供服务，消费者并非完整拥有这些软件，而是通过云端服务进行租用，租用停止时将无法继续使用。云端服务会定期推出新功能，从而不断改进。利用 Creative Cloud 会员资格，用户可以轻松获取最新功能。

另外，在关闭所有 Animate 文档（扩展名为 .fla）后，也会自动打开中文 Adobe Animate CC 2017 的欢迎屏幕，如图 0-1-2 所示。中文 Adobe Animate CC 2017 欢迎屏幕主要由四个区域、"模板"按钮、"新功能"区域和"不再显示"复选框等组成，它们的作用如下：

（1）"打开最近的项目"区域：其中列出了最近打开过的 Animate 文档名称，单击其中一个文档名称，即可打开相应的 Animate 文件。单击"打开"按钮，可以弹出"打开"对话框，如图 0-1-3 所示。利用该对话框可以打开外部的一个或多个 Animate 文档（扩展名为 .as、.fla、.xfl、.jsfl 和 .xml 等），该对话框的使用方法和其他 Windows 下的"打开"对话框的使用方法基本一样。

图 0-1-3　"打开"对话框

（2）"新建"区域：其中列出了可以创建 Animate 文档的类型名称，单击其中的项目名称，可以打开相应的窗口。例如，单击 ActionScript 3.0 选项，可以新建一个 Animate 文档工作区和舞台工作区，它的脚本程序版本为 ActionScript 3.0。注意：Adobe Animate CC 已经不支持 ActionScript 2.0 版本的脚本程序。单击"ActionScript 文件"选项，可以打开输入脚本程序的文本窗口，用来输入程序。单击 HTML5 Canvas 选项，可以新建一个 HTML5 动画文档的工作区和舞台工作区。

（3）"简介"区域：这提供给了初学者了解 Adobe 公司有关软件和软件简介的有关信息，它有四个文字链接，单击其中任一个文字链接，即可打开 Adobe 公司提供的相应网页。

（4）"学习"区域：这是提供给初学者学习中文 Adobe Animate CC 2017 有关知识的学习园地，它有 4 个文字链接，单击其中一个文字链接，即可打开 Adobe 公司提供的相应的教学帮助网页。

（5）"新功能"区域：它在右下方，不断切换动画和新功能标题。单击动画画面，可以打开 Adobe 公司提供的相应的网页，从网页中可以获取新功能的介绍知识和有关文档资源等。

（6）"模板"按钮：单击"模板"按钮，可以弹出"从模板新建"对话框，它有两个选项卡，默认选中"模板"选项卡，如图 0-1-4 所示。

"模板"选项卡内左边是"类别"栏，中间是"模板"栏，右边是"预览"栏和"描述"栏。单击"类别"栏中一个模板类型名称（例如"范例文件"），再在"模板"栏中单击选中一个模板名称（例如"透视缩放"），即可在右边"预览"栏中显示相应的模板动画的一幅画面，在"描述"栏内显示该模板动画的文字说明。

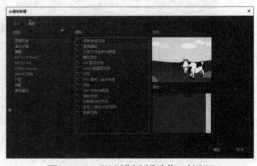

图 0-1-4　"从模板新建"对话框

单击"确定"按钮，即可打开选中的模板动画的工作区和舞台工作区。利用打开的模板可以创建相应的 Animate 文档。

（7）"不再显示"复选框：如果选中该复选框，会弹出 Adobe Animate 对话框，如图 0-1-5 所示。单击"确定"按钮，关闭该对话框，则以后再启动 Adobe

图 0-1-5　Adobe Animate 对话框

Animate CC 2017 或关闭所有 Animate 文档时，不会出现欢迎屏幕，而直接进入 Adobe Animate CC 2017 工作区。

如果还想显示欢迎屏幕，可以单击"编辑"→"首选参数"命令，弹出"首选参数"对话框，在该对话框内左边的"类别"栏中选择"常规"选项，在右边栏中单击"重置所有警告对话框"按钮，然后单击"确定"按钮，关闭"首选参数"对话框。以后再启动 Adobe Animate CC 2017 或关闭所有 Animate 文档时，即可显示欢迎屏幕。

0.1.2 工作区

启动中文 Adobe Animate CC 2017，新建一个脚本程序版本为 ActionScript 3.0 的 Animate 文档（动画），此时的工作区如图 0-1-6 所示，它由文档窗口、标题栏、菜单栏、工具箱、时间轴、舞台工作区和各种面板（通常在右边停靠区域内）等组成。

图 0-1-6 中文 Adobe Animate CC 2017 工作区

此时的工作区是黑底白字。如果要改为白底黑字，可单击"编辑"→"首选参数"命令，弹出"首选参数"对话框，如图 0-1-7 所示。在"用户界面"下拉列表框中选中"浅"选项，如图 0-1-8 所示。

图 0-1-7 "首选参数"对话框

图 0-1-8 "用户界面"下拉列表框

此时可以看到工作区已由黑底白字变为白底黑字。单击"确定"按钮，关闭"首选参数"对话框，此时的中文 Adobe Animate CC 2017 工作区如图 0-1-9 所示。

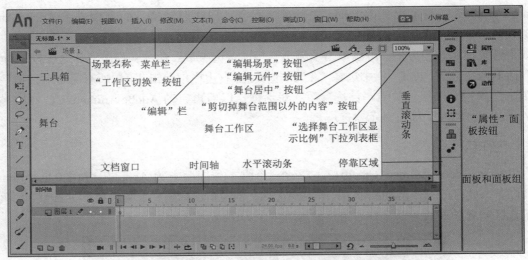

图 0-1-9　中文 Adobe Animate CC 2017 工作区

单击"窗口"→"工作区"命令，或者单击标题栏内右边的"工作区切换"按钮，都可以弹出"工作区切换"菜单，单击该菜单内的命令，可以选择不同类型的工作区。将鼠标指针移到面板图标之上，即可显示该面板的名称。单击面板图标，可以打开相应的面板。例如，单击"属性"面板图标，可以打开"属性"面板，如图 0-1-10 所示。

单击"窗口"命令，打开"窗口"菜单，如图 0-1-11 所示。单击该菜单中的选项或按相应的快捷键（在英文输入状态下），可以显示或隐藏"编辑"栏、时间轴（也称"时间轴"面板）、工具箱（也称"工具"面板）和其他面板等。例如，单击"窗口"→"属性"命令，可以打开或关闭"属性"面板。在"窗口"菜单中，当命令选项左边有✔时，表示该面板已经打开；当命令选项左边没有✔时，表示该面板已经隐藏。

图 0-1-10　"属性"面板

图 0-1-11　"窗口"菜单

单击"窗口"→"××××"命令，可以打开或关闭"历史记录"、"场景"和"颜色"等面板。单击"隐藏面板"命令，可以隐藏所有面板，同时该命令变为"显示面板"命令。单击"显示面板"命令，可以显示所有隐藏的面板。单击"调试面板"命令，打开"调试面板"菜单，如

4

图 0-1-12 所示；单击"调试面板"→"调试控制台"命令，可以打开或关闭"调试控制台"面板。单击"调试面板"→"变量"命令，可以打开或关闭"变量"面板。

单击"窗口"→"工作区"命令或单击"工作区切换"按钮，都可以打开"工作区切换"菜单，如图 0-1-13 所示。单击该菜单内的命令，可以选择不同类型的工作区。例如，单击"窗口"→"工作区"→"小屏幕"命令，可以将工作区设置为"小屏幕"状态。

图 0-1-12 "调试面板"菜单

图 0-1-13 "工作区切换"菜单

0.1.3 工具箱

将鼠标指针移到工具箱右边缘处，当鼠标指针变为水平双箭头状态 时，水平拖动鼠标指针，可以调整工具箱的宽度，如图 0-1-14 所示。

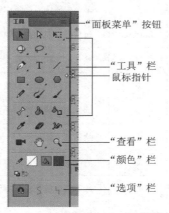

图 0-1-14 工具箱

视 频

工具箱

工具箱内提供了用于选择对象、绘制和编辑图形、图形着色、输入和编辑文字、修改对象和改变舞台工作区视图等的工具。单击按下某个工具按钮，可以激活相应的工具操作功能，把这一操作称为使用某个工具。将鼠标指针移到各按钮之上，会显示该按钮的中文名称。按钮右下角有黑色三角的，表示这是一个按钮组合，单击该按钮后会打开一个菜单，单击其内的命令，可以切换到其他按钮。

工具箱从上到下分为"工具"、"查看"、"颜色"和"选项"栏，如图 0-1-14 所示。下面分别简要介绍这四个栏内工具的作用。

1. "工具"栏

工具箱"工具"栏内的工具是用来绘制图形、输入文字、编辑图形和选择对象的。其中各工具按钮的名称与作用见表 0-1-1。

表 0-1-1 "工具"栏中各工具按钮的名称与作用

序号	图标	中文名	热键	作用
1		选择工具	V	选择对象，移动、改变对象大小和形状
2		部分选取工具	A	选择和调整矢量图形的形状等
3-1		任意变形工具	Q	改变对象大小、旋转角度和倾斜角度等
3-2		渐变变形工具	F	改变图形填充的位置、大小、旋转和倾斜角度
4-1		3D 旋转工具	W	在 3D 空间中旋转对象
4-2		3D 平移工具	G	在 3D 空间中移动对象
5-1		套索工具	L	在图形中创建不规则区域内的部分图形
5-2		多边形工具	L	在图形中创建多边形区域内的部分图形
5-3		魔术棒	L	在图形中创建相同和相近颜色属性区域内的部分图形
6-1		钢笔工具	P	采用贝赛尔绘图方式绘制矢量曲线图形
6-2		添加锚点工具	=	单击矢量图形线条上一点，可添加锚点
6-3		删除锚点工具	-	单击矢量图形线条的锚点，可删除该锚点
6-4		转换锚点工具	Shift+C	将直线锚点和曲线锚点相互转换
7		文本工具	T	输入和编辑字符和文字对象
8		线条工具	N	绘制各种粗细、长度、颜色和角度的直线
9-1		矩形工具	R	绘制矩形的轮廓线或有填充的矩形图形
9-2		基本矩形工具	R	绘制基本矩形
10-1		椭圆工具	O	绘制椭圆形轮廓线或有填充的圆形图形
10-2		基本椭圆工具	O	绘制基本椭圆或基本圆形
11		多角星形工具		绘制多边形和多角星形图形
12		铅笔工具	Shift+Y	像铅笔一样绘制任意形状的曲线矢量图形
13		画笔 1 工具（即刷子工具）	B	可像刷子一样绘制任意形状和粗细的曲线，"选项"栏内有五个选项，用来设置画笔大小、形状、模式和是否锁定填充等
14		画笔 2 工具（即画笔工具）	Y	可像画笔一样绘制任意形状和粗细的曲线，"选项"栏内有两个选项，用来设置画笔的伸直、平滑或墨水模式。两种画笔都可以用来设置是否采用对象绘制模式
15-1		骨骼工具	X	扭曲单个形状
15-2		绑定工具	Z	用一系列链接对象创建类似于链的动画效果
16		颜料桶工具	K	给填充对象填充彩色或图像内容

前 言

2007年，Adobe公司发布了Adobe Creative Suite 3产品，它结合了Adobe公司的全部产品，提供了全面的数字艺术与创意解决方案。2013年，Adobe公司发行了Adobe Creative Cloud，它是一种数字中枢，包含一套支持多种语言的平面设计、视频编辑、网页开发、摄影应用的云端套装软件；它支持多种语言，提供了设计行业的全面设计服务，涵盖平面、网络、广告、包装、行动、互动、电影、影片制作等方面。Adobe将所有产品都更改了名称，冠以CC名称，包括Photoshop CC、InDesign CC、Illustrator CC、Dreamweaver CC、Premiere Pro CC 和 Flash CC 等。2016年2月，Adobe公司发布了Adobe Animate CC，接着又更名为Adobe Animate CC。它继承了原来Flash采用的"流"播放形式，可以边下载边观看；可以制作扩展名为.swf的动画文件，可以插入到HTML中，也可以单独成为网页；可以制作多媒体课件和游戏等。2016年11月，Adobe公司发布了Adobe Animate CC 2017版本，该版本增加了很多功能，在支持SWF文件的基础上，加入了对HTML5的支持。2018年10月发布了2018版本，2019年6月发布了2019版本，2019年11月发布了2020版本，2020年10月发布了2021版本，2021年10月发布了2022版本。考虑到大多数学校当前使用的版本，本书介绍中文Adobe Animate CC 2017版本的基本使用方法和使用技巧。本书内容也基本适用于其他版本的基础教学。

本书第0章介绍了中文Adobe Animate CC 2017工作区、文档的基本操作等，还通过制作一个小实例，使读者对该软件有一个总体的了解，为以后的学习奠定基础。第1章到第10章除最后一节外均由"案例描述"、"操作方法"、"相关知识"和"思考与练习"四部分组成。"案例效果"在每节的一开始，介绍了案例完成的效果；"操作方法"中介绍了完成案例的具体操作方法；"相关知识"中介绍了与本案例制作有关的知识，有总结和提高的作用；"思考与练习"中提供了与本节知识有关的思考与练习题，主要是操作题。各章后的"综合实训"供学生课后提高综合能力和创新能力。

本书共11章，提供43个案例、10个综合实训和大量的练习题。本书采用案例教学的方法，将知识介绍与案例制作融为一体，并自始至终贯穿于案例制作技巧的介绍之中。在教学中，可以一边按照介绍来完成应用案例的制作，一边学习相关的知识，边学习边操作，做中学做中提高，逐步掌握中文Adobe Animate CC 2017的基本方法和应用技巧。本书配有操作录屏。

本书由万忠、王爱赪、沈大林任主编,由张伦、王浩轩、曾昊任副主编。参加本书编写的主要人员还有沈昕、肖柠朴、丰金兰等。

本书适应了社会、企业、人才和学校的需求,适合作为高等职业院校非计算机专业的教材,也可作为广大计算机爱好者、多媒体程序设计人员的自学参考书。

由于编者水平有限,书中难免存在疏漏和不妥之处,恳请广大读者批评指正。

编　者

2022 年 10 月

续表

序号	图标	中文名	热键	作用
17		墨水瓶工具	S	用于改变线条的颜色、形状和粗细等属性
18		滴管工具	I	用于吸取线、填充和字对象的一些属性，再赋予相应面板
19		橡皮擦工具	E	擦除图形和打碎后的图像与文字等对象
20		宽度工具	U	用于调整图形的宽度

2. "查看"栏

工具箱"查看"栏内的工具用来调整舞台编辑画面的观察位置和显示比例。其中各工具按钮的名称与作用见表 0-1-2。

表 0-1-2　"查看"栏中工具按钮的名称与作用

序号	图标	名称	快捷键	作用
1		摄像头工具	C	单击按下该按钮，即可打开一个摄像头工具栏，如图 0-1-15 所示。利用该工具栏可以调整舞台工作区内所有对象的位置、大小和旋转角度
2-1		手形工具	H	拖动鼠标可以水平和垂直移动舞台工作区画面在整个舞台中的位置，改变观察位置
2-2		旋转工具	H	拖动鼠标可以旋转舞台工作区画面在整个舞台中的位置，改变观察角度
3		缩放工具	Z	改变舞台工作区和其内对象的显示比例

图 0-1-15　摄像头工具栏

3. "颜色"栏

工具箱"颜色"栏内的工具是用来确定绘制图形线条和填充的颜色。其中各工具按钮的名称与作用如下：

（1）"笔触颜色"按钮：用于设置笔触颜色，即给线设置颜色。使用"选择工具"选中图形中的线条后，单击按下"笔触颜色"按钮，即可利用"颜色"或"样本"面板设置笔触颜色。单击它右边的"笔触颜色"图标，可以调出笔触颜色的默认色板（也称色板），如图 0-1-16 所示，它的作用和"样本"面板基本一样。

在默认色板内左上边"十六进制数 RGB 颜色数据"数字上水平拖动鼠标，可以调整颜色数据，同时其左边矩形内的颜色也会相应地改变颜色，显示调整后的颜色。在默认色板内右上边"颜色不透明度百分比数据"数字上水平拖动鼠标，可以调整颜色不透明度百分比数据。单击某个纯色色块，即可将该色块的颜色设置为笔触颜色；单击某个渐变色色块，即可将该色块的渐变颜色设置为笔触颜色。单击"无色"按钮，可设置颜色为无色。

单击默认色板内右上角的"颜色选择器"按钮，弹出"颜色选择器"对话框，如图 0-1-17 所示。利用该对话框可以设置色块中没有的颜色，在默认色板内增添新的颜色色块，同时可以设置笔触颜色。

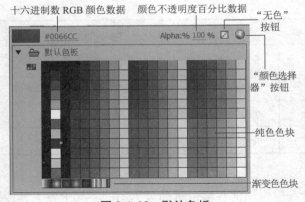
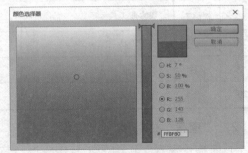

图 0-1-16　默认色板　　　　　图 0-1-17　"颜色选择器"对话框

（2）"填充颜色"按钮：用于设置填充颜色。使用"选择工具"选中图形中的填充后，单击按下"填充颜色"按钮，即可利用"颜色"或"样本"面板设置填充颜色。单击它右边的"填充颜色"图标，可以调出填充颜色的默认色板，如图 0-1-16 所示。设置填充颜色的方法和设置笔触颜色的方法一样。

（3）"黑白"按钮和"交换颜色"按钮：单击"黑白"按钮，可以使笔触颜色恢复为黑色，填充色恢复为白色的默认状态。单击"交换颜色"按钮，可以使笔触颜色与填充颜色互换。

4．"选项"栏

工具箱"选项"栏内放置了用于对当前激活的工具进行设置的一些属性和功能按钮。这些选项是随着用户选用工具的改变而变化的，大多数工具都有自己相应的属性设置。在绘图、输入文字或编辑对象时，通常应当在选中绘图或编辑工具后，再对其属性和功能进行设置。

0.1.4　面板和面板组

面板是非常重要的图像处理辅助工具，它具有随着调整即可看到效果的特点。由于它可以方便地拆分、组合和移动，所以也把它称为浮动面板。几个面板可以组合成一个面板组，单击面板组内的面板标签可以切换面板。单击面板标题栏（即标签栏）右边的"面板菜单"按钮，可以打开该面板菜单，其内有相关的命令，一般都有"帮助"、"关闭"和"关闭组"命令。

1．停靠区域

面板和面板组通常会集中在一起形成两栏或更多栏，构成一个停靠区域。停靠区域一般放置在 Adobe Animate CC 2017 工作区右边。将鼠标指针移到栏的左或右边边缘处，当鼠标指针呈水平双箭头状时，水平拖动，可以调整栏的宽度。当栏和面板图标宽度足够宽时，会在面板图标内右边显示面板名称，如图 0-1-18 所示。

单击停靠区域栏内右上角的"展开面板"按钮，可以将面板和面板组展开，同时"展开面板"按钮会变为"折叠为图标"按钮；单击"折叠为图标"按钮或双击该按钮左边空白部分，都可以收缩所有展开的面板和面板组，形成放在停靠区域内面板的图标，如图 0-1-19 所示。

拖动面板组顶部的水平一组竖短线组成的线条图标，可以将面板组移到停放区域外边或内部的任何位置。拖动图标水平两边的空白处，也可以移动面板组到任何位置。例如，移出"对齐"、"信息"和"变形"面板组成的面板组，可以将该面板组移到停靠区域左边栏内"组件"

和"动画预设"面板组的下边,如图 0-1-20 所示。如果拖动"对齐"等面板组成的面板组到停靠区域左边栏内的上边,可以将该面板组移到"组件"和"动画预设"面板组的上边,如图 0-1-18 所示。

图 0-1-18　面板收缩
组

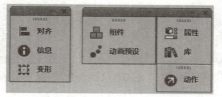
图 0-1-19　移出"对齐"等面板
组成的面板组

图 0-1-20　面板组移到
停靠区域内

移动面板组都脱离停靠区域,此时停靠区域消失。以后移动面板组到工作区最右边,当被拖动的面板组变成透明的一个竖条状时松开鼠标左键,即可恢复停靠区域,存放被拖动的面板组。

单击图 0-1-19 所示停靠区域(面板收缩状态)左边栏内右上角的"展开面板"按钮■,展开面板和面板组。展开的"变形"面板,它仍与"对齐"和"信息"面板组成面板组,如图 0-1-21 所示。

2．面板和面板组操作

单击停放区域内的面板图标,可以展开相应的面板。例如,单击"变形"图标,可以展开"变形"面板,如图 0-1-21 所示;单击"对齐"图标,可以展开"对齐"面板,如图 0-1-22 所示;单击"信息"图标,可以展开"信息"面板;单击"属性"图标,可以展开"属性"面板。

另外,单击展开面板组内的面板标签,可以切换到该面板。例如,单击图 0-1-21 所示面板组内的"对齐"标签,可以展开"对齐"面板,如图 0-1-22 所示。

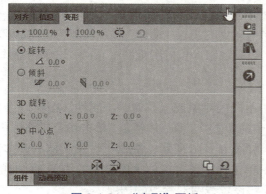
图 0-1-21　"变形"面板

图 0-1-22　"对齐"面板

单击"窗口"→"颜色"命令,打开"颜色"面板,如图 0-1-23 所示。可以看到,实际是打开"颜色"和"样板"面板组成的面板组,同时切换到"颜色"面板。如果单击"样本"标签,可以切换到"样本"面板,它和图 0-1-16 所示的默认色板基本一样,只是没有上边一行控制选项和控制按钮。

拖动面板标签(例如"样本"标签)到面板组外边,可以使该面板独立形成一个面板组;拖动面板的标签(例如"信息"标签)到其他面板组(例如"颜色"和"样本"面板组成的面板组)的标签处,可以将"信息"面板与"颜色"面板所在面板组合并在一起,如图 0-1-24 所示。

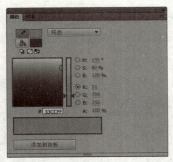

图 0-1-23 "颜色"面板组成的面板组　　图 0-1-24 将"信息"面板与"颜色"面板所在面板组合并

打开"颜色"和"样本"面板组成的面板组，拖动面板组最上边的栏，可以移动面板组到任何位置。当将面板组移到停靠区域中时，面板组会自动收缩。例如，将"颜色"和"样本"面板组成的面板组拖动到停靠区域（见图 0-1-20）中"动作"面板所在的面板组的下边，松开鼠标左键后，停靠区域如图 0-1-25 所示。

图 0-1-25 将"颜色"和"样本"面板组成的面板组移到停靠区域中

在图 0-1-25 所示的有五个面板组的停靠区域中，可以上下拖动面板图标到所在面板组内其他位置，改变面板图标的相对位置，也可以拖动面板图标到其他面板组内。

例如，将"颜色"和"样本"面板组移到（拖动该面板组的图标 ）左边栏内"变形"面板所在面板组的下边，组成新的面板组。

再如，将"信息"面板图标拖动到"属性"面板所在面板组内"库"面板图标的下边，组成新的面板组。另外，将"组件"面板图标拖动到它所在面板组内"动画预设"面板图标的下边，组成新的面板组。将"动画预设"和"组件"面板所在面板组拖动到右边栏"动作"面板所在面板组的下边，组成新的面板组。最后效果如图 0-1-26 所示。

图 0-1-26 改变面板和面板组图标的相对位置

3．"属性"面板

"属性"面板是一个特殊面板，单击选中不同的对象或工具时，"属性"面板内会自动集中相应的参数设置选项。例如，单击按下工具箱中的"选择工具"按钮 ，单击舞台工作区内空白处，此时的"属性"面板是文档的"属性"面板，如图 0-1-10 所示，提供了设置文档的许多选项。再如，单击按下工具箱中的"选择工具"按钮 ，单击选中舞台工作区内绘制的线条，此时的"属性"面板是线图形的"属性"面板，其内会提供一些设置线图形参数的选项。

单击"属性"面板内"收缩"图标 ，可以收缩相应的选项，同时"收缩"图标 会自动变为"展开"图标 ；单击"展开"图标 ，可以展开相应的选项，同时"展开"图标 会自动变为"收缩"图标 。拖动"属性"面板下边缘、左边缘或右边缘，可以调整面板的长度和宽度。

0.1.5 舞台和舞台工作区

在导演指挥演员演戏时要给演员一个排练和演出的场所，这个场所就是舞台。在 Adobe Animate CC 2017 中创建 Animate 文档时，用来绘制图形和输入文字，编辑图形、文字和图像等对象的区域也叫舞台，它是创建影片的区域。舞台工作区相当于 Animate Player 或 Web 浏览器窗口中播放时显示 Animate 文档的矩形区域。可以使用舞台周围的区域存储图形等对象，而在播放 SWF 文件时不在舞台上显示它们。调整舞台工作区的显示比例，可以采用以下几种方法：

1．方法一

单击"缩放工具"按钮🔍，则工具箱选项栏内会出现🔍和🔍两个按钮。单击🔍按钮，再单击舞台可以放大舞台工作区；单击🔍按钮，再单击舞台可以缩小舞台工作区。单击"缩放工具"按钮🔍后，在舞台工作区内拖动一个矩形，该矩形区域中的内容将会撑满整个舞台工作区。

2．方法二

在舞台工作区的上方是编辑栏，编辑栏内右边的"选择舞台工作区显示比例"下拉列表框如图 0-1-27 所示。可用来选择或输入舞台百分比数，从而改变工作区的显示比例。

3．方法三

单击"视图"→"缩放比率"命令，打开其子菜单，如图 0-1-28 所示。其中各命令的作用如下：

图 0-1-27　下拉列表框

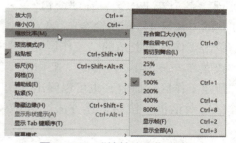

图 0-1-28　"缩放比率"菜单

（1）"符合窗口大小"选项：缩放舞台工作区大小，以完全适合应用程序窗口。在文档窗口"编辑"栏内的"选择舞台工作区显示比例"下拉列表框中选择"符合窗口大小"选项，也可以获得相同的效果。

（2）"舞台居中"选项：使舞台工作区位于舞台的中间。

（3）"剪切到舞台"选项：可以裁切掉舞台工作区以外的内容，使这些内容不显示出来。单击文档窗口"编辑"栏内的"剪切掉舞台范围以外的内容"按钮▣，也可以获得相同的效果。

（4）第二栏命令：选择舞台工作区的显示比例。

（5）"显示帧"选项：自动调整舞台工作区的显示比例，使整个舞台工作区完全显示。在"选择舞台工作区显示比例"下拉列表框中选择"显示帧"选项，也可以获得相同的效果。

（6）"显示全部"选项：调整舞台工作区显示比例，将舞台工作区内所有对象完全显示。在"选择舞台工作区显示比例"下拉列表框中选择"显示全部"选项，也可以获得相同的效果。

屏幕窗口的大小是有限的，有时画面中的内容会超出屏幕窗口可以显示的面积，这时可以使用窗口右边和下边的滚动条，把需要的部分移动到窗口中。单击工具箱内的"手形工具"按钮✋，拖动舞台工作区，就可以看到整个舞台工作区随着鼠标的拖动而移动。

4．方法四

单击工具箱内的"摄像头工具"按钮📷，打开摄像头工具栏，如图 0-1-15 所示。将鼠标指针移到舞台工作区内，鼠标指针变为 状，此时在舞台工作区内拖动，可以朝相反方向拖动舞台内所有对象。单击按下"缩放"按钮 （呈亮白色），然后水平拖动划线上的滑块 ，可以放大或缩小舞台内所有对象。再单击按下"旋转"按钮 （呈亮白色），然后水平拖动划线上的滑块 ，可以顺时针或逆时针旋转舞台内所有对象。

0.1.6 工作区布局设置

工作区布局设置就是用户根据自己的喜好或工作的需要，确定打开和关闭哪些面板，重新调整工作区内各面板的位置，调整工作区大小等。

1．新建工作区布局

调整工作区后，单击"窗口"→"工作区"命令，打开"工作区"菜单，如图 0-1-29 所示。单击该菜单内的"新建工作区"命令，可以弹出"新建工作区"对话框，如图 0-1-30 所示（还没输入），在文本框中输入工作区名称（例如"我的工作区 1"），单击"确定"按钮，即可创建一个新工作区。在"窗口"→"工作区"菜单中会自动添加"我的工作区 1"菜单命令。

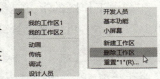

图 0-1-29 "工作区"菜单

另外，单击工作区右上角的"工作区切换"按钮，打开"工作区"菜单，该菜单与图 0-1-29 所示"工作区"菜单一样，单击该菜单内的"新建工作区"命令，也可以弹出和图 0-1-30 所示一样的"新建工作区"对话框。按照上述方法，再建立一个名称为"1"的工作区。

图 0-1-30 "新建工作区"对话框

2．切换工作区布局

调整工作区后，单击工作区右上角的"工作区切换"按钮，打开"工作区"菜单，如图 0-1-29 所示。单击其中用户定义的工作区名称，以及系统定义的工作区名称，可以切换到相应的工作区布局，例如"动画"名称和"传统"等。另外，单击"窗口"→"工作区"→"××××"命令（"××××"是工作区名称），也可以切换到相应的工作区布局。

"工作区"菜单内的第一栏中是用户自建的三个新工作区的名称。在该菜单内的第二栏中是系统自带的几种根据不同需要设计的工作区名称。单击这两个栏内的工作区名称，可切换到相应的工作区布局。

3．删除和重置工作区

（1）删除工作区：单击"窗口"→"工作区"→"删除工作区"命令，弹出"删除工作区"对话框，如图 0-1-31 所示，在该对话框内的"名称"下拉列表框中，选择要删除的工作区名称（例如"1"），如图 0-1-31 所示，单击"确定"按钮，会弹出一个提示框，如图 0-1-32 所示，单击该提示框内的"是"按钮，关闭该提示框，同时将选中的工作区（例如"1"）删除。

（2）重置原始工作区布局：选择一种用户新建的工作区（例如"1"），重新进行布局。如果要使工作区布局恢复到原始状态，可以单击"窗口"→"工作区"→"重置'1'"命令，弹出一个提示框，如图 0-1-33 所示，单击"是"按钮，关闭该提示框，同时将工作区的布局恢复到原始状态。

图 0-1-31　"删除工作区"对话框　　图 0-1-32　删除提示框　　图 0-1-33　重置提示框

思考与练习 0-1

1. 填空题

（1）Animate CC 2017 工作区主要由_____、_____、_____、_____、_____、_____组成。

（2）单击_____→_____命令，可以弹出"首选参数"对话框。单击_____→_____命令，可以打开"工具箱"面板。单击_____→_____命令，可以打开"历史记录"面板。

（3）单击_____→_____命令，可以打开"库"面板。单击_____→_____命令，可以显示或隐藏时间轴。

2. 操作题

（1）安装中文 Adobe Animate CC 2017，再启动中文 Adobe Animate CC 2017。了解主工具栏和工具箱内所有工具按钮的名称和简单的使用方法，了解时间轴的特点。

（2）通过操作了解中文 Animate CC 2017 工作区的特点、工具箱和主工具栏内所有工具的名称。

（3）新建一个 Animate 文档，打开"历史记录"面板，参看表 0-1-1 和表 0-1-2，练习使用工具箱内的一些工具，同时观察"历史记录"面板内操作步骤记录的变化。

（4）调整一种工作区布局，将这种工作区布局以名称"工作区 A"保存。然后，将工作区布局还原为默认状态，再将工作区布局的名称改为"工作区 B"。

（5）将"停靠"区域内面板和面板组的上下位置进行调整，将面板组的面板进行重新组合，将"历史记录"面板和"库"面板组合成一个面板组。

（6）调整工作区中停靠区域内的面板和面板组，效果如图 0-1-19 所示，将工作区以名称"自定义工作区 1"保存；再次调整停靠区域内的面板和面板组，效果如图 0-1-20 所示，再将工作区以名称"自定义工作区 2"保存。

0.2　时间轴

0.2.1　时间轴的组成和特点

1. 时间轴的组成

每一个动画都有它的时间轴。图 0-2-1 给出了一个 Animate CC 2017 动画的时间轴。

视频

时间轴

Animate CC 2017 把动画按时间顺序分解成帧，在舞台中直接绘制的图形或从外部导入的图像，均可以形成单独的帧，再把各个单独的帧画面连在一起，合成动画。时间轴就好像导演的剧本，决定了各个场景的切换以及演员出场、表演的时间顺序，它是创作和编辑动画的主要工具。

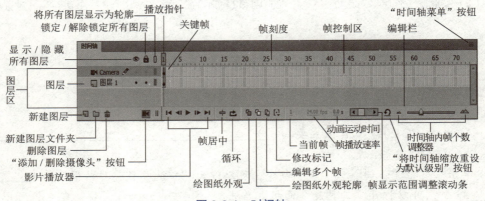

图 0-2-1　时间轴

由图 0-2-1 可以看出，时间轴窗口可以分为左右两个区域。左边区域是图层控制区，它主要用来进行各图层的操作；右边区域是帧控制区，它主要用来进行各帧的操作。将鼠标指针移到图层控制区和帧控制区之间的分隔条之上，当鼠标指针呈水平双箭头状 时，水平拖动，可以调整图层控制区和帧控制区的大小比例，还可以将它隐藏起来。

在时间轴的帧控制区中有一条红色的竖线，它所在的帧是当前帧，称为播放指针，它指示了舞台工作区内显示的是哪一帧画面。水平拖动播放指针，可以改变舞台内显示的帧画面。

2．时间轴帧控制区

帧控制区第一行是时间轴帧刻度区，用来标注随时间变化所对应的帧号码，下边是帧工作区，它给出各帧的属性信息。其内也有许多图层行。在一个图层中，水平方向上划分为许多帧单元格，每个帧单元格表示一帧画面。单击一个单元格，即可在舞台工作区中显示相应的对象。有一个小黑点的单元格表示是关键帧（即动画中起点、终点或转折点的帧）。右击帧控制区的帧，可以弹出帧快捷菜单，利用该菜单可以完成对帧的大部分操作。

帧主要有以下几种，不同种类的帧表示了不同的含义。

（1）空白帧：也称帧。该帧内是空的，没有任何对象，也不可以在其内创建对象。

（2）空白关键帧：也称白色关键帧，帧单元格内有一个空心圆圈，表示它是一个空白关键帧，可以创建各种对象。新建一个 Animate 文件，则在第 1 帧会自动创建一个空白关键帧。单击选中某一个空白帧，再右击弹出帧快捷菜单，单击该菜单内的"插入空白关键帧"命令，即可将它转换为空白关键帧。

（3）关键帧：在创建补间动画的时间轴内，关键帧单元格有一个实心圆图标，表示该帧内有对象，可以进行编辑。单击选中一个帧，右击弹出帧快捷菜单，单击该菜单内的"插入关键帧"命令，即可创建一个关键帧。

（4）属性关键帧 或 ：在补间动画的补间范围内帧单元格有一个实心圆圈或菱形图标，实心圆圈图标属性关键帧 是补间动画中起始属性关键帧，菱形图标图标属性关键帧 是补间动画中非起始属性关键帧。

（5）普通帧■：关键帧右边的浅灰色、绿色或浅蓝色帧单元格分别是传统补间动画、形状补间动画和补间动画的普通帧，表示它的内容与左边的关键帧内容一样。单击选中关键帧右边的一个空白帧，再右击弹出帧快捷菜单，单击该菜单内的"插入帧"命令，则从关键帧到选中帧之间的所有帧均变成普通帧。

（6）动作帧■：该帧本身也是一个关键帧，其中有一个字母"a"，表示这一帧中分配有动作脚本。当影片播放到该帧时会执行相应的脚本程序。有关脚本程序将在第 8 章介绍。

（7）过渡帧■：它是创建补间动画后由 Animate 计算生成的帧，它的底色为灰蓝色（传统补间）、浅蓝色（补间）或浅绿色（形状补间）。不可以对过渡帧进行编辑。

创建不同帧的方法还有：选中某一帧，单击"插入"→"时间轴"→"××××"命令。或右击帧，弹出帧快捷菜单，再单击该帧快捷菜单中相应的命令。

时间轴帧控制区内编辑栏中的按钮和滚动条的名称和作用见表 0-2-1。

表 0-2-1 时间轴帧控制区内的按钮和滚动条的名称和作用

序号	按钮	按钮等选项名称	按钮作用
1		帧居中	单击它，可将当前帧（播放指针所在的帧）显示在帧控制区
2		绘图纸外观	单击它，可同时显示多帧选择区域内所有帧的对象
3		绘图纸外观轮廓	单击它，可在时间轴上显示多帧选择区域，除关键帧外，其余帧中的对象仅显示对象的轮廓线
4		编辑多个帧	单击它，可以在时间轴上制作多帧选择区域，该区域内关键帧内的对象均显示在舞台工作区中，可以同时编辑它们
5		修改标记	单击它，可打开"多帧显示"菜单，用来定义多帧选择区域■的范围，可以定义显示 2 帧、5 帧或全部帧的内容
6		信息栏	从左到右，分别用来显示当前帧、帧播放速率和动画运动时间
7		"时间轴菜单"按钮	打开"时间轴"菜单，用来改变单元格显示方式
8		影片播放器	它由五个播放控制按钮组成，用来播放时间轴中的动画，将鼠标指针移到播放控制按钮之上，会显示相应的名称和快捷键，从左到右依次为"转到第一帧"、"后退一帧"、"播放"（快捷键是【Enter】）、"前进一帧"和"转到最后一帧"
9		循环	单击按下该按钮后，可以在舞台循环播放动画
10		帧显示范围调整滚动条	用来调整时间轴中可以显示哪一个范围的帧（即调整显示第几帧到第几帧），水平拖动滑块，单击两端的箭头按钮都可以进行调整
11		"将时间轴缩放重设为默认级别"按钮	单击它，可以将时间轴的帧显示范围和帧个数（帧的缩放）的设置恢复到默认状态
12		时间轴内帧个数调整器	调整时间轴内可以显示的帧个数，即调整显示的帧单元格的宽度，水平拖动滑块，单击两端的三角按钮都可以进行调整

3. 时间轴图层控制区

图层相当于舞台中演员所处的前后位置，可以在一个动画中建立多个图层。图层靠上，相当于该图层的对象在舞台的前面。在同一个纵深位置处，前面的对象会挡住后面的对象。在不同纵深位置处，可以透过前面图层看到后面图层内的对象。图层之间是独立的，不会相互影响。图层多少不会影响输出文件的大小。图层控制区内按钮的名称和作用见表0-2-2。

图层控制区内第一行有三个按钮，用来对所有图层的属性进行控制。从第二行开始到倒数第二行止是图层区，其中有许多图层行。在图层控制区内，从左到右按列划分有"图层类别图标"、"图层名称"、"当前图层图标"、"显示/隐藏图层"、"锁定/解除锁定"和"轮廓"六列。双击图层名称进入图层名称编辑状态，用来更改图层名称。"当前图层图标"列的图标为 ，表示该图层是当前图层。右击图层控制区的图层，可弹出图层快捷菜单，利用该菜单内的命令，可以完成对图层的一些操作。

表0-2-2 时间轴图层控制区内按钮的名称和作用

序号	按钮	按钮名称	按钮作用
1		显示/隐藏所有图层	使所有图层的内容显示或隐藏
2	/	锁定/解除锁定所有图层	使所有图层的内容锁定或解锁，图层锁定后，其内对象不可操作
3		将所有图层显示为轮廓	使所有图层中的图形只显示轮廓
4		新建图层	在选定图层的上面再增加一个新的普通图层
5		新建图层文件夹	在选定图层之上新增一个图层目录，拖动图层到图层目录处，可将图层放入该图层目录中
6		删除图层	删除选定的图层
7		添加/删除摄像头图层	在没有摄像头图层（图层类别图标是 ）时，单击它可以在图层最上边添加一个摄像头图层；有了摄像头图层后，单击它可以删除摄像头图层

0.2.2 编辑图层

1. 图层基本操作

（1）选择图层：选中的图层，其图层控制区的图层行呈灰底色，还会出现一个图标 ，同时选中该图层中的所有帧。

◎ 选中一个图层：单击图层控制区的相应图层行，即可选中该图层。另外，单击选中一个对象，该对象所在的图层会同时被选中。

◎ 选中多个连续图层：按住【Shift】键，同时单击控制区内起始图层和终止图层。

◎ 选中多个不连续图层的所有帧：按住【Ctrl】键，单击控制区域内要选择的各个图层。

◎ 选择所有图层和所有帧：单击帧快捷菜单中的"选择所有帧"命令。

（2）改变图层的顺序：图层的顺序决定了工作区各图层的前后关系。用拖动图层控制区内的图层，即可将图层上下移动，改变图层的顺序。

（3）给图层重命名：双击图层控制区内图层的名称，使黑底色变为白底色，然后输入新的图层名称即可。

（4）删除图层：首先选中一个或多个图层，单击"删除图层"图标▣或者拖动选中的图层到"删除图层"图标▣之上。

（5）剪切图层：首先选中要剪切的一个或多个图层，右击弹出图层快捷菜单，单击该菜单内的"剪切图层"命令，即可将选中的一个或多个图层剪切到剪贴板中。

（6）拷贝和粘贴图层：右击要拷贝的图层，弹出图层快捷菜单，单击该菜单内的"拷贝图层"命令，将选中的图层拷贝到剪贴板中。选中要粘贴的图层，右击弹出图层快捷菜单，单击"粘贴图层"命令，将剪贴板中的图层内容粘贴到选中图层的上边，图层名称不改变。

（7）直接复制图层：右击要复制的图层，弹出图层快捷菜单，单击该菜单内的"复制图层"命令，即可在时间轴内复制一个图层和相应的所有帧，图层的名称为：要复制图层的名称+"复制"+序号。

（8）移动（复制）图层：在图层控制区域内，上下拖动选中的图层，即可移动图层。采用剪切（拷贝）和粘贴图层的方法也可以移动（复制）图层，而且可以在不同的 Animate 文档时间轴之间移动（复制）图层。

2．显示/隐藏图层

（1）显示/隐藏所有图层：单击图层控制区第一行的图标👁，可隐藏所有图层的对象，所有图层的图层控制区会出现图标✗，表示图层隐藏。再单击图标👁，所有图层的图层控制区内图标✗会取消，表示图层显示。隐藏图层中的对象不会显示出来，但可以正常输出。

（2）显示/隐藏一个图层：单击图层控制区某一图层内"显示/隐藏图层"列的图标·，使该图标变为图标✗，该图层隐藏；再单击图标✗，该图标变为图标·，使该图层显示。

（3）显示/隐藏连续的几个图层：单击起始图层控制区"显示/隐藏图层"列（图标👁列）垂直拖动，使鼠标指针移到终止图层，即可使这些图层显示或隐藏。

（4）显示/隐藏未选中的所有图层：按住【Alt】键，单击图层控制区内某一个图层的显示列，即可显示/隐藏其他所有图层。

3．锁定/解锁图层和显示对象轮廓

所有图形与动画制作都是在选中的当前图层中进行，任何时刻只能有一个当前图层。在任何可见的并且没有被锁定的图层中，均可以进行对象的编辑。

（1）锁定/解锁所有图层：操作方法与显示/隐藏所有图层的方法相似，只是操作的不是"显示/隐藏图层"列，而是"锁定/解除锁定"列，不是图标👁，而是图标🔒。

（2）锁定/解锁一个图层：单击该列图层行内的图标·，该图标变为图标🔒，使该图层的内容锁定；单击该列图层行内的图标🔒，使该图标变为图标·，使该图层的内容解锁。

（3）显示所有图层内对象轮廓：单击图层控制区第一行的图标▢，可以使所有图层内对象只显示轮廓线；再单击该图标，可以使所有图层内对象正常显示。

（4）显示一个图层内对象轮廓：单击图层控制区内"轮廓"列图层行中的图标■，使它变为▢，则该图层对象只显示其轮廓；单击图标▢，使它变为■，可恢复正常显示。

●●●● 思考与练习 0-2 ●●●●

1. 填空题

（1）时间轴窗口分为左右两个区域。左边区域是_____，主要用来进行_____操作；右边区域是_____，主要用来进行操作_____。

（2）图层相当于舞台中演员所处的前后位置，可以在一个动画中建立多个图层。靠上的图层相当于该图层的对象在舞台的_____；时间轴中靠下的图层，相当于该图层的对象在舞台的_____。

（3）在时间轴内，选中连续多个图层的方法是_____，选中一个图层的方法是_____，选中多个不连续的图层的方法是_____，删除一个或多个图层的方法是_____。

（4）时间轴中靠上的图层相当于该图层的对象在舞台的_____；时间轴中靠下的图层相当于该图层的对象在舞台的_____。

2. 操作题

（1）在时间轴"图层1"图层之上添加三个图层，分别将这四个图层的名称改为"矩形"、"圆形"、"正方形"和"五边形"。

（2）选中"矩形"图层第 1 帧，在舞台工作区内绘制一幅绿色矩形；选中"圆形"图层第 1 帧，在舞台工作区内绘制一幅蓝色圆形；选中"正方形"图层第 1 帧，在舞台工作区内绘制一幅红色正方形；选中"五边形"图层第 1 帧，在舞台工作区内绘制一幅黄色五边形。将其中三个图层隐藏，观察舞台工作区内画面的变化。将"矩形"图层锁定，移动矩形图形，看是否可以移动。将"矩形"图层解除锁定并只显示矩形轮廓。

（3）参考使用图层快捷菜单等编辑图层的方法，练习利用帧快捷菜单等方法进行帧编辑操作。

●●●● 0.3 "库"面板、元件和实例 ●●●●

视 频
库面板

0.3.1 "库"面板和元件分类

1. "库"面板

"库"面板可以在文件夹中组织库内的项目，项目包括创建的元件、位图图像、声音文件和视频剪辑文件等。此外，还可以查看项目在文档中的使用频率，按名称、类型、日期、使用次数或 ActionScript 链接标识符对项目进行排序。例如，当导入动画 GIF 时，系统会在根文件夹下创建一个名为 GIF 的文件夹并放置该文件。

打开一个 Animate 文档，单击"窗口"→"库"命令，可以打开"库"面板，如图 0-3-1 所示。

"库"面板内主要选项的作用简介如下：

（1）项目栏：其内存放有该文档库内所有项目，包括各种元件和元素等。单击选中一个元件或元素，即可在项目显示窗口内看到元件或元素的画面内容。不同的图标表示不同的元件类型。

（2）"动画文档"下拉列表框：用来选择已经打开的所有动画文档。

(3)项目预览窗口:用来显示选中项目的内容。要了解元件的动画效果和声音效果,可在项目栏内单击选中元件或声音元素,即可在"库"面板上边的元素预览窗口内看到元件的图形或声音的波形,同时在元素预览窗口内右上角显示一个"播放"按钮▶,以及一个"停止"按钮■。要了解元件的动画效果和声音效果,可以单击"播放"按钮▶。单击预览窗口内的"停止"按钮■,可以暂停播放。元素播放中,"停止"按钮■变为黑色,元素暂停播放时,"停止"按钮会变为灰色。

(4)"搜索"文本框:可以在该文本框中输入元件和元素名称或链接名称,来搜索"库"面板内的元件和元素等。

(5)按钮栏:它在"库"面板内最下边,单击按钮可以打开相应的对话框或完成相应的操作。

2. "库"面板按钮的作用

"库"面板内各按钮的作用简介如下:

(1)"新建元件"按钮▣:单击该按钮,可以弹出"创建新元件"对话框,如图0-3-2所示。

在"名称"文本框内输入元件的名称,在"类型"下拉列表框内选择元件类型(有"影片剪辑"、"图形"和"按钮"三种);单击"库根目录"链接文字,可以弹出"移至文件夹"对话框,利用该对话框可以确定新建的元件在"库"面板中的位置;然后再单击"确定"按钮,即可进入该元件的编辑状态。

(2)"新建文件夹"按钮▣:单击该按钮,可以在"库"面板中创建一个新文件夹。按住【Ctrl】键,单击要放入图层文件夹的各个图层,拖动选中的所有图层移到图层文件夹之上,选中的所有图层会自动向右缩进,表示被拖动的图层已经放置到该图层文件夹中。

单击图层文件夹左边的"收缩"按钮▼,可以将图层文件夹收缩,不显示该图层文件夹内的图层。单击图层文件夹左边的"展开"按钮▶,可以将图层文件夹展开。

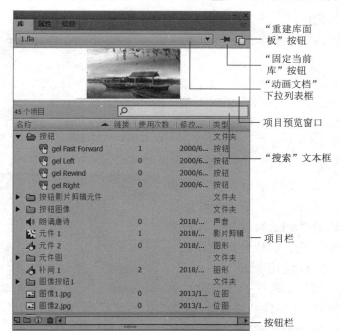

图0-3-1 "库"面板

图0-3-2 "创建新元件"对话框

（3）"属性"按钮：单击选中"库"面板中的一个元件，再单击该按钮，可以弹出"元件属性"对话框或"位图属性"对话框。利用"元件属性"对话框可以更改选中元件的类别属性；利用"位图属性"对话框可以显示选中图像的属性和修改它的属性。双击"库"面板中的一个元件，也可弹出"元件属性"对话框或"位图属性"对话框。

（4）"删除"按钮：单击该按钮，可以删除"库"面板中选中的元素。

3．元件类型

（1）图形元件：它可以是矢量图形、图像、声音或动画等。它通常用来制作电影中的静态图形，不具有交互性。

（2）影片剪辑元件：它是主影片中一段影片剪辑，用来制作独立于主影片时间轴的动画。它可以包括交互性控制、声音甚至其他影片剪辑的实例。也可以把影片剪辑的实例放在按钮的时间轴中，从而实现动画按钮。

（3）按钮元件：可以在影片中创建按钮元件的实例。在 Adobe Animate CC 2017 中，首先要为按钮设计不同状态的外观，然后为按钮的实例分配事件（例如：鼠标单击等）和触发的动作。

另外，在导入位图图像后，会在"库"面板内产生相应的图像、声音和视频等项目，视频项目的图标是，声音项目的图标是。在创建传统补间动画后，在"库"面板内还会自动生成"补间"元件项目，它的图标和图形元件的图标一样。

将"库"面板内的元件拖动到舞台工作区内，即可创建相应的实例。影片剪辑实例与图形实例不同。前者只需要一个关键帧来播放动画，而后者必须出现在足够的帧中。

0.3.2 创建元件和实例

1．新建元件

此处仅介绍创建图形元件和影片剪辑元件的方法，创建按钮元件的方法在第 5 章介绍。创建元件和实例的方法很多，前面已经介绍了一些，下面介绍最常用的方法。

创建元件：单击"插入"→"新建元件"命令或单击"库"面板内的"新建元件"按钮，弹出"创建新元件"对话框。在"类型"下拉列表内选择元件类型（例如"影片剪辑"），在"名称"文本框内输入元件名称（例如"元件 1"），如图 0-3-3 所示，单击"确定"按钮，关闭该对话框，同时打开元件（例如"元件 1"）的编辑窗口，该窗口内有一个十字标记，表示元件的中心。同时，在"库"面板中会出现一个新的空的元件。以后将这一操作称为：进入元件的编辑状态。例如，进入"元件 1"影片剪辑元件的编辑状态。在该元件的编辑窗口（该元件编辑的舞台工作区）内，可以创建或导入对象（图像、图形、文字、元件实例等），还可以制作动画等。

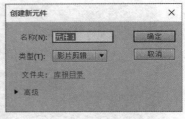

图 0-3-3 "创建新元件"对话框

单击"库"面板中新元件，可以在"库"面板上边预览窗口内显示出该元件内第 1 帧画面。例如，在"元件 1"元件的编辑窗口（和舞台工作区一样）内绘制一幅矩形图形，此时单击选中"库"面板内的"元件 1"影片剪辑元件，如图 0-3-4 所示。

图 0-3-4 "库"面板内"元件 1"影片剪辑元件

单击元件编辑窗口中的场景名称图标 场景1 或按钮 ← ，可以回到主场景。

2．对象转换元件

选中一个对象，单击"修改"→"转换为元件"命令，弹出"转换为元件"对话框，如图 0-3-5 所示。在"名称"文本框内输入名称，在"类型"下拉列表框中选择元件类型，单击选中"对齐" 中的小方块，调整元件的中心（黑色小方块所在处表示是元件的中心坐标位置）。

单击"文件夹："文字右边的"库根目录"蓝色链接文字，弹出"移至文件夹"对话框，如图 0-3-6 所示（默认选中"库根目录"单选框）。该对话框用来选择转换的元件保存在"库"面板内库根目录下，还是新建文件夹内或现有文件夹内。设置好后，单击"选择"按钮，即可设置好元件保存的位置，并关闭"移至文件夹"对话框，回到"转换为元件"对话框。单击"转换为元件"对话框内的"确定"按钮，关闭该对话框，在"库"面板内指定位置创建一个新元件，原来的对象成为该元件的实例。

图 0-3-5 "转换为元件"对话框

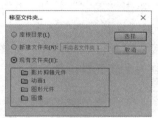
图 0-3-6 "移至文件夹"对话框

在"移至文件夹"对话框中，选中"库根目录"单选按钮，则设置保存在库根目录下；选中"新建文件夹"单选按钮，在其右边文本框内输入文件夹名称，则在库根目录下新建该文件夹，设置保存在该文件夹内；选中"现有文件夹"单选按钮，在下边栏内单击选中一个现有文件夹，则设置保存在选中的现有文件夹中。

3．将动画转换为元件

（1）右击动画中的帧，弹出帧快捷菜单，单击该菜单内的"选择所有帧"命令，选中动画的所有帧。右击选中的帧，弹出帧快捷菜单，单击其内的"复制帧"命令，将选中的所有帧复制到剪贴板中。

（2）进入元件的编辑状态。再右击"图层 1"图层第 1 帧，弹出帧快捷菜单，单击该菜单内的"粘贴帧"命令，将剪贴板内的所有动画帧粘贴到元件编辑窗口内的时间轴。

如果单击该菜单内的"粘贴并覆盖帧"命令，也可以将剪贴板内的所有动画帧粘贴到元件编辑窗口内的时间轴。不同的是，粘贴的同时会将被粘贴帧中的内容覆盖。

（3）单击元件编辑窗口中的场景名称图标 场景1 ，回到主场景。

4．创建实例

在需要元件对象上场时，只需将"库"面板中的元件拖到舞台中即可。此时舞台中的该对象称为"实例"，即元件复制的样品。舞台中可以放置多个相同元件复制的实例对象，但在"库"面板中与之对应的元件只有一个。

当元件的属性（例如元件的大小、颜色等）改变时，由它生成的实例也会随之改变。当实例的属性改变时，与它相应的元件和由该元件生成的其他实例不会随之改变。

影片剪辑实例与图形实例不同。前者只需要一个关键帧来播放动画，而后者必须出现在足够的帧中。在编辑时，必须单击"控制"→"测试影片"命令或单击"控制"→"测试场景"命令，才能在播放器窗口内演示按钮的动作和交互效果。

0.3.3 复制元件和编辑元件

1．复制元件

在"库"面板中将一个元件复制一份，再双击该复制的元件，进入它的编辑状态，修改该元件后可以获得一个新元件。

复制元件的方法有以下两种：

（1）元件复制元件：右击"库"面板内的元件（例如"元件1"），弹出快捷菜单。单击该菜单中的"直接复制"命令，弹出"直接复制元件"对话框，如图0-3-7所示，选择元件类型和输入名称，单击"确定"按钮，即可在"库"面板内复制一个新元件。

（2）实例复制元件：选中一个元件实例，单击"修改"→"元件"→"直接复制元件"命令，弹出"直接复制元件"对话框，如图0-3-8所示。输入名称，再单击"确定"按钮，即可在"库"面板内复制一个新元件。

图 0-3-7 "直接复制元件"对话框 1

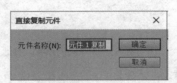
图 0-3-8 "直接复制元件"对话框 2

2．编辑元件

在创建若干元件实例后，可能需要编辑修改元件。元件经过编辑后，Animate会自动更新它在影片中所有由该元件生成的实例。编辑元件需要进入元件编辑窗口，编辑完后，单击元件编辑窗口中的图标 场景1 或按钮 ，都可以回到主场景。

进入元件编辑窗口的方法如下：

（1）双击"库"面板中的一个元件图标，即可打开元件编辑窗口。

（2）双击舞台工作区内的元件实例，也可进入这种元件编辑状态。

（3）右击舞台工作区内要编辑的元件实例，弹出实例快捷菜单，单击其内的"编辑元件"命令。

（4）右击舞台工作区内要编辑的元件实例，弹出实例快捷菜单，单击该菜单内的"在当前位置编辑"命令，也可以进入元件编辑窗口，只是保留原舞台工作区的其他对象（不可编辑，只供参考）。

（5）右击舞台工作区内要编辑的元件实例，弹出实例快捷菜单，单击该菜单中的"在新窗口中编辑"命令，打开一个新的舞台工作区窗口，可以在该窗口内编辑元件。元件编辑完后，单击 × 按钮，可以回到主场景。

3．编辑影片剪辑实例

可以采用前面介绍过的编辑修改一般对象的方法来修改和编辑元件实例。此外，每个实例都有自己的属性,利用"属性"面板可以改变实例的类型、颜色、亮度、色调、透明度等属性,设置图形实例中动画的播放模式等。实例的编辑修改不会影响相应元件和其他由同一元件创建的实例。

影片剪辑实例的"属性"面板"色彩效果"栏内有一个"样式"下拉列表框,其内有五个选项,如图 0-3-9 所示。如果选中"无"选项,则表示不进行设置。选择其他选项后的颜色设置方法如下:

(1)亮度的设置:在影片剪辑实例"属性"面板中"样式"下拉列表框内选择"亮度"选项后,会在"样式"下拉列表框下边增加一个带滑动条的文本框,如图 0-3-10 所示。

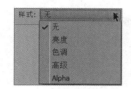
图 0-3-9 "样式"下拉列表框

图 0-3-10 选择"亮度"选项

此时,拖动文本框的滑块或在文本框内设置数值(从 –100% 到 +100%),均可调整影片剪辑实例的亮度。图 0-3-11(a)所示实例改变亮度为 –40 后的效果如图 0-3-11(b)所示。

(2)透明度的设置:在影片剪辑实例"属性"面板中的"样式"下拉列表框内选择 Alpha 选项后,会在"样式"下拉列表框下边增加一个带滑动条的文本框,如图 0-3-12 所示。拖动文本框的滑块或在文本框内设置数值(从 0% 到 100%),可以改变影片剪辑实例的透明度。

(a)　　　　(b)

图 0-3-11 改变亮度后的实例图像

图 0-3-12 选择 Alpha 选项

(3)色调的设置:在影片剪辑实例"属性"面板中的"样式"下拉列表框内选择"色调"选项后,会在"样式"下拉列表框下边增加几个带滑动条的文本框和一个色块按钮 ▭,如图 0-3-13 所示。单击色块按钮,会打开默认色板,利用它可以改变影片剪辑实例的颜色;拖动"红""绿""蓝"文本框的滑块或在文本框内输入百分比数据,可用来调整影片剪辑实例着色的红、绿、蓝三原色比例(0% 到 100%),同时色块按钮的颜色也随之改变。拖动"色调"滑块或在其文本框内输入数据,可以改变影片剪辑实例的色调。

(4)高级设置:在影片剪辑实例"属性"面板中的"样式"下拉列表框内选择"高级"选项后,会在其下边增加两列文本框,左边一列有四个输入百分数的文本框,如图 0-3-14 所示,可以输入 –100 到 +100 的数值;右边一列有四个文本框,可以输入 –255 到 +255 的数值。最终的效果将由两列中的数据共同决定。修改后每种颜色数值或透明度的值等于修改前的数值乘以左边文本框内的百分比,再加上右边文本框中的数值。例如,一个实例原来的蓝色是 100,左边文本框的百分比是 50%,右边文本框内的数值是 80,则修改后的蓝色数值为 130。

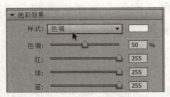

图 0-3-13　选择"色调"选项　　　　　图 0-3-14　选择"高级"选项

●●●● 思考与练习 0-3 ●●●●

1. 填空题

（1）"库"面板中的项目包括_____、_____、_____和_____。

（2）"库"面板内的元件类型主要有_____、_____和_____。

2. 操作题

（1）创建一个名称为"绿色正方形"的影片剪辑元件，将"库"面板内的"绿色正方形"影片剪辑元件三次拖到舞台工作区内，形成三个实例。

（2）修改"库"面板内的"绿色正方形"影片剪辑元件，将它的颜色改为蓝色，观察舞台工作区三个相应的实例是否随之改变。调整一个"绿色正方形"影片剪辑元件实例的大小和颜色，观察"库"面板内的"绿色正方形"影片剪辑元件是否改变，另外两个"绿色正方形"影片剪辑实例是否改变。

（3）将"库"面板内的"绿色正方形"影片剪辑元件复制两个，一个名称改为"红色正方形"，另一个名称改为"蓝色正方形"。利用这两个影片剪辑元件在舞台内创建两个实例。

（4）打开"库"面板，尝试在其内创建一个名称为"影片 1"的影片剪辑元件，创建一个名称为"图形 1"的图形元件，创建一个名称为"按钮 1"的按钮元件。各元件内分别绘制一幅不同的图形。

●●●● 0.4　文档基本操作和 Animate CC 2017 帮助 ●●●●

0.4.1　建立 Animate 文档和文档属性设置

1. 新建 Animate 文档

（1）方法一：启动 Animate 程序，打开图 0-1-2 所示的 Animate 欢迎屏幕，单击 ActionScript 3.0 类型，再单击"确定"按钮，新建一个空白的 Animate 文档。

（2）方法二：单击"文件"→"新建"命令，打开"新建文档"对话框的"常规"选项卡，如图 0-4-1 所示。单击"确定"按钮，新建一个 Animate 文档。

图 0-4-1　"新建文档"（常规）对话框

在"类型"栏内单击选中 ActionScript 3.0 类型选项;将鼠标指针移到"宽"右边的数字之上,当鼠标指针会变为小手状,同时显示一个水平的双箭头后水平拖动,可以改变舞台工作区的宽度。单击"宽"右边的数字,在数字处会显示出"宽"文本框,在其内修改数字,也可以修改舞台工作区的宽度。按照相同的方法,可以修改舞台工作区的高度;修改影片播放的速率,即每秒播放的帧数(默认是 24 帧 / 秒)。单击"背景颜色"色块,可以打开默认色板,设置舞台工作区的背景颜色。单击"设为默认值"按钮,可以将目前的设置作为默认值保留。设置完后,单击"确定"按钮,新建一个 Animate 文档。

2. 设置文档属性

单击"修改"→"文档"命令,打开"文档设置"对话框,如图 0-4-2 所示,在该对话框内可以修改舞台大小、舞台颜色、帧频等属性。

单击"属性"面板按钮,展开"属性"面板,单击舞台工作区,使"属性"面板切换到文档的"属性"面板,如图 0-4-3 所示。单击其内的"高级设置"按钮 高级设置... ,也可以打开图 0-4-2 所示的"文档设置"对话框。文档"属性"面板和"文档设置"对话框中各选项的作用如下:

图 0-4-2 "文档设置"对话框

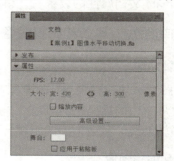

图 0-4-3 文档的"属性"面板

(1)"单位"下拉列表框:用来设置舞台大小的单位,此处采用默认单位像素(px)。

(2)"舞台大小"栏:在"宽"文本框内输入舞台工作区的宽度(此处输入 550),在"高"文本框内输入舞台工作区的高度(此处输入 400),如图 0-4-2 所示。舞台大小最大可以设置为 81 920×8 192 像素,最小可设置为 1×1 像素。

(3)"将宽度和高度锁定"按钮 :它在"宽"文本框和"高"文本框之间,单击该按钮后,按钮变为 形状,表示已经处于宽度值和高度值被锁定状态,即在改变"宽"或"高"值中任何一个数值时,另一个数值会随之变化,以保证两个数值初始比例不变。单击按钮 ,其形状会变为 状,表示两个数值没有被锁定,相互不受影响。

(4)"匹配内容"按钮:单击该按钮后,可以使舞台工作区大小与舞台工作区中的内容相匹配,使舞台工作区刚好将其内的所有对象包含。

(5)"缩放"复选框:如果不选中"缩放"复选框,则改变舞台工作区大小,舞台工作区内的所有对象(内容)不会改变其大小。同时,"锁定层和隐藏层"复选框无效。

如果选中"缩放"复选框,"锁定层和隐藏层"复选框会自动变为有效。这时,选中"锁定层和隐藏层"复选框,再改变舞台工作区大小,舞台工作区内的所有对象,包括锁定和隐藏图层内的所有对象,都会自动按原来和舞台工作区的大小比例调整其大小。

如果选中"缩放"复选框,不选中"锁定层和隐藏层"复选框,则改变舞台工作区大小后,舞台工作区内锁定和隐藏图层内的所有对象大小不会随着舞台工作区的调整而改变其大小，其他图层内所有对象的大小会随着舞台工作区的调整而改变其大小。

（6）"锚记"栏：单击该栏内九个按钮中的任意一个，可以按下该按钮，设置相应位置为锚记。单击按下其中其他按钮，原来按下的按钮会自动恢复弹起状。所谓锚记，就是舞台工作区大小改变时以锚记点为基点进行大小的调整。

（7）"舞台颜色"按钮：单击它，打开默认色板，如图 0-1-16 所示。单击该面板内的一个色块（此处为黄色色块），即可设置舞台工作区的背景颜色（此处设置为黄色）。

（8）"帧频"文本框：用来输入影片播放速度，默认值为 24 帧/秒，即每秒播放 24 帧画面。此处将其值改为 12。将鼠标指针移到文本框数值之上，鼠标指针会变为小手加一个水平双箭头状，水平拖动可改变数值大小。单击数值，会显示它的文本框 帧频(F):12。

（9）"应用于粘贴板"复选框：文档的"属性"面板内还有一个"应用于粘贴板"复选框，选中该复选框后，舞台工作区外边的舞台颜色也会随着舞台工作区内颜色的调整而改变。

（10）"设置默认值"按钮：单击该按钮，可使文档属性的设置状态成为默认状态。

完成 Animate 文档属性的设置后，单击"确定"按钮，退出"文档设置"对话框。

0.4.2　添加辅助线、导入和编辑图像

1．添加辅助线

单击"视图"→"标尺"命令，在舞台工作区上边和左边显示标尺。单击工具箱中的"选择工具"按钮 ，两次从左边的标尺栏向右拖动，产生两条垂直辅助线，再两次从上边的标尺栏向下拖动，产生两条水平辅助线。每条辅助线距舞台工作区的边线为 20 mm。

2．导入和编辑图像

可以采用将图像直接导入到舞台（同时导入到库）的方法；也可以采用将图像导入到库，再将"库"面板内导入的图像元件拖动到舞台中的方法。

（1）将图像直接导入到舞台：单击"文件"→"导入"→"导入到舞台"命令，打开"导入"对话框，如图 0-4-4 所示。在上边的下拉列表框中选择保存图像文件的文件夹，在右下角的下拉列表框中单击选中图像文件类型，在中间的文件列表框中单击选中要导入的图像文件（此处可以选中"框架 1.jpg"图像文件），再单击"打开"按钮，即可将选中的图像文件导入舞台工作区内和"库"面板内。

图 0-4-4　"导入"对话框

如果选择的文件名是以数字序号结尾的，则会弹出 Adobe Animate 提示框，如图 0-4-5 所示，单击"否"按钮，则只将选定的文件导入；单击"是"按钮，可以将一系列文件全部导入。如果导入的文件有多个图层，Animate 会自动创建新图层以适应导入的图像。

图 0-4-5 Adobe Animate 提示框

（2）将图像导入到库：单击"文件"→"导入"→"导入到库"命令，弹出"导入到库"对话框，它与图 0-4-5 所示对话框基本一样。单击选中图像文件（此处选中"框架 1.jpg"图像文件），单击"打开"按钮，将选中的"框架 1.jpg"图像导入到"库"面板中。

如果前面是将"框架 1.jpg"图像导入到"库"面板内，则单击工具箱内的"选择工具"按钮，选中"图层 1"图层第 1 帧，然后，将"库"面板内的"框架 1.jpg"图像元件拖动到舞台工作区中。

（3）调整图像位置和大小：单击工具箱内的"选择工具"按钮，拖动图像可以改变图像的位置。单击工具箱中的"任意变形工具"按钮，单击按下工具箱中"选项"栏内的"缩放"按钮。拖动图像四周的控制柄，可以调整图像的大小，使它刚好将整个舞台工作区覆盖，如图 0-4-6 所示。

（4）精确调整图像大小和位置：单击工具箱内的"选择工具"按钮，单击选中导入的图像，在"属性"面板内"宽"和"高"文本框中分别输入图像要调整的大小（例如 550 和 400），在 X 和 Y 文本框内分别输入图像的坐标位置（例如都是 0），如图 0-4-7 所示。

（5）将图像转换为影片剪辑元件的实例：单击选中导入的图像，单击"修改"→"转换为元件"命令，弹出"转换为元件"对话框，如图 0-4-8 所示。

（6）在"名称"文本框内可以输入元件名称，此处保留默认值；在"类型"下拉列表框内选择"影片剪辑"选项；单击中的小方块，调整元件的中心（黑色小方块所在处表示是元件的中心坐标位置）。单击"确定"按钮，将选中图像转换为"元件 1"影片剪辑元件的实例。其目的是下一步可以添加滤镜效果。因为只有操作对象是影片剪辑实例或文字时，才可以使用滤镜功能。

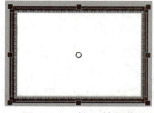

图 0-4-6 第 1 帧图像　　　　图 0-4-7 位图的"属性"面板　　　图 0-4-8 "转换为元件"对话框

（7）单击"文件"→"导入"→"导入到库"命令，弹出"导入到库"对话框，按住【Ctrl】键，同时单击选中"图像 1.jpg"和"图像 2.jpg"两个图像文件，单击"打开"按钮，将两幅图像导入到"库"面板内。

（8）制作立体图像：选中"元件 1"影片剪辑实例，在"元件 1"影片剪辑元件实例的"属性"面板内，单击"滤镜"栏的"展开"按钮，使"滤镜"栏展开，同时"展开"按钮变为"收缩"按钮，如图 0-4-9 所示。单击"滤镜"栏内的"添加滤镜"按钮，打开滤镜菜单，如图 0-4-10 所示。单击该菜单中的"斜角"命令，"属性"面板设置如图 0-4-9 所示，影片剪辑实例（图像框架）变成立体状，如图 0-4-11 所示。

  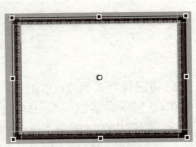

图 0-4-9 "属性"面板　　图 0-4-10 滤镜菜单　　图 0-4-11 立体图像框架

0.4.3 打开、保存和关闭 Animate 文档

1. 打开和保存 Animate 文档

（1）打开 Animate 文档：单击"文件"→"打开"命令，弹出"打开"对话框，如图 0-4-12 所示。在该对话框内的"保存类型"下拉列表框中选择"Animate 文档（*.fla）"选项或"Animate 未压缩文档（*.xfl）"选项，打开扩展名为 .fla 的 Animate 文档或扩展名为 .xfl 的未压缩 Animate 文档。也可以在"保存类型"下拉列表框中选择其他扩展名选项。再在文件列表框中选中要打开的文档，单击该对话框内的"打开"按钮，即可打开选定的 Animate 文档。

图 0-4-12 "打开"对话框

（2）保存 Animate 文档：如果是第一次存储 Animate 动画，可以单击"文件"→"保存"或"文件"→"另存为"命令，弹出"另存为"对话框，如图 0-4-13 所示。在该对话框内的"保存类型"下拉列表框中选择"Animate 文档（*.fla）"选项或"Animate 未压缩文档（*.xfl）"选项，将动画存储为扩展名为 .fla 的 Animate 文档或扩展名为 .xfl 的 Animate 未压缩文档。如果要再次保存修改后的 Animate 文档，可以单击"文件"→"保存"命令。如果要以其他名字保存，可以单击"文件"→"另存为"命令。

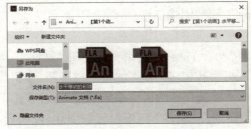

图 0-4-13 "另存为"对话框

2．关闭 Animate 文档和退出 Animate CC 2017

（1）关闭 Animate 文档窗口：单击"文件"→"关闭"命令或单击 Animate 文档标签内右边的"关闭"按钮▨。如果在此之前没有保存动画文件，会弹出一个提示框，提示是否保存文档。单击"是"按钮，即可保存文档，然后关闭 Animate 文档窗口。

单击"文件"→"全部关闭"命令，可以关闭所有打开的 Animate 文档。

（2）退出 Animate：单击"文件"→"退出"命令或单击 Animate CC 2017 界面窗口右上角的▨按钮。如果在此之前还有未关闭的修改过的 Animate 文档，则会弹出提示框，提示是否保存文档。单击"是"按钮，即可保存文档，并关闭 Animate 文档窗口。然后，退出 Animate CC 2017。

0.4.4　Animate CC 2017 帮助

单击图 0-1-2 所示中文 Adobe Animate CC 2017 欢迎屏幕内右边"简介"和"学习"栏内的文字按钮，可以打开 Adobe 公司提供的帮助网页，可供读者查询各种帮助信息（是英文文字帮助信息）。

单击 Animate CC 2017 工作界面内菜单栏中的"帮助"→"Animate 帮助"命令，打开"Adobe 帮助"网站的"Adobe Animate 学习和支持"网页，如图 0-4-14 所示。利用该网站提供的强大的信息，可以获得很多帮助，了解很多概念，掌握很多解决问题的操作方法。该"Adobe 帮助"网站的使用方法简介如下：

图 0-4-14　"Adobe Animate 学习和支持"网页

1．链接文字

在网站各网页内有很多的链接文字，单击链接文字，可以打开相应的网页。例如，单击图 0-4-14 所示"Adobe Animate 学习和支持"网站页面内的蓝色链接文字"新增功能"，即可打开"Animate 新增功能"网页，如图 0-4-15 所示。

图 0-4-15　"Animate 新增功能"网页

2. 菜单命令

在网页内上边 An 一行是主菜单，其内有四个主菜单命令和一个"购买"按钮或"立即购买"按钮。单击该菜单栏内的主菜单命令，即可打开相应的网页。例如，单击菜单栏内的 ADOBE ANIMATE 命令，可以打开"崭新的动画时代"网页，如图 0-4-16 所示。利用该网页可以试用或购买各种制作动画的方法和技巧。

在该网页内，单击主菜单中的菜单命令，又可以切换到其他网页。例如，单击"学习和支持"菜单命令，可以打开图 0-4-14 所示的"Adobe Animate 学习和支持"页面。单击该页面内"开始使用"、"教程"或"用户指南"三个矩形框内，可以打开相应的网页。例如，单击"用户指南"矩形框内，可以打开"欢迎使用 Animate 用户指南"网页，如图 0-4-17 所示。

图 0-4-16 "崭新的动画时代"网页

图 0-4-17 "欢迎使用 Animate 用户指南"网页

3. "主题"栏

网页左边往往有一个"主题"栏，就像 Word 中左边的目录栏，如图 0-4-17 所示。单击其内的主题文字，即可将右边栏切换到相应的内容。例如，在图 0-4-17 所示"欢迎使用 Animate 用户指南"网页的"主题"栏中，单击"Animate 简介"主题文字，主题文字左边的"展开"箭头 ＞ 即可变为"收缩"箭头 ＞，同时展开"Animate 简介"主题内的所有命令。单击选中"主题"栏内的"Animate 系统要求"命令，即可将右边栏的内容切换到"Animate 系统要求"的主题内容，即介绍"Animate 系统要求"的文字，如图 0-4-18 所示。

图 0-4-18 "Animate 系统要求"网页

再如，单击选中"主题"栏中内"工作区和工作流"→"使用 Animate 的舞台和工具面板"主题文字，即可将右边栏的内容切换到"使用 Animate 的舞台和工具面板"主题文字，如图 0-4-19 所示。

第 0 章 绪言

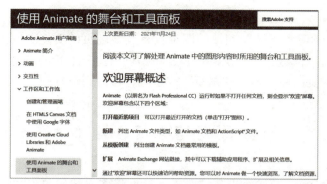

图 0-4-19 内容切换到"使用 Animate 的舞台和工具面板"主题文字内容

4．展开与收缩文字

在图 0-4-14 所示"Adobe Animate 学习和支持"网页内有一些疑问句文字的左边有一个蓝色箭头 ，单击该按钮或文字，会展开相应问题的简要说明文字。例如，单击"我可以下载 Animate 的试用版吗？"文字，则在它下边会显示相应的文字解释，如图 0-4-20 所示。在展开问题的简要说明文字后，"展开"箭头 会变为"收缩"箭头 。单击"收缩"箭头 ，可以将展开的问题简要说明文字收缩，"收缩"箭头 会变为"展开"箭头 。

图 0-4-20 展开问题的简要说明文字

5．搜索信息

在有图标 的文本框（例如图 0-4-17 所示"欢迎使用 Animate 用户指南"网页）中输入要搜索的信息文字，再单击图标 ，即可切换到相应的"搜索"网页。例如，在有图标 的文本框中输入"如何使用库"，再单击图标 ，即可切换到与"如何使用库"相关的"搜索"网页，如图 0-4-21 所示。在网页内的列表框中会自动列出与要搜索内容相关的一些内容的蓝色标题和内容简介文字。拖动列表框左边的滑块，可以浏览更多内容。

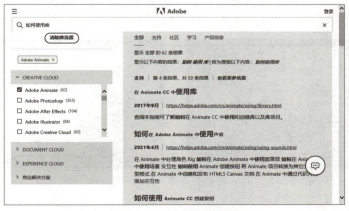

图 0-4-21 "搜索"网页

6. 网页操作

"Adobe Animate 学习和支持"网站的网页具有其他网页的功能。例如，单击网页内左上角的"前进"按钮➡️，可以前进到下一层的网页；单击网页内左上角的"返回"按钮⬅️，可以回到上一层的网页；单击网页内左上角的"刷新"按钮↻，可以刷新打开的网页。

●●●● 思考与练习 0-4 ●●●●

1. 新建一个舞台工作区宽为 600 像素，高为 400 像素，帧频为 12 帧/秒，背景色为浅蓝色的 Animate 文档。再以名称 AM-1.fla 保存。将舞台工作区宽更改为 80 cm，高更改为 50 cm，再以名称 AM-2.fla 保存。

2. 打开 Animate 文档 AM-1.fla，导入一幅风景图像，将该图像调整为和舞台工作区同样的大小，然后再保存该 Animate 文档。

3. 打开 Animate 文档 AM-2.fla，导入另一幅风景图像到"库"面板内，再将"库"面板内的各图像元素导入舞台工作区，调整该图像的大小和位置，使它刚好将整个舞台工作区完全覆盖。然后，以名称 AM-3.fla 保存该 Animate 文档。

4. 打开 Animate 文档 AM-1.fla，使用工具箱中的"任意变形工具"▦调整图像的大小和位置。

5. 打开"Adobe 帮助"网站的"Adobe Animate 学习和支持"网页，在该网页查询关于"库"面板中元件有几种类型，这些元件各有什么样的特点。

●●●● 0.5 简单动画的制作、播放和导出 ●●●●

0.5.1 制作"水平移动的彩球"动画

"水平移动的彩球"影片播放后，在一幅图像框架内有一幅风景图像，在风景图像之上，一个绿色彩球从图像框架的左边框开始从左向右水平移动，撞击到图像框架右边框后，再从右向左水平移动，碰撞到左边框后又重复前面的移动。在绿色彩球撞击图像框架右边框后，背景图像会自动切换为另一幅风景图像。"彩球跳跃"影片播放后的两幅画面如图 0-5-1 所示。

图 0-5-1 "水平移动的彩球"影片播放后的两幅画面

该动画的制作方法如下：

1. 制作框架图像

（1）启动 Animate CC 2017 软件，单击"文件"→"新建"命令，弹出"新建文档"对话框，切换到"常规"选项卡，按照图 0-4-1 所示进行属性设置。单击"确定"按钮，新建一个空的 Animate 文档。

（2）如果要修改 Animate 文档的属性，可以单击"修改"→"文档"命令，弹出"文档设置"对话框，设置舞台大小的宽为 550 像素，高为 400 像素，设置背景色为默认的白色，设置帧频为 24 帧/秒，如图 0-4-2 所示。然后，单击该对话框内的"确定"按钮，完成文档属性的设置。

（3）单击时间轴"图层 1"图层中的第 1 帧，单击"文件"→"导入"→"导入到舞台"命令，弹出"导入"对话框。在"查找范围"下拉列表框内选择保存图像文件的文件夹，在该文件夹内单击选中"框架 1.jpg"图像文件，如图 0-4-4 所示。单击该对话框内的"打开"按钮，将选中的"框架 1.jpg"图像导入到舞台工作区内。

（4）单击选中该图像，在其"属性"面板内的"宽"和"高"文本框内分别输入 550 和 400，在 X 和 Y 文本框内均输入 0，如图 0-5-2 所示。"框架 1.jpg"图像刚好将整个舞台工作区完全覆盖，如图 0-5-3 所示。

图 0-5-2 "属性"面板

（5）单击"视图"→"标尺"命令，使该命令左边出现一个对钩✓ 标尺(R)，在舞台工作上边和左边显示标尺。单击"选择工具"按钮，从上边标尺向舞台内拖动，在垂直标尺 275 像素处显示一条水平参考线，如图 0-5-3 所示。

（6）双击"图层 1"图层名称，进入它的编辑状态，将该图层的名称改为"框架"。

图 0-5-3 "框架 1.jpg"图像

2. 制作背景图像

（1）单击时间轴内的"新建图层"按钮，在"框架"图层之上添加一个"图层 1"图层，将"图层 1"图层的名称改为"图像"。单击选中"图像"图层中的第 1 帧。

（2）单击"文件"→"导入"→"导入到库"命令，弹出"导入到库"对话框，在"查找范围"下拉列表框内选择保存图像文件的文件夹，按住【Ctrl】键，单击选中"风景 1.jpg"和"风景 2.jpg"图像文件，如图 0-5-4 所示。单击"打开"按钮，将选中的两幅图像导入到"库"面板内。

图 0-5-4 "导入到库"对话框

（3）单击选中"图像"图层中的第 1 帧，将"库"面板内的"风景 1.jpg"图像拖动到框架内，在其"属性"面板内，在"宽"和"高"文本框内分别输入 500 和 350，在 X 和 Y 文本框内均输入 25。第 1 帧画面如图 0-5-5 所示。也可以使用工具箱中的"任意变形工具" 调整图像的大小和位置，使第 1 帧内的图像刚好与框架内框重合，画面如图 0-5-5 所示。

（4）单击"框架"图层中的第 80 帧，按【F5】键，或者单击"插入"→"时间轴"→"帧"命令，使"框架"图层第 1～80 帧内容一样。

（5）单击选中"图像"图层第 41 帧，单击"插入"→"时间轴"→"空白关键帧库"命令或者按【F7】键，在第 41 帧处插入一个空白关键帧。将"库"面板内的"风景 2.jpg"图像拖动到框架内，使用工具箱中的"任意变形工具" 调整图像的大小和位置，使第 41 帧内图像刚好与框架内框重合，如图 0-5-6 所示。

图 0-5-5　第 1 帧画面

图 0-5-6　第 41 帧画面

（6）单击选中"图像"图层中的第 80 帧，按【F5】键，使"框架"图层第 41～80 帧内容一样。也可以右击"图像"图层第 80 帧，弹出帧快捷菜单，单击该菜单内的"插入帧"命令，使"框架"图层第 41～80 帧内容一样。

3．绘制彩球移动动画

（1）在"图像"图层之上添加一个"图层 1"图层，将"图层 1"图层的名称改为"彩球"。单击选中"彩球"图层中的第 1 帧。

（2）单击"笔触颜色"图标 ，打开笔触默认色板，单击其中的"无颜色"按钮 ，如图 0-5-7 所示，使绘制的圆形图形没有轮廓线。

（3）单击工具箱内的"填充颜色"图标 ，打开填充默认色板。单击该默认色板左下边第四个图标 ，如图 0-5-8 所示。单击按下工具箱内的"椭圆工具"按钮 ，确定使用"椭圆工具"。将鼠标指针移到图像的左边中间处，按住【Shift】键，同时拖动鼠标，绘制一个绿色立体彩球，如图 0-5-9（a）所示。

（4）单击工具箱内的"颜料桶工具"按钮 ，再单击绿色立体彩球内左上角，使绿色立体彩球内的亮点偏移，以使绿色立体彩球的立体感更强，如图 0-5-9（b）所示。

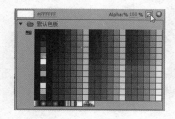
图 0-5-7　笔触色板

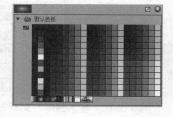
图 0-5-8　填充色板

（a）

（b）

图 0-5-9　绿色立体彩球

（5）单击"选择工具"按钮，右击"彩球"图层中的第 1 帧，弹出帧快捷菜单，再单击"创建传统补间"命令，按【F6】键，使该帧具有传统补间动画属性。

（6）单击"彩球"图层中的第 80 帧，按【F6】键，创建第 1～80 帧的传统补间动画。此时，第 80 帧单元格内出现一个实心的圆圈，表示该单元格为关键帧；第 1～80 帧的单元格内会出现一条水平指向右边的箭头，表示动画制作成功。第 1 帧和第 80 帧的画面如图 0-5-10 所示。

（7）单击"彩球"图层第 41 帧，按【F6】键，创建一个关键帧。单击该帧的绿色彩球，按住【Shift】键，水平拖动绿色彩球到框架右边框的参考线处，如图 0-5-11 所示。

图 0-5-10　动画第 1 帧和第 80 帧画面　　　　图 0-5-11　动画第 41 帧画面

（8）单击"文件"→"另存为"命令，弹出"另存为"对话框。利用该对话框将 Animate 文档以名字"水平移动的彩球.fla"保存在"【第 1 个动画】水平移动的彩球"文件夹内。

至此，"水平移动的彩球"动画制作完毕。按【Ctrl+Enter】组合键，即可观看影片播放。"水平移动的彩球"动画的时间轴如图 0-5-12 所示。

图 0-5-12　"水平移动的彩球"动画的时间轴

0.5.2　动画的播放

1. 播放动画的方法

单击"控制"菜单内的命令，可以执行各"控制"命令，来播放与测试 Animate 影片；也可以使用时间轴内的影片播放器来播放与测试 Animate 影片。

（1）使用影片播放器播放：打开时间轴，其内下边有一个影片播放器，它由五个播放控制按钮组成，如图 0-5-13 所示。将鼠标指针移到播放控制按钮之上，会显示相应的名称和快捷键。单击"播放"按钮（快捷键是【Enter】），即可在舞台工作区内播放影片；单击"暂停"按钮，可使正在播放的影片暂停播放；单击"转到第一帧"按钮，可使播放头回到第 1 帧；单击"转到最后一帧"按钮，可使播放头回到最后一帧；单击"后退一帧"按钮，可使播放头后退一帧；单击"前进一帧"按钮，可使播放头前进一帧。

（2）使用"控制"命令：单击主菜单内的"控制"命令，可以打开"控制"菜单，如图 0-5-14 所示。单击"控制"菜单内上边三栏中的不同命令，可以完成相应的影片播放任务。

◎ 单击该菜单内的"播放"命令或按【Enter】键，可以在舞台窗口内播放该影片。对于有影片剪辑实例的影片，采用这种播放方式不能够播放影片剪辑实例。同时"播放"命令改为"停止"命令。

单击"控制"→"停止"命令或按【Enter】键，即可使舞台窗口内播放的影片暂停播放，同时"停止"命令改为"播放"命令。再单击"控制"→"播放"命令或按【Enter】键，影片又可以从暂停处继续播放。

图 0-5-13　影片播放器　　　　　图 0-5-14　"控制"菜单

◎ 单击"控制"→"测试"命令或按【Ctrl+Enter】组合键，可以在播放窗口内播放影片。单击播放窗口右上角的"关闭"按钮，可以关闭播放窗口。可以循环依次播放影片的各个场景。

◎ 单击"控制"→"测试场景"命令或按【Ctrl+Alt+Enter】组合键，可以循环播放当前场景。

◎ 第一栏内的"后退"和"转到结尾"命令用来控制影片的播放帧（即时间轴内的"播放指针"指示的帧）是在第 1 帧还是在最后一帧。第二栏内的"前进一帧"和"后退一帧"命令用来控制影片的播放帧是向前一帧还是向后一帧。

2．播放动画方式的设置

（1）单击"控制"→"测试影片"命令，打开"测试影片"菜单，如图 0-5-15 所示。单击选中"控制"→"测试影片"→"在浏览器中"命令，可以设置在浏览器中播放影片。单击选中"控制"→"测试"→"在 Animate 中"命令，可以设置在 Animate 播放窗口内播放影片。

（2）舞台工作区循环播放：单击选中"控制"→"循环播放"选项，使该菜单选项左边出现对钩，可以设置循环播放。以后，可单击"控制"→"播放"命令或按【Enter】键，或者使用"控制器"面板的影片播放键进行循环播放（均为在舞台工作区内的影片播放）。

（3）播放所有场景：单击选中"控制"→"播放所有场景"选项，使该菜单选项左边出现对钩，以后可以设置播放所有场景。

（4）单击选中"控制"→"启用简单按钮"选项，可以设置在舞台工作区内播放时启用按钮的动作和交互效果。单击选中"控制"→"静音"选项，可以设置在舞台工作区内播放时静音。

3．预览模式设置和动画翻转帧

（1）预览模式设置：为了加速显示过程或改善显示效果，可以在"预览模式"菜单中选择有关图形质量的选项。图形质量越好，显示速度越慢；如果要显示速度快，可降低显示质量。单击"视图"→"预览模式"命令，打开"预览模式"菜单，如图 0-5-16 所示。其内有"轮廓"、"高速显示"、"消除锯齿"、"消除文字锯齿"和"整个"命令，相应的播放速度依次变慢，图形质量依次提高。单击"预览模式"菜单内的"整个"命令，可以设置完全呈现舞台上的所有内容。

（2）动画翻转帧：是指使起始帧变为终止帧，终止帧变为起始帧。选中一段动画的所有帧（按住【Shift】键，单击一段动画时间轴内的起始帧和终止帧，使这段动画帧变为浅绿色），可以包括多个图层，然后将鼠标指针移到这段选中的动画帧之上右击，弹出帧快捷菜单，单击该快捷菜单中的"翻转帧"命令。

图 0-5-15 "测试影片"菜单　　　　图 0-5-16 "预览模式"菜单

4．Adobe Animate Player

Adobe Animate Player 是一个独立的应用程序，它的名字是 AnimatePlayer.exe 或 FlashPlayer.exe。使用 Adobe Animate Player 可以播放 SWF 格式的影片文件。

在"C:\Program Files\Adobe\Adobe Animate CC 2017\Players"目录下，可以找到 AnimatePlayer.exe 或 FlashPlayer.exe 文件。双击 AnimatePlayer.exe 或 FlashPlayer.exe 图标，可以打开 Adobe Animate Player 或 Adobe Flash Player 播放器。

0.5.3　Animate 动画的导出

1．Animate 动画的导出

（1）导出动画：单击"文件"→"导出"→"导出动画"命令，弹出"导出动画"对话框。在该对话框中选择文件保存类型，输入文件名，单击"保存"按钮，即可将整个动画保存为 SWF 文件或 GIF 格式动画文件，或者图像序列文件等，还可以导出动画中的声音。声音的导出要考虑声音的质量与输出文件的大小。声音的采样频率和位数越高，声音的质量也越好，但输出的文件也越大。压缩比越大，输出的文件越小，但声音的音质越差。

（2）导出图像：单击"文件"→"导出图像"命令，弹出"导出图像"对话框，它与"导出动画"对话框相似，只是"保存类型"下拉列表框中的文件类型只有图像文件的类型。利用该对话框，可将动画当前帧保存为扩展名为 .swf、jpg、gif、bmp 等的图像文件。选择文件的类型不一样，则单击"保存"按钮后的效果也会不一样。

（3）导出所选内容：选中动画中的一个对象、对象所在的帧或动画所有帧，单击"文件"→"导出所选内容"命令，弹出"导出图像"对话框，它与"导出动画"对话框相似，只是"保存类型"下拉列表框中的文件类型是 Adobe FXG。利用该对话框，可以将所选内容（动画对象）保存为扩展名为 .fxg 的文件。以后可以通过单击"文件"→"导入"→"××××"命令，将保存的对象导入到舞台和"库"面板内。

2．Animate 动画的发布设置

单击"文件"→"发布设置"命令，弹出"发布设置"对话框，如图 0-5-17 所示。利用该对

话框，可以设置发布文件的格式、播放器目标和脚本版本等。本教程中的案例，通常都在"目标"下拉列表框中设置 Animate Player 23 选项，设置播放器版本为 Animate Player 23；在"脚本"下拉列表框内选择 ActionScript 3.0 选项，如图 0-5-17 所示。

在左边"发布"栏内选中复选框，即可确定一种发布文件的格式；选中一个选项，即可进行针对该格式文件的设置。进行设置后，单击"发布"按钮，即可发布选定格式的文件。单击"确定"按钮，即可关闭该对话框，完成发布设置，但不进行发布。

3．导出影片、视频和图像

（1）导出影片：单击"文件"→"导出"→"导出影片"命令，弹出"导出影片"对话框，如图 0-5-18 所示。在该对话框内"保存类型"下拉列表框中选择文件保存的类型（这里选择"SWF 影片"），在"文件名"文本框中输入文件名，单击"保存"按钮，即可将整个动画保存为 SWF 影片、JPEG 序列、GIF 序列、PNG 序列等。

图 0-5-17 "发布设置"对话框

图 0-5-18 "导出影片"对话框

（2）导出视频：单击"文件"→"导出视频"命令，弹出"导出视频"对话框，如图 0-5-19 所示。利用该对话框可以设置导出视频的大小、设置视频播放停止位置或事件。单击其内的"浏览"按钮，弹出"选择导出目标"对话框，它与图 0-5-18 所示的"导出影片"对话框相似，只是"保存类型"下拉列表框中的文件类型只有 Quick Time Movie（*.mov）。单击"保存"按钮，关闭"选择导出目标"对话框，回到图 0-5-19 所示"导出视频"对话框。单击该对话框内的"导出"按钮，即可将动画保存为相应类型的视频文件。

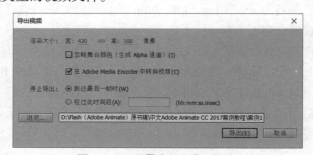

图 0-5-19 "导出视频"对话框

（3）导出图像（旧版）：单击"文件"→"导出图像（旧版）"命令，弹出"导出图像（旧版）"对话框，它与图 0-5-18 所示的"导出影片"对话框相似，只是可选的文件类型只有 .swf、.jpeg、.gif、.png。利用该对话框，可将动画当前帧画面保存为扩展名为"保存类型"下拉列表框中选中格式的图像文件。选择文件的类型不一样，则单击"保存"按钮后的效果也会不一样。

（4）导出图像：单击"文件"→"导出图像"命令，弹出"导出图像"对话框，如图 0-5-20 所示。利用该对话框可以对图像进行优化处理，然后单击"保存"按钮，弹出"另存为"对话框，它和单击"文件"→"导出图像（旧版）"命令，弹出的"导出图像（旧版）"对话框基本一样。

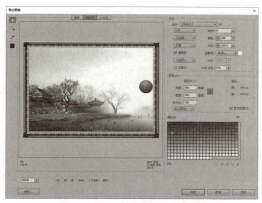

图 0-5-20 "导出图像"对话框

（5）导出动画 GIF：单击"文件"→"导出图像"命令，弹出"导出图像"对话框，该对话框与图 0-5-20 所示的"导出图像"对话框基本一样。利用该对话框可以导出经优化、改变大小等处理后的 GIF 格式动画。

●●●● 思考与练习 0-5 ●●●●

1. 制作一个"彩球垂直移动"动画，该影片播放后，两个不同颜色的彩球在不同位置垂直上下来回移动，背景是一幅风景图像。尝试用不同的方法播放该动画。

2. 制作一个"彩球碰撞"动画，该影片播放后，一个绿色彩球在一幅风景图像之上，从左向右水平移动，同时一个绿色彩球也在该图像之上，从右向左水平移动，它们在一条水平线上。两个彩球相互碰撞后，再分别从右向左和从左向右，沿着原来的路径水平移到起始位置。其中的两幅画面如图 0-5-21 所示。

图 0-5-21 "彩球碰撞"影片播放后的两幅画面

3. 制作一个"彩球转圈移动"动画,该影片播放后,一个蓝色立体彩球沿着一个矩形轮廓线转圈移动。

4. 制作一个"四彩球碰撞"动画,该影片播放后,两个不同颜色的彩球沿着一条水平线来回水平碰撞移动。

0.6 教学方法和课程安排

本书采用案例带动知识点学习的方法进行讲解,通过学习实例掌握软件的操作方法和操作技巧,以及程序设计方法和设计技巧。本书以一节(相当于1~4课时)为一个单元,对知识点进行细致的取舍和编排,按节细化知识点,并结合知识点介绍相关实例,使知识和实例相结合。除第0章外,每节均由"案例描述"、"操作方法"、"相关知识"和"思考与练习"四部分组成。"案例描述"中介绍本案例所要达到的效果和主要学习的知识和技术;"操作方法"中介绍案例的制作方法和技巧;"相关知识"中介绍与本案例有关的知识;"思考与练习"中的习题作为课外练习,并结合"相关知识"完成总结和提高。

在教学中,可以先通过播放案例,同时介绍案例的效果,介绍通过学习本案例可以掌握的主要知识和技术;再边进行案例制作,边学习相关知识和技巧。以后,根据教学的具体情况(主要是学生学习情况),可以按照前面的方法进行教学;可以让学生按照教材介绍进行操作和自学;可以让学生按照自己的方法操作完成,再与教材中介绍的方法对照;可以组成两人小组共同制作;也可以作为课外练习。

在一节的教学完成后,可以根据学习情况,由学生自己或教师进行评测并给出这一节学习的成绩。在一章的教学完成后,完成综合实训,最后可以根据各节学习和综合实训的完成情况,由学生自己或教师进行评测并给出这一章的学习成绩。

表0-6-1提供了一种课程安排,仅供参考。总学时72学时,每周4学时,共18周。

表0-6-1 课程安排及学时分配

周序号	章 节	教 学 内 容	学 时
1	第0章	中文Animate CC 2017工作区的基本操作、Animate文档的基本操作、时间轴基本操作、动画基本操作、元件与实例的创建和使用等	4
2	第1章 1.1~1.5	多个对象操作,对象变形操作,场景	4
3	第2章 2.1~2.4	设置和调整填充,设置笔触和绘制线,绘制线条、编辑填充和线条,绘制几何图形等	4
4	第3章 3.1~3.2	绘制和修改矢量图形,绘图模式与合并对象	4
5	第3章 3.3	使用喷涂刷和Deco工具绘图,创建3D效果	4
6	第4章 4.1~4.5	导入和编辑位图、音频与视频,图像分离,编辑分离的图像,文本属性设置,创建和编辑文本	4
7	第5章 5.1~5.3	Animate动画特点和传统补间动画,引导动画的制作	4

续表

周序号	章　节	教　学　内　容	学　时
8	第6章 6.1～6.2	创建和编辑补间动画，"动画编辑器"面板使用	4
9	复习和期中考试	复习，期中上机考试，当堂制作几个 Animate 作品	4
10	第6章 6.3～6.4	创建和编辑补间形状动画的基本方法	4
11	第7章 7.1～7.4	创建和应用遮罩层，添加和编辑 IK 骨架，骨架运动设计	4
12	第8章 8.1～8.3	创建按钮，实例"属性"面板，"动作"面板和事件，"时间轴控制"全局函数和点操作符与关键字，ActionScript 基础，三种文本和"影片剪辑控制"全局函数，分支语句	4
13	第8章 8.4～8.5	数学（Math）对象和其他函数，循环语句，"浏览器/网络"函数和 with 语句，"其他"全局函数	4
14	第9章 9.1～9.3	面向对象编程、字符串、数组、声音对象	4
15	第9章 9.4～9.6	时间、颜色、键盘和鼠标对象	4
16	第10章 10.1～10.2	组件简介、ScrollPane、UIScrollBar、RadioButton、CheckBox、Button 和 Label 组件，更改 Label 标签实例的外观	4
17	第10章 10.3～10.4	ComboBox、List、TextInput、TextArea 和 DateChooser 等组件	4
18	复习和期末考试	复习，期末上机考试，当堂制作几个 Animate 作品	4

第 1 章　基本操作和场景

本章通过五个案例,介绍舞台工作区的网格、标尺和辅助线,对象的基本操作、帧的基本操作、精确调整对象大小与位置,以及对象形状的调整和有关场景等知识。

1.1　【案例 1】鲜花图像移动切换

1.1.1　案例描述

"鲜花图像移动切换"动画(或影片)播放后,首先看到,在立体框架内有第一幅图像;接着第二幅图像在框架内从右向左水平移动,逐渐将第一幅图像覆盖;再接着第三幅图像在框架内从上向下垂直移动,逐渐将第二幅图像覆盖。该动画播放中的三幅画面如图 1-1-1 所示。

图 1-1-1　"鲜花图像移动切换"动画播放中的三幅画面

1.1.2　操作方法

1. 绘制矩形框架

(1)单击"文件"→"新建"命令,弹出"新建文档"对话框的"常规"选项卡,设置舞台工作区宽为 400 像素,高为 300 像素,背景为白色,单击"确定"按钮,新建一个 Animate 文档。再单击"修改"→"文档"命令,弹出"文档设置"对话框,利用该对话框可以修改文档属性。

(2)单击"文件"→"另存为"命令,弹出"另存为"对话框。在"保存类型"下拉列表框中选择"Animate 文档"选项,选择"【案例 1】鲜花图像移动切换"文件夹,输入"鲜花图像移动切换 .fla"名称,单击"保存"按钮,将该动画保存为 Animate 文档。

(3)单击"视图"→"辅助线"→"编辑辅助线"命令,弹出"辅助线"对话框,如图 1-1-2 所示。单击"颜色"色块,打开一个颜色面板,如图 1-1-3 所示。单击其中的红色色块,设置参考线的颜色为红色。其他设置如图 1-1-2 所示。单击"确定"按钮。

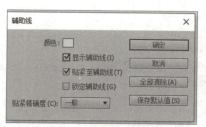

图 1-1-2 "辅助线"对话框

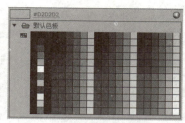

图 1-1-3 颜色面板

（4）单击"视图"→"网格"→"显示网格"命令，使该命令左边出现对钩，在舞台工作区显示网格。

（5）单击"视图"→"标尺"命令，使该命令左边出现对钩，在舞台工作区上边和左边添加标尺。单击"选择工具"按钮，两次从左边的标尺栏向舞台工作区拖动，产生两条垂直的辅助线，再两次从上边的标尺栏向舞台工作区拖动，产生两条水平辅助线，围成宽为 370 像素、高为 270 像素的矩形，如图 1-1-4 所示，用来给矩形图形定位。

（6）单击"矩形工具"按钮，单击工具箱内"颜色"栏中的"笔触颜色"图标，打开其笔触颜色面板，单击该面板内的"无颜色"按钮，使绘制的矩形图形没有轮廓线。

（7）单击"颜色"栏中的"填充色"按钮，打开填充颜色面板，单击填充颜色面板内的绿图标，设置填充色为绿色。如果工具箱内"选项"栏中的"对象绘制"按钮处于按下状态，则单击该按钮。然后，沿舞台工作区边缘拖动，绘制一幅绿色矩形图形。

（8）单击"矩形工具"，单击"颜色"栏中的"笔触颜色"图标，打开笔触颜色面板。单击其中的深绿色图标，设置矩形轮廓线颜色为深绿色。在其"属性"面板内的"笔触"数值框中输入"2"，设置轮廓线粗为 2 磅。

（9）单击"颜色"栏中的"填充色"按钮，打开它的颜色面板，再单击"无颜色"按钮，使绘制的图形无填充。沿着四条辅助线拖动绘制一个金色矩形。

（10）使用"选择工具"单击选中金色矩形框内的绿色图形，图形上会蒙上一层白点，如图 1-1-5 所示。按【Delete】键，删除选中图形，形成绿色矩形框架，如图 1-1-6 所示。

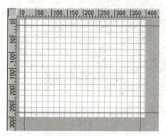

图 1-1-4 四条辅助线

图 1-1-5 选中绿色图形

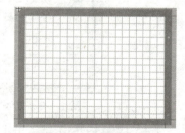

图 1-1-6 绿色矩形框架

2．制作立体框架

（1）使用"选择工具"，单击舞台工作区，单击文档的"属性"面板"发布"栏内的"目标"按钮，打开其下拉列表，选中其中的 Flash Player 23 选项，如图 1-1-7 所示。

（2）选中整个矩形框架图形，单击"修改"→"转换为元件"命令，弹出"转换为元件"对话框，如图 1-1-8 所示。在"类型"下拉列表框内选择"影片剪辑"选项，单击"确定"按钮，将选中的矩形框架图形转换为"元件1"影片剪辑元件的实例。

图1-1-7 "属性"面板

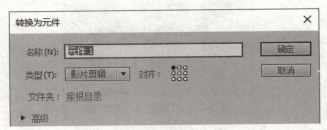
图1-1-8 "转换为元件"对话框

（3）选中刚刚创建的影片剪辑元件的实例，单击"滤镜"栏的"展开"按钮▶，展开"滤镜"栏，如图0-4-9所示。单击"滤镜"栏内的"添加滤镜"按钮，打开滤镜菜单，如图0-4-10所示。单击该菜单中的"斜角"命令，"属性"面板设置如图0-4-9所示，影片剪辑实例（矩形框架图形）变成立体状，如图1-1-9所示。

3．导入图像

（1）单击"文件"→"导入"→"导入到库"命令，弹出"导入到库"对话框。按住【Ctrl】键，单击选中"【案例1】鲜花图像移动切换"文件夹内的"鲜花1.jpg""鲜花2.jpg""鲜花3.jpg"文件。单击"打开"按钮，将选中的三幅图像导入到"库"面板内。

（2）使用"选择工具"双击"图层1"图层名称，进入它的编辑状态，将图层名称改为"框架"。单击时间轴内的"新建图层"按钮，在"框架"图层之上添加一个"图层1"图层，将该图层的名称改为"鲜花1"。

（3）单击选中"鲜花1"图层中的第1帧，将"库"面板内的"鲜花1.jpg"图像拖动到框架内，在其"属性"面板的"宽"和"高"文本框中分别输入370和270，在X和Y文本框内输入15。第1帧画面如图1-1-10所示。

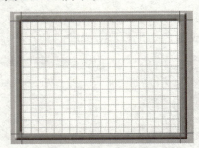
图1-1-9 立体状框架图形

图1-1-10 "鲜花1"图层第1帧画面

（4）按住【Ctrl】键，单击选中"框架"图层中的第100帧和"鲜花1"图层中的第100帧，按【F5】键，使"框架"图层和"鲜花1"图层的第1~100帧内容一样。

（5）在"鲜花1"图层之上添加一个图层，将该图层的名称改为"鲜花2"。单击选中"鲜花2"图层中的第1帧，将"库"面板内的"鲜花2.jpg"图像拖动到框架右边。

（6）在其"属性"面板的"宽"和"高"文本框内分别输入370和270，在X文本框内输入400，Y文本框内输入15，"鲜花2"图层第1帧内"鲜花2.jpg"图像精确移到框架图像的右边。此时，第1帧画面如图1-1-11所示。

图 1-1-11　第 1 帧画面

（7）在"鲜花 2"图层之上添加一个图层，将该图层的名称改为"鲜花 3"。单击选中该图层中的第 51 帧，右击选中的帧，弹出帧快捷菜单，单击该菜单内的"插入空白关键帧"命令，或者按【F7】键，创建一个空白关键帧。

（8）单击选中"鲜花 3"图层中的第 51 帧，将"库"面板内的"鲜花 3.jpg"图像拖动到框架下边。在其"属性"面板的"宽"和"高"文本框内分别输入 370 和 270，在 X 文本框内输入 15，Y 文本框内输入 300。此时，第 51 帧画面如图 1-1-12 所示。

4．制作图像水平移动动画

（1）右击"鲜花 2"图层中的第 1 帧，弹出帧快捷菜单，单击其内的"创建传统补间"命令，使选中的第 1 帧为传统补间帧。单击选中"鲜花 2"图层中的第 50 帧，按【F6】键（相当于右击

图 1-1-12　第 51 帧画面

选中帧，弹出帧快捷菜单，单击其内的"插入关键帧"命令），创建第 1～50 帧的传统补间动画。

（2）单击"鲜花 2"图层中的第 50 帧，单击该帧的"鲜花 2"图像，按住【Shift】键，水平向左拖动该图像到框架内，在其"属性"面板内调整 X 和 Y 文本框值分别为 200 和 150，使图像的中心位于舞台工作区的中心处。此时，第 50 帧画面如图 1-1-13 所示。

（3）单击选中"鲜花 2"图层第 50 帧，右击弹出帧快捷菜单，单击该菜单内的"删除补间"命令，使"鲜花 2"图层中的第 51～100 帧各帧中的小点消失。

按【Enter】键，可以看到"鲜花 2"图像从右向左水平移动，最后将"鲜花 1"图像覆盖。在图像移动时会将框架右边缘覆盖，效果不好。为了解决该问题，可以使用遮罩技术。

（4）在"鲜花 2"图层的上边创建一个名称为"遮罩"的图层。单击选中"遮罩"图层第 1 帧。单击工具箱内的"矩形工具"按钮，设置为没有轮廓线，填充色为黑色。在框架内拖动绘制一幅与"鲜花 2"图像大小和位置完全一样的黑色矩形，如图 1-1-14 所示。

图 1-1-13 第 50 帧画面　　　　　　图 1-1-14 "遮罩"图层第 1 帧绘制的黑色矩形

（5）右击"遮罩"图层，弹出它的图层快捷菜单，再单击"遮罩层"命令，将"遮罩"图层设置为遮罩图层，"鲜花 2"图层向右缩进，成为被遮罩图层。

这时按【Enter】键，可以看到"鲜花 2"图像从右向左水平移动，遮罩图层黑色矩形对于移动的"鲜花 2"图像是完全透明的，"鲜花 2"图像的移动过程完全显示出来，但是在遮罩图层黑色矩形外边的"鲜花 2"图像却被遮挡住而不显示。

5. 制作图像垂直移动动画

（1）将"遮罩"图层上边的"鲜花 3"图层向下拖动到的"遮罩"图层右下面，"鲜花 3"图层自动成为"遮罩"图层的被遮罩图层。然后，单击"遮罩"图层中的 👁 图标，使该图标 👁 变为 ✕ 图标，将"遮罩"图层隐藏。

（2）右击"鲜花 3"图层中的第 51 帧，弹出帧快捷菜单，单击帧快捷菜单中的"创建补间动画"命令。此时，该帧具有了补间动画的属性，该帧到第 100 帧背景为浅蓝色。单击选中"鲜花 3"图层中的第 100 帧，按【F6】键，使第 100 帧成为补间动画关键帧，创建第 51～100 帧的补间动画。

（3）单击工具箱内的"选择工具" ▶，再单击"鲜花 3"图层中的第 100 帧，按住【Shift】键，垂直向上拖动该帧内的"鲜花 3"图像到框架内部，在其"属性"面板内调整 X 和 Y 文本框的值为 15。"鲜花 3"图层第 100 帧的画面如图 1-1-15 所示。

（4）单击"鲜花 3"图层中的第 51 帧，该帧的画面如图 1-1-16 所示。可以清楚地看到从第 51 帧"鲜花 3"图像中心点处到第 100 帧该图像中心点处有一条浅蓝色的垂直直线，它表示"鲜花 3"图像的垂直移动路径。

图 1-1-15 第 100 帧画面　　　　图 1-1-16 第 51 帧画面

(5)单击"遮罩"图层中的 ✕ 图标,使该图标变为 ● 图标,将"遮罩"图层显示。

(6)单击"文件"→"保存"命令,保存 Animate 文档。

至此,整个动画制作完毕。该动画的时间轴如图 1-1-17 所示。

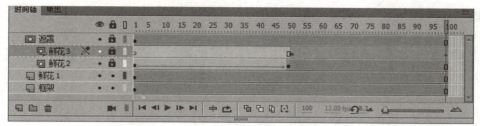

图 1-1-17 "鲜花图像移动切换"动画的时间轴

1.1.3 相关知识

1. 舞台工作区的标尺和网格

(1)单击"视图"→"标尺"命令,使该命令左边出现对钩,此时会在舞台工作区上边和左边出现标尺,如图 1-1-18 所示(此时还没有网格)。再单击该命令,可取消标尺。

(2)单击"视图"→"网格"→"显示网格"命令,会在舞台工作区内显示网格,如图 1-1-18 所示。再单击该命令选项,可取消该命令选项左边的对钩,同时取消网格。

(3)单击"视图"→"网格"→"编辑网格"命令,打开"网格"对话框,如图 1-1-19 所示。利用该对话框,可以编辑网格颜色、网格线间距、确定是否显示网格,移动对象时是否紧贴网格和贴紧网格线的精确度等。加入网格的舞台工作区如图 1-1-18 所示。

2. 舞台工作区的辅助线

(1)单击选中"视图"→"辅助线"→"显示辅助线"命令,再单击工具箱中的"选择工具"按钮,用鼠标从标尺栏向舞台工作区拖动,即可产生辅助线,如图 1-1-4 所示。再单击该命令选项,可取消辅助线。用鼠标拖动辅助线,可以调整辅助线的位置。

(2)单击选中"视图"→"辅助线"→"锁定辅助线"命令,即可将辅助线锁定,此时无法用鼠标拖动改变辅助线的位置。

(3)单击"视图"→"辅助线"→"编辑辅助线"命令,打开"辅助线"对话框,如图 1-1-20 所示。该对话框用来编辑辅助线颜色、确定是否显示辅助线、对齐辅助线和锁定辅助线等。

(4)单击"视图"→"辅助线"→"清除辅助线"命令,可清除辅助线。

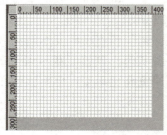

图 1-1-18 加入网格和标尺

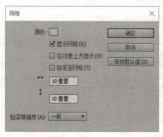

图 1-1-19 "网格"对话框

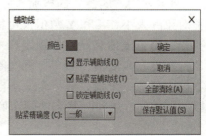

图 1-1-20 "辅助线"对话框

3. 对齐对象

（1）与网格贴紧：如果选中"网格"对话框（见图1-1-19）中的"贴紧至网格"复选框，则以后在绘制、调整和移动对象时，可以自动与网格线对齐。

"网格"对话框内的"贴紧精确度"下拉列表框中给出了"必须接近""一般""可以远离"和"总是贴紧"四个选项，表示贴紧网格的程度。

（2）与辅助线贴紧：在舞台工作区中创建了辅助线后，如果选中"辅助线"对话框（见图1-1-20）中的"贴紧至辅助线"复选框，则以后在创建、调整和移动对象时，可以自动与辅助线对齐。

（3）与对象贴紧：单击工具箱"选项"栏（在选择了一些工具后）内的"贴紧至对象"按钮 后，在创建和调整对象时，可以自动与附近的对象贴紧。

如果单击"视图"→"贴紧"→"贴紧至像素"命令，则当视图缩放比率设置为400%或更高时，会出现一个像素网格，它代表单个像素。当创建或移动一个对象时，它会被限定到该像素网格内。如果创建的形状边缘处于像素边界内（例如使用的笔触宽度是小数形式，如6.5像素），切记"贴紧至像素"是贴紧像素边界而不是贴紧图形边缘。

4. 精确调整对象大小和位置

单击"选择工具" ，再单击对象（例如边长200像素的矩形图形，该图形与舞台工作区左上角对齐），再单击"窗口"→"信息"命令，打开"信息"面板，如图1-1-21所示。利用"信息"面板可以精确调整对象的位置与大小，获取颜色的有关数据和鼠标指针位置的坐标值。"信息"面板的使用方法如下：

（1）"信息"面板中给出了线和图形等对象当前（即鼠标指针指示处）颜色的红、绿、蓝和A（Alpha）的值，以及当前鼠标指针位置的坐标值。随着鼠标指针的移动，红、绿、蓝、A（Alpha）和鼠标坐标值也会随着改变。

（2）"信息"面板中的"宽"和"高"数值框内给出了选中对象的宽度和高度值（单位为像素）。改变数值框内的数值，再按【Enter】键，可以改变选中对象的大小。

（3）"信息"面板中的"X"和"Y"数值框内给出了选中的对象的坐标值（单位为像素）。改变数值框内的数值，再按【Enter】键，可以改变选中对象的位置。单击X和Y数值框左边图标内左上角的白色小方块，使它变为 ，如图1-1-21（a）所示，则表示给出的是对象外切矩形左上角的坐标。单击图标内右下角的白色小方块，使它变为 ，如图1-1-21（b）所示，则表示给出的是对象中心的坐标值。

（4）利用"属性"面板调整：该面板"位置和大小"栏内的"宽"和"高"数值框可精确调整对象的大小，X和Y数值框可精确调整对象的位置，如图1-1-22所示。

当"将宽度值和高度值锁定在一起"按钮呈 状时，可分别在"宽"和"高"文本框内调整对象的宽度和高度值；当"将宽度值和高度值锁定在一起"按钮呈 状时，调整"宽"和"高"文本框内任意一个值，另一个文本框内的值会随之自动调整，保证原宽高比不变。单击该按钮，可以使该按钮在 和 状态之间切换。

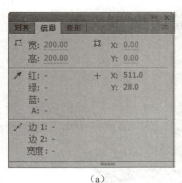 

（a） （b）

图 1-1-21 "信息"面板　　　　　　图 1-1-22 "属性"面板

思考与练习 1-1

1. 在舞台显示标尺，创建六条等间距的水平辅助线和六条等间距的垂直辅助线，显示红色网格，网格的水平和垂直辅助线的间距均为 20 像素。

2. 在舞台工作区内绘制不同颜色的一幅圆形、一幅正方形、一幅六边形、一幅五角星形图形，利用滤镜使它们呈立体状。

3. 修改【案例 1】的动画，使动画播放后，第二幅鲜花图像从框架内左上角向右下方移动，直到将第一幅鲜花图像完全遮盖为止。第三幅鲜花图像从框架内右下角向左上方向移动，直到将第二幅鲜花图像完全遮盖为止。

4. 制作一个"建筑图像切换"动画，该动画播放后的一幅画面如图 1-1-23 所示。在立体框架内显示第一幅建筑图像，接着第二幅建筑图像在框架内从左向右水平移动，逐渐覆盖第一幅图像；接着第三幅建筑图像在框架内从上向下垂直移动，逐渐覆盖第二幅图像。

5. 制作一个"水平撞击的彩球"动画，该动画播放后，在七彩的立体框架内，一个红色彩球从左向右水平移动，同时另一个绿色彩球从右向左水平移动，两个彩球相互撞击后，沿原来的路径返回，周而复始，不断进行。该动画运行后的一幅画面如图 1-1-24 所示。

图 1-1-23 "建筑图像切换"动画画面　　　图 1-1-24 "水平撞击的彩球"动画画面

1.2 【案例2】鲜花图像渐显切换

1.2.1 案例描述

"鲜花图像渐显切换"动画播放后的前三幅图像的移动切换效果与【案例1】动画效果一样，只是速度快一些。接着第三幅鲜花图像逐渐消失，同时第四幅鲜花图像逐渐显示出来，其中的两幅画面如图1-2-1所示。该动画是在【案例1】动画基础之上修改而成的。

图1-2-1 "鲜花图像渐显切换"动画播放后的两幅画面

1.2.2 操作方法

1. 打开Animate文档和修改动画

在原动画的基础之上，将原来的每段50帧、共100帧的两段动画，改为每段40帧、共120帧的三段动画。

（1）将"【案例1】鲜花图像移动切换"文件夹复制一份，将复制的文件夹的名称改为"【案例2】鲜花图像渐显切换"，将"【案例2】鲜花图像渐显切换"文件夹内的"鲜花图像移动切换.fla"文件名称改为"鲜花图像渐显切换.fla"。

（2）单击"文件"→"打开"命令，弹出"打开"对话框。选中"鲜花图像渐显切换.fla"Animate文档，单击"打开"按钮，将选中的Animate文档打开。

（3）使用"选择工具"，水平向左拖动"鲜花2"第50帧关键帧到第40帧处。再将鼠标指针移到"鲜花3"图层第51帧处，当鼠标指针呈水平双箭头状时，水平向左拖动"鲜花3"图层第51帧到第41帧处，如图1-2-2所示。

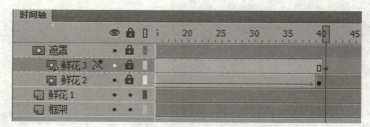

图1-2-2 时间轴修改1

（4）水平向左拖动"鲜花3"图层第100帧到第80帧处。按住【Shift】键，单击"遮罩"图层中的第120帧和"框架"图层中的第120帧，选中所有图层的第120帧，按【F5】键，使"鲜花 2"图层第 40～120 帧的内容一样,使"鲜花 3"图层第 80～120 帧的内容一样,使其他图层第 1～120 帧的内容一样,如图 1-2-3 所示。

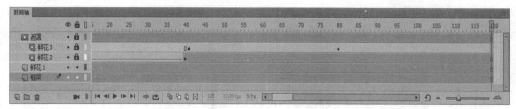

图 1-2-3　时间轴修改 2

(5)按住【Shift】键,单击"鲜花 2"图层中的第 81 帧和第 120 帧,选中该图层第 81～120 帧的所有帧,右击弹出帧快捷菜单,单击"删除帧"命令,删除所有选中的帧。

(6)按住【Shift】键,单击"鲜花 1"图层中的第 41 帧和第 120 帧,选中"鲜花 1"图层中的第 41～120 帧,右击选中的帧,弹出帧快捷菜单,单击"删除帧"命令,删除所有选中的帧。时间轴修改结果如图 1-2-4 所示。

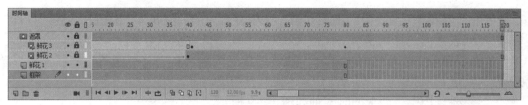

图 1-2-4　时间轴修改 3

2.制作图像逐渐显示动画

(1)单击"遮罩"图层中的 图标,使该图标变为 图标,将"遮罩"图层隐藏。

(2)在"鲜花 3"图层之上增加一个新图层,将该图层的名称改为"鲜花 4"。单击"鲜花 4"图层中的第 81 帧,按【F7】键,创建一个空白关键帧。

(3)单击"选择工具" ,单击"鲜花 4"图层中的第 81 帧,再单击"文件"→"导入"→"导入到舞台"命令,弹出"导入库"对话框,单击"【案例 2】鲜花图像渐显切换"文件夹内的"鲜花 4.jpg"文件,单击"打开"按钮,弹出 Adobe Animate 提示框(因为该文件夹内有一组名称一样,序号不一样的图像文件),如图 1-2-5 所示。

(4)单击"否"按钮,将"【案例 2】鲜花图像渐显切换"文件夹内的"鲜花 4.jpg"图像导入到舞台工作区内。在它的"属性"面板内调整该图像宽为 370 像素、高为 270 像素,X 和 Y 的值均为 15 像素。此时,第 81 帧画面如图 1-2-6 所示。

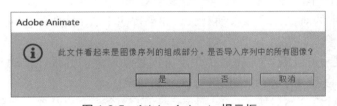

图 1-2-5　Adobe Animate 提示框

图 1-2-6　第 81 帧画面

(5)右击"鲜花 4"图层中的第 81 帧,弹出帧快捷菜单,单击"创建传统补间"命令,使该帧具有传统补间动画的属性。单击选中"鲜花 4"图层第 120 帧，按【F6】键，创建"图层 6"图层第 81 ～ 120 帧的传统补间动画。

（6）单击"鲜花 4"图层中的第 81 帧，选中舞台内的"鲜花 4"图像，在其"属性"面板中的"样式"列表框内选择 Alpha 选项，调整 Alpha 值为 0%，如图 1-2-7 所示，使图像完全透明，如图 1-2-8 所示。

图 1-2-7 "属性"面板设置

图 1-2-8 "鲜花 4"图像完全透明

（7）单击"鲜花 4"图层中的第 120 帧，选中舞台内的"鲜花 4"图像，在其"属性"面板中的"样式"列表框内选择调整 Alpha 值为 100%，使图像完全不透明。

（8）单击"遮罩"图层中的 ✕ 图标，使该图标变为 👁 图标，将"遮罩"图层显示。单击图层控制区内"锁定 / 解除锁定"列的图标 🔒，使所有图层锁定。

"鲜花图像渐显切换"动画的时间轴如图 1-2-9 所示。

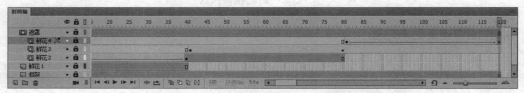
图 1-2-9 "鲜花图像渐显切换"动画的时间轴

1.2.3 相关知识

1. 对象基本操作

（1）选择对象：使用"选择工具" ▶ 可以选择对象。

◎ 选中一个对象：单击一个对象，即可选中该对象。

◎ 选中多个对象：拖出一个围住多个对象的矩形，即可将矩形中的所有对象都选中。

另外，按住【Shift】键，同时依次单击各对象，可以选中多个对象。

（2）移动和复制对象：拖动选中的对象，可以移动对象。如果按住【Ctrl】键或【Alt】键的同时拖动对象，可以复制被拖动的对象。

按住【Shift】键的同时拖动对象，可以沿 45°整数倍角度方向移动对象。如果在拖动对象时按住【Ctrl+Alt+Shift】组合键，则可以沿 45°整数倍角度方向复制对象。

（3）删除对象：选中要删除的对象，然后按【Delete】键，即可删除选中的对象。另外，单击"编辑"→"清除"或单击"编辑"→"剪切"命令，也可以删除选中的对象。

2．帧基本操作

（1）选择帧：使用"选择工具" 可以选择对象。

◎ 选中一个帧：单击该帧，即可选中单击的帧。

◎ 选中连续的多个帧：按住【Shift】键，单击多个帧中左上角的帧，再单击多个帧中右下角的帧，即可选中多个连续的帧。另外，从一个非关键帧处拖动，也可选中多个连续的帧。

◎ 选中不连续的多个帧：按住【Ctrl】键，单击各个要选中的帧。

◎ 选中所有帧：右击动画的帧，弹出帧快捷菜单，单击"选择所有帧"命令。

（2）插入普通帧：选中要插入普通帧的帧单元格，按【F5】键。在选中帧单元格处新增一个普通帧，原来的帧以及它右面的帧都会向右移动一帧。如果选中空白帧后按【F5】键，会使该帧到该帧左边关键帧之间的所有帧成为普通帧，它们与左边关键帧的内容一样。

右击动画的帧，弹出帧快捷菜单，单击"插入帧"命令，与按【F5】键的效果一样。

（3）插入关键帧，选中要插入关键帧的帧单元格，再按【F6】键，即可插入关键帧。

如果选中空白帧，按【F6】键，在插入关键帧的同时，还会使该关键帧和它左边的所有空白帧成为普通帧，使这些普通帧的内容与左边关键帧的内容一样。右击要插入关键帧的帧，弹出帧快捷菜单，单击"插入关键帧"命令，与按【F6】键的效果一样。

（4）插入空白关键帧：单击要插入空白关键帧的帧单元格，然后按【F7】键或单击帧快捷菜单中的"插入空白关键帧"命令，都可以插入空白关键帧。

（5）删除帧：选中要删除的一个或多个帧后右击，弹出帧快捷菜单，单击"删除帧"命令。按【Shift+F5】组合键，也可以删除选中的帧。

（6）清除帧：右击要清除的帧，弹出帧快捷菜单，单击"清除帧"命令，可将选中帧的内容清除，使它成为空白关键帧或空白帧，使该帧右边的帧成为关键帧。

（7）清除关键帧：右击关键帧，弹出帧快捷菜单，单击"清除关键帧"命令，可清除选中的关键帧，使它成为普通帧。此时，原关键帧会被它左边的关键帧取代。

（8）转换为关键帧：右击要转换的帧（该帧左边必须有关键帧），弹出它的帧快捷菜单，单击"转换为关键帧"命令，即可将选中的帧转换为关键帧。如果选中的帧左边没有关键帧，可将选中的帧转换为空白关键帧。

（9）转换为空白关键帧：右击要转换的帧，弹出它的帧快捷菜单，然后单击其内的"转换为空白关键帧"命令，即可将选中的帧转换为空白关键帧。

（10）调整帧的位置：选中一个或若干个帧（关键帧或普通帧等），拖动选中的帧，即可移动这些选中的帧，将它们移到目的位置，同时还可能会产生其他附加的帧。

拖动动画的起始关键帧或终止关键帧，调整关键帧的位置就可以调整动画帧的长度。

（11）复制（移动）帧：右击选中的帧，弹出它的帧快捷菜单，单击"复制帧"（或"剪切帧"）命令，将选中的帧复制（剪切）到剪贴板内。再选中另外一个或多个帧，右击选中的帧，弹出帧快捷菜单，单击"粘贴帧"命令，即可将剪贴板中的一个或多个帧粘贴到选定的帧内，完成复制（移动）关键帧的实例。

注意：在粘贴时，最好先选中要粘贴的所有帧再粘贴，这样不会产生多余的帧。

3．将动画转换为元件

（1）右击动画中的帧，弹出帧快捷菜单，单击"选择所有帧"命令，选中动画的所有帧。右击选中的帧，弹出帧快捷菜单，单击"复制帧"命令，将选中的所有帧复制到剪贴板中。

（2）新建一个元件并进入元件的编辑状态，右击"图层1"图层中的第1帧，弹出帧快捷菜单，单击"粘贴帧"命令，将剪贴板内的所有动画帧粘贴到元件的时间轴。

（3）单击元件编辑窗口中的场景名称图标 或按钮，回到主场景。

4．编辑图形元件实例

每个元件的实例都有自己的属性，利用"属性"面板可以改变实例的大小、位置、形状、颜色、亮度、色调、透明度和类型等属性。在前面第 0 章的 0.3.3 节中，介绍了影片剪辑元件实例属性的修改方法。下面介绍图形元件实例的编辑方法。

图形元件实例对象的"属性"面板如图 1-2-10 所示，它和影片剪辑元件实例的"属性"基本一样。其内也有一个"样式"下拉列表框，该下拉列表框中也有五个选项。如果选中"无"选项，则表示不进行实例样式的设置；如果选择其他选项，则可以进行相应属性的设置，设置方法和影片剪辑元件实例的设置方法基本一样，简介如下。

（1）亮度的设置：在图形元件实例"属性"面板中"样式"下拉列表框内选择"亮度"选项后，会在"样式"下拉列表框下边增加一个带滑动条的文本框，如图 1-2-10 所示。拖动文本框的滑块或在文本框内输入数据（-100% ~ +100%），均可调整实例的亮度。

图 1-2-11（a）所示"气球 1"图形元件实例按照图 1-2-10 所示调整后，亮度调整后的效果如图 1-2-11（b）所示。将"亮度"文本框中的数值调小后图像会变暗，数值越小图像越暗，如图 1-2-11（c）所示。将"亮度"数值调大后图像会变亮，数值越大图像越亮。数值为负值时比原图像的亮度暗，数值为正值时比原图像的亮度亮，数值为 0 时和原图像的亮度一样。

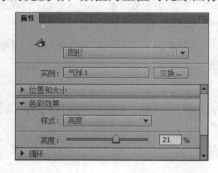

图 1-2-10　选择"亮度"选项

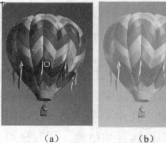

图 1-2-11　改变亮度后的实例图像

可以在"亮度"文本框中修改亮度数值，也可以水平拖动亮度滑块来修改亮度数值。

（2）透明度的设置：在图形元件实例"属性"面板中"样式"下拉列表框内选择 Alpha 选项后，在"样式"下拉列表框下边也会增加一个带滑动条的文本框，拖动滑块或在文本框内输入数值，都可以改变图形元件实例的透明度。

例如，在一幅鲜花图像之上放置一个名称为"蓝色矩形"的图形元件实例（其内绘制一幅蓝色矩形），选中该实例，打开它的"属性"面板，在"色彩效果"栏内的"样式"下拉列表框中选择 Alpha 选项，水平拖动透明度（即 Alpha）滑块，调整透明度数值为 20%，如图 1-2-12 所示。此时的图像效果如图 1-2-13 所示。

图 1-2-12　选择 Alpha 选项　　图 1-2-13　改变图形元件实例的透明度

（3）色调的设置：在图形元件实例"属性"面板中的"样式"下拉列表框内选择"色调"选项后，在"样式"下拉列表框下边增加几个带滑动条的文本框和一个按钮，如图 1-2-14 所示。单击按钮，可以打开"颜色"面板，利用它可以改变实例的色调。

拖动"色调"文本框的滑块或在文本框内输入数值，可以调整着色比例（0% ~ 100%）。拖动"色调"栏内文本框的滑块或在文本框内输入数据，都可改变实例的色调。"红""绿""蓝"右边的三个文本框分别代表红、绿、蓝三原色的值。

（4）高级设置：在实例"属性"面板中的"样式"下拉列表框内选择"高级"选项后，会在其下边增加两列文本框，左边一列有四个输入百分数的文本框，可以输入 –100 ~ +100 的数据，如图 1-2-15 所示。右边一列有四个文本框，可以输入 –255 ~ +255 的数。最终的效果将由两列中的数据共同决定。修改后每种颜色数值或透明度的值等于修改前的数值乘以左边文本框内的百分比数，再加上右边文本框中的数值。

（5）元件实例类型的相互转换：在元件实例的"属性"面板内第一行有一个"实例行为"下拉列表框，如图 1-2-16 所示。选择不同选项，即可决定将当前的元件实例的类型转换为选择的元件实例类型。例如，如果选中"蓝色矩形"图形元件实例后，在其"属性"面板中"样式"下拉列表框内选择"实例行为"下拉列表框中的"影片剪辑"选项后，即可将当前的"蓝色矩形"图形元件实例转换为名称仍为蓝色矩形"的影片剪辑元件实例。

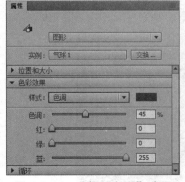

图 1-2-14　选择"色调"选项　　图 1-2-15　选择"高级"选项　　图 1-2-16　"实例行为"下拉列表框

思考与练习 1-2

1. 制作一个"日月星辰"动画，播放后的两幅画面如图 1-2-17 所示，画面由最亮逐渐变暗，月亮和星星逐渐显示，还有倒影。接着画面又逐渐变亮，月亮和星星逐渐消失。

图 1-2-17 "日月星辰"动画播放后的两幅画面

2. 制作一个"图像渐隐渐显切换"动画，该动画播放后先显示第一幅图像，接着第二幅图像逐渐显示，第一幅图像逐渐消失；接着第三幅图像逐渐显示，第二幅图像逐渐消失。

3. 制作一个"变色"动画，该动画播放后，一幅蓝色圆形图形逐渐变为绿色，接着逐渐变为红色，然后逐渐再变回原来的蓝色。

4. 制作一个"渐变亮图像"动画，播放后，一幅图像逐渐由暗变亮，再由亮变暗。

1.3 【案例 3】跳跃的足球

1.3.1 案例描述

"跳跃的足球"动画播放后的一幅画面如图 1-3-1 所示。在动画背景之上，九个足球旋转并跳跃着从左向右移动直到消失，九个足球是错开的，而且在移动中不断改变颜色。

图 1-3-1 "跳跃的足球"动画播放后的一幅画面

1.3.2 操作方法

1. 制作"背景"和"足球"影片剪辑元件

（1）创建一个宽为 800 像素，高为 300 像素，背景色为蓝色的 Animate 文档，再在舞台工作区内创建八条均匀分布的绿色垂直辅助线。

（2）单击"文件"→"导入"→"导入到库"命令，弹出"导入到库"对话框，利用该对话框导入"背景动画.gif"和"足球.gif"两个 GIF 格式文件以及"框架1.jpg"图像，在"库"面板内导入"背景动画.gif"和"足球.gif"元件、GIF 格式动画各帧图像，"框架1.jpg"图像，以及"元件1"和"元件2"两个影片剪辑元件。"元件1"和"元件2"两个影片剪辑元件内分别是"动画.gif"和"足球.gif"动画的各帧画面。

（3）两次单击"库"面板内的"元件1"影片剪辑元件，进入元件名称的编辑状态，将"元件1"元件的名字改为"背景动画"；再将"元件2"元件的名字改为"足球"。

（4）两次单击"库"面板内的"新建文件夹"按钮，在"库"面板内新建两个文件夹，将其中一个文件夹名称改为"背景动画"，将另一个文件夹名称改为"足球动画"。将与"动画.gif"有关的元件移到"背景动画"文件夹内，将与"足球.gif"有关的元件移到"足球动画"文件夹内。此时的"库"面板如图 1-3-2 所示。

（5）将"图层1"图层的名称改为"框架"，单击选中该图层中的第1帧，将"库"面板内的"框架1.jpg"图像拖到舞台工作区内，在其"属性"面板的"宽"和"高"文本框内分别输入 800 和 300，在 X 和 Y 文本框内均输入 0。

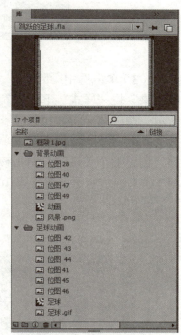

图 1-3-2 "库"面板内元件

（6）在"框架"图层之上创建一个新图层，将该图层的名称改为"背景动画"，单击该图层中的第1帧，将"库"面板内的"背景动画"影片剪辑元件拖到舞台工作区内，形成一个"背景动画"影片剪辑元件的实例，再在其"属性"面板内设置该实例的宽为 720 像素，高为 260 像素，不完全覆盖框架。

（7）单击"框架"和"背景动画"图层中的第 80 帧，按【F5】键，创建普通帧，使"框架"和"背景动画"图层中第 1~80 帧内各帧的内容一样。

2. 制作第一个足球移动动画

（1）在"背景动画"图层之上添加"图层2"图层，更名为"足球1"，单击该图层中的第1帧，将"库"面板内的"足球"影片剪辑元件拖到框架内左下角。调整"足球"影片剪辑实例的宽和高均为 40 像素。

（2）右击"足球1"图层中的第1帧，弹出帧快捷菜单，单击"创建传统补间"命令，使该帧具有传统补间动画的属性。单击"足球1"图层中的第 40 帧，按【F6】键，创建"足球1"图层中第 1~40 帧的传统补间动画。第 1 帧足球位置如图 1-3-3 所示。

图 1-3-3　第 1 帧足球位置

（3）单击选中"足球1"图层第 40 帧内的"足球"影片剪辑实例，打开"属性"面板，在"色彩效果"栏"样式"下拉列表框内选择"高级"选项，改变 R 文本框内的数值为 250，如图 1-3-4 所示。调整第 40 帧内的"足球"影片剪辑实例为红色。

（4）按住【Ctrl】键，单击"足球1"图层中的第 5、10、15、20、25、30、35 帧，按【F6】键，创建七个关键帧。单击该图层中的第 5 帧，将该帧内的足球移到左起第一条辅助线上边，如图 1-3-5（a）所示。再将第 10 帧内的足球移到第二条辅助线下边，如图 1-3-5（b）所示。

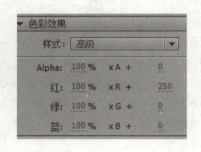

图 1-3-4　实例的"属性"面板

（a）　　　　（b）　　　　（c）

图 1-3-5　第 5、10、40 帧足球的位置和颜色

（5）按照上述规律，调整其他关键帧足球的位置，从而制作出足球从左向右上下跳跃移动的动画。

3. 制作其他图层的足球移动动画

（1）在"足球1"图层之上增加一个图层。将该图层的名称改为"足球2"。采用同样的方法，在"足球2"图层之上增加"足球3"～"足球9"七个图层。

（2）按住【Shift】键，单击"足球1"图层中第 40 帧和第 1 帧，选中"足球1"图层中第 1～40 帧所有帧，右击选中的帧，弹出帧快捷菜单，单击"复制帧"命令，将该帧复制到剪贴板内。

（3）按住【Shift】键，单击选中"足球2"图层中的第 6 帧和第 45 帧，右击选中的帧，弹出帧快捷菜单，单击"粘贴帧"命令，将剪贴板内的动画帧粘贴到"足球2"图层中的第 6～45 帧。

（4）按照上述方法，再将"足球1"图层中的第 1～40 帧的动画依次粘贴到"足球3"图层中的第 11～50 帧、"足球4"图层中的第 16～55 帧、"足球5"图层中的第 21～60 帧、"足球6"图层中的第 26～65 帧、"足球7"图层中的第 31～70 帧、"足球8"图层中的第

36～75 帧、"足球 9"图层中的第 41～80 帧。

（5）选中"足球 2"图层中的第 45 帧内的"足球"影片剪辑实例，利用它的"属性"面板调整该实例颜色。再将其他图层最后一个关键帧内的"足球"影片剪辑实例的颜色进行更改。然后更改"足球 1"～"足球 9"图层其他关键帧内"足球"影片剪辑实例的颜色。

（6）单击"文件"→"另存为"命令，弹出"另存为"对话框，利用该对话框将 Animate 文档以名称"跳跃的足球 .fla"保存在"【案例 3】跳跃的足球"文件夹中。

至此，整个动画制作完毕。"跳跃的足球 .fla"动画的时间轴如图 1-3-6 所示。

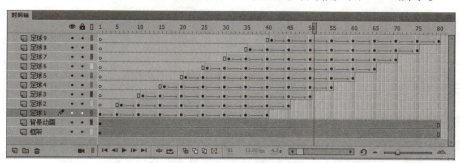

图 1-3-6 "跳跃的足球 .fla"动画的时间轴

4．动画的另一种制作方法

（1）打开 Animate 文档"足球跳跃移动 .fla"，再以名称"足球跳跃移动 2.fla"保存。删除"足球 1"图层之上的所有图层，删除"足球 1"图层中的第 2～40 帧，删除"背景动画"和"框架"图层中的第 2～80 帧。

（2）选中"足球 1"图层中的第 1 帧内的"足球"影片剪辑实例，按住【Alt】键，八次水平向左拖动"足球"影片剪辑实例，复制八个"足球"影片剪辑实例。

（3）选中一个"足球"影片剪辑实例，打开它的"属性"面板，在该面板内的"样式"下拉列表框中选择"色调"选项，再调整"红"文本框中的数值为 255，色调设置为 67%，调整该实例的颜色为红色。再调整其他八个"足球"影片剪辑实例的颜色。

（4）单击"窗口"→"对齐"命令，打开"对齐"面板。单击工具箱的"选择工具"按钮，拖动选中九个"足球"影片剪辑实例，单击"对齐"面板内的"右对齐"按钮，单击"顶对齐"按钮，使左边九个"足球"影片剪辑实例完全重叠在一起，置于原来左边第一个"足球"影片剪辑实例处。

（5）单击"修改"→"时间轴"→"分散到图层"命令，将该帧的九个"足球"影片剪辑实例对象分配到不同图层的第 1 帧中。新图层是系统自动增加的，"足球 1"图层中第 1 帧内的对象消失。删除"足球 1"图层，将新增图层分别重命名为"足球 1"～"足球 9"。

（6）按住【Shift】键，单击"足球 1"图层中的第 1 帧和"足球 9"图层中的第 1 帧，同时选中"足球 1"～"足球 9"图层中的第 1 帧，右击选中的帧，弹出帧快捷菜单，单击"创建传统补间"命令，使选中的所有帧具有传统补间属性。

（7）同时选中"足球 1"～"足球 9"图层中的第 40 帧，按【F6】键，创建九个关键帧，调整这九个关键帧内所有"足球"影片剪辑实例的位置，位于最右边辅助线的下边处。

（8）按照上述方法，创建"足球 1"～"足球 9"图层中的第 5、10、15、20、25、30、35

帧为关键帧，同时调整"足球1"~"足球9"图层各关键帧内"足球"影片剪辑实例的位置，位于左起第2、4、6条辅助线和框架内框上边交界处或位于左起第3、5、7条辅助线和框架内框下边交界处。

（9）按住【Shift】键，单击"足球2"图层中的第1帧和第40帧，同时选中"足球2"图层中的第1～40帧，水平向右拖到第6帧和第45帧。

（10）按照上述方法，调整"足球3"~"足球9"图层内动画各帧的位置。选中"背景动画"和"框架"图层中的第80帧，按【F5】键，使"背景动画"和"框架"图层中第1～80帧各帧的内容一样。

最后，保存"足球跳跃移动2.fla" Animate 文档，"足球跳跃移动2.fla"动画的时间轴如图1-3-6所示。

1.3.3 相关知识

1. 组合和取消对象组合

（1）组合：组合就是将一个或多个对象（图形、位图和文字等）组成一个对象。

选择所有要组成组合的对象，再单击"修改"→"组合"命令，即可实现组合。组合可以嵌套，就是说几个组合对象还可以组成一个新的组合。双击组合对象，即可进入它的"组"对象的编辑状态。进行编辑修改后，再单击编辑窗口中的⇦按钮，回到主场景。

（2）取消组合：选中组合对象，单击"修改"→"取消组合"命令，即可取消组合。

组合对象和一般对象的区别是：把一些图形组成组合后，这些图形可以把它作为一个对象来进行移动等操作。前面遇到过，在同一帧内，后画的图形覆盖先画的图形后，在移出后画的图形时，会将覆盖部分的图形擦除；但是对象组合后，将后画的组合对象移出后，不会将覆盖部分的图形擦除。另外，也不能用橡皮擦工具擦除。

2. 多个对象对齐

可以将多个对象以某种方式排列整齐。例如，图1-3-7（a）所示的三个对象，原来在垂直方向参差不齐，经过对齐操作，垂直方向顶部对齐了，如图1-3-7（b）所示。具体操作方法是：先选中要参与排列的所有对象，再进行下面的一种操作。

（1）单击"修改"→"对齐"→"××××"命令（此处是"顶对齐"命令）。

（2）单击"窗口"→"对齐"命令，调出"对齐"面板，如图1-3-8所示。单击"对齐"面板中的相应按钮（每组只能单击一个按钮），即可将选中的多个对象进行相应的对齐。"对齐"面板中各组按钮的作用如下：

◎ "对齐"栏：在水平方向（左边的三个按钮）可以选择左对齐、水平居中对齐和右对齐。在垂直方向（右边的三个按钮）可以选择上对齐、垂直居中对齐和底对齐。

◎ "分布"栏：在水平方向（左边的三个按钮）或垂直方向（右边的三个按钮），可以选择以中心为准或以边界为准的排列分布。

◎ "匹配大小"栏：可以选择使对象的高度相等、宽度相等或高度与宽度都相等。

◎ "间隔"栏：等间距控制，在水平方向或垂直方向等间距分布排列。

使用"分布"和"间隔"栏的按钮时，必须先选中三个或三个以上的对象。

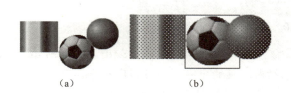

图 1-3-7　在垂直方向顶部对齐排列对象　　　　图 1-3-8　"对齐"面板

◎ "与舞台对齐"复选框：选中该复选框后，则以整个舞台为标准，将选中的多个对象进行排列对齐；取消选中该复选框时，则以选中的对象所在区域为标准，将选中的多个对象进行排列对齐。

3．多个对象分散到图层

可以将一个图层某一帧内多个对象分散到不同图层的第 1 帧中。方法是：选中要分散的对象所在的帧，再单击"修改"→"时间轴"→"分散到图层"命令，即可将该帧的对象分配到不同图层的第 1 帧中。新图层是系统自动增加的，选中帧内的所有对象消失。

4．多个对象的层次排列

同一图层中不同对象互相叠放时，存在对象的层次顺序（即前后顺序）。这里所说的对象，不包含绘制的图形，也不包括分离的文字和位图图像，可以是文字、位图图像、元件实例、组合、在"对象绘制"模式下绘制的形状和图元图形等。这里介绍的层次是指同一帧内对象之间的层次关系，而不是时间轴中图层之间的层次关系。

对象的层次顺序是可以改变的。单击"修改"→"排列"→"××××"命令，可以调整对象的前后次序。例如，单击"修改"→"排列"→"移至顶层"命令，可使选中的对象移到最上层；单击"修改"→"排列"→"上移一层"命令，可使选中对象上移一层。

例如，绘制一个组成组合的彩色矩形图形和一个"足球"影片剪辑实例，彩色矩形在"足球"影片剪辑实例之上，选中"足球"影片剪辑实例，如图 1-3-9（a）所示，单击"修改"→"排列"→"上移一层"命令，可使选中的"足球"影片剪辑实例向上移一层，移到彩色矩形组合对象上边，如图 1-3-9（b）所示。

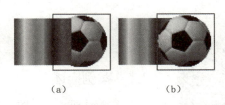

图 1-3-9　圆形组合对象向上移动一层

●●●●● 思考与练习 1-3 ●●●●●

1．制作一个"热气球"动画，该动画播放后可以看到，在云彩中八个热气球排成一字线，从下慢慢向上移动，其中的一幅画面如图 1-3-10 所示。

图 1-3-10 "热气球"动画画面

2. 制作一个"撞击框架的彩球"动画,该动画播放后的两幅画面如图 1-3-11 所示。可以看到,四个不同颜色的彩球不断依次移动并撞击框架内边框的中点。每当彩球撞击框架内边框的中点后,立体矩形框架内的动画会自动切换。

图 1-3-11 "撞击框架的彩球"动画播放后的两幅画面

3. 制作一个"大自然网页标题栏"动画,该动画播放后的一幅画面如图 1-3-12 所示,可以看到,一排风景图像在立体框架内不断从右向左滚动移动。在风景图像滚动移动的展示过程中,三只蝴蝶在空中不断地从左向右飞翔。

图 1-3-12 "大自然网页标题栏"动画播放后的一幅画面

1.4 【案例 4】彩蝶 Logo

● 视 频

案例4

1.4.1 案例描述

"彩蝶 Logo"图像如图 1-4-1 所示,它是一幅七彩蝴蝶图形,是"彩蝶公司"的 Logo。Logo 是标志、徽标的意思,是公司或产品的标志,也是互联网网站用来与其他网站链接的标志。

1.4.2 操作方法

1. 制作彩蝶

(1)创建一个 Animate 文档,设置舞台工作区宽和高均为 140 像素。再以名称"彩蝶

Logo.fla"保存在"【案例4】彩蝶Logo"文件夹内。

（2）选中"图层1"图层中的第1帧，单击"矩形工具"，单击"颜色"栏中的"笔触颜色"按钮，打开笔触颜色面板，单击其中的黄色图标，设置矩形轮廓线颜色为黄色；在其"属性"面板内的"笔触"数值框中输入2，设置笔触为2磅。

图 1-4-1 "彩蝶 Logo"图像

（3）单击"颜色"栏内的"填充色"按钮，打开填充颜色面板，再单击"线性渐变七彩色"图标，设置填充色为线性渐变七彩色。然后，拖动绘制七彩矩形，如图1-4-2所示。

（4）单击工具箱中的"任意变形工具"，单击七彩矩形图形，再单击工具箱内"选项"栏中的"封套"按钮，使图像四周出现一些黑色控制柄，如图1-4-3所示。

图 1-4-2 七彩矩形

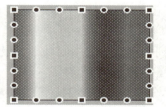

图 1-4-3 封套控制柄

然后，拖动控制柄逐步改变七彩矩形形状，如图1-4-4所示。

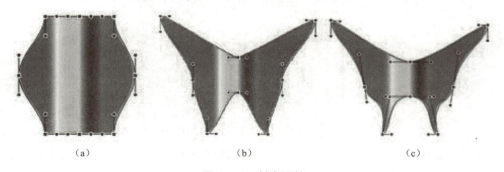

(a)　　　　　　(b)　　　　　　(c)

图 1-4-4 封套调整

（5）单击工具箱中的"渐变变形工具"（该工具和"任意变形工具"在一组），单击图1-4-4（c）所示的图形，使填充出现一些控制柄，将鼠标指针移到右上方圆形控制柄之上，当鼠标指针呈状时，拖动并旋转90°，再垂直拖动控制柄，调整填充状态，使填充的图形如图1-4-5所示。

（6）单击工具箱中的"椭圆工具"按钮，设置无轮廓线，打开"颜色"面板，在"颜色类型"下拉列表框中选择"线性渐变"选项，单击颜色编辑栏内下边的中间处，添加一个关键点滑块。单击左边的关键点滑块，设置填充色为蓝色（R=0、G=102、B=253）；单击中间的关键点滑块，设置填充色为浅蓝色（R=175、G=216、B=254）；单击右边的关键点滑块，设置填充色为浅蓝色（R=145、G=213、B=253），如图1-4-6所示。在适当位置绘制蝴蝶的椭圆形身体图形，如图1-4-7所示。

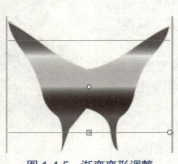
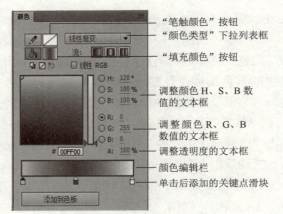

图 1-4-5 渐变变形调整　　　　图 1-4-6 "颜色"面板

（7）单击"线条工具"，设置笔触颜色为棕色，笔触高度为 3 磅，拖动绘制一条垂直直线，如图 1-4-8（a）所示。再单击工具箱内的"选择工具"，在不选中垂直直线的情况下，将鼠标指针移到垂直直线的中间处，当鼠标指针旁出现一个弧线后，水平向左拖动，使直线弯曲，如图 1-4-8（b）和（c）所示。

（8）单击"任意变形工具"按钮，单击弯曲的曲线，将中心点标记移到曲线底部，拖动旋转曲线，如图 1-4-8（d）所示，形成一条彩蝶触角。

（9）复制一份彩蝶触角图形，选中复制的图形，单击"修改"→"变形"→"水平翻转"命令，将选中的彩蝶触角水平翻转，调整两条彩蝶触角的位置，如图 1-4-9 所示。

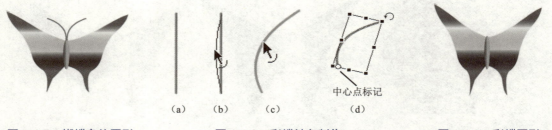

图 1-4-7 蝴蝶身体图形　　　　图 1-4-8 彩蝶触角制作　　　　图 1-4-9 彩蝶图形

2．制作彩蝶投影

（1）单击"选择工具"，选中全部彩蝶图形，按住【Alt】键的同时拖动，复制一份彩蝶图形，并将它移到舞台工作区的外边。

（2）选中复制的彩蝶图形，设置笔触颜色和填充色都为绿色。此时，选中的彩蝶图形变为绿色。

（3）选中彩蝶图形，单击"修改"→"组合"命令，将彩蝶组成组合。选中绿色蝴蝶图形，单击"修改"→"组合"命令，将绿色蝴蝶组成组合。

（4）将绿色蝴蝶组合（即彩蝶投影）移到彩蝶组合之上，如图 1-4-10 所示。再单击"修改"→"排列"→"移至底层"命令，即可将彩蝶投影移到彩蝶图形的下边。

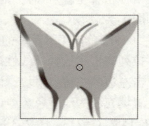

图 1-4-10 彩蝶投影在彩蝶之上

3．制作花边图案

（1）在"图层1"图层上边创建一个"图层2"图层，拖动"图层2"图层到"图层1"图层的下边。单击"图层1"图层中的第1帧，单击工具箱中的"矩形工具"按钮▢，在舞台工作区内左下方拖动，绘制一个黑色矩形图形，如图1-4-11（a）所示。

（2）单击"任意变形工具"按钮，单击黑色矩形图形，单击"选项"栏内的"旋转与倾斜"按钮，将鼠标指针移到矩形右边中间的控制柄外，鼠标指针呈双箭头，如图1-4-11（b）所示，此时垂直向下拖动，使矩形右边向下倾斜，如图1-4-11（c）所示。

（3）单击"选择工具"，按住【Alt】键的同时水平拖动，复制一份图形，效果如图1-4-11（c）所示。选中图1-4-11（c）右边的图形，单击"修改"→"变形"→"水平翻转"命令，将选中的图形水平翻转。然后，按【←】键使水平翻转的图形水平向左移动，与左边的图形合并，如图1-4-11（d）所示。

（4）选中图1-4-11（d）所示的图形，单击"颜色"栏内"填充色"按钮，打开它的颜色面板，再单击"线性渐变七彩色"图标，将线性渐变七彩色填充选中的图形。单击"修改"→"组合"命令，将选中的图形组成组合，如图1-4-11（e）所示。

（5）按住【Alt】键，同时七次拖动图1-4-11（e）所示的组合图形，复制七幅组合图形。

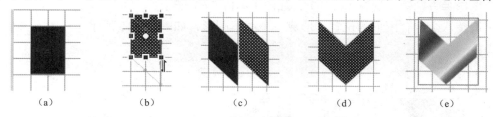

图1-4-11　绘制箭头图形过程

（6）选中其中一幅组合图形，如图1-4-11（e）所示。打开"变形"面板，选中其中的"旋转"单选按钮，在它的数值框内输入45，如图1-4-12（a）所示。按【Enter】键，将选中的组合图形旋转45°，如图1-4-12（b）所示。

（7）选中另一幅图1-4-11（e）所示的组合图形。在"变形"面板内的"旋转"数值框内输入-45，如图1-4-13（a）所示。按【Enter】键，将选中的组合旋转-45°，如图1-4-13（b）所示。

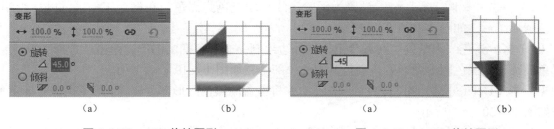

图1-4-12　45°旋转图形　　　图1-4-13　-45°旋转图形

（8）选中另一幅图1-4-11（e）所示的组合图形。在"变形"面板内的"旋转"数值框内输入135，按【Enter】键，将选中的组合图形旋转135°，如图1-4-14所示。

选中另一幅图1-4-11（e）所示的组合图形，在"变形"面板内的"旋转"数值框内输入-135，按【Enter】键，将选中的组合图形旋转-135°，如图1-4-15所示。

（9）单击"修改"→"变形"→"缩放和旋转"命令，弹出"缩放和旋转"对话框，如图 1-4-16 所示。在该对话框的"旋转"文本框内输入旋转角度数值，再单击"确定"按钮，也可以将选中对象进行旋转。

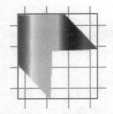  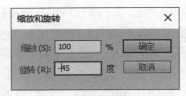

图 1-4-14　135°旋转图形　　图 1-4-15　-135°旋转图形　　图 1-4-16　"缩放和旋转"对话框

（10）选中另一幅图 1-4-11（e）所示的组合图形，单击"修改"→"变形"→"顺时针旋转 90 度"命令，可以将选中的组合图形顺时针旋转 90°，如图 1-4-17（a）所示。

选中图 1-4-11（e）所示组合图形，单击"修改"→"变形"→"逆时针旋转 90 度"命令，可以将选中的组合图形逆时针旋转 90°，如图 1-4-17（b）所示。

选中图 1-4-11（e）所示的组合图形，单击"修改"→"变形"→"垂直翻转"命令，可以将选中的组合图形垂直翻转（旋转 180°），如图 1-4-17（c）所示。

（11）调整八个组合图形的位置，形成一个图案图形，如图 1-4-18 所示（还没有其中四周的月牙图形）。

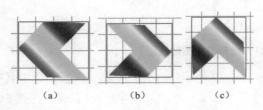 

图 1-4-17　组合图形的变形修改　　　　　　图 1-4-18　图案

4．制作月牙图形

（1）单击"椭圆工具"，设置为无轮廓线，填充色为黑色。在舞台工作区的外边绘制一个黑色圆形图形，如图 1-4-19（a）所示。

（2）将填充色改为绿色。在舞台工作区外边绘制一个绿色椭圆图形。单击"选择工具"，将绿色椭圆移到黑色圆形图形处，覆盖其中的一部分，如图 1-4-19（b）所示。

（3）按【Delete】键，删除绿色椭圆图形，并将覆盖的黑色图形部分删除，形成黑色月牙图形，效果如图 1-4-20（a）所示。

（4）使用"选择工具"单击图形对象外的舞台工作区处，不选中要改变形状的黑色月牙图形。将鼠标指针移到图形的下边缘处，会发现鼠标指针右下角出现一个小弧线，如图 1-4-20（b）所示。此时，垂直向下拖动，即可看到被拖动的图形形状发生了变化。将鼠标指针移到图形的上边缘处，当鼠标指针右下角出现一个小弧线时垂直向下拖动，可以改变图形形状。松开鼠标左键，即可完成图形形状的修改。

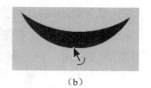

图 1-4-19　圆形图形　　　　　　　　图 1-4-20　制作月牙形图形

（5）使用"任意变形工具"，单击选中月牙形图形，单击"选项"栏内的"旋转与倾斜"按钮，将鼠标指针移到图形右上角的控制柄外，当鼠标指针呈弯曲箭头状时，拖动月牙形图形，可以任意角度地旋转月牙形图形，如图 1-4-21 所示。如果要微调月牙图形的旋转角度，可打开图 1-4-16 所示"缩放和旋转"对话框，利用该对话框进行旋转角度的微调工作。

（6）单击选中图形，单击"修改"→"变形"→"封套"命令，此时，选中的图形四周会出现许多控制柄，拖动控制柄调整图形的形状，效果如图 1-4-22 所示。

（7）使用工具箱中的"橡皮擦工具"擦除多余的图形。单击选中图形，单击"修改"→"形状"→"平滑"命令，使选中图形更平滑一些。单击"修改"→"组合"命令，将该图形组成组合，效果如图 1-4-23 所示。

（8）按照上述方法，将月牙图形组合复制七份，分别进行不同的旋转变形处理。调整八幅月牙图形组合的位置，形成一个图案，如图 1-4-18 所示。

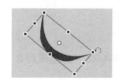 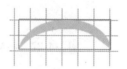

图 1-4-21　旋转月牙图形　　　　图 1-4-22　套封调整　　　　图 1-4-23　月牙图形

（9）在"图层 2"图层下边创建"图层 3"图层，选中该图层中的第 1 帧，导入一幅"绘图 .jpg"图像，调整该图像的大小和位置，使它刚好将整个舞台工作区完全覆盖。

1.4.3　相关知识

1. 选择工具改变图形形状

可以改变形状的对象有矢量图形、打碎的（分离的）位图图像、文字、组合和实例等。

（1）使用"选择工具"单击图形对象外的舞台工作区处，不选中图形对象。

（2）将鼠标指针移到线、轮廓线或填充的边缘处，会发现鼠标指针右下角出现一个小弧线（指向线边处时），如图 1-4-24（a）所示；或小直角线（指向线端或折点处时），如图 1-4-24（b）所示。此时，拖动线即可看到被拖动的线形状发生了变化。松开鼠标左键后，图形即发生了形状变化，如图 1-4-25 所示。

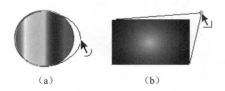 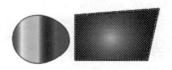

图 1-4-24　使用选择工具改变图形形状　　　　图 1-4-25　改变形状后的图形

2. 切割图形的几种方法

可以切割的对象有图形、分离的对象、打碎的文字等。切割对象可以采用下述三种方法：

（1）使用"选择工具"拖动出一个矩形，选中部分图形，如图 1-4-26（a）所示。拖动选中的部分图形，即可将选中的部分图形分离，如图 1-4-26（b）所示。

（2）在要切割的图形上绘制一条细线，如图 1-4-27（a）所示。使用"选择工具"，双击选中部分图形，拖动移开，如图 1-4-27（b）所示。然后，使用"选择工具"，单击选中细线图形，按【Delete】键，将细线删除，同时图形也被切割。

（3）在要切割的图形上绘制一幅图形，如图 1-4-28（a）所示。使用"选择工具"拖动出新绘制的图形，将原图形与它重叠部分的图形删除，如图 1-4-28（b）所示。

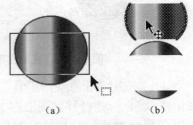

图 1-4-26 切割图形 1

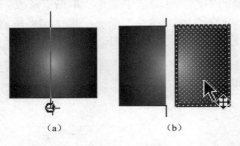

图 1-4-27 切割图形 2

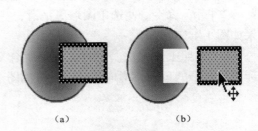

图 1-4-28 切割图形 3

3. 橡皮擦工具

单击"橡皮擦工具"按钮，工具箱"选项"栏内有三个按钮，它们作用如下：

（1）"水龙头"按钮：单击按下该按钮后，鼠标指针呈状。再单击一个封闭的有填充的图形内部，即可将所有填充擦除。

（2）"橡皮擦形状"按钮：单击它，打开它的列表，用来选择橡皮擦形状与大小。

（3）"橡皮擦模式"按钮：单击它，打开一个菜单，利用该菜单可以设置擦除方式：

◎ "标准擦除"按钮：选中它后，鼠标指针呈橡皮状，拖动擦除图形时，可以擦除鼠标指针拖动过的矢量图形、线条、打碎的位图和文字。

◎ "擦除填色"按钮：选中它后，拖动擦除图形时，只可以擦除填充和打碎的文字。

◎ "擦除线条"按钮：选中它后，拖动擦除图形时，只可以擦除线条和轮廓线。

◎ "擦除所选填充"按钮：选中它后，拖动擦除图形时，只可以擦除已选中的填充和分离的文字，不包括选中的线条、轮廓线和图像。

◎ "内部擦除"按钮：选中它后，拖动擦除图形时，只可以擦除填充。

不管哪一种擦除方式，都不能擦除文字、位图、组合和元件的实例等。

4. 对象的一般变形调整

单击"选择工具"，选中对象。单击"修改"→"变形"命令，打开其子菜单，如图 1-4-29 所示。利用该菜单，可以将选中的对象进行各种变形等。另外，使用"任意变形工具"也可以进行各种变形。单击"任意变形工具"按钮 ，此时工具箱的"选项"栏如图 1-4-30 所示。

注意：对于文字、组合、图像和实例等对象，菜单中的"扭曲"和"封套"是不可用的，任意变形工具"选项"栏内的"扭曲"和"封套"按钮也无效。

对象的变形通常是先选中对象，再进行对象变形的操作。下面介绍对象的变形方法。

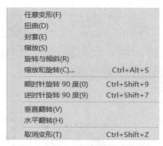

图 1-4-29 "变形"菜单

图 1-4-30 任意变形工具"选项"栏

（1）缩放对象：选中要调整的对象，单击"修改"→"变形"→"缩放"命令或单击"任意变形工具"按钮 ，再单击"选项"栏中的"缩放"按钮 。选中的对象四周会出现八个黑色方形控制柄，以及对象中间有一个变形点标记 ○ 。将鼠标指针移到四角的控制柄处，当鼠标指针呈双箭头状时，拖动鼠标，即可在四个方向缩放调整对象的大小，如图 1-4-31 所示。

将鼠标指针移到四边的控制柄处，当鼠标指针变成双箭头状时，拖动鼠标，即可在垂直或水平方向调整对象的高度或宽度（在上下或左右同时伸展或收缩），如图 1-4-32 所示。将鼠标指针移到四边的控制柄处，当鼠标指针变成双箭头状时，拖动鼠标，即可在垂直或水平方向同时调整对象的高度或宽度（在所有方向同时伸展或收缩）。

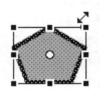

图 1-4-31 调整对象大小

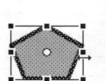

图 1-4-32 单向调整对象大小

按住【Alt】键，同时用鼠标拖动控制柄，则可以在单方向调整对象的大小。

（2）旋转与倾斜对象：选中要调整的对象，单击"任意变形工具"按钮 ，单击"选项"栏中的"旋转与倾斜"按钮 ，选中对象的四周有八个黑色控制柄，通常中心处会有一个变形点标记 ○ 。

将鼠标指针移到四角控制柄处，当鼠标指针呈旋转箭头状时，拖动鼠标可使对象围绕变形点标记 ○ 旋转或倾斜，如图 1-4-33 所示。拖动变形点标记 ○ ，可以改变它的位置。将鼠标指针移到四边控制柄处，当鼠标指针呈两个平行的箭头状时拖动，可以使对象倾斜，如图 1-4-34 所示。

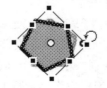

图 1-4-33 旋转对象

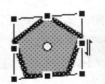

图 1-4-34 倾斜对象

（3）扭曲对象：选中要调整的对象，单击"修改"→"变形"→"扭曲"命令或单击"任意变形工具"按钮，再单击"选项"栏内的"扭曲"按钮。

鼠标指针移到四周的控制柄处，当鼠标指针呈白色箭头状时，拖动鼠标，可使对象扭曲，如图1-4-35（a）所示。按住【Shift】键，用鼠标拖动四角的控制柄，可以对称地进行扭曲调整（也称透视调整），如图1-4-35（b）所示。

（4）封套对象：选中要调整的图形，单击"修改"→"变形"→"封套"命令或单击"任意变形工具"按钮并单击"选项"栏内的"封套"按钮，此时图形四周出现许多控制柄，如图1-4-36（a）所示。将鼠标指针移到控制柄处，当鼠标指针呈白色箭头状时，拖动控制柄或切线控制柄，可改变图形形状，如图1-4-36（b）所示。

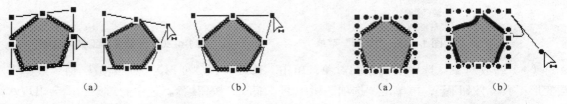

图 1-4-35　扭曲对象　　　　　　　　　　　图 1-4-36　封套调整

（5）任意变形对象：选中要调整的对象，单击"修改"→"变形"→"任意变形"命令或单击"任意变形工具"按钮。根据鼠标指针的形状，拖动控制柄，可调整对象的大小、旋转角度、倾斜角度等。拖动中心标记，可改变中心标记的位置。

5．对象的精确变形调整

（1）精确缩放和旋转：单击"修改"→"变形"→"缩放和旋转"命令，弹出"缩放和旋转"对话框，如图1-4-37所示。利用它可以将选中的对象按设置进行缩放和旋转。

（2）90°旋转对象：单击"修改"→"变形"→"顺时针旋转90度"命令，选中对象【见图1-4-38（a）】顺时针旋转90°，如图1-4-38（b）所示。单击"修改"→"变形"→"逆时针旋转90度"命令，选中对象逆时针旋转90°，如图1-4-38（c）所示。

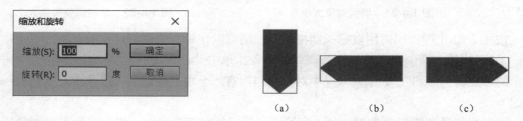

图 1-4-37　"缩放和旋转"对话框　　　　图 1-4-38　顺时针和逆时针旋转 90°

（3）垂直翻转对象：单击"修改"→"变形"→"垂直翻转"命令。
（4）水平翻转对象：单击"修改"→"变形"→"水平翻转"命令。
（5）使用"变形"面板调整对象："变形"面板如图1-4-39所示。使用方法如下。

◎ 在"缩放宽度"文本框内输入水平缩放百分比数，在"缩放高度"文本框内输入垂直缩放百分比数，按【Enter】键，可改变选中对象的水平和垂直大小；单击面板右下角的"重置选区和变形"按钮，可复制一个改变了水平和垂直大小的对象。单击该面板右下角的"取消变形"

按钮 后，可使选中的对象恢复原状态。

◎ 单击"约束"按钮 ，使按钮呈 状，则 与 文本框内的数值可以不一样。单击"约束"按钮 ，使按钮呈 状，则会强制两个数值一样，即保证原宽高比不变。

（6）对象旋转：选中"旋转"单选按钮，在其右边的文本框内输入旋转角度，然后按【Enter】键或单击"重置选区和变形"按钮 ，即可按指定的角度将选中的对象旋转或复制一个旋转的对象。

（7）对象倾斜：选中"倾斜"单选按钮，在其右边的文本框内输入倾斜角度，然后按【Enter】键或单击"重置选区和变形"按钮 ，即可按指定的角度将选中的对象倾斜或复制一个倾斜的对象。图标 和图标 右边的文本框分别表示以底边和左边为准来倾斜。

（8）对象翻转：单击"水平翻转选中内容"按钮 ，即可将选中对象水平翻转；单击"垂直翻转选中内容"按钮 ，即可将选中对象垂直翻转

关于"3D 旋转"和"3D 中心点"两栏的作用将在第 3 章介绍。

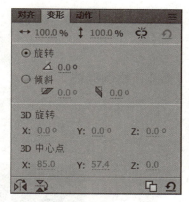

图 1-4-39 "变形"面板

●●● 思考与练习 1-4 ●●●●

1. 绘制图 1-4-40 所示的小花图像。绘制图 1-4-41 所示的红灯笼图形。
2. 绘制图 1-4-42 所示的"路"图形。绘制图 1-4-43 所示的"兔子"图形。

图 1-4-40 小花　　　图 1-4-41 红灯笼　　　图 1-4-42 "路"图形　　　图 1-4-43 "兔子"图形

3. 制作图 1-4-44 所示的各种 Logo 图形。

图 1-4-44 各种 Logo 图形

1.5 【案例5】鲜花图像多场景切换

1.5.1 案例描述

"鲜花图像多场景切换"动画播放后,开始的三幅图像的切换效果与【案例2】"鲜花图像渐显切换"动画的播放效果一样,接着第四幅鲜花图像逐渐从四周向中心缩小,直到第四幅图像完全消失,同时逐渐将第一幅图像显示出来,其中的两幅画面如图1-5-1所示。

图1-5-1 "鲜花图像多场景切换"动画播放后的两幅画面

该动画采用了四个场景,一个场景完成一幅图像的切换。在Animate动画中,演出的舞台只有一个,但在播放过程中,可以更换不同的场景。

1.5.2 操作方法

制作该动画的思路是:利用Animate文档"鲜花图像渐显切换.fla"中"场景1"场景复制两个场景,分别将三个场景的动画修改为一幅图像切换的动画,依次是图像水平移动动画、图像垂直移动动画和图像逐渐显示动画。最后再制作第四个场景的图像逐渐变小动画。各场景的动画可以重新制作,也可以在原场景动画的基础之上进行修改,修改时一定要注意后一场景的动画的第1帧画面一定要和前一场景最后一帧的画面完全一样。

1. 制作"鲜花图像1切换"场景动画

(1)将"【案例2】鲜花图像渐显切换.fla"文件夹复制一份,将复制的文件夹名称改为"【案例5】鲜花图像多场景切换",将其中的Animate文档"鲜花图像渐显切换.fla"的名称改为"鲜花图像多场景切换.fla"。

(2)打开Animate文档"鲜花图像多场景切换.fla",单击"窗口"→"其他面板"→"场景"命令,打开"场景"面板,双击该面板内的"场景1"名称,进入"场景1"名称的编辑状态,将场景名称改为"鲜花图像1切换",如图1-5-2(a)所示。

(3)单击"场景"面板内的"鲜花图像1切换"场景名称,再两次单击"复制场景"按钮 ,在"场景"面板内复制两个"鲜花图像1切换"场景,如图1-5-2(b)所示。

将"鲜花图像1切换 复制"场景名称改为"鲜花图像2切换",将"鲜花图像1切换 复制2"场景名称改为"鲜花图像3切换",如图1-5-2(c)所示。

第 1 章 基本操作和场景

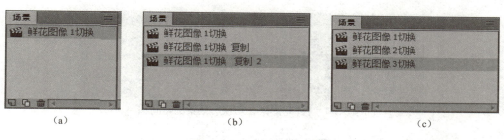

图 1-5-2 "场景"面板

（4）使用"选择工具"，单击"场景"面板内的"鲜花图像 1 切换"名称，切换到"鲜花图像 1 切换"场景。也可以单击舞台右上角的"编辑场景"按钮，打开它的菜单，单击其中的"鲜花图像 1 切换"命令。

（5）按住【Ctrl】键，单击图层栏内的"鲜花 3"和"鲜花 4"图层名称，选中"鲜花 3"和"鲜花 4"图层。右击选中的图层，弹出图层快捷菜单，单击"删除图层"命令，删除"鲜花 3"和"鲜花 4"图层。

（6）按住【Shift】键，同时单击"遮罩"图层中的第 41 帧，再单击"框架"图层中的第 120 帧，选中所有图层的第 41～120 帧。右击选中的帧，弹出帧快捷菜单，单击"删除帧"命令，删除所有图层的第 41～120 帧。

此时，"鲜花图像 1 切换"场景的时间轴如图 1-5-3 所示。

图 1-5-3 "鲜花图像 1 切换"场景的时间轴

2. 制作"鲜花图像 2 切换"场景动画

（1）使用"选择工具"单击"场景"面板内的"鲜花图像 2 切换"名称，切换到"鲜花图像 2 切换"场景。

（2）按住【Ctrl】键，单击选中"鲜花 1"和"鲜花 4"图层，单击时间轴内左下角中的"删除"按钮，删除"鲜花 1"和"鲜花 4"图层。

（3）按住【Ctrl】键，同时单击"遮罩"图层、"鲜花 2"图层和"框架"图层的第 41 帧，按【F6】键，创建三个关键帧。

（4）按住【Shift】键，同时单击"遮罩"图层中的第 1 帧，再单击"框架"图层中的第 40 帧，选中所有图层的第 1～40 帧。右击选中的帧，弹出帧快捷菜单，单击"删除帧"命令，删除所有图层的第 1～40 帧。

（5）按住【Shift】键，单击"遮罩"图层中的第 41 帧，再单击"框架"图层中的第 80 帧，选中所有图层的第 41～80 帧。右击选中的帧，弹出帧快捷菜单，单击"删除帧"命令，删除所有图层的第 41～80 帧。"鲜花图像 2 切换"场景的时间轴如图 1-5-4 所示。

73

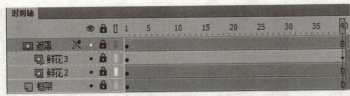

图 1-5-4 "鲜花图像 2 切换"场景的时间轴

3. 制作"鲜花图像 3 切换"场景动画

（1）单击"场景"面板内"鲜花图像 3 切换"名称，切换到"鲜花图像 3 切换"场景。

（2）按住【Ctrl】键，单击"鲜花 1"和"鲜花 2"图层，单击时间轴内的"删除"按钮 ，删除"鲜花 1"和"鲜花 2"图层。

（3）按住【Ctrl】键，同时单击"遮罩"图层、"鲜花 3"图层和"框架"图层的第 81 帧，按【F6】键，创建三个关键帧。

（4）按住【Shift】键，同时单击"遮罩"图层中的第 1 帧和"框架"图层中的第 80 帧，选中所有图层中的第 1～80 帧。右击选中的帧，弹出帧快捷菜单，单击"删除帧"命令，删除所有图层的第 1～80 帧。此时，"鲜花图像 3 切换"场景的时间轴如图 1-5-5 所示。

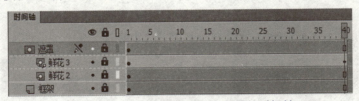

图 1-5-5 "鲜花图像 3 切换"场景的时间轴

4. 制作"鲜花图像 4 切换"场景动画

（1）使用"选择工具" 单击"场景"面板内的"添加场景"按钮 ，添加一个新场景，将该场景的名称改为"鲜花图像 4 切换"，如图 1-5-6 所示。

（2）切换到"鲜花图像 3 切换"场景。按住【Ctrl】键，单击选中"框架"和"遮罩"图层，右击选中的图层，弹出图层快捷菜单，单击"拷贝图层"命令。

（3）切换到"鲜花图像 4 切换"场景。右击"图层 1"图层，弹出图层快捷菜单，单击"粘贴图层"命令，将剪贴板内的"框架"和"遮罩"图层粘贴到当前的时间轴中。

（4）选中"图层 1"图层，单击"删除"按钮 ，删除"图层 1"图层。在新增"框架"图层之上新建"鲜花 4"和"鲜花 1"图层，"鲜花 1"图层在"鲜花 4"图层的下边。

（5）切换到"鲜花图像 3 切换"场景，右击"鲜花 4"图层中的第 40 帧（其中是"鲜花 4"图像），弹出帧快捷菜单，单击"复制帧"命令，将选中的帧复制到剪贴板内。

（6）切换到"鲜花图像 4 切换"场景，右击"鲜花 4"图层中的第 1 帧，弹出帧快捷菜单，单击"粘贴帧"命令，将剪贴板内保存的"鲜花 4"图像粘贴到选中的帧。右击"鲜花 4"图层中的第 1 帧，弹出帧快捷菜单，单击"删除补间"命令，删除该帧的补间属性。

（7）按照上述方法，将"鲜花图像 1 切换"场景"鲜花 1"图层中的第 1 帧复制粘贴到"鲜花图像 4 切换"场景"鲜花 1"图层中的第 1 帧。再将"鲜花 1"图层解锁。

（8）创建"鲜花 4"图层中的第 1 ~ 40 帧的传统补间动画。单击选中"鲜花 4"图层中的第 40 帧，选中该帧内的图像，单击"任意变形工具"按钮，将图像缩小到很小并位于舞台工作区的中间位置，如图 1-5-7 所示。

图 1-5-6 "场景"面板

图 1-5-7 第 40 帧画面

（9）将"鲜花 4"和"鲜花 1"图层移到"遮罩"图层右下边，使这两个图层成为"遮罩"图层的被遮罩图层。锁定"鲜花 4"和"鲜花 1"图层。

此时，"鲜花图像 4 切换"场景的时间轴如图 1-5-8 所示。

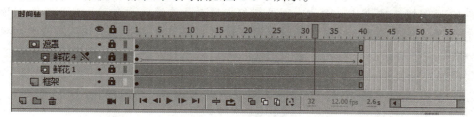

图 1-5-8 "鲜花图像 4 切换"场景的时间轴

1.5.3 相关知识

1. "场景"面板

单击"窗口"→"场景"命令，可以打开"场景"面板，如图 1-5-9 所示。利用该面板可显示、新建、复制、删除场景，以及给场景更名和改变场景的顺序等。

（1）单击"场景"面板右下角的"添加场景"按钮，可以新建一个场景。

（2）用鼠标上下拖动"场景"面板内的场景图标或场景名称，可以改变场景的前后次序，也就改变了场景的播放顺序，如图 1-5-10 所示。

（3）单击"场景"面板右下角的"重制场景"按钮，可以复制选中的场景。例如，单击选中"场景 2"，单击"场景"面板右下角的"重制场景"按钮，可以复制"场景 2"场景，产生名字为"场景 2 复制"的场景，如图 1-5-11 所示。

图 1-5-9 "场景"面板

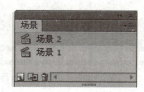

图 1-5-10 调整场景播放顺序

图 1-5-11 复制场景

（4）单击"场景"面板右下角的"删除"按钮，即可将选中的场景删除。

（5）双击"场景"面板内的一个场景名称，即可进入该场景名称的编辑状态。

2. 场景基本操作

（1）增加场景：单击"插入"→"场景"命令，即可增加一个场景，并进入该场景的编辑窗口。在舞台工作区编辑栏内，左边 图标的右边会显示出当前场景的名称。

另外，使用"选择工具" ，单击"场景"面板内的"添加场景"按钮，也可以添加一个新场景。

（2）切换场景：单击编辑栏右边的"编辑场景"按钮，可以打开快捷菜单，单击该菜单内的场景名称选项，可以切换到相应的场景。另外，单击"视图"→"转到"命令，可以打开其下一级子菜单，利用该菜单，可以完成场景的切换。

●●●● 思考与练习 1-5 ●●●●

1. 制作一个"滚动图像"动画。该动画播放后，10 幅图像依次从右向左在图像框架内移动。接着，这 10 幅图像又依次从左向右在图像框架内移动。要求：两个动画分别在不同场景内完成。

2. 修改【案例 5】动画，在"鲜花图像 4 切换"场景之上增加"鲜花图像 5 切换"和"鲜花图像 6 切换"两个场景。"鲜花图像 5 切换"场景用来将"鲜花 4"图像由大逐渐变小，最后将"鲜花 5"图像完全显示。"鲜花图像 6 切换"场景用来将"鲜花 6"图像由左上角向右下角移动，最后将"鲜花 5"图像完全覆盖。注意：各场景内动画的衔接应正确。

●●●● 1.6 【综合实训 1】滚动动画 ●●●●

1.6.1 实训效果

"滚动动画"动画播放后的三幅画面如图 1-6-1 所示。可以看到，背景是黑色胶片状图形，多个动画画面不断从右向左移动，形成滚动动画效果。滚动的动画从左到右依次是"图像逐渐显示切换"、"撞击框架的彩球"、"跳跃移动的足球"和"白天与黑夜"四个动画。

图 1-6-1 "滚动动画"动画播放后的三幅画面

1.6.2 实训提示

（1）创建一个 Animate 文档。设置舞台大小的宽为 900 像素、高为 300 像素，背景为白色。以名称"滚动动画.fla"保存在"【综合实训 1】滚动动画"文件夹内。

（2）制作"图像逐渐显示切换"、"撞击框架的彩球"、"跳跃移动的足球"和"白天与黑夜"四个动画文档，利用它们创建"图像切换"、"撞击框架的彩球"、"跳跃足球"和"白天与黑夜"四个影片剪辑元件，其中分别复制有打开的四个动画。"白天与黑夜"动画中是一幅图像逐渐由亮变暗，再由暗变亮的动画。

（3）在"图层 1"图层中的第 1 帧创建黑色胶片状图形，选中该图层中的第 100 帧，按【F5】键。

（4）在"图层 2"图层中的第 1～100 帧制作四个影片剪辑元件依次水平移动动画。

1.6.3 实训测评

能力分类	评价项目	评价等级
职业能力	舞台工作区的标尺、辅助线和网格，对齐对象，精确调整对象大小和位置	
	Animate 文档和对象基本操作，将动画转换为元件和编辑实例	
	多个对象的基本操作，补间动画的基本制作方法和遮罩图层初步使用	
	改变图形形状，切割对象，对象的变形，橡皮擦工具的使用	
	增加场景、切换场景和"场景"面板的使用	
通用能力	自学能力、总结能力、合作能力、创造能力等	
能力综合评价		

第 2 章　绘制简单图形

本章通过四个案例，介绍"颜色"和"样本"面板的使用方法，设置笔触和填充的方法，使用工具箱内工具绘制和编辑线条与各种图形的方法等。

图形是由线和填充组成的。可以对线和填充分别着色，可以着单色、渐变色和位图。工具箱中的一部分工具（线条和钢笔工具等）只用于绘制线；一部分工具（颜料桶和渐变变形等工具）只用于绘制和编辑填充；还有一部分工具（椭圆、矩形、多角星形、橡皮擦、滴管、任意变形和套索等工具）可以绘制和编辑线及填充。线可以转换为填充。

2.1 【案例6】珠宝和项链

视频
案例6

2.1.1 案例描述

"珠宝和项链"图形如图 2-1-1 所示。可以看到，在背景纹理图像之上，有一条白色线串有一串绿色的翡翠珠子，形成一条翡翠项链，还有五颗不同类型、不同颜色的宝珠，其中两个宝珠有不同的透明度。

图 2-1-1　"珠宝和项链"图形

2.1.2 操作方法

1. 制作"珠宝"影片剪辑元件

（1）新建一个 Animate 文档，设置舞台大小的宽为 400 像素，高为 300 像素，背景色为绿色。创建两条水平和两条垂直的辅助线（线间隔为 80 像素），再以名称"珠宝和项链.fla"保存在"【案例5】珠宝和项链"文件夹内。

（2）创建并进入"珠宝"影片剪辑元件的编辑状态。单击"椭圆工具" ，打开"属性"面板，单击该面板内的"笔触颜色"按钮 右边的色块，打开笔触颜色的默认色板（参看图 0-5-7），再单击该面板内的"无"图标 ，设置无笔触颜色。

单击其"属性"面板内的"填充颜色"按钮 右边的色块，打开填充颜色的默认色板，（参看图 0-5-8），单击选中其内左下角的色块 ，设置填充类型为"线性渐变"颜色类型。

（3）打开"颜色"面板，在"颜色类型"下拉列表框中应该选中了"线性渐变"选项，单击选中下边颜色编辑栏左下角的颜色关键点滑块，设置颜色为红色（R=255、G=60、B=60），如图 2-1-2 所示；单击下边颜色编辑栏右下角的颜色关键点滑块，设置颜色为灰色（R 为 80，G 和 B 为 10），Alpha 都为 100%，如图 2-1-3 所示。

（4）按住【Shift】键的同时拖动鼠标，绘制一个圆形。单击"渐变变形工具"按钮（它和"任意变形工具"按钮在同一组中）。单击圆形，拖动控制柄，使填充旋转 90°，如图 2-1-4 所示。再将图 2-1-4 所示的圆形图形组成组合。

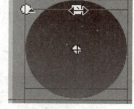

图 2-1-2 "颜色"面板 1　　图 2-1-3 "颜色"面板 2　　图 2-1-4 线性渐变色填充调整

（5）绘制一个椭圆，填充白色（R、G、B 均为 255，Alpha=85%）到白色（Alpha=10%）的线性渐变色。"颜色"面板设置如图 2-1-5 所示。

（6）单击"渐变变形工具"，单击白色椭圆图形，调整椭圆图形如图 2-1-6（a）所示，将该椭圆图形组成组合。

（7）按照上述方法，再绘制一个椭圆，椭圆采用颜色放射状渐变填充样式，由白色（R、G、B 均为 255，Alpha 为 85%）到白色（R、G、B 均为 255，Alpha 为 0%）。单击"渐变变形工具"，单击白色椭圆，调整椭圆如图 2-1-6（b）所示。

（8）将第二个椭圆图形组成组合，将它移到红色圆形图形之上，形成一个宝珠图形，再将三个图形组成组合，如图 2-1-7 所示。然后，单击舞台左上角的"场景 1"按钮 或 按钮，退出影片剪辑的编辑状态，回到主场景。

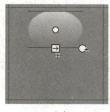
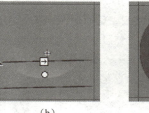

图 2-1-5 "颜色"面板　　图 2-1-6 绘制和调整椭圆图形　　图 2-1-7 水晶球图形

2．制作三个不同的珠宝图形

（1）将主场景内的"图层 1"图层名称改为"背景图像"，在"背景图像"图层之上创建三个新图层，从上到下分别将这三个图层的名称改为"珠宝 1"、"珠宝 2"和"珠宝 3"。

（2）单击"珠宝 1"图层中的第 1 帧，将"库"面板内的"珠宝"影片剪辑元件拖动到舞台工作区内，形成一个"珠宝"影片剪辑实例。

（3）单击"珠宝2"图层中的第1帧，将"库"面板内的"珠宝"影片剪辑元件拖动到舞台工作区内，形成一个"珠宝"影片剪辑实例。

（4）单击选中该帧内的"珠宝"影片剪辑实例，在其"属性"面板内的"样式"下拉列表框中选择"高级"选项，按照图2-1-8所示进行设置，将该影片剪辑实例的颜色改为蓝色，Alpha值调整为79%，使蓝色宝珠有一些透明。

（5）单击"珠宝3"图层中的第1帧，将"库"面板内的"珠宝"影片剪辑元件拖动到舞台工作区内，形成一个"珠宝"影片剪辑实例。

（6）单击该图层第1帧内的"珠宝"影片剪辑实例，在其"属性"面板内的"样式"下拉列表框中选择"高级"选项，按照图2-1-9所示进行设置，将该影片剪辑实例的颜色改为橙色。

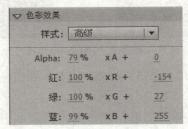　　　　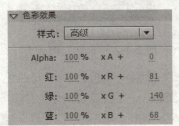

图2-1-8　"属性"面板设置1　　　　图2-1-9　"属性"面板设置2

3．绘制另一类珠宝图形

（1）在"珠宝1"图层之上创建一个新图层，更名为"珠宝4"，在"背景图像"图层之上创建一个新图层，更名为"珠宝5"。

（2）单击选中"珠宝4"图层中的第1帧，单击"椭圆工具"按钮○，打开"颜色"面板，单击"笔触颜色"按钮▇，打开笔触颜色的默认色板，单击该面板内的图标☒，设置无笔触。

（3）在"颜色"面板内单击"填充色"按钮，在"颜色类型"下拉列表框中选中"径向渐变"选项，单击左边关键点滑块，设置颜色为亮红色（R=255，G=60，B=60，Alpha都为87%），如图2-1-10所示。

（4）单击"颜色"面板内颜色编辑栏下边中间处，添加一个关键点滑块，单击该关键点滑块，设置颜色为灰色（R=92，G=20，B=20，Alpha=61%），如图2-1-11所示。单击右边关键点滑块，设置颜色为红色（R=255，G=0，B=0，Alpha=61%），如图2-1-12所示。

图2-1-10　"颜色"面板1　　图2-1-11　"颜色"面板2　　图2-1-12　"颜色"面板3

(5)按住【Shift】键,绘制出一个红色圆形图形,如图 2-1-13 所示。单击"渐变变形工具"按钮■,单击圆形图形,出现一些控制柄,如图 2-1-14(a)所示。拖动中心点和控制柄,调整渐变填充效果,效果如图 2-1-14(b)所示。然后将圆形图形组成组合。

(6)单击"珠宝5"图层中的第1帧,按照上述方法,再绘制一个绿色立体透明球,如图 2-1-15 所示。

 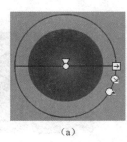 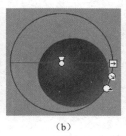 

图 2-1-13　红色圆形图形　　　图 2-1-14　调整线的渐变填充　　　图 2-1-15　绿色立体球

4.绘制翡翠项链

(1)在"珠宝1"图层的上边增加一个新图层,将该图层的名称改为"项链线"。单击该图层中的第1帧。单击工具箱中的"铅笔工具"按钮✏,单击"选项"栏内的"铅笔模式"按钮↳,弹出三个按钮,单击"平滑"按钮S。

(2)在其"属性"面板的"笔触高度"文本框中输入线条的宽度1(点),单击"笔触颜色"按钮■,打开笔触颜色面板,利用该颜色面板设置线条的颜色为白色。

(3)在舞台工作区中拖动,绘制一条封闭的曲线,如图 2-1-16 所示。单击"选择工具"▶,将鼠标指针移到线条处,当鼠标指针右下角出现一条弧线时,如图 2-1-17 所示,拖动即可调整曲线的形状。

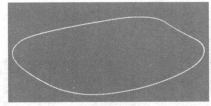 

图 2-1-16　一条封闭的白色曲线　　　图 2-1-17　鼠标指针右下角出现一条弧线

(4)在"项链线"图层之上增加一个新图层,将该图层的名称改为"项链"。右击"项链线"图层中的第1帧,弹出帧快捷菜单,单击"复制帧"命令,将选中的帧复制到剪贴板中。右击"项链"图层第1帧,弹出帧快捷菜单,单击"粘贴帧"命令,将剪贴板中的内容粘贴到"项链"图层中的第1帧内。

(5)单击"项链线"图层中的第1帧,单击时间轴"图层控制区"内的"项链线"图层的"锁定/解除锁定图层"列,使该处出现一个小锁,表示该图层已经锁定。

(6)单击"选择工具"▶,单击"项链"图层中第1帧内的曲线。打开"属性"面板,单击该面板内的"笔触颜色"按钮■,打开笔触颜色的默认色板,利用它设置线的颜色为绿色,在"笔触高度"文本框中输入线条的宽度16(磅)。

(7)单击"属性"面板内的"编辑笔触样式"按钮 ，弹出"笔触样式"对话框，在"类型"下拉列表框中选择"点状线"选项，在"点距"文本框中输入 2，如图 2-1-18 所示，单击"确定"按钮。单击舞台工作区内曲线外处，此时的点状曲线如图 2-1-19 所示。

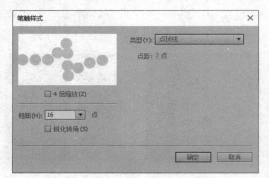

图 2-1-18 "笔触样式"对话框   图 2-1-19 绘制点状曲线

(8)使用"选择工具"按钮 拖动出一个矩形，将线条全部选中。单击"修改"→"形状"→"将线条转换为填充"命令，将线转换为填充。

(9)选中一个绿色圆形。打开"颜色"面板，单击"填充颜色"按钮 ，打开填充颜色面板，单击放射状绿色到黑色的渐变色色块 ，设置填充绿色到黑色的渐变色。

(10)在"颜色"面板内的"颜色类型"下拉列表框中选择"径向渐变"选项，选中颜色编辑栏中左边的关键点滑块，在 R、G、B 文本框中均输入 255，在 Alpha 文本框中输入 90%，如图 2-1-20(a)所示，设置该关键点的颜色为白色，Alpha 值为 90%。

采用同样的方法，即设置右边的关键点滑块的颜色为绿色（R=0，G=255，B= 为 0，Alpha=100%），如图 2-1-20(b)所示，即设置了由白色到绿色的放射状渐变填充颜色。

(11)单击"颜料桶工具"按钮 ，再分别单击各个小圆的不同部位，即可获得图 2-1-21 所示的翡翠项链图形。

  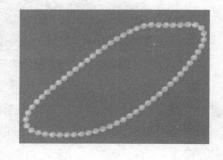

(a)   (b)

图 2-1-20 "颜色"面板设置   图 2-1-21 翡翠项链图形

(12)单击"背景图像"图层中的第 1 帧，导入"鲜花 1.jpg"图像，调整导入图像的大小和位置，使它刚好将整个舞台工作区完全覆盖。最后，单击"文件"→"保存"命令，将制作好的"珠宝和项链.fla"文档保存。

2.1.3 相关知识

1. "样本"面板

"样本"面板如图 2-1-22 所示。利用"样本"面板可以设置笔触和填充的颜色。在"颜色"面板内,不管在"颜色类型"下拉列表框中选择纯色、线性渐变、径向渐变和位图填充四种颜色类型中的哪一种,面板内都有一个"添加到色板"按钮,例如,选择"纯色"选项后的"颜色"面板如图 2-1-23 所示。单击"添加到色板"按钮,即可将"颜色"面板内设置好的颜色作为样本添加到"样本"面板内样本色块的最后边。

单击"样本"面板右上角的"面板菜单"按钮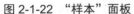,打开"样本"面板菜单,如图 2-1-24 所示。其中,部分命令的作用如下:

(1)"复制为色板"命令:选中色块或颜色渐变效果图标(称为样本),再单击"复制为色板"命令,即可在"样本"面板内后边复制一个选中色块或颜色渐变效果的样本。

(2)"删除"命令:单击选中一个样本,再单击"样本"面板菜单内的"删除"命令或"样本"面板内下边的"删除"按钮,都可以删除选定的样本。

(3)"添加颜色"命令:单击该命令,即可弹出"导入色样"对话框。利用该对话框可以导入颜色样本文件。颜色样本文件有颜色表(.act)、Animate 颜色集(.clr)、GIF 格式图像的颜色样本(.gif),并将颜色样本文件内的颜色追加到当前颜色样本的后边。

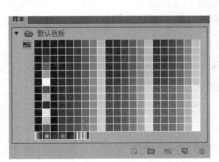 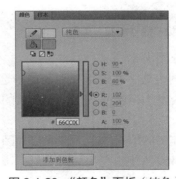 

图 2-1-22 "样本"面板　　图 2-1-23 "颜色"面板(纯色)　　图 2-1-24 "样本"面板菜单

(4)"替换颜色"命令:单击该命令,即可弹出"导入色样"对话框。利用它也可以导入颜色样本,替代当前的颜色样本。

(5)"加载默认颜色"命令:单击该命令,可以加载默认的颜色到当前颜色样本后边。

(6)"保存颜色"命令:单击该命令,弹出"导出色样"对话框。利用它可以将当前"颜色"面板以扩展名 .clr 或 .act 存储为颜色样本文件。

(7)"保存为默认值"命令:单击该命令,弹出一个提示框,提示是否要将当前颜色样本保存为默认的颜色样本,单击"是"按钮即可将当前颜色样本保存为默认的颜色样本。

(8)"清除颜色"命令:单击该命令,可清除颜色面板中的所有颜色样本。

(9)"Web 216 色"命令:单击该命令,可导入 216 种 Web 安全色样本。

2. "颜色"面板

单击"窗口"→"颜色"命令,打开"颜色"面板。利用该面板可以调整笔触颜色和填充颜色,其方法和前边介绍的一样。单击按下"笔触颜色"按钮 ,可以设置笔触颜色;单击按下"填充颜色"按钮 ,可以设置填充颜色。

在该面板内"颜色类型"下拉列表框中,可以选择无、纯色、线性渐变、径向渐变和位图填充五种颜色类型中的任意一种。选择"纯色"、"线性渐变"和"位图填充"选项后的"颜色"面板分别如图 2-1-23、图 2-1-25 和图 2-1-26 所示。选择"径向渐变"类型的"颜色"面板和选择"线性渐变"类型的"颜色"面板基本一样。

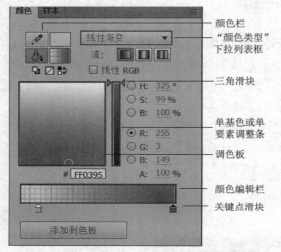

图 2-1-25 "颜色"面板"线性渐变"类型

图 2-1-26 "颜色"面板"位图填充"类型

"颜色"面板内各选项的作用如下:

(1)"颜色类型"下拉列表框:在该下拉列表框中选择一个选项,即可改变填充样式。选择不同选项后,"颜色"面板会发生相应的变化,各选项的作用如下:

◎ "无":删除填充。

◎ "纯色":提供一种纯正的填充单色,该面板如图 2-1-23 所示。

◎ "线性渐变":产生沿线性轨迹变化的渐变色,该面板如图 2-1-25 所示。

◎ "径向渐变":从焦点沿环形的渐变色填充,该面板和图 2-1-25 所示基本一样。

◎ "位图填充":用位图平铺填充区域,该面板如图 2-1-26 所示。

(2)六个单选按钮和六个文本框:HSB 和 RGB 分别表示两种颜色模式,颜色模式决定了用于显示和打印图像的颜色模型,它决定了如何描述和重现图像的色彩。

◎ RGB 模式:用红(R)、绿(G)、蓝(B)三基色来描述颜色的方式称为 RGB 模式,是相加混色模式。R、G、B 三基色分别用 8 位二进制数来描述,R、G、B 的取值范围在 0~255 之间,可以表示的色彩数目为 256×256×256=16 777 216(种)。例如,R=255、G=0、B=0 时,表示红色;R=0、G=255、B=0 时,表示绿色;R=0、G=0、B=255 时,表示蓝色。

◎ HSB 模式:是利用颜色的三要素来表示颜色的。其中,H 表示色相,S 表示色饱和度,B 表示亮度。这种方式描述颜色比较自然,但实际使用中不太方便。

选中六个单选按钮中的一个后，拖动其左边调整条内的三角滑块，或改变"#"文本框内的十六进制数（颜色代码格式是#RRGGBB，其中RR、GG、BB分别表示红、绿、蓝成分的大小，取值为00～FF十六进制数），都可以修改选中的单选按钮所对应的参数。H、S、B和R、G、B文本框分别用来调整相应的数值，可在数据之上拖动或单击后输入数值。

（3）A(Alpha)文本框：用来输入百分数，调整颜色（纯色和渐变色）的不透明度。Alpha值为0%时填充完全透明，为100%时填充完全不透明。

（4）颜色栏按钮：以图2-1-25所示的"颜色"（线性渐变）面板为例，介绍该面板的使用方法。颜色栏按钮的作用如下：

◎ "填充颜色"按钮：它和工具箱"颜色"栏和"属性"面板中的"填充颜色"按钮的作用一样，单击它右边的图标，可以打开填充颜色色板，参看图0-1-16。单击色板内的色块，或在其左上角的文本框中输入颜色的十六进制代码，都可以给填充设置颜色。还可以在Alpha文本框中输入Alpha值，以调整填充的不透明度。单击默认色板中的按钮，可以弹出"颜色选择器"对话框，如图2-1-27所示，用来设置更多的颜色。

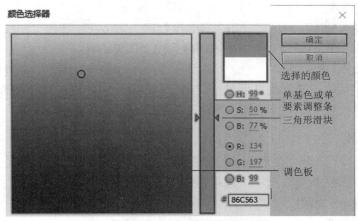

图2-1-27 "颜色选择器"对话框

◎ "笔触颜色"按钮：它和工具箱"颜色"栏和"属性"面板中的"填充笔触颜色"按钮的作用一样，单击它右边的图标，可以打开笔触颜色的色板，利用它可以给笔触设置颜色。

◎ 按钮组：从左到右，其作用依次分别为设置笔触颜色为黑色、填充颜色为白色，取消填充颜色，笔触颜色与填充颜色互换。

（5）"流"栏：其内有三个按钮，只有在"颜色类型"下拉列表框选中"线性渐变"和"径向渐变"选项时，这三个按钮和"线性RGB"复选框才会出现。它们用来选择流模式，即控制超出线性或线性渐变限制的颜色。单击按下一个按钮，即可设置相应的模式。三种模式简介如下：

◎ 扩展颜色：将所指定的颜色应用于渐变末端之外，它是默认模式。

◎ 反射颜色：渐变颜色以反射镜像效果来填充形状。指定的渐变色从渐变的开始到结束，再以相反的顺序从渐变的结束到开始，再从渐变的开始到结束，直到填充完毕。

◎ 重复颜色：渐变的开始到结束重复变化，直到选定的形状填充完毕为止。

（6）"线性RGB"复选框：选中它后，可创建与SVG（可伸缩矢量图形）兼容的渐变。

（7）调色板：调色板也称"颜色选择器"，如图2-1-27所示。利用它可以给线条和填充设置颜色。先在调色板中单击，粗略选择一种颜色；再单击选中一个单选按钮，拖动"单基色或单要素调整条"的三角形滑块，调整某个基色或某个要素的数值。

（8）"颜色"面板菜单：单击该面板的"面板菜单"按钮，打开"颜色"面板菜单，其中"添加样本"命令的作用是将设置的渐变填充色添加到"样本"面板最下面一行的最后。

（9）设置填充渐变色：对于"线性渐变"填充样式，用户可以设计颜色渐变的效果。下面以图 2-1-25 所示"颜色"（线性渐变）面板为例，介绍"线性渐变"填充样式的设计方法。

◎ 移动关键点滑块：所谓关键点就是在确定渐变时起始和终止颜色的点，以及颜色的转折点。拖动颜色编辑栏下边的滑块，可改变关键点的位置，改变颜色渐变的状况。

◎ 改变关键点的颜色：双击颜色编辑栏下边关键点的滑块，打开默认色板，选中某种颜色，可以设置关键点颜色。还可以通过改变右边文本框的数据来调整颜色和不透明度。

◎ 增加关键点：单击颜色编辑栏下边要加入关键点处，可增加新的滑块，即增加一个关键点。增加总数不得超过 15 个。拖动关键点滑块，可以调整关键点的位置。

◎ 删除关键点：用鼠标向下拖动关键点滑块，可以删除被拖动的关键点滑块。

（10）设置填充图像：如果没有导入位图，则第一次选择"类型"下拉列表框中的"位图填充"选项后，会弹出"导入到库"对话框，用来导入图像后，即可在"颜色"面板中加入可填充位图，如图 2-1-26 所示。单击该小图像，可选中该图像为填充图像。

另外，单击"文件"→"导入"→"导入到库"命令或单击"颜色"面板中的"导入"按钮，弹出"导入到库"对话框，选择文件后单击"确定"按钮，可以在"库"面板和"颜色"面板内导入选中的图像。可以在"库"面板和"颜色"面板中导入多幅图像。

3. 渐变变形工具

选中图形，单击按下"渐变变形工具"按钮；或者不选中图形，在"颜色"面板"颜色类型"下拉列表框中选择"线性渐变"选项，再单击选中图形填充，都可以在填充之上出现一些圆形和方形的控制柄以及线条，如图 2-1-28 所示。

如果在"颜色"面板"颜色类型"下拉列表框中选择"径向渐变"选项，再单击图形填充，即可在填充之上出现一些圆形、方形和三角形的控制柄，以及椭圆线，如图 2-1-29 所示。如果在"颜色"面板"颜色类型"下拉列表框中选择"位图填充"选项，再单击图形填充，即可在填充之上出现一些圆形、方形和平行四边形的控制柄和中心标记，以及矩形或菱形线，还有填充的图像，如图 2-1-30 所示。

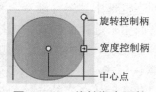
图 2-1-28　线性渐变调整

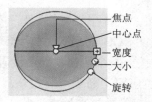
图 2-1-29　径向渐变调整

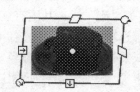
图 2-1-30　位图填充调整

拖动这些控制柄，可以调整填充的填充状态。调整焦点，可以改变线性或径向渐变的焦点；调整中心点，可以改变渐变的中心点；调整宽度，可以改变渐变的宽度；调整大小，可以改变渐变的大小；调整旋转，可以改变渐变的旋转角度。拖动位图填充中的平行四边形控制柄，可以扭曲填充的位图图像。

4．颜料桶工具

颜料桶工具的作用是对填充属性进行修改。填充的属性有纯色（即单色）填充、线性渐变填充、径向渐变填充和位图填充，以及无色。使用颜料桶工具的方法如下：

（1）设置填充的新属性，再单击工具箱内的"颜料桶工具"按钮，此时鼠标指针呈状。再单击舞台工作区中的某填充，即可用新设置的填充属性修改被单击的填充。另外，对于线性渐变填充、径向渐变填充，可以在填充内拖动出一条直线来修改填充。

（2）单击"颜料桶工具"按钮后，"选项"栏会出现两个按钮。其作用如下：

◎ "空隙大小"按钮：单击它可打开一个菜单，如图2-1-31所示，用来选择对无空隙和有不同大小空隙（即缺口）的图形进行填充。对有空隙图形的填充效果如图2-1-32所示。

◎ "锁定填充"按钮：该按钮弹起时，为非锁定填充模式；单击按下该按钮，即为锁定填充模式，以后可以锁定渐变或位图图像填充，使填充看起来好像扩展到整个舞台；并且用该填充涂色的对象，好像是显示下面的渐变或位图的遮罩。

在非锁定填充模式下，给图2-1-33（a）所示两行矩形填充灰度线性渐变色，再使用"渐变变形工具"单击矩形填充，效果如图2-1-33（a）所示，可以看到，各矩形的填充是相互独立的，无论矩形长短如何，填充都是左边浅右边深。

在锁定填充模式下，给图2-1-33（b）所示两行矩形填充灰度线性渐变色，再使用"渐变变形工具"单击矩形填充，效果如图2-1-33（b）所示，可以看到，各矩形的填充是一个整体，好像背景已经涂上了渐变色，但是被盖上了一层东西，因而看不到背景色，这时填充就好像剥去这层覆盖物，显示出了背景的颜色。

 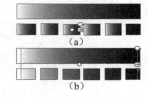

图2-1-31　图标菜单　　　图2-1-32　填充有空隙的区域　　　图2-1-33　非锁定与锁定填充

5．画笔工具

画笔工具有两个，一个是"画笔工具"，也称"画笔工具1"，可以像笔一样绘制任意形状和粗细的曲线，颜色由笔触颜色来决定；另一个是"画笔工具"，也称"画笔工具2"或刷子工具，可以像刷子一样绘制任意形状和粗细的填充线条，颜色由填充颜色来决定。

单击工具箱内的"画笔工具"按钮后，它的"选项"栏内有两个按钮：第一个按钮是"对象绘制"按钮；第二个按钮是"画笔模式"按钮，单击它可以打开一个菜单，用来设置画笔的伸直、平滑或墨水模式。

单击"画笔工具"按钮后，它的"选项"栏内有五个按钮，如图2-1-34所示。用来设置画笔大小、形状、模式和是否锁定填充等。五个按钮的作用简介如下：

（1）"对象绘制"按钮：单击按下该按钮，可以设置绘图模式为"对象绘制"模式。两种画笔都可以用来设置是否采用对象绘制模式。

（2）"画笔模式"按钮：单击该按钮，会调出各种刷子模式菜单，如图2-1-35（a）所示。单击选中其中一种，即可设置刷子的模式。

(3)"画笔大小"按钮：单击该按钮，会弹出各种画笔（刷子）大小示意图菜单，如图 2-1-35（b）所示。单击选中其中一种，即可设置刷子的大小。

(4)"画笔形状"按钮：单击该按钮，会弹出各种画笔形状示意图菜单，如图 2-1-35（c）所示。单击选中其中一种，即可设置画笔（刷子）形状。

(5)"锁定填充"按钮：其作用与"颜料桶工具" "选项"栏内的"锁定填充"按钮一样。使用锁定的渐变填充或位图填充，具体操作步骤如下：

◎ 单击工具箱内的"画笔工具"（刷子工具）或"颜料桶工具"按钮。

◎ 单击按下"选项"栏内的"锁定填充"按钮。

◎ 打开"颜色"面板，在"颜色类型"下拉列表框中选择"线性填充"、"径向填充"或者"位图填充"选项，再设置渐变色或选择位图图像。

◎ 对要进行填充图形的中心区域进行填充或拖动绘制图形，再移到其他区域。

设置好工具的参数，即可使用"颜料桶工具"工具 给图形填充渐变色或图像，或者使用"画笔工具"（刷子工具）工具绘制图形。使用刷子工具绘制的一些图形如图 2-1-36 所示。

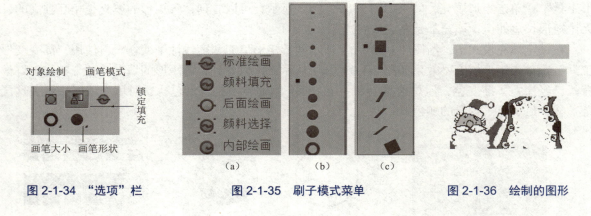

图 2-1-34 "选项"栏　　　图 2-1-35 刷子模式菜单　　　图 2-1-36 绘制的图形

思考与练习 2-1

1. 绘制一幅"七彩光盘"图形，如图 2-1-37 所示。可以看到，在花纹背景图像之上有一幅七彩光盘。七彩光盘的七种颜色分别为红、橙、黄、绿、青、蓝、紫。

2. 制作一个"水晶球"动画，该影片播放后的一幅画面如图 2-1-38 所示。它给出了红和蓝两种不同颜色的水晶球，每个水晶球内部都有不断水平移动变化的图像。

3. 绘制一幅"圆形按钮"图形，如图 2-1-39 所示。

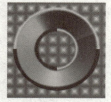 

图 2-1-37 "七彩光盘"图形　　图 2-1-38 "水晶球"动画画面　　图 2-1-39 "圆形按钮"图形

4. 制作一个"移动的透明光带"动画，该影片播放后的一幅画面如图 2-1-40 所示。可以看到，在背景图像之上，有水平来回移动的多条透明光带。

5. 制作一个"台球"图形，如图 2-1-41 所示。可以看到，在台球桌上有 10 个不同颜色的台球和两个球杆。

 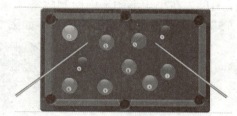

图 2-1-40 "移动的透明光带"动画画面　　　　图 2-1-41 "台球"图形

2.2 【案例 7】摄影展厅

2.2.1 案例描述

"摄影展厅"影片（也可以是"摄影展厅"动画）播放后的一幅画面如图 2-2-1 所示。展厅的地面是黑白相间的大理石，房顶是明灯倒挂，三面有五幅摄影图像，两边的图像有透视效果，房顶是明灯倒挂，给人富丽堂皇的感觉。左上角还有一个三原色自转动画标志。

图 2-2-1 "摄影展厅"影片播放后的一幅画面

2.2.2 操作方法

1. 绘制线条

（1）创建一个 Animate 文档。设置舞台大小的宽为 1 000 像素，高为 300 像素，背景为白色。单击"视图"→"网格"命令，在舞台工作区内显示网格。然后，以名称"摄影展厅.fla"保存在"【案例 7】摄影展厅"文件夹内。

（2）单击"视图"→"网格"→"编辑网格"命令，弹出"网格"对话框，设置网格的水平与垂直线间距均为 10 像素，选中"显示网格"单选按钮，单击"确定"按钮。单击"视图"→"网格"→"标尺"命令，显示标尺，创建四条辅助线，如图 2-2-2 所示。

(3)单击"矩形工具" ，设置无填充，轮廓线颜色为黑色，在其"属性"栏内设置笔触高度为3。沿着舞台工作区边缘绘制一幅矩形轮廓线。在其"属性"栏内设置宽为1 000像素，高为300像素，X和Y的值均为0。再绘制一幅矩形轮廓线，如图2-2-2所示。

(4)单击"线条工具" ，在大小两幅矩形图形的顶角之间绘制四条斜线，绘制展厅的布局线条图形，在小矩形图形内绘制两条垂直直线，如图2-2-2所示。

(5)接着绘制展厅地面的线条，如图2-2-3所示。

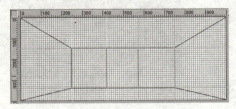
图2-2-2 展厅的布局线条图形

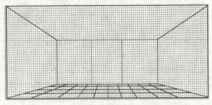
图2-2-3 绘制展厅地面的线条

注意：线与线的连接处不要有空隙。可以将图像放大，使用"选择工具" 拖动线端点来调整线的长度。如果线条过长，可以在不选中任何线的情况下单击长出部分，按【Delete】键，删除长出部分选中的线条。

(6)使用"选择工具" ，拖动鼠标选中所有线条，在其"属性"面板内将笔触的高度改为2。

2．绘制填充

(1)使用"颜料桶工具" ，在其"属性"面板内设置填充色为黑色，单击工具箱"选项"栏内的"空隙大小"按钮，打开它的下拉列表，单击" 不封闭空隙 "选项。

(2)单击地面格子内部，给相间的格子填充黑色，再设置填充色为白色，给其他相间的格子填充白色，形成黑白相间的地面，如图2-2-4所示。在填充时，如果出现填充多个格子的现象，这是因为线条封闭得不好，可以调整线条，使格子的空隙消失，再重新填充。

(3)将"灯.jpg"图像和TU1.jpg～TU5.jpg图像导入"库"面板中。打开"颜色"面板，在"样式"下拉列表框中选中"位图填充"选项，如图2-2-5所示。

图2-2-4 填充黑白相间的颜色

图2-2-5 "颜色"面板

(4)单击"颜色"面板中的"灯"图像，再使用"颜料桶工具" 给上边的梯形内部填充"灯"图像。填充后的效果如图2-2-6所示。

(5)单击"渐变变形工具"按钮 ，再单击填充图像，使图像处出现一些控制柄。拖动调整控制柄，如图2-2-7所示，形成展厅房顶的吊灯图像，如图2-2-1所示。

图2-2-6 给展厅房顶填充"灯"图像

图2-2-7 调整控制柄

（6）将"库"面板中 TU1.jpg ~ TU3.jpg 三幅摄影图像拖到舞台工作区内，分别调整它们的大小和位置，使它们位于展厅正面的三个矩形框架内，如图 2-2-1 所示。

（7）将整个展厅图形组成组合。这是很重要的，否则在以后调整图像时会擦除原图形。

（8）将"库"面板中的一幅图像拖到舞台工作区中。使用"任意变形工具"调整图像的大小和位置，使它与展厅左边的梯形一样大小（以梯形左边长度为准），再单击"修改"→"分离"命令，将图像打碎。在没有选中图像的情况下，向内垂直拖动左边宽幅图像右边的两个顶角，向内垂直拖动右边宽幅图像左边的两个顶角，效果如图 2-2-1 所示。

也可以按照前面所述的方法，使用"颜料桶工具"给左边梯形填充一幅摄影图像。

（9）按照相同的方法，给右边梯形填充另一幅摄影图像，效果如图 2-2-1 所示。

3. 制作"三原色"影片剪辑元件

（1）设置 Animate 文档背景色为黑色。创建并进入"红"影片剪辑元件的编辑状态，单击"椭圆工具"，在其"属性"栏内设置无轮廓线，填充为红色。按住【Shift】键，拖动绘制一个直径为 80 像素的红色圆形，如图 2-2-8（a）所示。然后，回到主场景。

（2）右击"库"面板中的"红"影片剪辑元件，弹出快捷菜单，单击"直接复制"命令，弹出"直接复制元件"对话框，将"名称"文本框中的内容改为"蓝"文字。单击"确定"按钮，关闭"直接复制元件"对话框，并在"库"面板中复制一个"蓝"影片剪辑元件。按照上述方法，再在"库"面板中复制一个"绿"影片剪辑元件和一个"黑"影片剪辑元件。

（3）双击"库"面板中的"蓝"的影片剪辑元件，进入它的编辑状态，使用"颜料桶工具"，将红色圆形图形的颜色改为蓝色，如图 2-2-8（b）所示。然后，回到主场景。

双击"库"面板中的"绿"影片剪辑元件，进入它的编辑状态，使用"颜料桶工具"，将红色圆形颜色改为绿色，如图 2-2-8（c）所示。然后，回到主场景。

（4）双击"库"面板中的"黑"影片剪辑元件，进入它的编辑状态，使用"颜料桶工具"，将红色圆形颜色改为黑色，然后将黑色圆形图像适当调大一些，如图 2-2-8（d）所示（还没有其他三种颜色的圆形图形）。然后，回到主场景。

（5）设置 Animate 文档背景色为白色。创建并进入"三原色"影片剪辑元件的编辑状态，单击"图层 1"图层中的第 1 帧，将"库"面板中的"黑"影片剪辑元件拖到舞台工作区内中心位置。

（6）在"图层 1"图层之上新增"图层 2"图层，单击该图层中的第 1 帧，将"库"面板中的"红"、"绿"和"蓝"三个影片剪辑元件依次拖到舞台工作区内，形成三个实例。再使用"选择工具"将它们移到相应位置，使它们相互重叠一部分。而且，"蓝"影片剪辑实例在最下边，"绿"影片剪辑实例在最上边。它们的相对位置如图 2-2-8（d）所示。

 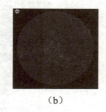 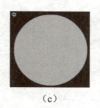 

　　（a）　　　　　　　　（b）　　　　　　　　（c）　　　　　　　　（d）

图 2-2-8　三个影片剪辑元件内容和三原色混合图形

(7)单击"红"影片剪辑实例,在其"属性"面板内的"混合"下拉列表框中选择"差值"选项。单击"绿"影片剪辑实例,在其"属性"面板内的"混合"下拉列表框中选择"差值"选项。效果如图2-2-8(d)所示。选中所有图形,将它们组成组合。

(8)调整组合的宽和高均为120像素。创建"图层2"图层中第1~80帧的传统补间动画,第1~80帧的内容一样。单击"图层2"图层中的第1帧,在其"属性"面板的"旋转"下拉列表框中选择"顺时针"选项,在其右边的文本框内输入1。

(9)单击"图层1"图层中的第80帧,按【F5】键。然后,回到主场景。

(10)将"库"面板中的"三原色"影片剪辑元件拖到舞台工作区内左上角,调整它的大小和位置,如图2-2-1所示。至此,该动画制作完毕。

2.2.3 相关知识

1. 笔触属性设置

笔触设置可以利用线的"属性"面板来进行。单击"铅笔工具"按钮后的"属性"面板,如图2-2-9所示,选中"线条工具"或"钢笔工具"后的"属性"面板,与图2-2-9所示基本一样,只是没有"平滑"栏。"属性"面板中各选项的作用如下:

(1)"笔触颜色"按钮:单击该按钮,可以打开笔触默认色板,用来设置笔触颜色。利用"颜色"面板也可以设置笔触,设置笔触颜色、透明度、渐变色和位图,其方法与设置填充的方法一样。

(2)"笔触"(笔触大小)文本框:可以直接输入线粗细的数值(数值在0.1~200之间,单位为磅),还可以拖动滑块来改变线的粗细。改变数值后按【Enter】键。

(3)"样式"下拉列表框:用来选择笔触样式。

(4)"根据所选内容创建新的画笔"按钮:使用"选择工具",单击选中绘制的一个线条,该按钮会变为有效,单击该按钮,可以弹出"画笔选项"对话框,如图2-2-10所示。利用该对话框可以设置笔触的一些属性,读者可以自行了解。例如,将鼠标指针移到箭头按钮之上,会显示该按钮的作用,单击箭头按钮,可在显示框内显示相应的变化。

图2-2-9 铅笔工具的"属性"面板

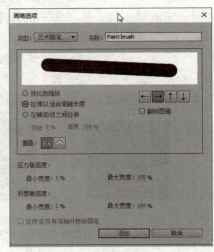
图2-2-10 "画笔选项"对话框

（5）"编辑笔触样式"按钮：单击该按钮，可以弹出"笔触样式"对话框，如图 2-2-11 所示。利用该对话框可自定义笔触样式（线样式）。该对话框中各选项的作用如下：

◎ "类型"下拉列表框：用来选择线的类型。选择不同类型时，其下边会显示不同的选项。例如，选择"斑马线"选项时的"笔触样式"对话框如图 2-2-12 所示。

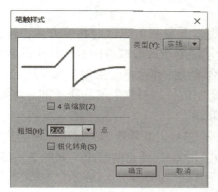 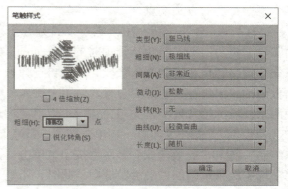

图 2-2-11 "笔触样式"（实线）对话框　　　　图 2-2-12 "笔触样式"（斑马线）对话框

可以看出，它有许多可以设置的下拉列表框，利用它们可以修改线条的形状。在进行设置时，可以在其左边的预览框内形象地看到设置后线的形状。

◎ "4 倍缩放"复选框：选中它后，显示窗口内的线可放大 4 倍。线实际并没有放大。

◎ "粗细"下拉列表框：用来输入或选择线条的宽度，数的范围是 0.1 ～ 200，单位是点。

◎ "锐化转角"复选框：选中它后，会使线条的转折明显。此选项对绘制直线无效。

（6）"画笔库"按钮：使用"选择工具"，单击选中绘制的一个线条，该按钮会变为有效，单击该按钮，可以打开"画笔库"面板，如图 2-2-13 所示。单击"窗口"→"画笔库"命令，也可以打开"画笔库"面板。双击该面板内右边的画笔图形，可以将该画笔添加到当前文档中，在铅笔等绘图工具内的"样式"下拉列表框中会添加该笔触样式，并选中该笔触样式。

图 2-2-13 "画笔库"面板

单击选中该面板内右边的画笔图形，单击"在文档中使用"按钮，也可以将选中的画笔图形添加到"样式"下拉列表框中。

（7）"宽度"下拉列表框：用来设置笔触的宽度。

（8）"缩放"下拉列表框：用来设置限制播放器 Animate Player 中笔触的缩放特点。

（9）"提示"复选框：选中该复选框后，启用笔触提示。笔触提示可以在全像素下调整直线锚记点和曲线锚记点，防止出现模糊的垂直线或水平线。

（10）"端点"按钮：单击它可以打开一个菜单，用来设置线段（路径）终点的样式。选中"无"选项时，对齐线段终点；选择"圆角"选项时，线段终点为圆形，添加一个超出线段端点半个笔触宽度的圆头端点；选择"方形"选项时，线段终点超出线段半个笔触宽度，添加一个超出线段半个笔触宽度的方头端点。

（11）"接合"按钮：单击它可以打开一个菜单，用来设置两条线段的相接方式，选择"尖角"、"圆角"和"斜角"选项时的效果如图 2-2-14 所示。要更改开放或闭合线段中的转角，可以先选择与转角相连的两条线段，然后再选择另一个接合选项。在选择"尖角"选项后，"属性"面板内的"尖角"文本框变为有效，用来输入一个尖角限制值，超过这个值的线条部分将被切除，使两条线段的接合处不是尖角，这样可以避免尖角接合倾斜。

（12）"平滑"文本框：在单击按下"铅笔工具"按钮 ✎ 后，工具箱内的选项栏中会出现"对象绘制" ⬚ 和"铅笔模式" ⌒ 两个按钮，单击"铅笔模式" ⌒ ，打开它的菜单，如图 2-2-15 所示。单击选中该菜单内的"平滑"选项。此时，铅笔工具的"属性"面板内的"平滑"文本框才有效，改变其内的数值，可以调整曲线的平滑程度。

图 2-2-14 "尖角"、"圆角"和"斜角"接合

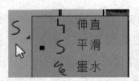

图 2-2-15 铅笔工具的选项栏

2．线条工具和绘制线条

（1）使用线条工具绘制直线：单击"线条工具"按钮 ╱，在其"属性"面板内设置线型和线颜色，在舞台工作区内拖动绘制直线。按住【Shift】键的同时拖动，可以绘制水平、垂直和 45° 的直线。

（2）使用铅笔工具绘制线条图形：使用"铅笔工具" ✎ 绘制图形，就像真的在用一支铅笔画图一样，可以绘制任意形状的曲线矢量图形。绘制完一条线后，Animate 可以自动对线进行变直或平滑处理等。按住【Shift】键的同时拖动，可以绘制水平和垂直直线。

在使用"铅笔工具" ✎ 后，选项栏"铅笔模式" ⌒ 按钮菜单也如图 2-2-15 所示。其内三个选项的作用简介如下：

◎ "伸直"选项 ⌐：它是规则模式，适用于绘制规则线条，并且绘制的线条会分段转换成与直线、圆、椭圆、矩形等规则线条中最接近的线条。

◎ "平滑"选项 ⌒：它是平滑模式，适于绘制平滑曲线。

◎ "墨水"选项 ✎：它是徒手模式，适于绘制接近徒手画出的线条。

3．墨水瓶工具和滴管工具

（1）墨水瓶工具 ⬚：它的作用是改变线的颜色和线型等属性。线的属性也有纯色填充、线性渐变填充和位图填充，以及无色。使用墨水瓶工具的方法和使用颜料桶工具的方法基本一样，只是"选项"栏没有选项。墨水瓶工具的使用方法如下：

◎ 设置笔触的属性，即利用"属性"或"颜色"面板等修改线的颜色和线型等。

◎ 单击工具箱内的"墨水瓶工具"按钮，此时鼠标指针呈状。单击舞台工作区中的某条线条，即可用新设置的线条属性修改被单击的线条。

◎ 如果用鼠标单击一个无轮廓线的填充，则会自动为该填充增加一条轮廓线。

（2）滴管工具：它的作用是吸取舞台工作区中已经绘制的线条、填充（包括打碎的位图、打碎的文字）和文字的属性。滴管工具的使用方法如下：

◎ 单击工具箱中的"滴管工具"按钮，将鼠标指针移到对象之上。此时鼠标指针变成一个滴管加一个正方形轮廓线（对象是线条或轮廓线）、一个滴管加一个实心正方形（对象是填充）或一个滴管加一个字符 T（对象是文字）的形状。

单击对象，即可将单击对象的属性赋给相应的面板，相应的工具也会被选中。

例如，图 2-2-16（a）是一个圆形图形，其轮廓线为绿色、虚线状，填充为径向红色渐变色；图 2-2-16（b）是一个方形图形，其轮廓线为红色、实线状，填充为位图图像。

单击工具箱中的"滴管工具"按钮，此时鼠标指针自动变为一个滴管加一个正方形轮廓线状，单击左边图形轮廓线，鼠标指针变为状，再单击右边图形轮廓线，即可使右边图形轮廓线与左边图形轮廓线一样，如图 2-2-17（a）所示。

单击工具箱中的"滴管工具"按钮，单击右边图像填充，此时鼠标指针自动变为状，表示选中了颜料桶工具，再单击工具箱"选项"栏内的"锁定填充"按钮，保证该按钮处于弹起状态，再单击左边径向渐变填充，即可使左边图形填充与右边图形填充一样，如图 2-2-17（b）所示。

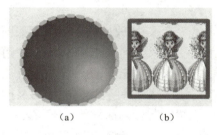
图 2-2-16 原图形

图 2-2-17 改变属性后的图形

思考与练习 2-2

1. 制作一个"光环"影片，该影片播放后，两个交叉的顺时针自转的七彩光环上下不断摆动，同时还从左向右移动，该影片播放后的一幅画面如图 2-2-18 所示。

2. 制作"轨道"图形，如图 2-2-19 所示；制作"房屋"图形，如图 2-2-20 所示。

图 2-2-18 "光环"影片画面

图 2-2-19 "轨道"图形

图 2-2-20 "房屋"图形

3. 制作一个"线条延伸"影片。该影片播放后,上边一条线从左向右延伸,下边一条线从右向左延伸,左边一条线从下向上延伸,右边一条线从上向下延伸。在线条延伸的同时,一幅图像由小变大展现到舞台中,如图2-2-21所示。

4. 制作一个"荷塘月色"影片,该影片播放后的两幅画面如图2-2-22所示。在漆黑的深夜,圆圆的月亮慢慢地移动,月亮映照在湖水中,垂柳倒挂在水面上,深蓝色的湖面上漂浮着片片荷叶。

图2-2-21 "线条延伸"影片画面　　　　图2-2-22 "荷塘月色"影片播放后的两幅画面

2.3 【案例8】双摆指针表

2.3.1 案例描述

"双摆指针表"影片(或者是"双摆指针表"动画)播放后的一幅画面如图2-3-1所示。可以看到,在鲜花背景之上,一个金色横杆下边吊着三个模拟指针表,左边和右边两个模拟指针表在摆动,左边指针表摆起后再摆回原处,撞击中间的模拟指针表,再撞击右边的模拟指针表,右边模拟指针表摆起,当右边模拟指针表摆回原处后又撞击中间的模拟指针表,再撞击左边的模拟指针表,左边模拟指针表再摆起。周而复始,不断运动。

指针表的表盘有大小不一样的三个顺时针自转的彩珠环、三个逆时针自转的彩珠环、一个顺时针自转的七彩光环、一个逆时针自转的七彩光环。表有时针和分针,时针和分针像真实表中的时针和分针一样,不断地转圈,只是速度很快。

图2-3-1 "双摆指针表"影片播放后的一幅画面

2.3.2 操作方法

1. 制作"七彩环 1"和"七彩环 2"影片剪辑元件

(1) 新建一个 Animate 文档。设置舞台大小的宽为 600 像素，高为 300 像素，背景为白色。然后，以名称"双摆指针.fla"保存在"【案例 8】双摆指针"文件夹内。

(2) 创建并进入"七彩环 1"影片剪辑元件编辑状态。单击工具箱内的"椭圆工具" ，在其"属性"面板内，设置笔触颜色为七彩色，笔触宽度为 3 磅，没有填充。

(3) 在舞台工作区内拖动绘制一个七彩光环。使用"选择工具" 选中七彩光环，单击"修改"→"组合"命令，将选中的七彩光环组成组合，如图 2-3-2 所示。

(4) 选中七彩环图形，在"属性"面板内的"宽"和"高"数值框内均输入 100，在 X 和 Y 数值框中均输入 –50（注意：此时"信息"面板内的中心位置设置应为 ），将选中的圆形七彩环图形调整到舞台工作区的中心处。此时的"属性"面板如图 2-3-3 所示。

(5) 单击元件编辑窗口中的 按钮，回到主场景。

(6) 单击"选择工具" ，右击"库"面板中的"七彩环 1"影片剪辑元件，弹出快捷菜单，单击"直接复制"命令，弹出"直接复制元件"对话框，将"名称"文本框中的文字改为"七彩环 2"文字，如图 2-3-4 所示。单击"确定"按钮，在"库"面板中增加一个"七彩环 2"影片剪辑元件。

图 2-3-2 七彩环

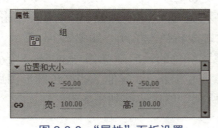
图 2-3-3 "属性"面板设置

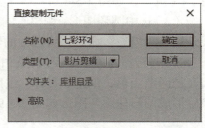
图 2-3-4 "直接复制元件"对话框

(7) 双击"库"面板中的"七彩环 2"的影片剪辑元件，进入它的编辑状态；再双击"七彩环"组合，进入它的编辑状态。单击选中"七彩环"图形，将其"属性"面板内的笔触高度改为 10 磅，将七彩环调小，其他不变。然后，回到主场景。

(8) 单击元件编辑窗口中的 按钮，回到主场景。

2. 制作"顺时针自转七彩环"和"逆时针自转七彩环"影片剪辑元件

(1) 创建并进入"顺时针自转七彩环"影片剪辑元件编辑状态。单击"选择工具" ，再单击选中"图层 1"图层中的第 1 帧，将"库"面板内的"七彩环 1"影片剪辑元件拖到舞台中心处。此时，"属性"面板内 X 和 Y 数值框中的值均为 0。

(2) 创建"图层 1"图层中第 1～120 帧的传统补间动画，选中第 1 帧，在其"属性"面板内的"旋转"下拉列表框内选中"顺时针"选项，右边数值框内数值改为 1，如图 2-3-5 所示。

(3) 单击元件编辑窗口中的 按钮，回到主场景。

(4) 按照上述方法，在"库"面板中再制作一个"逆时针自转七彩环"影片剪辑元件，不同的是，其中"七彩环 1"影片剪辑元件换为"七彩环 2"影片剪辑元件，顺时针旋转改为逆时针旋转。

(5) 单击选中"图层 1"图层第 1 帧，在其"属性"面板"补间"栏内"旋转"下拉列表框

97

中选择"逆时针"选项,顺时针旋转改为逆时针旋转。再将右边数值框内数值改为2,如图2-3-6所示。然后,回到主场景。

图2-3-5 "属性"面板设置1

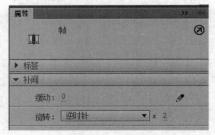
图2-3-6 "属性"面板设置2

3．制作"顺时针自转彩珠环"和"逆时针自转彩珠环"影片剪辑元件

（1）创建并进入"彩珠环"影片剪辑元件的编辑状态。单击"椭圆工具" ，在其"属性"面板内设置笔触颜色为红色,笔触宽度为14磅,没有填充。

（2）单击"属性"面板内的"编辑笔触样式"按钮 ，弹出"笔触样式"对话框,在"类型"下拉列表框中选中"点状线"选项,在"点距"数值框中输入4（点）,在"粗细"文本框内保持14（点）,如图2-3-7所示,单击"确定"按钮。再绘制一个圆环图形。

（3）选中圆环图形,调整它的高和宽均为200,且位于中心处。单击"修改"→"形状"→"将线条转换为填充"命令,将选中的轮廓线转换为填充,如图2-3-8所示。

（4）打开"颜色"面板,设置白色到红色的径向渐变色,每间隔三个小球后单击圆形内左上角,填充径向渐变色,创建小彩球。按照上述方法,给其他一些红色圆形图形填充不同的径向渐变色,最后形成的彩珠圆环图形如图2-3-9所示。然后,回到主场景。

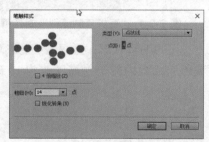
图2-3-7 "笔触样式"对话框

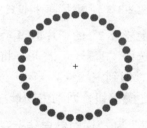
图2-3-8 红色圆环

图2-3-9 "彩珠环"影片剪辑元件

（5）创建并进入"顺时针自转彩珠环"影片剪辑元件的编辑状态。单击"图层1"图层中的第1帧,将"库"面板中的"彩珠环"影片剪辑元件拖动到舞台工作区中。

（6）制作"图层1"图层中第1~120帧的传统补间动画。选中第1帧,在其"属性"面板"补间"栏内的"旋转"下拉列表框中选择"顺时针"选项,在其右边的数值框中输入1,如图2-3-5所示,使彩珠环顺时针旋转1周。然后,回到主场景。

（7）右击"库"面板中的"顺时针自转彩珠环"影片剪辑元件,打开快捷菜单,单击"直接复制"命令,弹出"直接复制元件"对话框,将"名称"文本框中的文字改为"逆时针自转彩珠环"文字。单击"确定"按钮,在"库"面板中增加一个"逆时针自转彩珠环"影片剪辑元件。

(8)双击"库"面板中的"逆时针自转光环"的影片剪辑元件,进入它的编辑状态,单击"图层 1"图层中的第 1 帧,将其"属性"面板"补间"栏内"旋转"下拉列表框中的"顺时针"选项改为"逆时针"选项。然后,回到主场景。

4. 制作"模拟指针表"影片剪辑元件

(1)创建并进入"模拟指针表"影片剪辑元件的编辑状态。单击"图层 1"图层中的第 1 帧,将"库"面板中的"顺时针自转彩珠环"影片剪辑元件拖动到舞台工作区中,形成一个影片剪辑元件的实例。在"属性"面板内设置宽和高均为 300 像素,X 和 Y 均为 0。

(2)将"库"面板中的"逆时针自转彩珠环"影片剪辑元件拖动到舞台工作区中,形成一个实例。设置它的宽和高均调整为 240 像素,X 和 Y 均为 0。两个实例的中心对齐。

(3)两次将"库"面板中的"顺时针自转彩珠环"影片剪辑元件拖动到舞台工作区中,两次将"库"面板中的"逆时针自转彩珠环"影片剪辑元件拖动到舞台工作区中,共形成六个实例,利用"属性"面板设置它们依次变小,且均在 X 和 Y 数值框中输入 0。

(4)将"库"面板中的"顺时针自转七彩环"影片剪辑元件拖动到舞台工作区中,设置它的宽和高均调整为 310 像素,X 和 Y 均为 0,置于最外圈。将"库"面板中的"逆时针自转七彩环"影片剪辑元件拖动到舞台工作区中,设置它的宽和高均调整为 60 像素,X 和 Y 均为 0,置于最内圈。

(5)在"图层 1"图层之上添加一个"图层 2"图层,单击该图层中的第 1 帧。单击"线条工具" ,在其"属性"面板内设置"笔触高度"为 3,笔触颜色为红色。按住【Shift】键,从中心处垂直向上拖动,绘制一条红色垂直直线。单击"选择工具" ,选中直线,在其"属性"面板内设置"宽"和"高"分别为 3 和 140。再在底部绘制一个宽和高均为 10 像素的红色圆形图形,同时使红色圆形图形和红色垂直直线成为一体。

(6)使用"任意变形工具" ,单击绘制的垂直线条,拖动线的中心点到中心处,如图 2-3-10 所示。在"属性"面板内的"宽"和"高"文本框内分别输入 10 和 140,X 和 Y 数值框内均输入 0。这个对象表示时针,其底部与中心对齐。

(7)制作"图层 2"图层中第 1 ~ 120 帧的传统补间动画。选中第 1 帧,再在其"属性"面板内的"旋转"下拉列表框中选择"顺时针"选项,在其右边的数值框中输入 1。

注意:在制作完动画后,如果"图层 2"图层中第 1 帧和第 120 帧内垂直线条的中心点移回原处,需要重新调整,将线条的中心点移到中心处。

(8)在"图层 2"图层之上添加"图层 3"图层,单击该图层中的第 1 帧。按照上述方法绘制一条线宽为 2 磅的蓝色 160 像素垂直线条和宽和高均为 10 像素的蓝色圆形图形,在"属性"面板内的"宽"和"高"文本框中分别输入 10 和 160,X 和 Y 数值框内分别输入 0,它表示分针。使用"任意变形工具" ,单击选中垂直线条,再拖动线的中心点到中心处。

(9)制作"图层 3"图层中第 1 ~ 120 帧的传统补间动画。选中第 1 帧,再在其"属性"面板内的"旋转"下拉列表框中选择"顺时针"选项,在其右边的数值框中输入 12。

(10)单击"图层 1"图层中的第 120 帧,按【F5】键,使第 1 ~ 120 帧的内容一样。再回到主场景。

5. 制作"吊线指针表"和"横杆"影片剪辑元件

(1)创建并进入"吊线指针表"影片剪辑元件(见图 2-3-11)的编辑状态。单击"图层 1"

图层中的第 1 帧,将"库"面板中的"模拟指针表"影片剪辑元件拖动到舞台工作区中,形成一个影片剪辑元件的实例。在"属性"面板内设置宽和高均为 160 像素,X 和 Y 均为 0。

(2)单击"线条工具" ,在其"属性"面板内设置"笔触高度"为 2,笔触颜色为红色。按住【Shift】键,从中心处垂直向上拖动,绘制一条红色垂直直线。使用"选择工具" 选中直线,在其"属性"面板内设置"高"为 205。然后,回到主场景。

(3)创建并进入"横杆"影片剪辑元件的编辑状态。单击"图层 1"图层中的第 1 帧,单击"矩形工具" ,在"属性"面板内设置笔触颜色为红色,笔触高度为 2。

(4)打开"颜色"面板,单击"填充颜色"按钮 ,在"颜色类型"下拉列表框中选中"线性渐变"选项,设置渐变色为红色到黄色再到红色,如图 2-3-12 所示。

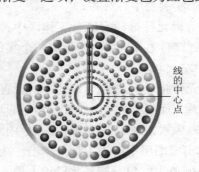 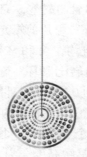 

图 2-3-10　线的中心点　　图 2-3-11　"吊线指针表"影片剪辑元件　　图 2-3-12　"颜色"面板

(5)拖动绘制一幅矩形,在其"属性"面板内设置宽为 580,高为 11。单击"渐变变形工具"按钮 ,再单击横杆图形,使图像处出现一些控制柄。然后,拖动调整这些控制柄,使填充旋转 90°,形成立体横杆图形,如图 2-3-13 所示。

图 2-3-13　调整横杆图形的填充

6. 制作主场景动画

(1)将"图层 1"图层的名称改为"背景图像",选中该图层中的第 1 帧,导入"鲜花 1.jpg"图像,调整图像的宽为 600 像素,高为 300 像素,X 和 Y 的值分别为 0。

(2)在"背景图像"图层之上添加"横杆"图层,单击该图层中的第 1 帧,将"库"面板内的"横杆"影片剪辑元件拖到图像上边位置,形成"横杆"影片剪辑实例,利用它的"属性"面板添加斜角滤镜,使"横杆"影片剪辑实例呈立体状,如图 2-3-14 所示。

(3)在"横杆"图层之上添加"中指针表"图层,选中该图层第 1 帧,将"库"面板内的"吊线指针表"影片剪辑元件拖动到"横杆"影片剪辑实例下边的中间位置,如图 2-3-14 所示。然后,按住【Ctrl】键,单击"中指针表"和"背景图像"图层中的第 100 帧,按【F5】键,使这两个图层中第 1~100 帧内容一样。

(4)在"中指针表"图层之上添加"左指针表"和"右指针表"图层,单击"左指针表"图层中的第 1 帧,将"库"面板内的"吊线指针表"影片剪辑元件拖到"横杆"影片剪辑实例左下边位置;单击"右指针表"图层中的第 1 帧,将"库"面板内的"吊线指针表"影片剪辑元件拖到"横杆"影片剪辑实例右下边位置,如图 2-3-14 所示。

图 2-3-14　第 1 帧各图层内不同的影片剪辑元件实例和图像

（5）使用"任意变形工具"单击"左指针表"图层中第 1 帧的"吊线指针表"影片剪辑实例，拖动该影片剪辑实例的中心点标记，使它移到摆线的顶端，如图 2-3-15 所示，确定单摆的旋转中心。创建"左指针表"图层中第 1～50 帧的传统补间动画。此时，第 1 帧与第 50 帧的画面均如图 2-3-15 所示。单击"左指针表"图层中的第 25 帧，按【F6】键，创建一个关键帧。保证第 25 帧"吊线指针表"影片剪辑实例的圆形中心点标记移到摆线的顶端。再旋转调整"指针表 1"影片剪辑实例到图 2-3-16 所示的位置。

（6）右击"左指针表"图层中的第 50 帧，弹出帧快捷菜单，单击"删除补间"命令，使该帧不具有动画属性，"左指针表"图层中第 51～100 帧内的虚线取消。

（7）单击"右指针表"图层中的第 51 帧，按【F6】键，创建一个关键帧。再使第 51 帧具有传统补间动画的属性。拖动该关键帧内"吊线指针表"影片剪辑实例的中心点标记，使它移到摆线的顶端。单击选中"右指针表"图层中的第 100 帧和第 75 帧，按【F6】键，创建"右指针表"图层中第 51～75 帧再到第 100 帧的传统补间动画。此时，第 51 帧与第 100 帧的画面均如图 2-3-15 所示。

（8）使用"任意变形工具"单击"右指针表"图层中的第 75 帧，保证该帧的"指针表"影片剪辑实例的圆形中心点标记移到单摆线的顶端，旋转调整"右指针表"图层第 75 帧内的"吊线指针表"影片剪辑实例，效果如图 2-3-17 所示。

图 2-3-15　中心点标记　　　图 2-3-16　第 25 帧画面　　　图 2-3-17　第 75 帧画面

至此，"双摆指针表"影片制作完毕，它的时间轴如图 2-3-18 所示。

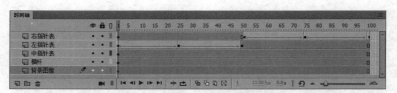

图 2-3-18 "双摆指针表"影片的时间轴

2.3.3 相关知识

1. 将线转换为填充

选中一个线条或轮廓线图形,单击"修改"→"形状"→"线条"命令,即可将选中的线条或轮廓线图形转换为填充。

2. 平滑和伸直

可以通过平滑和伸直线来改变线的形状。平滑操作使曲线变柔和,减少曲线整体方向上的突起或其他变化,同时还会减少曲线中的线段数。平滑只是相对的,它并不影响直线段。如果在改变大量非常短的曲线段的形状时遇到困难,则该操作尤其有用。选择所有线段并将它们进行平滑操作,可以减少线段数量,从而得到一条更易于改变形状的柔和曲线。伸直操作可以稍稍伸直已经绘制的线条和曲线。它不影响已经伸直的线段。

(1)平滑:使用工具箱"选择工具" ,选中要进行平滑操作的线条或形状图形轮廓线。然后,单击"修改"→"形状"→"平滑"命令,可将选中的线条或形状图形轮廓线平滑。另外,单击工具箱中的"铅笔工具"按钮 ,单击"选项"栏内"铅笔模式"按钮 ,打开三个按钮,单击"平滑"按钮 ,也可以使选中的线平滑。

(2)高级平滑:使用工具箱"选择工具" ,选中要进行平滑操作的一条线条,单击"修改"→"形状"→"高级平滑"命令,弹出"高级平滑"对话框,如图 2-3-19 所示。选中"预览"复选框后,随着调整文本框内的数值,可以看到线的平滑变化。

(3)伸直:使用工具箱"选择工具" ,选中要进行伸直操作的线条或形状轮廓,单击工具箱内"选项"栏或主工具栏中的"伸直"按钮 ,即可将选中的线伸直。单击"修改"→"形状"→"伸直"命令,也可以将选中的线伸直。

(4)高级伸直:使用工具箱"选择工具" ,选中要进行伸直的一条线条,单击"修改"→"形状"→"高级伸直"命令,弹出"高级伸直"对话框,如图 2-3-20 所示。选中"预览"复选框后,随着调整文本框内的数值,可以看到线的伸直变化。

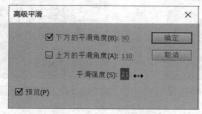

图 2-3-19 "高级平滑"对话框

图 2-3-20 "高级伸直"对话框

根据每条线段的曲直程度,重复应用平滑和伸直操作可以使每条线更平滑或更直。

3．扩展填充大小和柔化填充边缘

（1）扩展填充大小：选择一个填充，例如图 2-3-21 所示的七彩圆形线。然后单击"修改"→"形状"→"扩展填充"命令，弹出"扩展填充"对话框，如图 2-3-22 所示。"距离"文本框用来输入扩充量；"方向"栏内的"扩展"单选按钮表示向外扩充，"插入"单选按钮表示向内扩充。单击"确定"按钮，可使图 2-3-21 所示图形变为图 2-3-23 所示图形。如果填充有轮廓线，则向外扩展填充时，轮廓线会被扩展的填充覆盖掉。

图 2-3-21 七彩圆形线　　图 2-3-22 "扩展填充"对话框　　图 2-3-23 扩展填充效果

注意：最好在扩展填充以前对图形进行一次优化曲线处理，其方法参看下面内容。

（2）柔化填充边缘：选择一个填充，单击"修改"→"形状"→"柔化填充边缘"命令，弹出"柔化填充边缘"对话框，按照图 2-3-24 所示设置，单击"确定"按钮，即可将图 2-3-23 所示图形加工为图 2-3-25 所示图形。"柔化填充边缘"对话框内各选项的含义如下：

◎ "距离"文本框：输入柔化边缘的宽度，单位为像素。
◎ "步长数"文本框：输入柔化边缘的阶梯数，取值为 0～50。
◎ "方向"栏：用来确定柔化边缘的方向是向内还是向外。

注意：上边两个对话框中的"距离"和"步长数"文本框中的数据不可太大，否则会破坏图形；在使用柔化时，会使计算机处理的时间太长。

图 2-3-24 "柔化填充边缘"对话框　　图 2-3-25 柔化填充

4．优化曲线

一个线条是由很多"段"组成的，前面介绍的用鼠标拖动来调整线条，实际上一次拖动操作只是调整一"段"线条，而不是整条线。优化曲线就是通过减少曲线"段"数，即通过一条相对平滑的曲线段代替若干相互连接的小段曲线，从而达到使曲线平滑的目的。通常，在进行扩展填充和柔化操作之前可以进行优化操作，这样可以避免出现因扩展填充和柔化操作而删除部分图形的现象。优化曲线还可以缩小 Animate 文件字节数。

首先选取要优化的曲线，然后单击"修改"→"形状"→"优化"命令，弹出"优化曲线"对话框，如图 2-3-26 所示。利用该对话框，进行设置后，单击"确定"按钮即可将选中的曲线优化。

该对话框中各选项的作用如下：

（1）"优化强度"数字框：在数字框上拖动，可以改变平滑操作的力度。

（2）"显示总计消息"复选框：选中它后，在操作完成后会弹出一个 Adobe Animate 提示框，如图 2-3-27 所示。该提示框给出了平滑操作的数据，含义是：原来共由多少条曲线段组成，优化后由多少条曲线段组成，缩减的百分数。

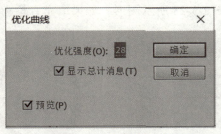

图 2-3-26 "优化曲线"对话框

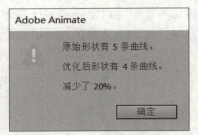

图 2-3-27 Adobe Animate 提示框

思考与练习 2-3

1. 制作一个"摆动光环和指针表"影片，该影片播放后的两幅画面如图 2-3-28 所示。可以看到，四个自转的七彩椭圆光环上下摆动，其中两个光环顺时针自转，两个光环逆时针自转。另外，两边和中间共有三个模拟指针表上下移动。模拟指针表内有三个顺时针自转的彩珠环，三个逆时针自转的彩珠环，两个指针就像表的时针和分针一样不断地旋转。

2. 制作一个"风车和向日葵"影片，该动画运行后的一幅画面如图 2-3-29 所示，在蓝天白云下面的大地上，有五个风车随风转动，还有一些向日葵和绿草。

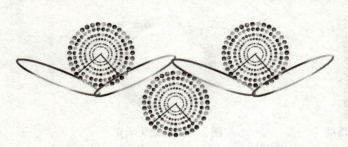

图 2-3-28 "摆动光环和指针表"影片画面

图 2-3-29 "风车和向日葵"影片画面

2.4 【案例 9】闪耀红星和弹跳彩球

2.4.1 案例描述

"闪耀红星和弹跳彩球"影片（或是动画）播放后的两幅画面如图 2-4-1 所示。可以看到，在黄色背景之上有一个立体的红色五角星闪闪发光，一个彩球在上下弹跳。

第 2 章　绘制简单图形

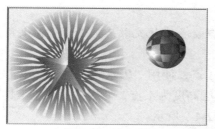 

图 2-4-1　"闪耀红星和弹跳彩球"影片播放后的两幅画面

2.4.2　操作方法

1. 制作五角星轮廓线

（1）设置舞台大小的宽为 500 像素，高为 300 像素，背景色为黄色。使舞台工作区显示网格。单击"视图"→"贴紧"→"贴紧至网格"命令选项，使它左边出现对钩。

（2）单击"矩形工具"按钮■，在其"属性"面板内设置无填充，设置笔触高度为 2 点，笔触颜色为红色。绘制一个宽 10 网格、高 16 网格的矩形，如图 2-4-2 所示。

（3）单击"选择工具" ，向左拖动矩形的右上角到矩形的中间处，向右拖动矩形的左上角到矩形的中间处，使矩形成为三角形，如图 2-4-3 所示。

（4）单击"线条工具" ，在舞台工作区内拖动绘制三条直线，水平线的长度为 16 网格，而且是与三角形的垂直中线对称，如图 2-4-4 所示。

（5）使用"选择工具" ，单击选中三角形底线，按【Delete】键，删除三角形底线，如图 2-4-5 所示。按照同样的方法，删除五角星内部的所有线段，效果如图 2-4-6 所示。

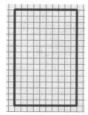 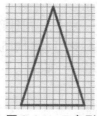 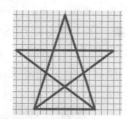 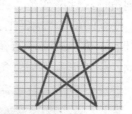

图 2-4-2　矩形　　　图 2-4-3　三角形　　　图 2-4-4　三条直线　　　图 2-4-5　删除三角形底线

（6）另外，可以单击"多角星形工具" ，再单击其"属性"面板内的"选项"按钮，弹出"工具设置"对话框，按照图 2-4-7 所示设置，单击"确定"按钮。

再设置无填充，笔触高度为 2 点，颜色为红色。然后拖动绘制一幅五角星轮廓线，如图 2-4-6 所示。使用"任意变形工具" 调整五角星图形的大小和位置，旋转调整五角星轮廓线的角度。

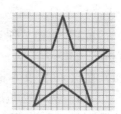

图 2-4-6　五角星轮廓

2. 给五角星轮廓线填充渐变色

（1）单击"视图"→"贴紧"→"贴紧至网格"命令，使它左边的对钩消失。单击"线条工具" ，在其"属性"面板内设置笔触高度为 1 点，在五角星内绘制五条红色直线，如图 2-4-8 所示。

（2）打开"颜色"面板，设置填充色为红、浅红、白的线性渐变色。使用"颜料桶工具"

105

单击五角星内各个区域。

注意：在"填充"面板内关键点滑块 的位置会影响填充效果，五角星左上角区域内填充的渐变色应偏亮一些，以产生光照的效果。

（3）设置线的颜色为深红色，笔触高度为 1 点，使用"墨水瓶工具" 单击五角星内部左上边的两条直线；再设置线的颜色为浅红色，笔触高度为 1 点，使用"墨水瓶工具" 单击五角星内部右下边的三条直线。此时的五角红星如图 2-4-9 所示。

（4）将图形放大，进行线条的细致修改，删除五角形轮廓线。然后，将五角红星组成组合，最终结果如图 2-4-10 所示。

 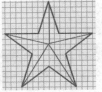  

图 2-4-7 "工具设置"对话框　　图 2-4-8 五条直线　　图 2-4-9 五角红星　　图 2-4-10 删除轮廓线

（5）选中图 2-4-10 所示的五角红星，单击"修改"→"转换为元件"命令，弹出"转换为元件"对话框，在"名称"文本框中输入"五角星"，单击"确定"按钮，即可将五角红星图形转换为"五角星"影片剪辑元件的实例。

3．制作"光线 1"和"光线 2"元件

（1）创建并进入"光线 1"影片剪辑元件，单击"矩形工具" ，打开"颜色"面板，利用该面板设置填充为红色到黄色的线性渐变色，如图 2-4-11 所示。设置无轮廓线，绘制一幅填充红色到黄色线性渐变色、无轮廓线的矩形，如图 2-4-12 所示。

（2）单击"选择工具" ，在不选中矩形的情况下，将鼠标指针移到矩形的左上角，当鼠标指针右下方出现一个直角线时，垂直向下拖动；再将鼠标指针移到矩形图形的左下角，垂直向上拖动，将矩形调整为三角形。然后，将三角形图形组成组合，如图 2-4-13 所示。

  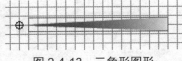

图 2-4-11 "颜色"面板设置　　图 2-4-12 渐变色的矩形　　图 2-4-13 三角形图形

（3）使用"任意变形工具"按钮 ，选中三角形图形，将中心点标记拖到舞台工作区的中心处，如图 2-4-14 所示。在"属性"面板内的"宽"文本框中输入 136，在"高"文本框中输入 14，在 X 和 Y 文本框中均输入 0，如图 2-4-15 所示。

（4）选中三角形图形，打开"变形"面板，按照图 2-4-16 所示进行设置，再连续单击 35 次"重制选区和变形"按钮 ，旋转并复制 35 个三角形图形，效果如图 2-4-17 所示。

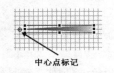 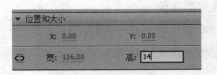 

图 2-4-14 中心点标记位置　　图 2-4-15 "属性"面板设置　　图 2-4-16 "变形"面板

(5）使用"选择工具" ，选中 36 个三角图形，将它们组成组合。在"属性"面板内将组合调整为宽 300 像素、高 300 像素。中心点在舞台中心处。再回到主场景。

（6）新建并进入一个名称为"光线 2"的图形元件的编辑状态。绘制一个图 2-4-18 所示的填充红色到黄色线性渐变色的三角形图形。使用"任意变形工具" 选中三角形图形，将中心点标记拖动到舞台工作区的中心处，如图 2-4-18 所示。在"属性"面板内的"宽"文本框中输入150，在"高"文本框中输入 8，在 X 和 Y 文本框中均输入 0。

（7）选中三角形图形，打开"变形"面板，按照图 2-4-16 所示进行设置，再连续单击 35 次"复制选区和变形"按钮 ，旋转并复制 35 个三角形图形，如图 2-4-19 所示。

（8）使用"选择工具" 选中 36 个三角形图形，将它们组成组合。在"属性"面板内将组合调整为宽 300 像素、高 300 像素。中心点在舞台中心处。然后，回到主场景。

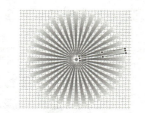 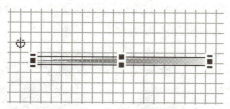 

图 2-4-17　复制 35 个三角形　　　图 2-4-18　中心点标记位置　　　图 2-4-19　复制 35 个三角形

4．制作"彩球"影片剪辑元件

（1）创建并进入"彩球"影片剪辑元件的编辑状态。单击"椭圆工具" ，在它的"属性"面板内设置笔触类型为实线，颜色为蓝色，高度为 2 点，无填充。按住【Shift】键，拖动绘制一个直径为 10 个格的圆形，如图 2-4-20 左图所示。再将它复制一份并移到右边。

（2）选中复制的圆形，单击"窗口"→"变形"命令，打开"变形"面板（见图 2-4-21），使"约束"按钮呈 状，表示不约束长宽比例，在其"宽度" 数值框内输入 33.3，按【Enter】键，将圆形在水平方向缩小为原图的 33.3%，如图 2-4-20 右图所示。

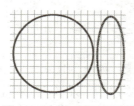 

图 2-4-20　复制圆形图形　　　　图 2-4-21　"变形"面板设置

（3）选中圆形，单击"变形"面板右下角的 按钮，将圆形复制一份，并在水平方向缩小为原图的 33.3%。将复制的椭圆图形移到原椭圆图形的右边，如图 2-4-22 所示。

（4）单击圆形图形，在"变形"面板的"宽度" 数值框内输入 66.66。单击 按钮，制作两幅水平方向缩小 66.66% 的椭圆形，并移到原图形的左边，如图 2-4-23 所示。

（5）选中圆形图形左边的一个椭圆，单击"修改"→"变形"→"顺时针旋转 90 度"命令，将椭圆旋转 90°。再将圆形图形右边的另一个椭圆图形也旋转 90°。然后，将它们移到圆内，再将两个剩余的图形移到圆形图形中，如图 2-4-24 所示。

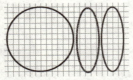 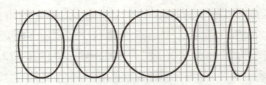

图 2-4-22　复制圆形图形　　　图 2-4-23　几个椭圆图形　　　图 2-4-24　彩球轮廓线

（6）设置填充颜色为深红色，再给图 2-4-24 所示的彩球轮廓线的一些区域填充红色，如图 2-4-25 所示。打开"颜色"面板，在"颜色类型"下拉列表框内选择"径向渐变"选项，设置填充颜色为白、绿、黑色放射状渐变色（白色到绿色）。绘制一个同样大小的无轮廓线绿色彩球图形，如图 2-4-26 所示。再将图 2-4-26 所示的绿色彩球组合。

（7）使用"选择工具"单击图 2-4-25 所示的彩球线条，按【Delete】键，删除所有线条，效果如图 2-4-27 所示。再给该彩球左上角的两个色块填充由白色到红色的放射状渐变色，如图 2-4-28 所示。将图 2-4-28 所示的全部图形组合。

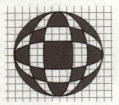  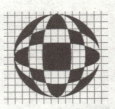 

图 2-4-25　填充红色　　　图 2-4-26　绿色彩球　　　图 2-4-27　删除线条　　　图 2-4-28　填充色

（8）将绿色彩球移到图 2-4-28 所示的彩球之上，如图 2-4-1 中的彩球所示。如果绿色彩球将图 2-4-28 所示的图形覆盖，可单击"修改"→"排列"→"移至底层"命令。

（9）选中彩球图形，将它组合。然后，回到主场景。

5．制作主场景动画

（1）将"图层 1"图层的名称改为"五角星"，在"五角星"图层下边创建三个图层，从上到下分别命名为"光线 1"、"光线 2"和"彩球"。选中"五角星"图层第 1 帧，将"库"面板内的"五角星"影片剪辑元件拖动到舞台工作区内的左边，调整"五角星"影片剪辑实例的宽和高均为 160 像素。

（2）单击"五角星"图层中的第 100 帧，按【F5】键，使该图层第 1 ~ 100 帧的内容一样。

（3）单击"光线 1"图层中的第 1 帧，将"库"面板内的"光线 1"影片剪辑元件拖动到舞台工作区内的左边，调整"光线 1"影片剪辑实例的宽和高均为 300 像素，其中心位置与"五角星"影片剪辑实例的中心位置一样。

（4）单击"光线 2"图层中的第 1 帧，将"库"面板内的"光线 2"影片剪辑元件拖动到舞台工作区的左边，调整"光线 2"影片剪辑实例的宽和高均为 300 像素，其中心位置与"五角星"影片剪辑实例的中心位置一样。

（5）创建"光线 1"图层中第 1 ~ 100 帧的传统补间动画，单击"光线 1"图层中的第 1 帧，在其"属性"面板内的"旋转选项"下拉列表框内选中"逆时针"选项，在"旋转次数"文本框内输入"1"，表示"光线 1"影片剪辑实例逆时针自转旋转 1 圈。

（6）创建"光线 2"图层中第 1 ~ 100 帧的传统补间动画，单击"光线 2"图层中的第 1 帧，在其"属性"面板内的"旋转选项"下拉列表框内选中"顺时针"选项,在"旋转次数"文本框内输入"1",表示"光线2"影片剪辑实例顺时针自转旋转1圈。

(7)单击"彩球"图层中的第1帧,将"库"面板内的"彩球"影片剪辑元件拖到舞台工作区内的右下边,调整"彩球"影片剪辑实例的宽和高均为100像素。

(8)创建"彩球"图层中第1~50帧,再到第100帧的传统补间动画,使"彩球"影片剪辑实例垂直上下移动。

制作好的"闪耀红星和弹跳彩球"动画的时间轴如图2-4-29所示。

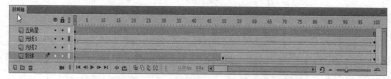

图2-4-29 "闪耀红星和弹跳彩球"动画的时间轴

2.4.3 相关知识

1. 绘制椭圆形

单击工具箱内的"椭圆工具"按钮 ⬭,拖动即可绘制一个椭圆图形。按住【Shift】键,同时拖动,可以绘制圆形。它的"属性"面板如图2-4-30所示。其选项的作用如下:

(1)"开始角度"和"结束角度"文本框:其内的数用来指定椭圆开始点和结束点的角度。使用这两个参数可轻松地将椭圆的形状修改为扇形、半圆形及其他有创意的形状。

(2)"内径"文本框:其内的数用来指定椭圆的内路径(即内侧椭圆轮廓线)。该文本框内允许输入的内径数值范围为0~99,表示删除的椭圆填充的百分比。

开始角度设置为90时,绘制的图形如图2-4-31(a)所示;结束角度设置为90时,绘制的图形如图2-4-31(b)所示;内径设置为50时,绘制的图形如图2-4-31(c)所示。

图2-4-30 "椭圆工具"的"属性"面板

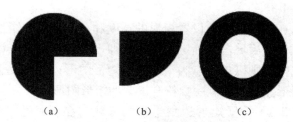

图2-4-31 几种椭圆图形

(3)"闭合路径"复选框:用来指定椭圆的路径(如果设置了内路径,则有多个路径)是否闭合。选中该复选框后(默认情况),则选择闭合路径,否则选择不闭合路径。

(4)"重置"按钮:单击它后,将"属性"面板内的各个参数回归默认值。

另外，还可以在该"属性"面板内设置笔触高度和颜色、填充色等。按住【Alt】键，再单击舞台，弹出"椭圆设置"对话框，如图 2-4-32 所示，用来设置椭圆形的宽和高，确定是否选中"从中心绘制"复选框，然后单击"确定"按钮，即可绘制一幅符合设置的圆形图形。如果选中了"从中心绘制"复选框，则以单击点为中心绘制椭圆形；如果没选中"从中心绘制"复选框，则以单击点为椭圆形的外切矩形左上角绘制椭圆形。

图 2-4-32 "椭圆设置"对话框

2．绘制矩形

（1）绘制矩形的基本方法：单击工具箱内的"矩形工具"按钮■，设置笔触和填充的属性，它的"属性"面板如图 2-4-33 所示。拖动即可绘制一个矩形图形，按住【Shift】键的同时拖动，可以绘制正方形图形。如果希望只绘制矩形轮廓线而不要填充，只需设置无填充。如果希望只绘制填充不要轮廓线时，只需设置无轮廓线。绘制其他图形也如此。

不同的"属性"面板设置，会产生不同的矩形效果，如图 2-4-34 所示。

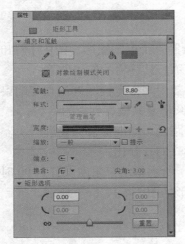

图 2-4-33 矩形工具的"属性"面板

图 2-4-34 矩形图形

（2）绘制矩形的其他方法：单击工具箱内的"矩形工具"按钮■，在其"属性"面板内设置笔触高度和颜色、填充色等。按住【Alt】键，并单击舞台，弹出"矩形设置"对话框，如图 2-4-35 所示。

在该对话框内设置矩形的宽度和高度，设置矩形边角半径，确定是否选中"从中心绘制"复选框，然后单击"确定"按钮，即可绘制一幅符合设置的矩形图形。如果选中了"从中心绘制"复选框，则以单击点为中心绘制矩形图形；如果没选中"从中心绘制"复选框，则以单击点为矩形图形左上角绘制一幅符合设置的矩形图形。

（3）设置矩形边角半径的方法：在"属性"面板内的"矩形选项"栏内的"矩形边角半径"文本框中输入矩形边角半径的数值，如图 2-4-36 所示，可以调整矩形四个边角半径的大小。如果输入负值，则是反半径。另外，拖动滑块也可以改变四个边角半径的大小。矩形边角半径的值是正数时，绘制的矩形如图 2-4-34（a）所示；矩形边角半径的值是负数时，绘制的矩形如图 2-4-34（b）所示。

单击锁定图标，使图标呈状，其他三个文本框变为有效，滑块变为无效，如图 2-4-36 所示。调整四个文本框的数值，可分别调整每个角的角半径。单击锁定图标，使图标呈状，还原为原锁定状态。在锁定状态下，矩形各角的边角半径取相同的半径值。

单击"重置"按钮，可以将四个"矩形边角半径"文本框内的数值重置为 0，而且只有第一个文本框有效，可以重置角半径。

图 2-4-35 "矩形设置"对话框

图 2-4-36 "矩形选项"栏

3．绘制多边形和星形

单击工具箱内的"多角星形工具"按钮，单击"属性"面板内的"选项"按钮，可以弹出"工具设置"对话框，如图 2-4-37 所示。该对话框内各选项的作用如下：

（1）"样式"下拉列表框：其中有"多边形"或"星形"选项，用来设置图形样式。

（2）"边数"文本框：输入介于 3～32 之间的数，该数是多边形或星形图形的边数。

图 2-4-37 "工具设置"对话框

（3）"星形顶点大小"文本框：其内输入一个介于 0～1 之间的数字，用来确定星形图形顶点的深度，此数字越接近 0，创建的顶点就越深（像针一样）。该文本框的数据只在绘制星形图形时有效，绘制多边形时，它不会影响多边形的形状。

完成设置后，单击"确定"按钮，即可拖动绘制出一个多角星形或多边形图形。如果在拖动鼠标时按住【Shift】键，即可画出正多角星形或正多边形。

●●● 思考与练习 2-4 ●●●

1．制作一个"彩球倒影"动画，该影片播放后的一幅画面如图 2-4-38 所示。两个彩球在蓝色透明的湖面之上上下移动，透过蓝色湖面可看到彩球的倒影也在上下移动。

2．制作一个"彩球和光环"动画，该动画运行后的一幅画面如图 2-4-39 所示。画面中一个逆时针自转光环围绕一个彩球转圈，三个顺时针自转光环围绕逆时针自转的光环转圈，三个顺时针自转光环之间的夹角为 120°。

3．制作一个"展厅弹跳双彩球"动画，该影片播放后，展厅的地面是黑白相间的大理石，三面有五幅名画图像，两边的图像有透视效果，房顶是明灯倒挂。两个红绿彩球在展厅内上下跳跃。

图 2-4-38 "彩球倒影"动画

图 2-4-39 "彩球和光环"动画

2.5 【综合实训 2】欢庆节日

2.5.1 实训效果

"欢庆节日"影片播放后的一幅画面如图 2-5-1 所示。四只大红灯笼中间挂,大红灯笼的灯笼穗来回飘动,灯笼中的蜡烛不停地闪烁。大红灯笼左右两边各有一挂鞭炮。

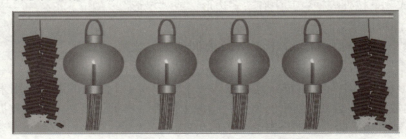
图 2-5-1 "欢庆节日"影片播放后的一幅画面

2.5.2 实训提示

(1)创建一个"大红灯笼"影片剪辑元件,绘制一幅填充红色到黄色的径向渐变色的椭圆,Alpha 值为 80,具有一定的透明度。再绘制一条 3 磅的垂直绿线,如图 2-5-2 所示。

(2)使用"选择工具"将垂直线向左弯曲。按照此方法再添加五条曲线,如图 2-5-3 所示。单击"矩形工具",设置轮廓线为红色,笔触高度为 2 磅,填充色为棕色到黄色再到浅黄色的线性渐变。在灯笼上边和下边分别绘制一幅矩形,再绘制灯笼挂钩(绘制一个椭圆,再截取一半),如图 2-5-1 所示。将整个大红灯笼组成组合。回到主场景。

(3)创建一个"蜡烛"影片剪辑元件,进入它的编辑窗口。单击"图层 1"图层中的第 1 帧。绘制无轮廓线、填充色为浅红色到深红色线性渐变的矩形,如图 2-5-4(a)所示。

(4)绘制无轮廓线、填充白、浅黄到红色的径向渐变椭圆形,如图 2-5-4(b)所示。创建第 2~5 帧的关键帧,改变各帧蜡烛火苗图形的形状,如图 2-5-4(c)所示。然后回到主场景。

(5)创建"灯笼穗"影片剪辑元件,在第 10、20、30 关键帧内分别绘制不同的灯笼穗图形,其中的两幅图形如图 2-5-5 所示。然后,回到主场景。

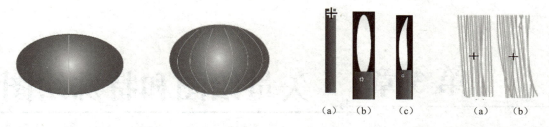

图 2-5-2　椭圆形和垂直线　　图 2-5-3　灯笼线条图形　　　图 2-5-4　蜡烛　　　图 2-5-5　灯笼穗

（6）创建"鞭炮"影片剪辑元件，它的时间轴如图 2-5-6 所示。"炮竹"图层中第 1 帧的画面如图 2-5-7 所示。"炸开的炮竹"图层中前 2 帧的画面如图 2-5-8 所示。然后回到主场景。

图 2-5-6　"鞭炮"影片剪辑元件时间轴　　图 2-5-7　炮竹　　　图 2-5-8　炸开炮竹

（7）按照【案例 8】动画中介绍的方法制作一个"横杆"影片剪辑元件。

（8）选中主场景"图层 1"图层中第 1 帧，四次将"库"面板内的"大红灯笼"影片剪辑元件拖动到舞台工作区中，调整它的位置。在其"属性"面板内调整 Alpha 值为 65%。四次将"库"面板内的"灯笼穗"影片剪辑元件拖到舞台工作区中，调整它的位置。

（9）四次将"蜡烛"影片剪辑元件从"库"面板中拖动到"大红灯笼"影片剪辑实例内中间偏下的位置处。两次将"鞭炮"影片剪辑元件从"库"面板中拖动到"大红灯笼"影片剪辑实例的两边。将"横杆"影片剪辑元件从"库"面板中拖动到舞台工作区内上边。

2.5.3　实训评测

能　力　分　类	评　价　项　目	评　价　等　级
职业能力	使用"样本"和"颜色"面板设置笔触和填充单色	
	使用"颜色"面板设置两种渐变色，以及图像填充	
	使用颜料桶工具、墨水瓶工具和滴管工具填充颜色	
	使用填充变形工具调整渐变色和图像填充	
	设置笔触属性、曲线优化等编辑，修改形状	
	绘制各种几何图形，使用刷子工具绘图	
通用能力	自学能力、总结能力、合作能力、创造能力等	
能力综合评价		

第 3 章　矢量绘图和特殊绘图

本章通过三个案例，介绍工具箱内的钢笔等工具绘制和编辑矢量图形的方法、绘图模式和两类对象的特点、绘制图元图形和合并对象的方法等；介绍3D空间、透视和消失点等基本概念，使用喷涂刷工具、Deco工具、3D旋转和3D平移工具绘制图形的方法，使用"变形"面板旋转3D对象的方法，以及调整透视对象的视角度和消失点的方法等。本章制作的案例不多，但是学习的知识比较多。

3.1　【案例10】荷叶与荷花

3.1.1　案例描述

"荷叶与荷花"图形如图3-1-1所示，它由一朵红色的荷花、绿色的荷叶和叶茎组成，显得美丽、清新，出淤泥而不染。

3.1.2　操作方法

1. 制作"荷叶"影片剪辑元件

（1）创建一个Animate文档。设置舞台大小为宽550像素、高400像素，以名称"荷叶与荷花.fla"保存。

（2）创建并进入"荷叶"影片剪辑元件的编辑状态，单击"钢笔工具"按钮，在其"属性"面板内设置笔触高度为1.5磅，笔触颜色为黑色，其他设置如图3-1-2所示。再在"颜色"面板内设置填充色为绿色，在"颜色类型"下拉列表框中选择"纯色"选项。

图3-1-1　"荷叶与荷花"图形

图3-1-2　钢笔工具的"属性"面板设置

（3）单击舞台内，绘制一条曲线，如图3-1-3所示。拖动曲线的切线可以调整切线的方向以及曲线的形状。曲线调整好后，继续绘制其他曲线，直至绘制完荷叶轮廓线。双击曲线起点，完成荷叶轮廓线绘制，如图 3-1-4 所示。

（4）使用"部分选择工具" 选中曲线，调整曲线的节点和切线方向，改变图形的形状。还可以使用"添加锚点工具" 在曲线之上添加节点。

（5）使用"线条工具" ，在荷叶的上部拖动绘制一条直线，再使用"选择工具" 将绘制的线条调整成平滑曲线，如图 3-1-5 所示。

图 3-1-3　荷叶轮廓线　　　　图 3-1-4　荷叶的初步图形　　　　图 3-1-5　调整成较平滑的曲线

（6）使用"颜料桶工具" 给荷叶的上部填充豆绿色，形成荷叶翻卷，如图 3-1-6 所示。再使用"线条工具" 或和"铅笔工具" 在荷叶上绘制荷叶叶脉。然后，使用"选择工具" 将直线调整成较平滑的曲线，如图 3-1-7 所示。

2．制作"叶脉"和"叶茎"影片剪辑元件

（1）按住【Shift】键，双击或单击荷叶叶脉，选中所有荷叶叶脉，如图 3-1-8 所示，单击"编辑"→"复制"命令，将选中的荷叶叶脉复制到剪贴板中。

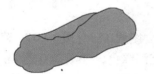  

图 3-1-6　荷叶翻卷效果　　　　图 3-1-7　荷叶叶脉　　　　图 3-1-8　选中荷叶叶脉

（2）单击"编辑"→"粘贴到当前位置"命令，将剪贴板中的叶脉曲线粘贴到原来的位置。然后，在"属性"面板中设置这些叶脉曲线的线宽为 8 磅，颜色为褐色，完成后荷叶叶脉的效果如图 3-1-9 所示。

（3）单击"编辑"→"转换为元件"命令或按【F8】键，弹出"转换为元件"对话框。在该对话框的"名称"文本框中输入 "叶脉"，其他采用默认值。然后，单击"确定"按钮，将选择的"叶脉"图形转换为"叶脉"影片剪辑元件的实例。

（4）按【Delete】键，将选中的褐色"叶脉"图形删除。单击元件编辑窗口内左上角的按钮，退出"荷叶"影片剪辑元件编辑状态，回到主场景。

（5）创建并进入"叶茎"影片剪辑元件的编辑状态，单击"钢笔工具" ，在其"属性"面板内设置笔触高度为 1.5 磅，颜色为黑色，如图 3-1-2 所示。绘制叶茎轮廓线和其中的四条平滑曲线，形成如图 3-1-10（a）所示图形。

（6）单击"颜料桶工具" ，设置"纯色"绘图，填充色为深绿色。然后单击叶茎轮廓线内各个区域，效果如图 3-1-10（b）所示。然后，回到主场景。

3．制作"荷叶和茎"影片剪辑元件

（1）创建并进入"荷叶和茎"影片剪辑元件的编辑状态，依次将"库"面板内的"荷叶"和"叶脉"影片剪辑元件拖动到舞台内,使两个影片剪辑实例中的叶脉图形完全重合。

(2)双击"叶脉"影片剪辑实例,进入它的编辑状态,使用"橡皮擦工具" 擦除叶脉图形超出荷叶部分的图形。然后,回到"荷叶和茎"影片剪辑元件的编辑状态。

(3)单击"叶脉"影片剪辑实例,在"属性"面板的"样式"下拉列表框中选择Alpha选项,并调整其Alpha(透明度)值为50%,如图3-1-11所示。使用"任意变形工具" 调整"叶脉"影片剪辑实例的大小和位置,效果如图3-1-12所示。

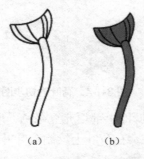
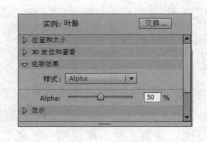

图3-1-9 荷叶叶脉　　图3-1-10 叶茎轮廓线和叶茎　　图3-1-11 叶脉"属性"面板设置

(4)将"库"面板内的"叶茎"影片剪辑元件拖动到舞台内,使用"任意变形工具" ,调整"叶茎"影片剪辑实例,效果如图3-1-12所示。然后,回到主场景。

4.制作"荷花"影片剪辑元件

(1)创建并进入"荷花"影片剪辑元件的编辑状态,单击"图层1"　图3-1-12 荷叶和叶茎
图层中的第1帧,参考前面所述方法,绘制一幅花茎图形,填充深绿色,如图3-1-13(a)所示。

(2)使用"椭圆工具" 绘制一个无填充的黑色椭圆图形,如图3-1-13(b)所示。使用"选择工具" 将椭圆图形调整成荷花的花瓣形状,完成后的效果如图3-1-13(c)所示。

(3)单击"铅笔工具" ,在其"选项"栏中设置"平滑"方式,绘制出拐角较多的线条,再绘制较平滑的线条。使用"选择工具" 调整个线条成为曲线,绘制的各线条应连接在一起。完成所有花瓣轮廓线绘制后的效果如图3-1-14所示。

(4)打开"颜色"面板,在"颜色类型"下拉列表框中选中"线性渐变"选项,在颜色编辑栏内设置渐变色有"红—红—粉红—粉红—白"五个关键点颜色,如图3-1-15所示。

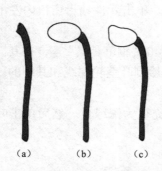

图3-1-13 花茎和花瓣图形　　图3-1-14 荷花轮廓线　　图3-1-15 "颜色"面板

(5)使用"颜料工具" 给任意一个花瓣轮廓线内填充刚编辑好的渐变色,完成后的效果如图 3-1-16 所示。此时,可以看到填充的渐变位置与角度并不理想,使用"渐变变形工具" 在填充有渐变色的花瓣上单击,显示出渐变调整控制柄。然后拖动其左上角的圆点旋转渐变的角度,拖动其方框调整渐变的宽度,再拖动其中心的原点即可移动渐变的位置,调整完成后的图形如图 3-1-17 所示。

(6)使用相同的方法,为其他花瓣轮廓线内填充渐变色,再使用"渐变变形工具" 调整填充的渐变色。使用"颜料桶工具" 为外侧的花瓣填充朱红色,效果如图 3-1-18 所示。然后,退出"荷花"影片剪辑元件的编辑状态,回到主场景。

图 3-1-16 填充渐变色　　　　图 3-1-17 调整渐变色　　　　图 3-1-18 花瓣填充渐变色

5. 制作主场景图像

(1)将主场景"图层 1"图层的名称改为"背景",在"背景"图层的上边从上到下依次创建"大荷叶"、"荷花"和"小荷叶"图层。

(2)单击"大荷叶"图层中的第 1 帧,将"库"面板内的"荷叶和茎"影片剪辑元件拖动到舞台工作区内,调整它的位置和大小。

(3)单击"小荷叶"图层中的第 1 帧,将"库"面板内的"荷叶和茎"影片剪辑元件拖动到舞台内,调整它的位置和大小。再单击"修改"→"变形"→"缩放"命令,将该实例调小。单击"修改"→"变形"→"水平翻转"命令,将实例水平翻转,如图 3-1-19 所示。

(4)单击"荷花"图层中的第 1 帧,将"库"面板内的"荷花"影片剪辑元件拖动到舞台工作区内,调整它的位置和大小,效果如图 3-1-20 所示。

(5)将"背景.jpg"图像导入"库"面板中。单击"背景"图层中的第 1 帧,将"库"面板中的"背景.jpg"图像拖动到舞台工作区内的中央,调整它的大小和位置,使该图像刚好将整个舞台工作区覆盖。最后效果如图 3-1-1 所示。

至此,整个图形绘制完毕。"荷叶与荷花"图形的时间轴如图 3-1-21 所示。

图 3-1-19 大荷叶和小荷叶　　图 3-1-20 荷叶和花　　图 3-1-21 "荷叶与荷花"图形时间轴

3.1.3 相关知识

1．路径

在 Animate 中绘制线条、图形和形状时，会创建一个名为路径的线条。路径由一条或多条直线和曲线路径段（简称线段）组成。路径的起始点和结束点都有节点标记，节点也称锚点。路径分为闭合的（如椭圆图形）和开放的（如波浪线），开放的有明显的终点。

使用"部分选取工具"选中路径对象，然后通过拖动路径的锚点、锚点切线的端点来改变路径的形状。路径锚点就是路径突然改变方向的点或路径端点，路径的锚点可分为两种：角点和平滑点。在角点处，可以连接任何两条直线路径或一条直线路径和一条曲线路径；在平滑点处，路径连接为连续曲线。锚点切线始终与锚点处的曲线路径相切（与半径垂直）。每条锚点切线的角度决定曲线路经的斜率，而每条锚点切线的长度决定曲线路径的高度或深度。路径的基本名词如图 3-1-22 所示。

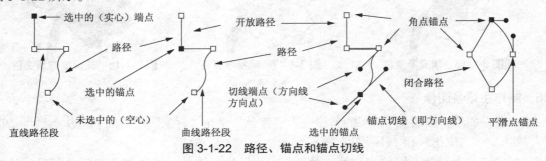

图 3-1-22　路径、锚点和锚点切线

2．钢笔工具绘制直线路径

使用"钢笔工具"可以绘制矢量直线，只要单击直线的起点与终点。即可绘制矢量直线。绘制矢量直线图形就是绘制直线路径。

（1）单击工具箱内的"钢笔工具"按钮，将鼠标指针移到舞台工作区内，此时的鼠标指针呈状，将鼠标指针移到路径直线的起点处单击，即可创建矢量直线的起点。再单击矢量直线的终点端点处，即可创建矢量直线，但是绘制工作并没有结束。

（2）如果双击矢量直线的终点端点处，即可创建一条直线路径，并结束绘制工作。另外，单击路径终点端点处后，再单击其他工具按钮或按住【Ctrl】键并单击路径外的任何位置，也可以创建一条直线路径，并结束矢量直线绘制工作。

（3）在创建路径的终点端点处后，再单击下一个转折角点端点，即可创建下一条直线路径，再单击下一个转折角点端点，如此继续，在路径终点处双击，即可创建直线折线路径。另外，按住【Shift】键的同时单击，可以使新创建的直线路径的角度限制为 45°的倍数。

（4）如果要创建闭合路径，可将钢笔工具指针移到路径起始锚点之上，当钢笔工具指针呈状时，单击路径起始锚点，即可创建闭合路径。

3．钢笔工具绘制曲线路径

利用"钢笔工具"可以绘制矢量曲线。绘制矢量曲线可以采用贝赛尔绘图方式，它通常有两种方法，简介如下：

（1）先绘曲线再定切线方法：单击工具箱中的"钢笔工具"按钮，单击舞台工作区中要绘制的曲线的起点端点处，松开鼠标左键；再单击下一个锚点处，则在两个锚点之间会产生一条线段；在不松开鼠标左键的情况下拖动鼠标，会出现两个控制点和它们之间的绿色直线，如图 3-1-23 所示，该直线是曲线的切线；再拖动鼠标，可以改变切线的方向，以确定曲线的形状。如果曲线有多个锚点，则应依次单击下一个锚点，并在不松开鼠标左键的情况下拖动鼠标以产生两个锚点之间的曲线，如图 3-1-24 所示。直线或曲线绘制完后，双击鼠标，即可结束该线的绘制。绘制完的曲线如图 3-1-25 所示。

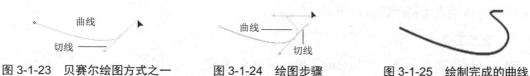

图 3-1-23　贝赛尔绘图方式之一　　图 3-1-24　绘图步骤　　图 3-1-25　绘制完成的曲线

（2）先定切线再绘曲线方法：单击"钢笔工具"按钮，在舞台工作区中，单击要绘制曲线的起点处，不松开鼠标左键拖动，形成方向合适的绿色直线切线，然后松开鼠标左键，此时会产生一条直线切线。再用鼠标单击下一个锚点处，则该锚点与起点锚点之间会产生一条曲线，按住鼠标左键不放，拖动鼠标，即可产生第二个锚点的切线，如图 3-1-26 所示。松开鼠标左键，即可绘制一条曲线，如图 3-1-27 所示。

图 3-1-26　贝赛尔绘图方式之二　　　　图 3-1-27　绘制完成的曲线

如果有多个锚点，则应依次单击下一个锚点，并在不松开鼠标左键的情况下拖动，产生两个锚点之间的曲线。曲线绘制完后双击即可结束曲线的绘制。

4．部分选择工具

"部分选择工具"可以改变路径和矢量图形的形状。单击"部分选择工具"按钮，再单击线条或有轮廓线的图形，选中它们，如图 3-1-28 所示。可以看到，图形轮廓线之上显示出路径线，路经线上边会有一些绿色亮点。这些绿色亮点是路径的锚点。拖动锚点，会改变线和轮廓线（以及相应的图形）的形状，如图 3-1-29 所示。

单击"部分选择工具"按钮，再拖出一个矩形框，将线条或轮廓线的图形全部围起来，松开鼠标左键后，会显示出矢量曲线的锚点（切点）和锚点切线。移动切线端点可以调整锚点切线，同时改变与该锚点连接的路径和图形形状，如图 3-1-30 所示。

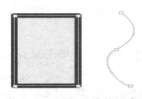 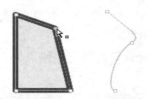

图 3-1-28　矢量线的锚点　　图 3-1-29　改变图形形状　　图 3-1-30　路径的锚点和切线调整

- 平滑点锚点处始终有两条锚点切线；角点锚点处可以有两条、一条或者没有锚点切线，这取决于它分别连接两条、一条还是没有连接曲线段。因此，连接直线路经的端点锚点处没有锚点切线，连接曲线路经的端点锚点处有一条锚点切线。

调整角点锚点的锚点切线时，只调整与锚点切线同侧的曲路径。调整平滑点锚点的锚点切线时，两条锚点切线成一条直线，同时旋转移动，与锚点连接的两侧曲线路经同步调整，保持该锚点处的连续曲线。如果使用工具箱中的"转换锚点工具"按钮 拖动调整锚点切线的端点，则只可以调整与该端点连接的锚点切线。另外，按住【Alt】键，同时拖动调整锚点切线的端点，也可以只调整与该端点连接的锚点切线。

5. 锚点工具

单击"钢笔工具" ，打开它的菜单，可以看到其内共有四个工具，组成一个组，单击其内一个工具，即可选中该工具。钢笔工具组内其他三个工具的作用简介如下：

（1）"添加锚点工具" ：使用"部分选择工具" ，单击选中路径。单击"添加锚点工具"按钮 ，将鼠标指针移到路径之上没有锚点处，会显示该鼠标指针呈 状。单击鼠标左键，即可在路径上添加一个锚点。

（2）"删除锚点工具" ：使用"部分选择工具" ，单击选中路径。单击"删除锚点工具"按钮 ，将鼠标指针移到路径之上锚点处，鼠标指针呈 状。单击鼠标左键，即可在删除单击的锚点。用鼠标拖动锚点，也可以删除该锚点。

注意：使用按【Delete】、【Backspace】键删除锚点，会删除锚点以及与之相连的路径。

（3）"转换锚点工具" ：选中路径。单击该按钮，单击角点锚点，可将平滑点锚点转换为角点锚点。在使用平滑点的情况下，按【Shift+C】组合键，可以将"钢笔工具" 切换为"转换锚点工具" ，鼠标指针也转换为"转换锚点工具"鼠标指针 。

6. 钢笔工具指针

使用"钢笔工具" 可以绘制精确的路径（如直线或平滑流畅的曲线）。将"钢笔工具" 的指针移到路经线或锚点之上时，会显示不同形状的指针，反映了当前的绘制状态。

（1）初始锚点指针 ：单击"钢笔工具"按钮 后，将指针移到舞台，可以看到该鼠标指针，它指示了单击舞台后将创建初始锚点，是新路径的开始。

（2）连续锚点指针：该指针指示下一次单击时将创建一个新锚点，并用一条直线路径与前一个锚点相连接。在创建所有锚点（路径的初始锚点除外）时，显示此指针。

（3）回缩贝塞尔手柄指针 ：选中路径，将鼠标指针移到路径上的平滑点锚点处，会显示该鼠标指针。单击可以将平滑点锚点转换为角点锚点，并使与该锚点连接的曲线路径改为直线路径。

（4）添加锚点指针 ：将鼠标指针移到路径之上没有锚点处，会显示该鼠标指针呈 状。单击鼠标左键，即可在路径上添加一个锚点。

（5）删除锚点指针 ：将鼠标指针移到路径之上锚点处，鼠标指针呈 状。单击鼠标左键，即可在删除单击的锚点。

（6）继续路径指针 ：使用"部分选择工具" 选择路径，将鼠标指针移到路径上的端点锚点处，会显示该鼠标指针，可以继续在原路径基础之上创建路径。

（7）闭合路径指针：在绘制完路径后，将鼠标指针移到路径的起始端锚点处，单击鼠标左键，即可使路径闭合，形成闭合路径。生成的路径没有将任何指定的填充设置应用于封闭路径内。如果要给路径内部填充颜色或位图，应使用"颜料桶工具"。

（8）连接路径指针：在绘制完一条路径后，不选中该路径，再绘制另一条路径，将鼠标指针移到该路径的起始端锚点处，单击鼠标左键，即可将两条路径连成一条路径。

思考与练习 3-1

1. 绘制一幅"熊猫"图形，如图 3-1-31 所示。
2. 制作一个"小象"动画，如图 3-1-32 所示。
3. 制作一个"双花"动画，该动画播放后的一幅画面如图 3-1-33 所示。可以看到，有两束光在不断地来回扫描，照射着两束小花。

图 3-1-31 "熊猫"图形　　　图 3-1-32 "小象"图形　　　图 3-1-33 "双花"动画画面

4. 制作一幅"小花"图形，如图 3-1-34 所示。
5. 制作一幅"兰花"图形，如图 3-1-35 所示。在褐色的大地之上，生长着茂密的绿草和两株兰花，几朵兰花绽开，几朵兰花含苞待放，花朵伴绿叶，衬托出兰花的美丽。

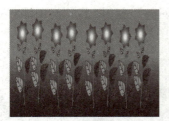 

图 3-1-34 "小花"图形　　　　　　　图 3-1-35 "兰花"图形

3.2 【案例 11】名胜图像滚动显示

3.2.1 案例描述

"名胜图像滚动显示"动画播放后的一幅画面如图 3-2-1 所示。背景是黑色电影胶片状图形，多幅名胜图像不断从右向左移动，两边各有一幅图案。右边是一幅小花图案，象征大自然的美景；左边是一幅建筑图案，蓝色的图案代表城墙，红色的图案代表建筑，绿色的图案象征绿色环保。

视频

案例11

图 3-2-1 "名胜图像滚动显示"动画播放后的一幅画面

3.2.2 操作方法

1. 制作建筑图案

（1）新建一个 Animate 文档，设置舞台大小的宽为 1 100 像素，高为 240 像素。单击"视图"→"网格"→"编辑网格"命令，弹出"网格"对话框，选中"编辑网格"复选框，设置网格宽和高均为 15 像素，单击"确定"按钮。再以名称"名胜图形滚动显示.fla"保存。

（2）创建并进入"建筑图案"影片剪辑元件。单击"矩形工具"，在其"属性"面板内，设置笔触为无，填充色为蓝色。单击"选项"栏中的"对象绘制"按钮，然后，在舞台工作区内中心位置拖动绘制一幅宽 30 像素、高 45 像素的矩形形状（"合并绘制"绘图模式下的矩形图形），如图 3-2-2 所示。

（3）绘制一个宽 15 像素、高 45 像素的红色矩形形状，将红色矩形移到蓝色矩形之上，使它们相交一部分，如图 3-2-3（a）所示。

（4）使用"选择工具"将两个矩形都选中，如图 3-2-3（a）所示。单击"修改"→"合并对象"→"打孔"命令，加工后的形状如图 3-2-3（b）所示。

（5）按住【Alt】键，八次拖动图 3-2-3（b）所示的图形，复制八幅图形，将它们水平排列，间距为 0。选中九幅图形，单击"修改"→"对齐"→"顶对齐"命令，将它们顶部对齐。单击"修改"→"合并对象"→"联合"命令，将它们联合成一幅图形，如图 3-2-4 所示。

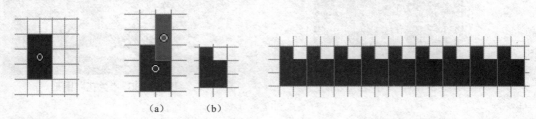

图 3-2-2 蓝色矩形　　图 3-2-3 打孔效果　　图 3-2-4 复制并对齐图形

（6）绘制一个红色矩形形状，将图 3-2-4 所示图形右边的 15 像素宽的矩形遮盖住，如图 3-2-5 所示。使用"选择工具"将所有形状图形都选中，单击"修改"→"合并对象"→"打孔"命令，加工后的城墙形状图形如图 3-2-6 所示。

图 3-2-5 红色矩形　　　　　　　　图 3-2-6 城墙形状图形

2. 制作房屋和绿叶图形

（1）单击"矩形工具" ■，设置无轮廓线，填充为棕色，保证其"选项"栏中"对象绘制"按钮 ◎ 处于按下状态，使绘图模式为"对象绘制"模式。然后，在舞台工作区内拖动绘制宽220像素、高130像素的矩形，如图3-2-7所示。

（2）单击"椭圆工具" ●，设置无轮廓线，填充为绿色。在舞台工作区外绘制一个直径120像素圆形，再使用"矩形工具" ■ 绘制一个宽120像素、高80像素的蓝色矩形。使用"选择工具" ▶，将绘制的矩形移到圆形下半圆的下边，如图3-2-8所示。

（3）将圆形和矩形都选中，单击"修改"→"合并对象"→"联合"命令，将选中的图形联合。再将联合的图形移到图3-2-8所示的矩形之上，如图3-2-9（a）所示。

（4）将图3-2-9（a）所示图形都选中，单击"修改"→"合并对象"→"打孔"命令，效果如图3-2-9（b）所示。

   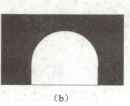

图 3-2-7　绘制矩形　　　图 3-2-8　圆形和矩形　　　图 3-2-9　打孔过程与效果

（5）设置笔触色为黄色，填充色为红色，笔触高为2点，使用"钢笔工具" ✐，依次单击三角形的各个顶点，最后单击起点，绘制出一个三角形形状图形，如图3-2-10所示。

（6）单击"椭圆工具" ●，设置无线，填充色为绿色，保证"选项"栏中"对象绘制"按钮 ◎ 处于按下状态，绘制一个椭圆形，再复制一份，如图3-2-11（a）所示。

（7）单击"修改"→"合并对象"→"裁切"命令，或者单击"修改"→"合并对象"→"交集"命令，加工后的叶子形状如图3-2-11（b）所示。

（8）使用"任意变形工具" ▦ 调整图3-2-11（b）所示图形的大小，旋转一定的角度移到房屋左边。再将叶子图形复制一份，并移到右边。然后，单击"修改"→"变形"→"水平翻转"命令，将复制的叶子图形水平翻转，效果如图3-2-12所示。

 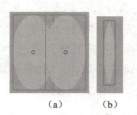 

图 3-2-10　三角形形状图形　　　图 3-2-11　两个椭圆交集效果　　　图 3-2-12　叶子水平翻转

（9）调整城墙、房屋和树叶形状图形的大小和位置，选中"建筑图案"影片剪辑元件内的所有形状图形，单击"修改"→"组合"命令，将它们组合起来。然后，回到主场景。

3. 制作小花图案

（1）创建并进入"小花图案"影片剪辑元件，单击"图层1"图层中的第1帧，再单击"椭圆工具",在其"属性"面板内设置轮廓线为绿色,笔触高度为2磅,填充色为放射状红色到黄色。单击"选项"栏中的"对象绘制"按钮,进入"对象绘制"模式。绘制一幅宽80像素、高80像素的圆形图形,如图3-2-13(a)所示。

(2)绘制一幅宽和高均为30像素的圆形,如图3-2-13(b)所示。使用"任意变形工具"单击小圆形,将它的中心标记移到大圆中心处,如图3-2-13(c)所示。

(3)选中小圆形图形,打开"变形"面板,在↔和↕文本框内输入100,选中"旋转"单选按钮,在"旋转"文本框内输入30,如图3-2-14所示。11次单击按钮,复制11个变形的圆形图形,形成花朵图形,如图3-2-15所示。

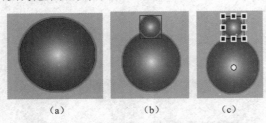

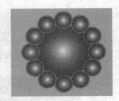

图3-2-13 圆形图形　　　　图3-2-14 "变形"面板设置　　　图3-2-15 花朵

(4)将图3-2-15所示的"花朵"图形进行组合。在"图层1"图层下边添加一个"图层2"图层,单击该图层中的第1帧,再单击"矩形工具",设置填充为棕色,无轮廓线,在"对象绘制"模式中绘制一幅长条矩形,作为花梗,如图3-2-16所示。

(5)按照上述方法,绘制两幅叶子图形。将该花叶图形移到花梗图形的右边,调整它们的大小。再将两幅叶片分别复制一份,移到花梗图形的左边,如图3-2-17所示。

4. 制作电影胶片图形

(1)选中"图层1"图层第1帧,创建四条水平和两条垂直辅助线,如图3-2-18所示。将"图层1"图层的名称改为"胶片",单击该图层中的第1帧,再单击"矩形工具",设置填充色为黑色,无轮廓线,单击"选项"栏中的"对象绘制"按钮,进入"对象绘制"模式,在舞台工作区中绘制宽1100像素、高240像素的黑色矩形,刚好将舞台工作区完全覆盖。

(2)单击"矩形工具",进入"对象绘制"模式,在其"属性"面板内设置填充色为绿色,无轮廓线。在两条垂直和上边两条水平辅助线之间绘制一幅宽和高均为19像素的绿色正方形。按住【Alt】键,水平拖动绿色正方形,复制35份,将它们水平排成一行。

(3)打开"对齐"面板,使用"选择工具"选中一行绿色小正方形,单击"对齐"面板内的"顶对齐"按钮,使它们顶部对齐;单击"水平平均间隔"按钮,使它们等间距分布。在下边两条水平辅助线之间复制一份,如图3-2-18所示。

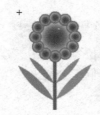

图3-2-16 花梗　　图3-2-17 添加花叶　　图3-2-18 两行绿色小正方形和黑色矩形

（4）选中所有绿色小正方形和黑色矩形，单击"修改"→"合并对象"→"打孔"命令，右下角的绿色小正方形将黑色矩形打出一个正方形孔。

（5）打开"历史记录"面板，单击选中"打孔"选项，如图3-2-19所示。单击"重放"按钮（相当于单击"修改"→"合并对象"→"打孔"命令），将右下角第二个绿色正方形打孔。不断单击"重放"按钮，直到所有绿色正方形均打孔为止，如图3-2-1所示。

图3-2-19 "历史记录"面板

5．制作主场景动画

（1）在"胶片"图层之上新建四个图层，从下到上分别命名为"图像"、"遮罩"、"小花图案"和"建筑图案"。

（2）单击"图像"图层中的第1帧，导入"【案例9】名胜图像滚动显示"文件夹内的TU1.jpg ~ TU8.jpg八幅名胜图像（它们的高度均为180像素）到舞台工作区内。

（3）使用"选择工具"移动八幅图像的位置，使它们水平紧挨着排成一行。按住【Ctrl】键的同时单击左边的五幅图像，再按住【Ctrl】键的同时拖动五幅图，将这五幅图像复制一份，将它们移到原八幅图像的右边。

（4）选中这13幅图像，单击"修改"→"对齐"→"顶对齐"命令，将这13幅图像的顶部对齐。然后，将这13幅图像移到图3-2-20所示的位置。

图3-2-20 编辑13幅图像

（5）创建"图像"图层第1 ~ 120帧的传统补间动画。调整"图像"图层第120帧内图像的位置，如图3-2-21所示。此处要保证第120帧和第1帧画面的衔接。

图3-2-21 第120帧画面

（6）单击"遮罩"图层中的第1帧，绘制一幅黑色矩形图形，调整该黑色矩形图形的宽度为875像素，高度为168像素，效果如图3-2-22所示。

图3-2-22 第1帧画面

（7）右击"图层3"图层，弹出图层快捷菜单，再单击"遮罩层"命令，将"遮罩"图层设置为遮罩图层，"图像"图层为被遮罩图层。则只有"遮罩"图层内矩形遮盖的被遮罩"图像"图层中的图像才会显示出来。

(8)单击"建筑图案"图层中的第1帧,将"库"面板内的"建筑图案"影片剪辑元件拖动到胶片图形内的左边,调整该影片剪辑实例的大小和位置,如图3-2-1所示。利用它的"属性"面板为影片剪辑实例添加"斜角"滤镜效果。

(9)单击"小花图案"图层中的第1帧,将"库"面板内的"小花图案"影片剪辑元件拖动到胶片图形内的左边,调整该影片剪辑实例的大小和位置,如图3-2-1所示。

至此,整个动画制作完毕,该动画的时间轴如图3-2-23所示。

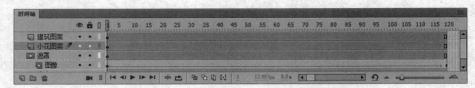

图 3-2-23 "名胜图像滚动显示"动画的时间轴

3.2.3 相关知识

1. 绘制模式

绘图有"合并绘制"和"对象绘制"两种模式,在不同模式下绘制的图形具有不同的特点。选择绘图工具后,工具箱的"选项"栏"对象绘制"按钮处于弹起状态时,是"合并绘制"模式;当它处于按下状态时,是"对象绘制"模式。这两种绘制模式的特点如下:

(1)"合并绘制"模式:此时绘制的图形在选中时,图形上边有一层小白点,如图3-2-24所示。重叠绘制的图形,会自动进行合并。使用合并对象的"联合"操作可以转化为形状。

(2)"对象绘制"模式:此时绘制的图形被选中时,图形四周有一个浅蓝色矩形框,如图3-2-25所示。在该模式下,绘制的图形是一个独立的对象,且在叠加时不会自动合并,分开重叠图形时,也不会改变其外形。还可以使用合并对象的所有操作。

在两种模式下都可以使用"选择工具"和"橡皮擦工具"改变图形的形状。

为了将这两种不同绘图模式下绘制的图形进行区别,可以将在"合并绘制"模式下绘制的图形称为图形,在"对象绘制"模式下绘制的图形称为形状。

2. 绘制图元图形

除了"合并绘制"和"对象绘制"绘制模式外,Animate CC 2017还提供了图元对象绘制模式。使用"基本矩形工具"(即"图元矩形工具")和"基本椭圆工具"(即"图元椭圆工具")创建图元矩形或图元椭圆形时,不同于在"合并绘制"模式下绘制的图形,也不同于在"对象绘制"模式下绘制的形状,它绘制的是由轮廓线和填充组成的图元对象。

(1)绘制图元矩形图形:单击"基本矩形工具"按钮,其"属性"面板与"矩形工具"的"属性"面板一样,在该面板内进行设置后,即可拖动绘制图元矩形图形。

单击"基本矩形工具"按钮,拖动出一个图元矩形图形,在不松开鼠标左键的情况下,按【↑】键或【↓】键,即可改变矩形图形的四角圆角半径。当圆角达到所需角度时,松开鼠标左键即可,如图3-2-26(a)所示。

在绘制完图3-2-26(a)所示的图元矩形图形后,使用"选择工具"拖动图元矩形图形四角的控制柄,可以改变矩形图形四角圆角半径,如图3-2-26(b)和图3-2-26(c)所示。

第 3 章 矢量绘图和特殊绘图

  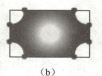 

　　　　　　　　　　　　　　　　　　　　　（a）　　　　　　（b）　　　　　　（c）

图 3-2-24 "合并　　　图 3-2-25 "对象　　　图 3-2-26　图元矩形调整
　　绘制"模式图形　　　　绘制"模式形状

　　（2）绘制图元圆形图形：单击"基本椭圆工具"，其"属性"面板与"椭圆工具"的"属性"面板一样，进行设置后，可以拖动绘制图元圆形，如图 3-2-27（a）所示。

　　绘制完图元圆形后，使用"选择工具"，拖动图元圆形内手柄，可以调整圆形内径的大小，如图 3-2-27（b）所示；拖动图元圆形轮廓线上的手柄，可以调整扇形角度，如图 3-2-27（c）所示；拖动图元圆形中心点手柄，可以调整内圆大小，如图 3-2-27（d）所示。

　　双击舞台工作区内的图元对象，弹出"编辑对象"对话框，提示用户要编辑图元对象必须将图元对象转换为绘制对象，单击"确定"按钮，即可将图元对象转换为绘制对象，并进入"对象绘制"模式的编辑状态。双击在"对象绘制"模式下绘制的形状，可以进入对象的编辑状态，如图 3-2-28 所示。进行编辑修改后，单击 按钮，回到主场景。

（a）　　　　　　（b）　　　　　　（c）　　　　　　（d）

图 3-2-27　图元圆形图形和调整　　　　　　　　　图 3-2-28　形状对象的编辑状态

3. 两类 Animate 对象的特点

　　通过前面的学习可以知道，在 Animate 中可以创建的对象有很多种，例如"合并绘制"模式下绘制的图形（图形中的线和填充）、"对象绘制"模式下绘制的形状、图元图形、导入的位图图像、输入的文字、由"库"面板内元件产生的实例、将对象组合后的对象等。

　　从选中后是否蒙上一层小黑点，可以将对象分为两大类，其中一类是"合并绘制"模式下绘制的图形（线和填充）和打碎后的对象，另一类是"对象绘制"模式下绘制的形状、图元图形、位图、文字、元件实例和组合等。

　　对于第一类对象，选中的对象上面会蒙上一层小黑点，可以用"橡皮擦工具" 擦除图形，使用"套索工具" 选中部分图形，使用"选择工具" 选中部分图形，可以进行扭曲和封套变形，可以创建补间形状动画（即补间变形动画，后边将介绍）等；当两幅图形重叠后，使用"选择工具" 移开其中一幅图形时会将另一幅图形的重叠部分删除。

　　对于第二类对象，选中该类对象后，选中的对象四周会出现蓝色的矩形或白点组成的矩形（位图对象）。对于这类对象（除了在"对象绘制"模式下绘制的形状）都不能进行上述操作，例如，使用"橡皮擦工具" 不能擦除对象。选择该类对象后，单击"修改"→"分离"命令，可以将这类对象（文字对象应是单个对象）分离成第一类对象。

127

选中第一类对象后，单击"修改"→"组合"命令，可以将对象转换为第二类对象。

4. 合并对象

合并对象有联合、交集、打孔和裁切四种方式。选中多个对象，单击"修改"→"合并对象"→"××"命令，可以合并选中对象。如果选中的是形状和图元对象，则"××"命令有四种；如果选中的对象中有图形，则"××"命令只有"联合"。

（1）对象联合：选中两个或多个对象，单击"修改"→"合并对象"→"联合"命令，可以将一个或多个对象合并成为单个形状对象。

可以进行联合操作的对象有图形、打碎的文字、形状（在"对象绘制"模式下绘制的图形，或者是进行了一次联合操作后的对象）和打碎的图像，不可以对文字、位图图像和组合对象进行联合操作。进行联合操作后的对象变为一个对象，它的四周有一个蓝色矩形框，如图 3-2-29 所示。

（2）对象交集：选中两个或多个形状对象 [见图 3-2-29（a），两个形状对象重叠一部分]，单击"修改"→"合并对象"→"交集"命令，可创建它们的交集（相互重叠部分）对象，如图 3-2-30（a）所示。最上面的形状对象的颜色决定了交集后形状的颜色。

（3）对象打孔：选中两个或多个形状对象（见图 3-2-29），单击"修改"→"合并对象"→"打孔"命令，可以创建它们的打孔对象，如图 3-2-30（b）所示。通常按照上边形状对象的形状删除它下边形状对象的相应部分。

（4）对象裁切：选中两个或多个形状对象（见图 3-2-29），单击"修改"→"合并对象"→"裁切"命令，可以创建它们的裁切对象。裁切对象是它们相互重叠部分下边的形状对象，如图 3-2-30（c）所示。

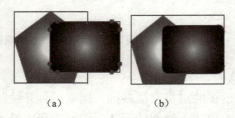
（a）　　　　　（b）

图 3-2-29　两个对象联合效果

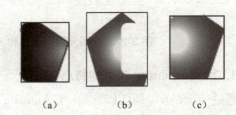
（a）　　　（b）　　　（c）

图 3-2-30　两个对象交集、打孔和裁切效果

●●●● 思考与练习 3-2 ●●●●

1. 绘制"人脸"和"标志"图形，如图 3-2-31 所示。
2. 绘制三幅"汽车徽标"图形，如图 3-2-32 所示。

图 3-2-31　"人脸"和"标志"图形

图 3-2-32　"汽车徽标"图形

3.3 【案例12】摄影展厅彩球

3.3.1 案例描述

"摄影展厅彩球"图像如图3-3-1所示。摄影展厅的画面与【案例7】"摄影展厅"动画画面基本一样,没有左上角的三原色动画,两边的摄影图像透视和黑白大理石地面效果更好;在摄影展厅内,两个彩球上下跳跃,它们的投影也会变大、变小。

图3-3-1 "摄影展厅彩球"图像

3.3.2 操作方法

1. 制作影片剪辑元件

(1)将"【案例7】摄影展厅"文件夹复制一份,将该文件夹的名称改为"【案例12】摄影展厅彩球",将该文件夹内的"摄影展厅.fla"文件的名称改为"摄影展厅彩球.fla"。

(2)打开Animate文档"摄影展厅彩球.fla",将文档背景色改为黄色,将其中黑白地面和两边的图像删除,效果如图3-3-2所示。单击"图层1"图层中的第120帧,按【F5】键,使"图层1"图层第1~120帧的内容一样。

图3-3-2 将其背景中黑白地面和两边的图像删除

(3)打开【案例9】的Animate文档"闪耀红星和弹跳彩球.fla",右击该文档内"库"面板中的"彩球"影片剪辑元件,弹出快捷菜单,单击"复制"命令,将"彩球"影片剪辑元件复制到剪贴板内。

(4)切换到Animate文档"摄影展厅彩球.fla",右击该文档内"库"面板中的空白处,弹出快捷菜单,单击"粘贴"命令,将剪贴板内的"彩球"影片剪辑元件粘贴到Animate文档"摄影展厅彩球.fla"的"库"面板中。

（5）在舞台工作区内显示网格。创建一个"左图"影片剪辑元件，其中导入"库"面板内的TU4.jpg图像，调整它的宽为500像素，高为400像素，X值为–250，Y值为–200，位于舞台中心处，如图3-3-3所示。再回到主场景。创建一个"右图"影片剪辑元件，其中导入"库"面板内的"TU5.jpg"图像，调整它的宽为500像素，高为400像素，X值为–250，Y值为–200，位于舞台中心处，如图3-3-4所示。再回到主场景。

（6）创建并进入"大理石"影片剪辑元件编辑状态，使用"矩形工具"，绘制一个高和宽均为20像素，X和Y的值均为0的黑色正方形。再在该图形右边绘制一个同样大小的白色正方形，X值为20，Y值为0。将它们组成组合，如图3-3-5（a）所示。

（7）将正方形组合复制一份，移到原来正方形组合的下边，如图3-3-5（b）所示。选中复制的正方形组合，在其"属性"面板内设置X值为0，Y值为20像素，再将复制的正方形组合水平翻转，如图3-3-5（c）所示。然后，回到主场景。

图3-3-3　左图图像

图3-3-4　右图图像

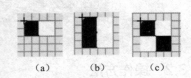
图3-3-5　几个正方形

（8）创建并进入"大理石1"影片剪辑元件编辑状态，将"库"面板内的"大理石"影片剪辑元件拖动到舞台工作区内，在其"属性"面板内调整"大理石"影片剪辑元件实例的"宽"和"高"均为40像素，X和Y值均为0。

（9）将"大理石"影片剪辑实例复制20份，排成水平一行，之间无缝隙，顶部对齐。再将一行"大理石"影片剪辑实例都选中，复制五行，垂直排列，之间无缝隙，左边缘对齐。然后，将它们组成一个组合。使用"选择工具"，拖动黑白大理石画面，使它的左上角与舞台中心点对齐，如图3-3-6所示。然后，回到主场景。

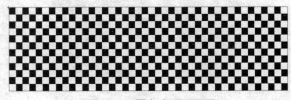
图3-3-6　黑白大理石画面

2．制作透视图像

（1）将"图层1"图层的名称改为"正面和顶部"，在该图层之下创建六个新图层，从下到上将这些图层的名称分别改为"地面"、"左图"、"右图"、"阴影动画1"、"阴影动画2"和"彩球跳跃"。

（2）选中主场景"地面"图层第1帧，将"库"面板中的"大理石1"影片剪辑元件拖动到舞台工作区内，在其"属性"面板内设置"宽"为1 000像素，"高"为200像素，位于舞台工作区的下半边。

（3）单击选中"左图"图层第1帧，将"库"面板内的"左图"影片剪辑元件拖动到舞台内左边的梯形轮廓线处，调整大小和位置；选中"右图"图层第1帧，将"库"面板内的"右图"影片剪辑元件拖动到舞台右边的梯形轮廓线处，调整大小和位置。调整它们的大小和位置，效果如图3-3-7所示。

图3-3-7 添加三个影片剪辑实例

（4）隐藏"地面"图层。使用"选择工具" ，单击"左图"图层中第1帧内的"左图"影片剪辑实例。使用"3D旋转工具" ，使"左图"影片剪辑实例成为3D对象，在"左图"影片剪辑实例之上会叠加一个彩轴指示符，即有红色垂直线X控件、绿色水平线Y控件、蓝色圆形轮廓线Z控件，如图3-3-8所示。

（5）将鼠标指针移到绿线之上时，其右下方会显示一个Y字，上下拖动Y轴控件，可以使"左图"影片剪辑实例围绕Y轴旋转；在"3D旋转工具" 的"属性"面板内，拖动调整"透视角度" 栏内文本框中的数据，可以改变"左图"影片剪辑实例的透视角度。使用工具箱内的"任意变形工具" ，可以调整"左图"影片剪辑实例的大小和倾斜角度。如果在操作中有误，可以按【Ctrl+Z】组合键，撤销刚刚完成的一步操作，以调整透视角度为主，辅助进行其他调整，最后调整结果如图3-3-9内左边图像所示。

（6）单击"右图"图层中第1帧内的"右图"影片剪辑实例，使用"3D旋转工具" 使"右图"影片剪辑实例成为3D对象，在该3D对象之上叠加一个彩轴指示符。将鼠标指针移到绿线之上时，当鼠标指针右下方显示一个Y字时，上下拖动Y轴控件，使该3D对象围绕Y轴旋转。使用"任意变形工具" ，调整"右图"影片剪辑实例的大小和倾斜角度。反复调整，使其结果与图3-3-9内右边图像所示相似。在调整"右图"影片剪辑实例时，只可以微调"透视角度"，因为会对"左图"影片剪辑实例的透视角度也有影响。

图3-3-8 左边图形调整

图3-3-9 左边图形和右边图形调整效果

（7）显示"地面"图层。单击"任意变形工具"按钮，将"地面"图层中第1帧内的"大理石1"影片剪辑实例在垂直方法调大一些，再移到图3-3-10所示的位置。

图3-3-10　调整"大理石1"影片剪辑实例

（8）单击"3D旋转工具"，使"大理石1"影片剪辑实例成为3D对象，在其上叠加一个彩轴指示符。将鼠标指针移到彩轴指示符中心位置，拖动调整彩轴指示符到"大理石1"影片剪辑实例的中心位置处，如图3-3-10所示。

（9）将鼠标指针移到红线之上时，鼠标指针右下方会显示一个X字，表示可以围绕X轴旋转3D对象，左右拖动X轴控件可以围绕X轴旋转"大理石1"影片剪辑实例，调整到与图3-3-11所示相似。

图3-3-11　倾斜和移动调整"大理石1"影片剪辑实例

（10）使用"任意变形工具"调整"大理石1"影片剪辑实例倾斜角度和大小，效果如图3-3-12所示。将"正面和顶部"图层移到"右图"图层上边，删除原轮廓线，重新根据左右和地面透视图绘制轮廓线，给顶部梯形轮廓线内填充图像，效果如图3-3-13所示。

图3-3-12　任意变形调整"大理石1"影片剪辑实例　　　图3-3-13　重新绘制轮廓线和填充图像

3．制作彩球跳跃动画

（1）单击"彩球跳跃"图层中的第1帧，两次将"库"面板内的"彩球"影片剪辑拖动到展厅内的上边排成一行，如图3-3-14所示。

图3-3-14　第1帧两个彩球的垂直位置

（2）创建"彩球跳跃"图层中第1～60帧再到第120帧的传统补间动画，调整第60帧两个彩球的垂直位置，如图3-3-15所示。从而制作出两个彩球上下跳跃的动画。

图 3-3-15　第 60 帧两个彩球的垂直位置

（3）单击"阴影动画 1"图层中的第 1 帧，在第 60 帧左边彩球的下边绘制一幅灰色椭圆图形，如图 3-3-16（a）所示。创建该图层中第 1～60 帧再到第 120 帧的传统补间动画，调整第 60 帧的灰色椭圆图形，如图 3-3-16（b）所示，制作出左边阴影由大变小再变大的动画。

（4）单击"阴影动画 1"图层，同时单击该图层中的第 1～120 帧。右击选中的帧，弹出快捷菜单，单击"复制帧"命令，将该图层的动画帧复制到剪贴板内。

（5）按住【Shift】键，同时单击"阴影动画 2"图层中第 1 帧和第 120 帧，选中第 1～120 帧的全部帧。右击选中的帧，弹出快捷菜单，单击"粘贴帧"命令，将剪贴板内的动画帧粘贴到"阴影动画 2"图层中的第 1～120 帧。

（6）单击"阴影动画 2"图层中的第 1 帧，水平调整该帧内的灰色椭圆形图形的位置，再将该帧复制粘贴到"阴影动画 2"图层中的第 120 帧。单击"阴影动画 2"图层中的第 60 帧，水平调整该帧内的灰色椭圆形图形的位置。第 60 帧阴影图形如图 3-3-17 所示。

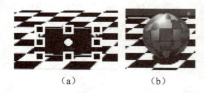

图 3-3-16　第 1 帧和第 60 帧阴影　　　　　　　图 3-3-17　第 60 帧阴影

（7）显示所有图层。该动画的时间轴如图 3-3-18 所示。

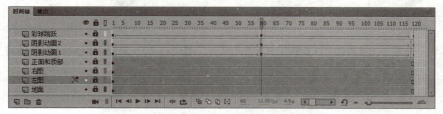

图 3-3-18　"摄影展厅彩球"动画时间轴

3.3.3　相关知识

1．3D 空间概述

要使用 3D 功能，必须在 Animate 文档"属性"面板内，设置"目标"下拉列表框选项为 Animate Player10 或以上版本，在"脚本"下拉列表框中设置 ActionScript3.0，这是默认设置。使用 ActionScript3.0 时，除影片剪辑之外，还可以向其他对象（如文本、FLVPlayback 组件和按钮）应用 3D 属性。

在 3D 术语中，在 3D 空间中移动一个对象称为平移，在 3D 空间中旋转一个对象称为变形。将这两种效果中的任意一种应用于影片剪辑实例后都会将其该实例视为一个 3D 影片剪辑实例，每当选择它时就会显示一个重叠在其上面的彩轴指示符。

Animate 借助简单易用的 3D 旋转工具和 3D 平移工具，允许在舞台工作区内的 3D 空间中旋转和平移影片剪辑实例，从而创建 3D 效果。在 3D 空间中，每个影片剪辑实例的属性中不但有 X 轴和 Y 轴参数，而且还有 Z 轴参数。使用 3D 旋转工具和 3D 平移工具可以使影片剪辑实例沿着 Z 轴旋转和平移，给影片剪辑实例添加 3D 透视效果。

单击工具箱内的"3D 旋转工具"按钮 或"3D 平移工具" ，单击舞台工作区内的影片剪辑实例，即可使该影片剪辑实例成为 3D 影片剪辑实例，即 3D 对象。使用工具箱内的"选择工具" ，单击选中舞台工作区内的影片剪辑实例，再单击"3D 旋转工具"按钮 或"3D 平移工具" ，也可以使选中的影片剪辑实例成为 3D 影片剪辑实例。使用 3D 工具选中的对象后，则 3D 对象之上会叠加显示彩轴指示符。

单击按下工具箱"选项"栏中的"全局转换"按钮 ，则 3D 平移和 3D 旋转工具是在全局 3D 空间模式；如果工具箱"选项"栏中的"全局转换"按钮 呈抬起状态，则 D 平移和 3D 旋转工具是在局部 3D 空间模式。

处于全局 3D 空间模式下，"3D 平移工具"控制器叠加在选中的 3D 对象之上情况如图 3-3-19（a）所示，"3D 旋转工具"控制器叠加在选中的 3D 对象之上情况如图 3-3-19（b）所示。

处于局部 3D 空间模式下，"3D 平移工具"控制器叠加在选中的 3D 对象之上情况如图 3-3-20（a）所示，"3D 旋转工具"控制器叠加在选中的 3D 对象之上情况如图 3-3-20（b）所示。

（a） （b）

图 3-3-19 全局 3D 平移和 3D 旋转工具叠加

（a） （b）

图 3-3-20 局部 3D 平移和 3D 旋转工具叠加

注意：每个 Animate 文档只有一个"透视角度"和"消失点"。另外，不能对遮罩层上的对象使用 3D 工具，包含 3D 对象的图层也不能用作遮罩层。

2. 3D 旋转调整

使用"3D 旋转工具" ，可以在 3D 空间中旋转影片剪辑实例。3D 旋转控件出现在舞台工作区上的选定对象之上。使用橙色的自由旋转控件可同时绕 X 轴和 Y 轴旋转。

单击工具箱内的"3D 旋转工具" ，单击选中影片剪辑实例，可以在 3D 空间中旋转影片剪辑实例。在使用该工具选择影片剪辑实例后，影片剪辑实例之上会叠加显示一个彩轴指示符，即显示 X、Y 和 Z 三个控件。X 控件为红色线，Y 控件绿色线，Z 控件蓝色圆。

在使用工具箱内的"3D 旋转工具"后，将鼠标指针移到红线之上时，鼠标指针右下方会显示一个 X 字，表示可围绕 X 轴旋转 3D 对象，左右拖动 X 轴控件可以围绕 X 轴旋转 3D 对象，如图 3-3-21 所示；将鼠标指针移到绿线之上时，鼠标指针右下方会显示一个 Y 字，表示可围绕 Y 轴旋转 3D 对象，上下拖动 Y 轴控件可以围绕 Y 轴旋转 3D 对象，如图 3-3-22 所示；将鼠标指针移到蓝色圆线之上时，鼠标指针右下方会显示一个 Z 字，表示可以围绕 Z 轴（通过中心点垂直于画面的轴）旋转 3D 对象，拖动 Z 轴控件进行圆周运动，可以绕 Z 轴旋转，如图 3-3-23 所示。另外，将鼠标指针移到外侧橙色圈（自由旋转控件）之上时，可以同时绕 X 轴和 Y 轴旋转。

  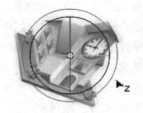

图 3-3-21　沿着 X 轴旋转　　　图 3-3-22　沿着 Y 轴旋转　　　图 3-3-23　沿着 Z 轴旋转

如果要相对于影片剪辑实例重新定位旋转控件中心点，可拖动中心点。如果要按 45°约束中心点移动，可在按住【Shift】键的同时拖动。移动旋转中心点可以控制旋转对于对象及其外观的影响。双击中心点可以将其移回所选影片剪辑的中心。所选 3D 对象的旋转控件中心点的位置在"变形"面板中显示为"3D 中心点"属性，可以在该面板中修改。

选中多个 3D 对象，3D 旋转控件（彩轴指示符）将显示为叠加在最近所选的对象上。所有选中的影片剪辑都将绕 3D 中心点旋转，该中心点显示在旋转控件的中心。通过更改 3D 旋转中心点位置可以控制旋转对于对象的影响。如果要将中心点移到任意位置，可拖动中心点。如果要将中心点移动到一个选定的影片剪辑中心处，可按住【Shift】键并两次单击该影片剪辑实例。如果要将中心点移到选中影片剪辑实例组的中心，可双击该中心点。

3．3D 平移调整

使用"3D 平移工具" ，单击影片剪辑实例，在该实例之上会叠加显示一个彩轴指示符，即显示 X、Y 和 Z（通过中心点垂直于画面的箭头）三个轴。X 轴为红色，Y 轴为绿色，而 Z 轴为黑色点或蓝色箭头。将鼠标指针移到红箭头之上时，鼠标指针右下会显示字母 X，可以沿 X 轴拖动移动 3D 对象，如图 3-3-24（a）所示；将鼠标指针移到绿箭头之上时，鼠标指针右下会显示字母 Y，可以沿 Y 轴拖动移动 3D 对象，如图 3-3-24（b）所示；将鼠标指针移到黑点或蓝色箭头之上时，鼠标指针右下会显示字母 Z，可以沿 Z 轴拖动移动 3D 对象，即使 3D 对象变大或变小，如图 3-3-24（c）所示。

　　　（a）　　　　　　　　　　　　（b）　　　　　　　　　　　　（c）

图 3-3-24　3D 平移彩轴指示符

如果要使用"属性"面板移动 3D 对象，可在"属性"面板的"3D 定位和查看"栏内 X、Y 和 Z 数值框中输入数值，或拖动 X、Y 和 Z 以改变其数值。在"属性"面板内，"3D 位置和查看"栏内，"宽度"和"高度"数值框中的数值是只读的，用来观察 3D 对象的外观尺寸。可以通过改变"位置和大小"栏"宽度"和"高度"数值框内的数值来改变 3D 对象的大小,同时,"3D 位置和查看"栏内的"宽度"和"高度"数值框内的数值也会随之变化。

在选中多个 3D 对象时,可以使用"3D 平移工具" 移动其中一个选定对象,其他对象将以相同的方式移动。按住【Shift】键并两次单击其中一个选中对象,可将轴控件移到该对象。双击 Z 轴控件,也可以将轴控件移动到多个所选对象的中间。

注意:如果更改了 3D 影片剪辑的 Z 轴位置,则该影片剪辑实例在显示时也会改变其 X 位置和 Y 位置。这是因为,Z 轴上的移动是沿着从 3D 消失点(在 3D 对象"属性"面板中设置)辐射到舞台工作区边缘的不可见透视线执行的。

4. 使用"变形"面板旋转 3D 对象

在舞台工作区上选择一个或多个 3D 对象,调出"变形"面板,如图 3-3-25 所示。在该面板中的"3D 旋转"栏内 X、Y 和 Z 数值框中输入所需的值,或拖动该数值,即可旋转选中的 3D 对象。如果要移动 3D 旋转点,可以在"变形"面板内的"3D 中心点"栏中的 X、Y 和 Z 文本框中输入所需的值,或者拖动这些值以进行更改。

5. 透视和调整透视角度

(1)透视:离我们近的物体看起来较大和实(即清晰),而离我们远的物体看起来较小(即窄又矮)和虚(即模糊),这种现象就是透视现象,如图 3-3-26 所示。平行线的视觉相交点在透视图中称为消失点。

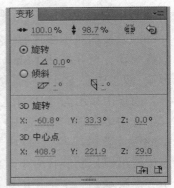

图 3-3-25 "变形"面板

图 3-3-26 透视现象

(2)调整透视角度:透视角度属性可以用来控制 3D 影片剪辑实例在舞台工作区上的外观视角。减小透视角度可以使 3D 影片剪辑实例看起来更远离观察者。增大透视角度可以使 3D 影片剪辑实例看起来更接近观察者。透视角度的调整与通过镜头更改视角的照相机镜头缩放类似。如果要在"属性"面板"3D 定位和视图"栏中查看或设置透视角度,必须在舞台工作区上选择一个 3D 影片剪辑实例(即 3D 对象)。在"属性"面板中的"透视角度" 文本框内输入一个新值,或拖动该热文本,即可来改变其数值,如图 3-3-27 所示。

对透视角度所做的更改在舞台工作区内立即可见效果。透视角度值改为 100,消失点的

X=14、Y=43，则 3D 影片剪辑实例如图 3-3-28 所示；透视角度值改为 140，消失点不变，则 3D 影片剪辑实例如图 3-3-29 所示。

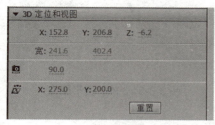 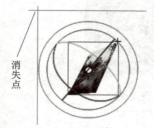 

图 3-3-27　3D 对象"属性"面板　　图 3-3-28　透视角度为 100°　　图 3-3-29　透视角度为 140°

调整"属性"面板"3D 定位和视图"栏中的透视角度数值，会影响应用了 3D 平移和 3D 旋转的所有 3D 影片剪辑实例。透视角度不会影响其他影片剪辑实例。默认透视角度为 55°视角，类似于普通照相机的镜头。透视角度的数值范围为 1°～180°。

6．调整消失点

选中一个 3D 影片剪辑实例（即 3D 对象），可以在"属性"面板中"3D 定位和视图"栏中的"消失点"栏内 X 和 Y 文本框内的属性值查看或设置消失点。可以在"属性"面板的"消失点"栏内 X 或 Y 文本框内输入一个新值，或者拖动这两个热文本来改变其数值，即可看到消失点的变化。

消失点的默认位置是舞台工作区中心。调整"属性"面板"3D 定位和视图"栏中的"消失点"栏内 X 和 Y 的属性值，可以控制舞台工作区上 3D 影片剪辑实例的 Z 轴方向，改变 3D 影片剪辑实例透视的消失点位置。在调整消失点属性值时，所有 3D 影片剪辑实例的 Z 轴都朝着消失点后退。通过重新定位消失点，可以更改沿 Z 轴平移 3D 影片剪辑实例时 3D 影片剪辑实例的移动方向。通过调整消失点的位置，可以精确控制 3D 影片剪辑实例的外观和动画。

消失点属性会影响应用了 Z 轴平移或旋转的所有影片剪辑。消失点不会影响其他影片剪辑。消失点的默认位置是舞台工作区中心。若要将消失点移回舞台工作区中心，可单击"属性"面板中的"重置"按钮。对消失点进行的更改在舞台工作区上立即可见。拖动消失点的热文本时，指示消失点位置的辅助线会显示在舞台工作区上。

消失点的 X 值减小时，垂直辅助线水平向左移动，3D 影片剪辑实例水平拉长；消失点的 Y 值减小时，水平辅助线水平向上移动，则 3D 影片剪辑实例左边缘向上倾斜。消失点的 X 值增加时，垂直辅助线水平向右移动，3D 影片剪辑实例水平压缩；消失点的 Y 值增加时，水平辅助线水平向下移动，3D 影片剪辑实例左边缘向下倾斜。

●●●● 思考与练习 3-3 ●●●●

1．制作图 3-3-30 所示的 3D 透视图像。

2．使用"3D 旋转工具"和"3D 平移工具"以及"任意变形工具"，分别加工两幅动物图像，效果如图 3-3-31 所示。

图 3-3-30 3D 透视图像

图 3-3-31 旋转变形图像

3.4 【综合实训 3】红花绿叶

3.4.1 实训效果

制作一个"红花绿叶"动画,该动画播放后的一幅画面如图 3-4-1 所示。可以看出,在蓝天之下、褐色的大地之上,生长着茂密的绿草和两株兰花,几朵兰花绽开,几朵兰花含苞欲开,花朵伴绿叶,红绿相映,衬托出兰花的高贵和美丽。在花丛中还有一只蝴蝶从右向左飞翔。

图 3-4-1 "红花绿叶"动画播放后的一幅画面图

3.4.2 实训提示

(1)"红花绿叶"动画的时间轴如图 3-4-2 所示。

图 3-4-2 "红花绿叶"动画的时间轴

(2)制作一个"兰花绿叶"影片剪辑元件。

(3)创建并进入"兰花绿叶"影片剪辑元件的编辑状态。使用"铅笔工具" 或"钢笔工具" ,在其"属性"面板内设置笔触宽为 1.5 磅,线类型为实线,笔触颜色为黑色。如果使用"铅笔工具" ,则单击"选项"栏中的"铅笔模式"按钮 ,打开其菜单,单击选中其内的"平滑"选项。然后,拖动绘制出兰花叶片的轮廓线。可以使用"选择工具" ,细心修改轮廓线,绘制结果如图 3-4-3 所示。

（4）使用工具箱内的"颜料桶工具"，在"颜色"面板内"颜色类型"下拉列表框中选择"纯色"选项，设置填充色为青绿色（R=51、G=204、B=102），给叶片内两边填充颜色，再设置填充色为蓝绿色（R=0、G=153、B=102），给叶片内条填充颜色，完成叶片绘制，如图 3-4-4 所示。

（5）使用工具箱中的"线条工具"、"铅笔工具"和"钢笔工具"，绘制出几条线段。再使用"选择工具"，将绘制的线条调整成花茎、花托和花朵的轮廓线。效果如图 3-4-5 所示。

图 3-4-3　叶片的轮廓线　　　图 3-4-4　叶片　　　图 3-4-5　花茎和花朵轮廓线

（6）绘制花朵也可以采用套封调整椭圆图形的方法，单击工具箱中的"椭圆工具"按钮，在其"属性"面板内设置笔触颜色为黑色，填充色为无，然后在舞台工作区内拖动绘制一个椭圆，再旋转约 45°，效果如图 3-4-6（a）所示。使用工具箱内的"选择工具"，选中刚绘制的椭圆，单击"修改"→"变形"→"封套"命令，用封套将椭圆调整成花瓣的形状，效果如图 3-4-6（b）所示。

（7）使用工具箱内的"颜料桶工具"，给花茎和花托的内部填充墨绿色，完成花茎和花托的绘制，效果如图 3-4-7 所示。使用"颜料桶工具"，给花瓣填充粉色和红色渐变色；给花蕊填充上黄色，效果如图 3-4-8 所示。

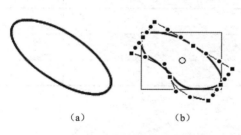

图 3-4-6　椭圆调整成花瓣形状　　　图 3-4-7　花瓣和花蕊　　　图 3-4-8　花填色

（8）给花瓣填充红色渐变色以前，需要打开"颜色"面板，单击按下"填充颜色"按钮，在"颜色类型"下拉列表框中选择"线性渐变"选项，设置颜色编辑栏内左边的关键点的颜色为红色（R=221、G=19、B=45），如图 3-4-9 所示，右边的关键点的颜色为红色（R=254、G=184、B=232）。

（9）在填充完渐变色后，使用"渐变变形工具"，在填充有渐变色的花瓣上单击，显示出渐变调整控制柄。然后拖动控制柄，调整填充色的渐变角度、渐变宽度等。

图 3-4-9　"颜色"面板

(10)使用工具箱中的"选择工具" ，双击绘制好的图 3-4-9 所示的兰花花茎和花朵图形的所有轮廓线，按【Delete】键，删除选中的轮廓线。再双击绘制好的图 3-4-4 所示的叶片图形的轮廓线，按【Delete】键，删除选中的轮廓线。

(11)将图 3-4-8 所示的兰花图形和图 3-4-4 所示的叶片图形合在一起，如图 3-4-1 中左边的兰花图形所示。将它们组成一个组合。

(12)在"库"面板内导入"蝴蝶.gif"文件，同时在"库"面板内生成一个"蝴蝶.gif"影片剪辑元件，将该名称改为"蝴蝶1"。双击"库"面板内的"蝴蝶1"影片剪辑元件，进入该元件的编辑状态，可以修改该影片剪辑元件。单击元件编辑窗口中的场景名称图标 场景1 或按钮 ，回到主场景。

参考图 3-4-2 所示"红花绿叶"动画的时间轴，在主场景各关键帧内添加相应的影片剪辑示例。

(13)选中"绿草"图层第 1 帧。使用"线条工具" 和"铅笔工具" ，在其"属性"栏内设置笔触样式为斑马线，笔触高度为 8 磅，颜色为绿色。

在舞台工作区内下边水平拖动，绘制出几条水平线条，效果如图 3-4-1 所示。

3.4.3 实训评测

能力分类	评价项目	评价等级
职业能力	使用钢笔等工具绘制和编辑直线和曲线	
	不同绘图模式下的绘图，绘制图元图形，合并修改对象，两类对象的特点，两类对象不同的处理方法	
	3D 空间、透视和消失点等基本概念，使用"喷涂刷工具"	
	使用"3D 旋转工具"和"3D 平移工具"创建透视效果	
	调整对象的透视角度和消失点	
通用能力	自学能力、总结能力、合作能力、创造能力等	
能力综合评价		

第 4 章　导入对象和编辑文本

本章提要

本章通过五个案例，介绍导入外部图像、动画、视频和音乐文件的方法，按钮元件的制作和编辑方法，以及三种元件实例的"属性"面板等。

4.1 【案例 13】小池荷花

4.1.1 案例描述

"小池荷花"图像如图 4-1-1 所示。它是将图 4-1-2 所示的"荷花和荷叶"图像和图 4-1-3 所示的"水波"、"荷花 1"和"荷花 2"图像加工合并制作而成的。

图 4-1-1　"小池荷花"图像　　　　图 4-1-2　"荷花和荷叶.jpg"图像

图 4-1-3　"水波.jpg"图像、"荷花 1.jpg"图像和"荷花 2.jpg"图像

4.1.2 操作方法

1. 合并"荷花和荷叶"和"水波"图像

（1）新建一个 Animate 文档，设置舞台大小的宽为 600 像素、高为 400 像素。再以名称"小池荷花.fla"保存在"【案例 13】小池荷花"文件夹内。

（2）单击"文件"→"导入"→"导入到库"命令，弹出"导入到库"对话框，利用该对话框选择图4-1-2和图4-1-3所示的四幅图像文件，单击"打开"按钮，将选中的多幅图像导入到"库"面板中。

（3）单击"图层1"图层中的第1帧，将"库"面板中的"荷花和荷叶.jpg"图像拖动到舞台工作区内。使用"选择工具"单击"荷花和荷叶.jpg"图像，单击"修改"→"分离"命令，将"荷花和荷叶.jpg"图像分离（即打碎）。

（4）单击工具箱内的"魔术棒工具"按钮，多次单击池水部分的图像，按【Delete】键，删除选中的池水图像。

（5）将舞台工作区显示比例改为200%，继续删除其他池水图像。使用"橡皮擦工具"擦除剩余的池水图像和多余的图像，最后效果如图4-1-4所示。

（6）使用"选择工具"，单击选中图4-1-4所示的图像，单击"修改"→"组合"命令，将图4-1-4所示的图像组成组合。然后，利用它的"属性"面板调整该图像的宽为600像素，高为400像素，X和Y的值均设置为0，将舞台工作区完全覆盖。

（7）将"库"面板中的"水波"图像拖动到舞台工作区右边。使用"选择工具"，单击选中"水波"图像，利用"属性"面板调整图像的宽为600像素，高为400像素，X和Y的值均为0。单击"修改"→"组合"命令，将"水波"图像组成组合。

（8）单击"修改"→"排列"→"下移一层"命令，将"水波"图像移到图4-1-4所示图像的下边，此时的图像效果如图4-1-5所示。

图4-1-4 删除水波图像后的剩余图像　　　　图4-1-5 "水波"图像移到下边

2．添加荷花图像——位图分离和处理

（1）在"图层1"图层之上添加一个"图层2"图层。单击选中该图层第1帧。将"库"面板中的"荷花1"和"荷花2"图像拖动到舞台工作区的右边。使用"选择工具"选中这两幅图像，单击"修改"→"分离"命令，将这两幅图像分离（即打碎）。

（2）单击工具箱内的"套索工具"按钮，多次单击"荷花1"图像中的荷花图像边缘，选中荷花图像。使用"选择工具"将选中的荷花图像拖出原图像。放大图像，使用"橡皮擦工具"擦除多余的图像。

（3）使用"选择工具"。单击选中剩余图像，按【Delete】键，删除剩余图像。单击裁切出的荷花图像，将裁切出来的荷花图像组成组合，如图4-1-6（a）所示。

（4）按照上述方法，将"荷花2"图像中的荷花图像裁切出来并组成组合，如图4-1-6（b）所示。将两种荷花图像拖

图4-1-6 裁切出的荷花图像

动到图 4-1-5 所示的图像之上。调整它们的大小和位置。再复制几个荷花图像，最终效果如图 4-1-1 所示。

4.1.3 相关知识

1. 导入图像

（1）将图像导入到库：单击"文件"→"导入"→"导入到库"命令，弹出"导入到库"对话框，如图 4-1-7 所示。利用该对话框选择图像等文件后，单击"打开"按钮，可将选中的图像或一个序列的图像导入到"库"面板中，而不导入到舞台中。

可以导入的外部素材有矢量图形、位图、视频影片和声音素材等。文件的格式很多，这从"导入"对话框的"文件类型"下拉列表框中可以看出。

（2）将图像导入到舞台：单击"文件"→"导入"→"导入到舞台"命令，弹出"导入"对话框，它与图 4-1-7 所示的"导入到库"对话框基本一样。利用该对话框选择要导入的图像文件，再单击"打开"按钮，即可将选中的图像导入到舞台和"库"面板中。

如果选择的文件名与"库"面板内的名字一样，则会弹出"解决库冲突"提示对话框，如图 4-1-8 所示。如果选中"不替换现有项目"单选按钮，则单击"确定"按钮后，会在"库"面板内导入相同名字的图像，但图像名字改为原名称后加"复制"文字，图像内容不变。如果选中"替换现有项目"单选按钮，则单击"确定"按钮后，会在"库"面板内导入选中的图像，替换"库"面板内原来名字相同的图像。

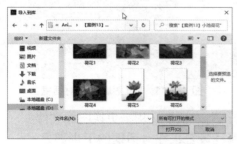 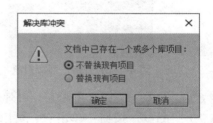

图 4-1-7 "导入到库"对话框　　　　图 4-1-8 "解决库冲突"提示对话框

（3）从剪贴板中粘贴图形、图像和文字等。首先，在应用软件中使用"复制"或"剪切"命令，将图像等复制到剪贴板中。然后，在 Animate 中单击"编辑"→"粘贴到中心位置"命令，将剪贴板中的内容粘贴到"库"面板与舞台工作区的中心。如果复制或剪切的图像是 Animate 舞台内的图像，则单击"编辑"→"粘贴到当前位置"命令，可以将剪贴板中的内容粘贴到舞台中该图像原有的位置。

如果单击"编辑"→"选择性粘贴"命令，即可弹出"选择性粘贴"对话框，如图 4-1-9 所示。在"作为"列表框内，单击选中一个软件名称，再单击"确定"按钮，即可将选定的内容粘贴到舞台工作区中。同时，还建立了导入对象与选定软件之间的链接。

图 4-1-9 "选择性粘贴"对话框

2. 位图图像属性的设置

按照上边介绍的方法，导入三幅位图图像到"库"面板中，如图 4-1-10 所示。双击"库"面板中导入图像的名字或图标，弹出该图像的"位图属性"对话框，如图 4-1-11 所示。利用该对话框，可了解该图像的一些属性，进行位图属性的设置。其中各选项的作用如下：

（1）"允许平滑"复选框：选中它，可以消除位图边界的锯齿。平滑可用于在缩放位图图像时提高图像的品质。

（2）"压缩"下拉列表框：有"照片(JPEG)"和"无损(PNG/GIF)"两个选项。选择"照片（JPEG）"选项，可按照 JPEG 方式压缩；选择"无损（PNG/GIF）"选项，可基本保持原质量。对于具有复杂颜色或色调变化的图像，可以使用"照片(JPEG)"压缩格式。对于简单图像，可使用无损压缩格式。

（3）"使用导入的 JPGE 数据"单选按钮：选中它后，表示使用文件默认质量。

（4）"自定义"单选按钮：选中它后，它右边的数值框变为有效，在该数值框内可以输入 1～100 的数值，数值越小，图像的质量越高，但文件字节数也越大。

（5）"更新"按钮：单击它，可以按设置更新当前图像文件的属性。

图 4-1-10 "库"面板对象

图 4-1-11 "位图属性"对话框

（6）"导入"按钮：单击它，可弹出"导入位图"对话框，用来更换图像文件。

（7）"测试"按钮：单击它，可以按照新的属性设置，在对话框的下半部显示一些有关压缩比例、容量大小等测试信息，在左上角显示重新设置属性后的部分图像。

3. 交换位图

选中舞台内的一幅图像，可用"库"面板内图像来更替选中图像。操作方法如下：

（1）选中舞台内的一幅图像，单击"修改"→"位图"→"交换位图"命令，弹出"交换位图"对话框，如图 4-1-12 所示。

（2）在"交换位图"对话框内中间栏中列出"库"面板中导入的所有图像，包括文件夹中的图像。左边有标记●表示该图像是舞台内选中图像，此处是"巴黎 2.jpg"图像。

（3）在"交换位图"对话框内中间栏中，单击选中其内的图像名称，该图像名称背景变为灰色，该对话框内左上角会显示选中图像的小样图像，此处是 PC05.jpg 图像，如图 4-1-13 所示。

单击文件夹左边的箭头标记▶，可以展开文件夹内的图像名称，如图 4-1-13 所示，同时箭头标记▶变为标记▼。单击标记▼，可以收缩文件夹内的图像名称。

（4）单击选中该栏内的一幅图像名称（例如 PC05.jpg 图像），再单击"确定"按钮，即可将"交换位图"对话框内选中的图像(例如 PC05.jpg 图像)替代一开始在舞台中选中的图像(例如巴黎 2.jpg 图像)。

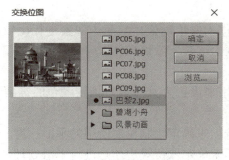 

图 4-1-12 "交换位图"对话框 1　　　图 4-1-13 "交换位图"对话框 2

(5)单击"交换位图"对话框内的"浏览"按钮,可以弹出"导入位图"对话框,利用该对话框选择一幅要替代的图像(例如桂花.jpg),如图 4-1-14 所示。

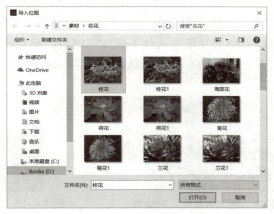

图 4-1-14 "导入位图"对话框

(6)单击"交换位图"对话框内的"打开"按钮,关闭"导入位图"对话框,将选中的图像(例如"桂花.jpg")导入"库"面板内,同时替代舞台中一开始选中的图像(例如 PC05.jpg 图像)。

4. 分离位图

在 Animate 中有许多操作(改变图形形状等)是针对矢量图形进行的,对于导入的位图图像必须经过分离(也称打碎)后才能进行这些操作。分离位图不完全等同于位图的矢量化,严格来说,位图分离之后仍是位图,虽然可以编辑,但没有变成真正的矢量图形。

单击一幅位图,再单击"修改"→"分离"命令,可以将位图分离,分离后的图像之上会出现一些白色的小点。分离的位图可以像绘制的图形那样进行编辑和修改。可以使用"选择工具"进行分离位图变形和切割等操作,可以使用"套索工具"对分离位图进行选取和切割等操作,可以使用"任意变形工具"对分离位图进行扭曲和封套编辑操作,还可以使用"橡皮擦工具"对分离位图进行部分或全部擦除。

5. 位图转换为矢量图形

将位图转换为矢量图形后,矢量图形不再链接到"库"面板中的位图元件。对于形状较简单、颜色较少的位图，转换矢量图形后可以减小文件大小。转换方法如下：

（1）选中图像，单击"修改"→"位图"→"转换位图为矢量图"命令，弹出"转换位图为矢量图"对话框，如图 4-1-15 所示。

（2）在"颜色阈值"文本框内输入一个数，作为颜色阈值。当两个像素进行比较后，如果它们在 RGB 颜色值上的差异低于该颜色阈值，则认为这两个像素颜色相同。如果增大了该阈值，则意味着降低了颜色的数量。

（3）在"最小区域"文本框内输入一个数，用来设置为某个像素指定颜色时需要考虑的周围像素的数量。

（4）在"曲线拟合"下拉列表框中选择一个选项来确定绘制轮廓所用的平滑程度。

（5）在"角阈值"下拉列表框中选择一个选项来确定保留锐边还是进行平滑处理。

如果要创建最接近原始位图的矢量图形，可以进行如下设置：颜色阈值为 10、最小区域为 1 像素、曲线拟合为"像素"、角阈值为"较多转角"。

6. 套索工具组工具

对于矢量图形、经过分离的位图、打碎的文字、分离的组合和元件实例等对象，使用"套索工具"工具，可以在图形或打碎的对象中选择不规则区域内的部分图形或对象。

单击"套索工具"，其工具组内有三个工具，如图 4-1-16 所示。它们的作用简介如下：

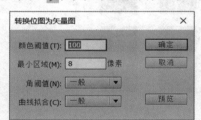

图 4-1-15 "转换位图为矢量图"对话框　　　图 4-1-16 套索工具组的工具

（1）"套索工具"：使用"套索工具"在舞台内拖动，会沿鼠标指针移动轨迹产生一条不规则的细黑线，如图 4-1-17 所示。释放鼠标左键后，被围中的打碎图像会被选中，选中图像之上会蒙上一层小白点。拖动选中的图像，可以将它与未被选中的图像分开，从而成为独立的图像，如图 4-1-18 所示。用"套索工具"拖动出的线可以不封闭。当线没有封闭时，Animate 会自动以直线连接首尾，使其形成封闭曲线。

（2）"魔术棒工具"：单击该按钮后，切换到"魔术棒"，将鼠标指针移到打碎图像处，当鼠标指针呈魔术棒形状时，单击即可将该颜色和与该颜色相接近的颜色图形选中。如果使用"选择工具"拖动选中的图形，可以将它们拖出来。将鼠标指针移到其他地方，当鼠标指针不呈魔术棒形状时，单击鼠标左键，即可取消选取。

选择"魔术棒工具"后，单击该按钮后，其"属性"面板内"设置"栏如图 4-1-19 所示。利用它可以设置魔术棒工具临近色的相似程度属性。各选项的作用如下：

◎ "阈值"文本框：其中输入阈值，其数值越大，魔术棒选取时的容差范围也越大。

◎ "平滑"下拉列表框：它有四个选项，用来设置创建选区的平滑度。

如果按住【Shift】键的同时创建选区，可在保留原来选区的情况下创建新选区。

图 4-1-17　创建的选区　　　图 4-1-18　分离对象　　　图 4-1-19　魔术棒工具"属性"面板"设置"栏

（3）"多边形工具"：使用"多边形"在要选取的多边形区域的一个顶点处单击，再依次单击多边形的各个顶点，回到起点处双击，即可画出一个多边形细线框，将多边形细线框包围的图形选中。

●●●● 思考与练习 4-1 ●●●●

1. 制作一个"花仙子湖中游"动画，该影片播放后的一幅画面如图 4-1-20 所示。动画的背景是一个"风景.gif"动画，青山绿水，湖水荡漾，小鸟飞翔，宛如国画一样。在该动画中，空中小鸟来回飞翔，一个"花仙子"动画坐在小船上，小船在湖水中慢慢从左向右漂游，湖水中的倒影也随之移动。其中的"花仙子"动画是由图 4-1-21 所示的三幅"花仙子"图像制作的影片剪辑实例，"船"图像取自图 4-1-22 所示的"船.jpg"图像。"飞鸟.gif"GIF 格式动画三幅画面如图 4-1-23 所示。

图 4-1-20　"花仙子湖中游"动画画面　　　图 4-1-21　三幅花仙子图像

图 4-1-22　"船.jpg"图像　　　图 4-1-23　"飞鸟.gif"GIF 格式动画三幅画面

2. 制作一幅"来到比萨塔"图像，如图 4-1-24 所示。制作该图像是用图 4-1-25 所示的三幅图像加工而成的。

图 4-1-24　"来到比萨塔"图像　　　图 4-1-25　"比萨塔"、"宝宝"和"苹果"图像

4.2 【案例14】中秋夜看电影

4.2.1 案例描述

"中秋夜看电影"影片播放后,会显示一幅美丽的星空夜晚图像,米老鼠、花仙子、贝蒂、节日老人、小鹿和彩灯与节日树一起庆祝节日。同时,在屏幕右上角有一道光束打在电影幕布上,电影屏幕中播放着动物世界电影。该影片播放中的一幅画面如图4-2-1所示。

图4-2-1 "中秋夜看电影"影片播放后的一幅画面

4.2.2 操作方法

1. 制作人物、节日树、屏幕和光

(1)新建一个Animate文档,设置舞台大小的宽为800像素、高为500像素,背景为黑色,以名称"中秋夜看电影.fla"保存在"【案例14】中秋夜看电影"文件夹内。

(2)单击"文件"→"导入"→"导入到库"命令,弹出"导入到库"对话框。利用该对话框将"米老鼠1.gif"、"米老鼠2.gif"、"节日老人1.gif"、"节日老人2.gif"、"节日树.gif"和"贝蒂.gif" GIF格式动画,以及"花仙子1.jpg"、"花仙子2.jpg"、"花仙子3.jpg"、"小鹿.jpg"和"星空.jpg"(见图4-2-2)图像导入到"库"面板内,在其中会利用六个GIF格式的图像文件生成六个影片剪辑元件,分别将它们的名称改为"米老鼠1"、"米老鼠2"、"节日树"、"节日老人1"、"节日老人"和"贝蒂"。

(3)创建并进入"花仙子"影片剪辑元件的编辑状态,单击"图层1"图层中的第1帧,将"库"面板内"花仙子1.jpg"图像拖动到舞台工作区的中心处;单击"图层1"图层中的第5帧,按【F7】键,创建关键帧,将"库"面板内的"花仙子2.jpg"图像拖动到舞台中心处;单击"图层1"图层中的第10帧,按【F7】键,创建关键帧,将"库"面板内的"花仙子3.jpg"图像拖动到舞台中心处;单击"图层1"图层中的第15帧,按【F5】键。然后,回到主场景。

(4)双击"库"面板内的"米老鼠1"影片剪辑元件,进入它的编辑状态,将其中一些残缺画面的帧删除。然后,回到主场景。

(5)将"图层1"图层的名称改为"人物",其上边新建一个"屏幕和光"图层。单击选中"人物"图层第1帧,将"库"面板内"米老鼠1"和"花仙子"等七个影片剪辑元件和"小鹿.jpg"图像依次拖动到舞台工作区内的下边,调整它们的大小和位置,排成一行(见图4-2-1)。

（6）单击选中"屏幕和光"图层第 1 帧，使用"矩形工具"绘制一个"电影幕布"图形，再将该图形组成组合。再绘制灯和灯光图形，将它们组成组合，如图 4-2-3 所示。

图 4-2-2　"星空"图像

图 4-2-3　幕布、灯和灯光

2．导入视频和添加背景图像

（1）在"屏幕和光"图层之上创建一个"电影"图层，单击选中该图层第 1 帧。

（2）单击"文件"→"导入"→"导入视频"命令，弹出"导入视频"（选择视频）对话框，如图 4-2-4 所示。选中"在 SWF 中嵌入 FLV 并在时间轴中播放"单选按钮，单击"浏览"按钮，弹出"打开"对话框，选择要导入的视频文件"鸽子.flv"，单击"打开"按钮，回到"导入视频"（选择视频）对话框。此时，"导入视频"（选择视频）对话框内"浏览"按钮下边会显示出导入的视频文件的路径和名称。

（3）单击"下一步"按钮，弹出"导入视频"（嵌入）对话框。在该对话框内"符号类型"下拉列表框中选择"影片剪辑"选项，选中三个复选框，如图 4-2-5 所示。

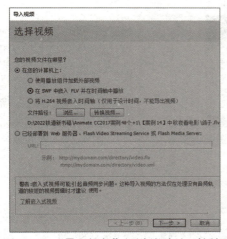

图 4-2-4　"导入视频"（选择视频）对话框

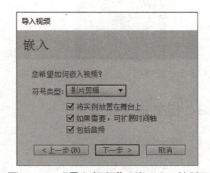

图 4-2-5　"导入视频"（嵌入）对话框

（4）单击"下一步"按钮，弹出"导入视频"（完成视频导入）对话框，单击"完成"按钮，即可在"库"面板内生成一个"鸽子.flv Video"影片剪辑元件，其中是导入视频的所有帧，在舞台工作区内有该影片剪辑元件的实例，并在时间轴内占 1 帧。

如果在"符号类型"下拉列表框中选择"嵌入的视频"选项，则会在时间轴内嵌入整个视频的所有帧。如果在"符号类型"下拉列表框中选择"图形"选项，在"库"面板内生成一个图形元件，其中是导入视频的所有帧。

（5）调整"鸽子.flv Video"影片剪辑实例的大小和位置，将它移到"电影幕布"图形之上，使它刚好将电影幕布完全覆盖（见图 4-2-1）。

（6）在"人物"图层下边创建一个"背景"图层，单击该图层中的第 1 帧。将"库"面板内的"星空.jpg"图像拖动到舞台中，调整它的大小和位置，使它刚好将舞台工作区覆盖。

3．制作透视效果电影

（1）锁定"屏幕和光"图层，解锁"电影"图层。使用"选择工具"单击"电影"图层中的第 1 帧，单击舞台工作区内的"电影"影片剪辑实例，再单击"3D 旋转工具"按钮，拖动调整"电影"影片剪辑实例的透视效果，如图 4-2-6 所示。

（2）锁定"电影"图层并隐藏该图层，解锁"屏幕和光"图层，使用"选择工具"单击"屏幕和光"图层中的第 1 帧，单击舞台工作区内的白色屏幕图形，单击"修改"→"转换为元件"命令，弹出"转换为元件"对话框，利用该对话框将选中的白色屏幕图形转换为"影幕"影片剪辑元件的实例。

（3）单击"影幕"影片剪辑实例，单击"3D 旋转工具"，拖动调整"电影"影片剪辑实例的透视效果，如图 4-2-7 所示。

（4）在"电影"图层之上新增一个"遮罩"图层。单击该图层中的第 1 帧，使用"线条工具"或"钢笔工具"绘制一幅梯形，其中填充黑色，如图 4-2-7 所示。

（5）右击"遮罩"图层，弹出快捷菜单，单击"遮罩层"命令，使"遮罩"图层成为遮罩层，其下边的"电影"图层成为"遮罩"图层的被遮罩图层。

此时，"中秋夜看电影.fla"Animate 动画的时间轴如图 4-2-8 所示。

  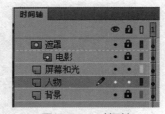

图 4-2-6　3D 旋转工具调整电影和屏幕　　图 4-2-7　屏幕透视调整　　图 4-2-8　时间轴

4.2.3　相关知识

1．使用视频概述

（1）Animate 可以播放的视频格式包括 FLV、F4V 和 MPEG-4（如 MP4）、MOV（即 QuickTime 数字电影，要求计算机系统中安装了 QuickTime4 或以上版本）、3GPP 和 3GPP2（使用预移动设备，如 .3gp、.3gpp 等扩展名）等格式的视频文件。

（2）使用单独的 Adobe Media Encoder 应用程序（Animate 附带），可以将其他视频格式转换为 F4V 格式。另外，其他一些软件可以将 Animate 不能播放的视频格式转换为 Animate 可以播放的视频格式。

（3）将视频添加到 Animate 有很多方法，不同情形下各有优点。下面列出几种方法。

◎ Animate 包含一个视频导入向导，单击"文件"→"导入"→"导入视频"命令，弹出"导入视频"（选择视频）对话框，即打开了该视频导入向导。

◎ 使用 FLVPlayback 组件是在 Animate 文件中快速播放视频的最简单方法。

（4）在 Animate 中使用视频的方法。在 Animate 中，可以通过不同方法使用视频，简介如下：

◎ 直接在 Animate 文件中嵌入视频数据。此方法生成的 Animate 文件会非常大，因此建议只用于小视频剪辑。

◎ 从 Web 服务器渐近式下载。此方法可以让视频文件独立于 Animate 文件和生成的 SWF 文件，这可以使 SWF 文件较小。这是在 Animate 中使用视频的常用方法。

◎ 使用 Adobe Media Server 流式加载视频。此方法也可以让视频文件独立于 Animate 文件。除了流畅的流播放体验之外，Adobe Media Streaming Server 还会为用户的视频内容提供安全保护。

（5）可以在"Animate 帮助"网站内搜索"创建在 Animate 中使用的视频"或"Animate 播放视频的方法"等帮助信息，从中获得更多内容。单击图 4-2-4 所示"导入视频"（选择视频）对话框内下边的蓝色链接文字，打开"如何在 Animate 中添加视频"网页，如图 4-2-9 所示，可以从中获得更多内容。

图 4-2-9　"如何在 Animate 中添加视频"网页

2．导入视频

（1）单击"文件"→"导入"→"导入视频"命令，弹出"导入视频"（选择视频）对话框（"文件路径"文本框内还没有内容），如图 4-2-4 所示。单击"浏览"按钮，弹出"打开"对话框，在该对话框内选择要导入的视频文件（例如"蝴蝶 .flv"），单击"打开"按钮，回到"导入视频"（选择视频）对话框。此时则"下一步"按钮会变为有效。

（2）在"导入视频"（选择视频）对话框内"您的视频文件在哪里？"栏中有一组二选一的单选按钮。前一个是"在您的计算机上"单选按钮，后一个是"已经部署到 Web 服务器、Flash Video Streaming Service 或 Flash Media Server"单选按钮。

选中后一个单选按钮后，其下边的 URL 文本框变为有效，其内可以输入视频文件的网址和文件名，输入已上载到 Web 服务器或 Media Server 的视频的 URL。导入已部署到 Web 服务器、Flash Video Streaming Service 或 Flash Media Server 的视频。

（3）选中"在您的计算机上"单选按钮后，其下的三个单选按钮变为有效。这三个单选按钮中不同的单选按钮具有不同的作用，简介如下：

◎ "使用播放组件加载外部视频"单选按钮：选中该单选按钮后，导入视频（适用于FLV等格式文件）并创建FLVPlayback组件的实例，用来控制视频播放。使用"组件"面板中的FLVPlayback组件也可以产生相同效果，而且更加简便。

◎ "在SWF中嵌入FLV并在时间轴中播放"单选按钮：选中该单选按钮后，将FLV嵌入到Animate文档中并将其放在时间轴中。这样，导入视频后，可以看到时间轴帧所表示的各个视频帧的位置。嵌入的FLV视频文件成为Animate文档的一部分。

注意：将视频内容直接嵌入到SWF格式文件中，会增加发布的Animate文档的大小，因此仅适合于小的视频文件。此外，嵌入的较长视频剪辑时，音频与视频会不同步。

◎ "将H.264视频嵌入时间轴(仅用于设计时间,不能导出视频)"单选按钮：选中该单选按钮后，将H.264视频嵌入Animate文档中。导入视频时，视频会被放置在舞台上，以用作设计阶段中用户制作动画的参考。在拖动或播放时间轴时，视频中的帧将呈现在舞台上。相关帧的音频也将回放。

注意：如果想在非引导层或非隐藏层上发布具有H.264视频内容的FLA文件，而用户要发布到的目标平台不支持嵌入的H.264视频，系统便会显示一条警告消息。

（4）单击"文件"→"导入"→"导入到舞台"命令，可弹出"导入"对话框；单击"文件"→"导入"→"导入到库"命令，可弹出"导入到库"对话框。在这两个对话框的"文件类型"下拉列表框中选择"所有视频格式"选项，选择FLV格式视频文件，然后，单击"打开"按钮，也可以弹出图4-2-4所示的"导入视频"对话框。

（5）单击"浏览"按钮，弹出"打开"对话框，利用该对话框内导入一个视频文件（例如"蝴蝶.flv"）后，如果选中"导入视频"（选择视频）对话框内的"使用播放组件加载外部视频"单选按钮，单击"下一步"按钮，可以弹出"导入视频"（设定外观）对话框，如图4-2-10所示。在该对话框内"外观"下拉列表框中可以选择一种预定义的FLVPlayback组件(视频播放器)的外观。Animate会将该外观复制到导入的FLA视频文件所在的文件夹。如果在"外观"下拉列表框中选择"无"选项，则不对FLVPlayback组件使用外观，即不显示视频播放器外观。

然后，单击"下一步"按钮，弹出"导入视频"（完成视频导入）对话框，单击"完成"按钮，即可完成视频的导入，在舞台工作区内导入视频对象和播放器组件实例，如图4-2-11所示。在"库"面板内创建元件类型是FLVPlayback组件的"编辑剪辑"类型。在时间轴上视频只占1帧。

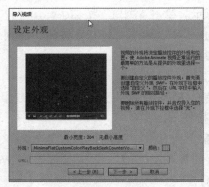
图4-2-10 "导入视频"（设定外观）对话框

图4-2-11 视频对象和播放器组件实例

（6）如果选中"导入视频"（选择视频）对话框中的"在 SWF 中嵌入 FLV 并在时间轴中播放"或"将 H.264 视频嵌入时间轴（仅用于设计时间，不能导出视频）"单选按钮，则单击该对话框内的"下一步"按钮，弹出"导入视频"（嵌入）对话框，如图 4-2-5 所示。

在该对话框内，如果不选中"将实例放置在舞台上"复选框，则其他两个复选框也随之不被选中。选中该复选框后，还可以确定是否扩展时间轴，是否包括音频。"符号类型"下拉列表框中内有三个选项，它们的作用如下：

◎"嵌入的视频"选项：在"库"面板和舞台内导入一个视频，时间轴内放置了视频的所有帧，每一帧对应视频的一幅画面。

◎"影片剪辑"选项：在"库"面板和舞台内导入一个视频和生成一个影片剪辑元件，影片剪辑元件放置视频的所有帧。同时在舞台导入该影片剪辑元件的实例，只占 1 帧。

◎"图形"选项：在"库"面板和舞台内导入一个视频和生成一个图形元件，图形元件放置视频的所有帧。同时在舞台导入该图形元件的实例，只占 1 帧。

单击"下一步"按钮，弹出"导入视频"（完成视频导入）对话框，单击"完成"按钮，即可完成视频的导入，在舞台工作区内导入视频，并在时间轴内占一定的帧数。在"库"面板内创建的元件是嵌入式视频元件，元件名称的右边添加 Video。

3. 视频属性的设置

双击"库"面板中的视频元件图标 ▇（此处是嵌入式视频），弹出"视频属性"对话框，如图 4-2-12 所示。利用该对话框，可以了解视频的一些属性，导入、导出视频文件。

（1）在"类型"栏内有"嵌入（与时间轴同步）"和"视频（受 Action Script 控制）"两个单选按钮，用来设置视频的类型。

（2）单击"导入"按钮，弹出"导入视频"对话框，可以导入 FLV、MP4、MOV、3GPP 等格式的视频文件。

（3）单击"导出"按钮，可以弹出"导出 FLV"对话框，利用该对话框，可以将"库"面板中选中的视频导出为 FLV 格式的 Adobe Flash 视频文件。

（4）单击"更新"按钮，在导入新视频文件后，单击它，可以按设置更新视频文件的属性，重新设置编码。

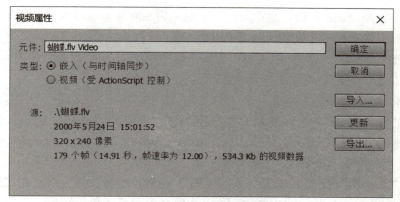

图 4-2-12 "视频属性"对话框

●●●● 思考与练习 4-2 ●●●●

1. 修改【案例 14】动画，使该动画运行后播放另一个 FLV 格式的视频。
2. 制作一个"视频播放器"动画。该影片播放后可以同时播放两个电影。
3. 制作一个"视频播放器"影片，该影片播放后的一幅画面如图 4-2-11 所示。可以看出，有一个视频演播框窗口，窗口内循环播放一个视频电影。单击窗口下边的按钮，可以控制视频电影的播放和暂停等，拖动滑块可以调整正在播放的当前帧。

●●●● 4.3 【案例 15】单首音乐播放器 ●●●●

4.3.1 案例描述

"单首音乐播放器"影片播放后的画面如图 4-3-1（a）所示。可以看出，这是一幅有框架的图像，将鼠标指针移到框架下边框的中间，其上面会自动添加一个 MP3 播放器的控制器，如图 4-3-1（b）所示。利用该控制器可以控制 MP3 音频的播放和暂停等，拖动滑块，可调整播放的 MP3 音频位置等。

（a）　　　　　　　　　　　　　　（b）

图 4-3-1 "单首音乐播放器"影片播放后的两幅画面

4.3.2 操作方法

（1）新建一个 Animate 文档，设置舞台大小的宽为 500 像素、高为 300 像素。然后，以名称"MP3 播放器.fla"保存在"【案例 15】MP3 播放器"文件夹内。

（2）单击选中"图层 1"图层第 1 帧，导入一幅"框架 1.jpg"图像，如图 4-3-1（a）所示。调整它的大小和位置，使它刚好将整个舞台工作区完全覆盖。

（3）在"图层 1"图层之上添加一个"图层 2"图层，单击"文件"→"导入"→"导入视频"命令，弹出"导入视频"（选择视频）对话框，选中"使用播放组件加载外部视频"单选按钮，单击"浏览"按钮，弹出"打开"对话框，选择要导入的视频文件 MP3-1.flv，单击"打开"按钮，回到"导入视频"对话框，如图 4-3-2 所示。

（4）单击"下一步"按钮，弹出"导入视频"（设定外观）对话框。在"外观"下拉列表框内选中一种播放器外观，此处选中 SkinOverAll.swf 选项；单击"颜色"图标，打开颜色面板，单击橙色色块，设置播放器外观为橙色。

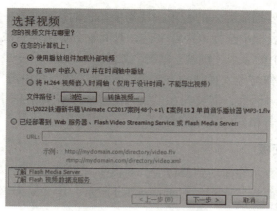

图 4-3-2 "导入视频"(选择视频)对话框

（5）单击"下一步"按钮，弹出下一个"导入视频"对话框，单击"完成"按钮，关闭该对话框。此时，舞台工作区生成一个播放器和一个播放器和矩形框，如图 4-3-2 所示。

（6）使用"选择工具" ，单击黑色矩形和播放器，在其"属性"面板内调整它的宽度为 320，高度为 240。单击"图层 2"图层中的第 1 帧，同时也选中了播放器和矩形框，拖动或按光标移动键将播放器移到背景图像内的下边中间处，如图 4-3-3 所示。

（7）单击播放器和黑色矩形，打开"属性"面板，展开"组件参数"栏，如图 4-3-4 所示。单击 source 行右边的按钮 ，弹出"内容路径"对话框，利用它可以更换要播放的 FLV 文件。单击 skin 行右边的按钮 ，弹出"选择外观"对话框，利用它可以更换播放器的类型。选中 skinAutoHide 行的复选框，使播放器和黑色矩形隐藏。

图 4-3-3 播放器和黑色矩形框

图 4-3-4 "属性"面板"组件参数"栏

4.3.3 相关知识

1. 导入音频

方法一：单击"文件"→"导入"→"导入到舞台"命令，或者单击"文件"→"导入"→"导入到库"命令，可以弹出"导入"对话框，在"导入"对话框内选择 MP3 等格式的音频文件，单击"打开"按钮，可将选中的音频文件导入到"库"面板中。

对于上述方法，如果要播放导入的音乐，还需要单击时间轴中的一个关键帧。在其"属性"面板内的"声音"下拉列表框中选择该声音文件，时间轴会显示声音波纹。

方法二：单击时间轴中的一个关键帧。单击"文件"→"导入"→"导入视频"命令，弹出"导入视频"对话框。以后的操作与导入视频的方法基本一样。只是，在单击"导入视频"对话框内的"浏览"按钮，弹出"打开"对话框，需要先在"文件类型"下拉列表框中选择"所有文件"选项，然后再选择要导入的 FLV 等格式的音频文件。

2. 声音的"属性"面板

把"库"面板内的声音元件拖动到舞台后，时间轴当前帧会出现声音波形。单击带声音波形的帧单元格，其"属性"面板"声音"栏如图 4-3-5 所示，用来对声音进行编辑。其中几个选项的作用简介如下：

（1）"名称"下拉列表框：提供了"库"面板中所有声音文件的名字，选择某一个名字后，其下边就会显示出该声音的采样频率、声道数、比特位数和播放时间。

（2）"效果"下拉列表框：提供了各种播放声音的效果选项，有无、左声道、右声道、从左到右淡出、从右到左淡出、淡入、淡出和自定义。单击"编辑声音封套"按钮 后，会弹出"编辑封套"对话框，如图 4-3-6 所示，利用该对话框可以自己定义声音的效果，可以编辑声音。

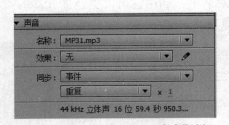
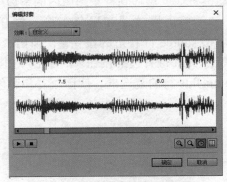

图 4-3-5 "属性"面板"声音"栏　　　　图 4-3-6 "编辑封套"对话框

（3）"同步"下拉列表框：用来选择影片剪辑实例在循环播放时与主电影相匹配的方式。该下拉列表框中有"事件"、"开始"、"停止"和"数据流"四个选项。

（4）"声音循环"下拉列表框：它就是最下边的下拉列表框，将鼠标指针移到该下拉列表框之上即可显示"声音循环"文字。它用来选择播放声音的方式，有"重复"和"循环"两个选项。选择"重复"选项后，其右边会出现一个"循环次数"文本框，用来输入播放声音的循环次数。选择"循环"选项后，声音会不断循环播放。

3. 声音属性的设置

在 Animate 动画中，可以给图形、按钮动作和动画等配备背景声音。从音效考虑，可以导入 22 kHz、16 位立体声声音格式；从减少文件字节数和提高传输速度考虑，可导入 8 kHz、8 位单声道声音格式。可以导入的声音文件有 WAV、AIFF 和 MP3 格式。

双击"库"面板中的声音元件图标 （此处是 MP3 声音），弹出"声音属性"对话框，如图 4-3-7 所示。利用该对话框，可以了解声音的一些属性、改变它的属性和进行测试等。

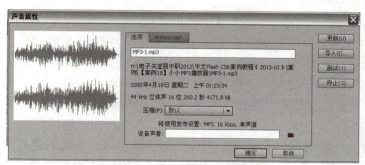

图 4-3-7 "声音属性"对话框

（1）最上边的文本框给出了声音文件的名字，其下边是声音文件的有关信息。"压缩"下拉列表框内有"默认值"、ADPCM、MP3、"原始"和"语音"五个选项。

（2）在"压缩"下拉列表框选择 ADPCM 选项，该对话框下面会增加一些选项，如图 4-3-8 所示。各选项的作用如下：

◎ "预处理"复选框：选中它后，表示以单声道输出，否则以双声道输出（当然，它必须原来就是双声道的音乐）。

◎ "采样率"下拉列表框：用来选择声音的采样频率。它有 22 kHz、44 kHz 等几种选项。

◎ "ADPCM 位"下拉列表框：用于声音输出时的位数转换。它有 2 位、3 位、4 位、5 位。

（3）在"压缩"下拉列表框选择 MP3 选项，其下边显示一个"使用已导入的 MP3 音质"复选框，取消该复选框的选取后，该对话框下面会增加一些选项，如图 4-3-9 所示。选项的作用如下：

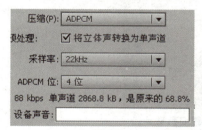

图 4-3-8 选 ADPCM 选项后新增的选项

图 4-3-9 选择 MP3 选项后新增的选项

◎ "比特率"下拉列表框：用来选择输出声音文件的数据采集率。其数值越大，声音的容量与质量也越高，输出文件的字节数也就越大。

◎ "品质"下拉列表框：用来设置声音的质量。选项有"快速"、"中"和"最佳"。

（4）在"压缩"下拉列表框选择"原始"和"语言"选项，选中它们后，该对话框选项主要有"采样频率"下拉列表框，用来选择数字声音的采样频率。

（5）ActionScript 选项卡：单击 ActionScript 标签，切换到 ActionScript 选项卡，利用它可以设置声音的标识符名称等，以后的章节中会进行介绍。

（6）"声音属性"对话框中几个按钮的作用如下：

◎ "导入"按钮：单击它可以弹出"导入声音"对话框，利用该对话框可更换声音文件。

◎ "更新"按钮：单击它可以按设置更新声音文件的属性。

◎ "测试"按钮：单击它可以按照新的属性设置播放声音。

◎ "停止"按钮：单击它可以使播放的声音停止播放。

4．编辑声音

把"库"面板内的声音元件拖动到舞台后，单击带声音波形的帧单元格，其"属性"面板"声音"栏如图 4-3-5 所示。单击"编辑声音封套"按钮后，会弹出"编辑封套"对话框，如图 4-3-6 所示，利用该对话框可以自己定义声音的效果，可以编辑声音。

（1）单击该对话框左下角的"播放"按钮，可以播放编辑后的声音；单击"停止"按钮，可以使播放的声音停止。编辑好后，可单击"确定"按钮退出该对话框。

（2）"编辑封套"对话框分上下两个声音波形编辑窗口，上边的是左声道声音波形，下边的是右声道声音波形。在声音波形编辑窗口内有一条左边带有方形控制柄的直线，它的作用是调整声音的音量。直线越靠上，声音的音量越大。拖动调整声音波形显示窗口左上角的方框控制柄，使声音大小合适。在声音波形编辑窗口内，单击鼠标左键，可以增加一个方形控制柄。用鼠标拖动各方形控制柄，可以调整各部分声音段的声音大小，如图 4-3-10 所示。

（3）拖动上下波形之间刻度栏内的两个控制条，可截取声音片段，如图 4-3-10 所示。

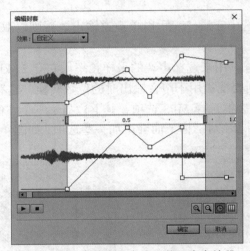

图 4-3-10 调整音量变化和截取声音片段

（4）四个辅助按钮位于"编辑封套"对话框右下角，它们的作用如下：
◎ "放大"按钮：单击它可以使声音波形在水平方向放大。
◎ "缩小"按钮：单击它可以使声音波形在水平方向缩小。
◎ "时间"按钮：单击它可以使声音波形显示窗口内水平轴为时间轴。
◎ "帧数"按钮：单击它可以使声音波形显示窗口内水平轴为帧数轴。从而可以观察到该声音共占了多少帧，可以调整时间轴中声音帧的个数。

5．声音同步方式

单击带声音波形的帧单元格，其"属性"面板"声音"栏如图 4-3-5 所示。利用声音"属性"面板"声音"栏中的"同步"下拉列表框，可以选择声音的同步方式。"同步"下拉列表框的几个选项的作用简介如下：

（1）"事件"：选择它后，即设置了事件方式。可使声音与某一个事件同步。当影片播放到引入声音的帧时，开始播放声音，而且不受时间轴的限制，直到声音播放完毕。如果在"循环"

文本框内输入了播放次数,则将按照给出的次数循环播放声音。

(2)"开始":选择它后,即设置了开始方式。当影片播放到导入声音的帧时,声音开始播放。如果声音播放中再次遇到导入的同一声音帧时,将继续播放该声音,而不播放再次导入的声音。而选择"事件"选项时,可以同时播放两个声音。

(3)"停止":选择它后,即设置了停止方式,用于停止声音的播放。

(4)"数据流":选择它后,设置了流方式。在此方式下,将强制声音与动画同步,动画开始播放时声音也随之播放,动画停止时声音也随之停止。在声音与动画同时在网上播放时,如果选择了它,则强迫动画以声音的下载速度来播放(声音下载速率慢于动画下载速率时),或强迫动画减少一些帧来匹配声音速度(声音下载速率快于动画下载速率时)。

选择"事件"或"开始"选项后,播放的声音与截取声音无关,从声音开始播放;选择"数据流"选项后,播放的声音与截取声音无关,只播放截取的声音。

●●●● 思考与练习 4-3 ●●●●

1. 修改【案例 13】动画,给该动画配背景音乐。
2. 修改【案例 15】动画,更换播放器中的控制器形状和功能。

●●●● 4.4 【案例 16】北京故宫 ●●●●

4.4.1 案例描述

"北京故宫"影片播放后的三幅画面如图 4-4-1 所示,可以看到,动画画面中有一个顺时针自转的文字环,其上方有一个红色"北京故宫"立体文字,文字四周有绿色变黄色的光芒;一些介绍北京故宫的文字自下向上移过转圈文字内部;下边有一个红色"北京故宫网站"文字,单击该文字,会在一个新浏览窗口内打开故宫博物院网页,该网页的网址是"http://www.dpm.org.cn/index1024768.html"。

视 频

案例16

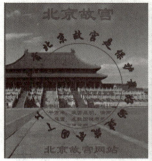  

图 4-4-1 "北京故宫"影片播放后的三幅画面

4.4.2 操作方法

1. 制作"转圈文字"影片剪辑元件

（1）新建一个 Animate 文档，设置舞台大小的宽为 300 像素，高为 330 像素，背景颜色为白色。以名称"北京故宫.fla"保存在"【案例 16】北京故宫"文件夹内。

（2）创建并进入"转圈文字"影片剪辑元件编辑状态。单击"椭圆工具" ，设置笔触颜色为红色、笔触高度为 2 磅，绘制一个没有填充的红色圆形图形。

（3）单击"窗口"→"信息"命令，打开"信息"面板。按照图 4-4-2 所示进行设置，单击右下角的圆点（即中心点），在"宽"和"高"文本框中分别输入 180，在 X 和 Y 文本框中分别输入 0，使红色圆形图形的中心与舞台工作区的十字中心对齐。

（4）单击"文本工具" ，单击舞台工作区，在它的"属性"面板内单击"颜色"色块，打开颜色面板，单击其中的蓝色色块，设置文字颜色为蓝色；在"系列"下拉列表框内选择"宋体"选项，设置字体为宋体（或选择其他字体）；在"大小"数值框内输入 26，设置文字大小为 26 磅，如图 4-4-3 所示。然后，在圆环的正上方输入文字"全"。

图 4-4-2 "信息"面板

图 4-4-3 文字的"属性"面板

（5）单击"任意变形工具" ，单击"全"字，拖动该文字对象的中心点到红色圆形图形的中点处，如图 4-4-4 所示。

（6）打开"变形"面板，在该面板的"旋转"文本框内输入 18（因为一共要输入 20 个文字，每一个文字要旋转的度数为 360/20=18），如图 4-4-5 所示。单击 19 次"变形"面板右下角的"重置选区和变形"按钮 ，复制 19 个不同旋转角度的"全"字，如图 4-4-6 所示。

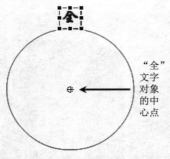

图 4-4-4 调整对象的中心点

图 4-4-5 "信息"面板设置

（7）将"全"字分别改为其他文字。选中所有文字和圆形轮廓线，如图 4-4-7 所示，再单击"修改"→"组合"命令，将它们组成一个组合。

图 4-4-6　不同旋转角度的字　　　　　图 4-4-7　更换文字和选中对象

（8）创建第 1～120 帧的传统补间动画。单击第 1 帧，在其"属性"面板内的"旋转"下拉列表框内选中"顺时针"选项，在其右边的文本框内输入 1。然后回到主场景。

2．创建"标题文字"影片剪辑元件

（1）创建并进入"标题文字"影片剪辑元件的编辑状态。单击"文本工具" ，在其"属性"面板内设置华文琥珀字体、60 磅、红色。然后，单击舞台工作区内，输入"北京故宫"文字，如图 4-4-8（a）所示。

（2）使用"任意变形工具" 选中文字，适当调整文字大小。使用"选择工具" 单击"属性"面板内"滤镜"栏中的"添加滤镜"按钮 ，打开滤镜菜单，单击"投影"命令。

（3）选中"内阴影"复选框，设置"角度"为 135°，在"模糊 Y"或"模糊 X"数值框内输入 10，"品质"下拉列表框内选中"高"选项。在"强度"文本框中输入 110，设置投影颜色为黄色，如图 4-4-9 所示。设置后按【Enter】键，即可看到文字图像的变化，文字图像效果如图 4-4-8（b）所示。

（4）在"属性"面板内"滤镜"栏中，打开滤镜菜单，单击"发光"命令，在"滤镜"栏中设置颜色为绿色，模糊为 5 像素，其他设置如图 4-4-10 所示。文字效果如图 4-4-11（a）所示。

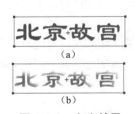  

图 4-4-8　文字效果　　　图 4-4-9　"滤镜"（投影）栏　　　图 4-4-10　"滤镜"（发光）栏

（5）单击滤镜菜单内的"斜角"命令，按照图 4-4-12 所示进行设置（阴影颜色为黑色），效果如图 4-4-11（b）所示。

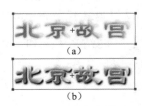 

图 4-4-11　文字效果　　　　　　　图 4-4-12　"滤镜"（斜角）栏

（6）创建"图层1"图层第1～60帧再到第120帧的传统补间动画。使用"选择工具"选中第60帧内的文字。单击"属性"面板内"滤镜"栏"发光"选项，设置模糊X和模糊Y均为100像素，强度为200%，其他设置如图4-4-13所示。

（7）选中"属性"面板内"滤镜"栏中的"投影"选项，设置模糊X和模糊Y均为30像素，强度为160%，如图4-4-14所示。文字效果如图4-4-15所示。然后回到主场景。

图4-4-13 "滤镜"（发光）面板　　图4-4-14 "滤镜"（投影）面板　　图4-4-15 文字效果

3．制作主场景影片剪辑实例和链接文字

（1）将"图层1"图层的名称改为"移动图像"，在该图层之上新增六个图层，将这六个图层的名称依次改为"遮罩1"、"转圈文字"、"标题文字"、"网站文字"、"滚动文字"和"遮罩2"。

（2）单击"转圈文字"图层中第1帧，将"库"面板内的"转圈文字"影片剪辑元件拖动到舞台工作区内的正中间。使用"任意变形工具"选中文字，适当调整文字的大小。

（3）单击"标题文字"图层中第1帧，将"库"面板内的"标题文字"影片剪辑元件拖动到舞台工作区内的上边的中间位置。

（4）单击选中"网站文字"图层第1帧，在转圈文字的下边输入红色、26点大小、隶书字体文字"北京故宫网站"。使用"选择工具"单击该文字，在其"属性"面板内"选项"栏"链接"文本框中输入故宫博物院网站的网址"http://www.dpm.org.cn/index1024768.html"，在"目标"下拉列表框内选择"_blank"选项，如图4-4-16所示。

（5）单击选中"遮罩1"图层第1帧，使用"椭圆工具"在"转圈文字"影片剪辑实例的红色圆形图形内绘制一幅黑色圆形图形，如图4-4-17所示。单击"遮罩2"图层中的第1帧，绘制一幅黑色矩形，调整它刚好将整个舞台工作区完全覆盖。

图4-4-16 "属性"面板"选项"栏设置　　图4-4-17 "遮罩1"图层中第1帧的黑色圆形

（6）单击"遮罩1"、"转圈文字"、"标题文字"、"网站文字"和"遮罩2"图层中的第120帧，按【F5】键，使这些图层第1～120帧中的内容一样。

4．制作滚动文字动画

（1）只显示"转圈文字"和"滚动文字"图层。单击选中"遮罩1"图层下边的"滚动文字"

图层第 1 帧,使用"文本工具" T 在舞台工作区内拖动出一个文本框,输入或粘贴一段文字,拖动文本框右上角的控制柄◘,可以调整文本框的宽度。选中输入的文字,在它的"属性"面板内设置文字颜色为红色、字体为隶书、字大小 15 点,单击"左对齐"按钮▇。

(2)调整文本框位于圆形正下方,宽度比圆形直径小一些,如图 4-4-18 所示。

(3)创建"滚动文字"图层第 1 ~ 120 帧的传统补间动画,单击该图层中的第 120 帧,垂直向上移动文本框,移到文本框中最下边的文字在圆形内偏上处,如图 4-4-19 所示。

(4)右击"遮罩 1"图层,弹出图层菜单,单击"遮罩层"命令,使"遮罩 1"图层成为遮罩图层,"滚动文字"图层成为被遮罩图层。

图 4-4-18　第 1 帧的画面　　　　　图 4-4-19　第 120 帧的画面

5．制作水平移动动画

(1)隐藏所有图层,只显示"遮罩 2"和"移动图像"图层。单击选中"移动图像"图层第 1 帧,导入"故宫 11.jpg"、"故宫 12.jpg"和"故宫 13.jpg"三幅图像到舞台工作区内,调整它们的高度为 330 像素,宽度按照原比例自动调节。

(2)按住【Alt】键的同时拖动左边第 1 幅图像,复制一份,移到第三幅图像的右边。再将它们垂直居中对齐,图像之间无空隙。

(3)将四幅图像组成一个组合,移到图 4-4-20 所示的位置。

图 4-4-20　第 1 帧的画面

(4)创建"移动图像"图层中第 1 ~ 120 帧的传统补间动画,单击"图层 1"图层中的第 120 帧,将图像水平左移一定距离,如图 4-4-21 所示。

图 4-4-21　第 120 帧画面

(5)右击"遮罩 2"图层,弹出图层快捷菜单,单击"遮罩层"命令,使"遮罩 2"图层成为遮罩图层,"移动图像"图层成为被遮罩图层。

(6)显示所有图层。单击"移动图像"图层中第 1 帧的"补间 3"补间元件实例,在其"属性"面板内"色彩效果"栏内"样式"下拉列表框中选中 Alpha 选项,在 Alpha 文本框内输入 50%,使"补间 3"补间元件实例半透明。将所有图层锁定。

"北京故宫"动画的时间轴如图 4-4-22 所示。

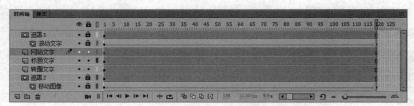

图 4-4-22 "北京故宫"动画的时间轴

4.4.3 相关知识

1. "属性"面板"字符"栏设置

文本的属性包括文字的字体、字号和颜色等。可以通过命令或"属性"面板选项的调整来设置文本属性。文本的颜色由填充色(纯色,即单色)决定。单击"文本"菜单下的命令,可设置文本属性。另外,还可以利用"文本工具"的"属性"面板设置文本的属性。

单击"文本工具" T,此时的"属性"面板如图 4-4-23 所示,再单击舞台或在舞台内拖动,即可在"属性"面板内上边展开"位置和大小"栏,在下边展开"滤镜"栏。

文本工具的"属性"面板"字符"栏内部分选项的作用如下:

(1)"文本类型"下拉列表框:它是最上边的一个下拉列表框,在该下拉列表框有静态文本、动态文本和输入文本三种类型。默认是静态文本;输入文本是在影片播放时,供用户输入文本。文本后两种类型的使用方法将在以后介绍。

(2)"改变文本方向"按钮:单击它可以打出"改变文本方向"菜单,如图 4-4-24 所示。利用该菜单可以选择文字输入的方式。

图 4-4-23 "属性"面板

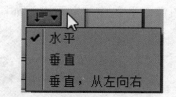

图 4-4-24 "改变文本方向"菜单

(3)"系列"下拉列表框:设置文字的字体。
(4)"样式"下拉列表框:选择字体的样式。
(5)"大小"文本框:设置文字大小,单位是磅。

（6）"字母间距"文本框：设置字母之间的距离。

（7）"颜色"按钮：单击它，可以打开默认色板，用来设置文字的颜色。

（8）"自动调整字距"复选框：选中它后，可以自动调整文字之间的距离。

（9）"消除锯齿"下拉列表框：用来选择设备字体或各种消除锯齿的字体。消除锯齿可对文本作平滑处理，使字符边缘更平滑。这对于清晰呈现较小字体尤为有效。

（10）"可选"按钮：该按钮只有在"动态文本"和"输入文本状态"文本类型下才有效。单击按下它后，在影片播放时，可拖动选择动画中的文本框内的部分文字，右击会弹出它的快捷菜单。它只在静态文本和动态文本状态下有效。

单击按下"可选"按钮后，"切换上标"按钮和"切换下标"按钮才会有效。

（11）"切换上标"按钮：将选中的文字切换为上标。

（12）"切换下标"按钮：将选中的文字切换为下标。只有在"文本类型"下拉列表框内选择"动态文本"或"输入文本"选项后才有效。

（13）"将文本呈现为 HTML"按钮：它只有在"文本类型"下拉列表框内选择"动态文本"或"输入文本"选项后才有效。

（14）"在文本周围显示边框"按钮。它只有在"文本类型"下拉列表框内选择"动态文本"或"输入文本"选项后才有效。单击按下该按钮后，文本周围生成一个矩形边框。

2．"属性"面板"段落"和"选项"栏设置

（1）展开文本"属性"面板内的"段落"栏，如图 4-4-23 所示。其内各选项的作用如下：

◎ "格式"栏四个按钮：设置文字的水平排列方式。

◎ "间距"栏：有"缩进"文本框和"行距"文本框，前者用来设置每段文字首行文字的缩进量，后者用来设置行间距。

◎ "边距"栏：有"左间距"文本框和"右间距"文本框，用来设置每行文字的左边缩进量和右边缩进量。

（2）展开文本"属性"面板内"选项"栏，在文本为静态文本或动态文本时，有"链接"文本框和"目标"下拉列表框两个选项。它们的作用如下：

◎ "链接"（URL 链接）文本框：输入一个网页地址"http://URL"，例如，"http://www.baidu.com/"；也可以输入电子邮箱地址"mailto:URL"，例如，"mailto:shendalin@yahoo.com.cn"。

◎ "目标"下拉列表框用来设置目标链接网页的打开方式，各选项的作用如下：

"_blank"选项：在新的浏览器中打开目标链接；

"_parent"选项：在当前窗口的父窗口打开目标链接；

"_self"选项：在当前窗口内打开目标链接，替代原来的内容；

"_top"选项：在当前最上层的窗口内打开目标链接，以整页的模式打开。

3．两种文本

设置完文字属性后，使用"文字工具"再单击舞台工作区，即会出现一个矩形框，矩形框右上角有一个小圆控制柄，表示它是延伸文本，同时光标出现在矩形框内。这时用户就可以输入文字了。随着文字的输入，矩形框会自动向右延伸，如图 4-4-25 所示。

如果要创建固定行宽的文本，可以拖动文本框小圆控制柄，改变文本的行宽。也可以在使用"文字工具"T在舞台的工作区中拖动出一个文本框。此时文本框的小圆控制柄变为方形控制柄，表示文本为固定行宽文本，如图 4-4-26 所示。

图 4-4-25　延伸文本　　　　　　　　　　图 4-4-26　固定行宽文本

在固定行宽文本状态下，输入文字会自动换行。双击方形控制柄，可将固定行宽文本变为延伸文本。对于动态和输入文本类型，也有固定行宽文本和延伸文本，只是两种控制柄在文本框的右下角。

4．滤镜

Animate 可以为影片剪辑实例和文字添加滤镜效果。具体方法介绍如下：

（1）滤镜菜单：在影片剪辑实例和文字的"属性"面板内，展开"滤镜"栏，单击"滤镜"栏内的"添加滤镜"按钮，打开滤镜菜单，如图 4-4-27 所示，可以看到，它有七种滤镜。举例如下。

输入文字 ANIMATE 和"滤镜效果"，如图 4-4-28 所示。选中该文字，在其"属性"面板内展开"滤镜"栏，单击"添加滤镜"按钮，打开滤镜菜单，单击该菜单内的"渐变斜角"命令，显示相应的滤镜参数，如图 4-4-29 所示。在改变设置时，可随时看到调整的效果，非常方便。

图 4-4-27　滤镜菜单　　　图 4-4-28　输入文字　　　　图 4-4-29　"滤镜"栏

单击"渐变"参数的图标，打开渐变色调整器，如图 4-4-30 所示。单击其中的关键点颜色滑块，可以打开它的颜色面板，利用它可以选择颜色；单击渐变色调整器下边，可以增加关键点颜色滑块；往下拖动滑块，可以删除关键点颜色滑块。

按照图 4-4-30 所示进行设置，其效果如图 4-4-31 所示。

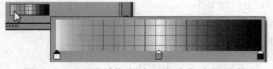　　

图 4-4-30　"滤镜"栏中"渐变"参数调整　　　　图 4-4-31　滤镜效果

（2）"滤镜"栏"选项"菜单：在"滤镜"栏内"添加滤镜"按钮右边有一个"选项"按钮，单击该按钮，会打开"选项"菜单，如图 4-4-32（a）所示。该菜单内各菜单命令的作用简介如下：

◎ "复制选定的滤镜"命令：使用"选择工具"，单击选中添加了滤镜的影片剪辑元件、按钮元件或文字，在"滤镜"栏内单击选中滤镜名称行，例如图4-4-27所示滤镜菜单中的"渐变斜角"滤镜名称，单击该"复制选定的滤镜"命令，即可将选中对象的选中滤镜复制到剪贴板中。

◎ "另存为预设"命令：使用"选择工具"，单击选中添加了滤镜的影片剪辑元件、按钮元件或文字，该命令变为有效，单击该"另存为预设"命令，弹出"将预设另存为"对话框，在"预设名称"文本框内输入一个预设名称，例如"自定义滤镜1"，如图4-4-33所示。单击"确定"按钮，关闭该对话框，在"滤镜"菜单内后边会添加一个以预设名称（例如"自定义滤镜1"）为名称的命令，如图4-4-32（b）所示。以后单击预设命令，即可将预设的综合滤镜设置添加到选中的对象。

◎ "复制所有滤镜"命令：使用"选择工具"，单击选中添加了滤镜的影片剪辑元件、按钮元件或文字，该命令变为有效，单击该"复制选定的滤镜"命令，即可将选中对象的所有滤镜复制到剪贴板中。

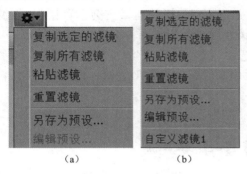

图4-4-32 "选项"菜单　　　　　　　　　图4-4-33 "将预设另存为"对话框

◎ "粘贴滤镜"命令：在复制滤镜到剪贴板中后，该命令变为有效。再单击选中要添加滤镜的影片剪辑元件、按钮元件或文字，即可将剪贴板内的滤镜添加到单击的对象。

◎ "重置滤镜"命令：选中添加滤镜后的影片剪辑元件、按钮元件或文字，该命令变为有效。单击该命令，可以将选中的对象添加的滤镜效果解除。

◎ "编辑预设"命令：假设已经在滤镜菜单中添加了预设命令（例如，添加了"自定义滤镜1"和"自定义滤镜2"两个预设命令）。单击"编辑预设"命令，可以弹出"编辑预设"对话框，其内显示所有预设的命令，如图4-4-34所示。

单击选中其中一个预设命令，也可以按住【Ctrl】键，单击选中多个预设命令，再单击"删除"按钮，即可删除选中的预设命令。双击预设命令名称，即可进入它的名称修改状态。进行修改后，单击其他地方，即可完成名称的修改。单击"确定"按钮，关闭"编辑预设"对话框，完成预设命令的编辑修改。

5．滤镜复制与粘贴

（1）绘制一个填充七彩渐变色的椭圆图形，使用"选择工具"，单击选中椭圆图形，单击"转换为元件"命令，弹出"转换为元件"对话框，单击"确定"按钮，即可将图形对象转换为"元件1"影片剪辑实例。再在舞台工作区内输入"滤镜"文字，给该文字添加"渐变斜角"和"发光"滤镜，效果如图4-4-35（a）所示。

图 4-4-34 "编辑预设"对话框

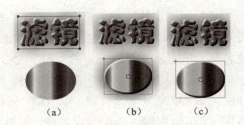

图 4-4-35 滤镜复制和粘贴实例

（2）单击选中添加了滤镜的"滤镜"文字，单击"滤镜"菜单内中的"复制所有滤镜"命令，即可将"滤镜"文字添加的"渐变斜角"和"发光"滤镜复制到剪贴板内。

（3）单击选中"元件1"影片剪辑实例（即椭圆图形），单击"滤镜"菜单内中的"粘贴滤镜"命令，即可将剪贴板内的所有滤镜粘贴到选中的"元件1"影片剪辑实例，效果如图4-4-35（b）所示。

（4）用"选择工具" ，单击选中添加了滤镜的"元件1"影片剪辑实例，单击"重置滤镜"命令，即可将"元件1"影片剪辑实例添加的全部滤镜解除，效果如图4-4-35（c）图所示。

（5）单击选中添加了滤镜的"滤镜"文字，单击选中"属性"面板"滤镜"栏内的滤镜名称（例如选中"渐变斜角"滤镜名称），单击"滤镜"菜单中的"复制选定的滤镜"命令，即可将"渐变斜角"滤镜复制到剪贴板中。

●●●● 思考与练习 4-4 ●●●●

1. 制作一幅"封套文字"文字图形，如图 4-4-36 所示。给该文字添加"发光"滤镜。
2. 制作一幅"投影文字"文字图形，如图 4-4-37 所示。再将文字加工成立体文字。

图 4-4-36 "封套文字"文字图形　　　　　　图 4-4-37 "投影文字"文字图形

3. 制作一个"热爱大自然"影片，它播放后的一幅画面如图 4-4-38 所示，可以看到，有一个自转的文字环，文字环不断顺时针自转；同时"热爱自然保护环境"立体文字的红黄颜色也不断变化，四周绿色光芒不断变大变小；一些红色介绍环保知识的文字自下向上垂直移过转圈文字内部；下边有一行红色文字"中华环保网站"，单击该文字，可以打开环保网站网页。

图 4-4-38 "热爱大自然"影片画面

4. 制作一个"摆动的转圈文字"动画，该动画播放后，文字环不断自转，同时左右摆动，像【案例8】的"双摆指针表.fla"动画案例中双摆指针表的摆动一样。

5. 制作一个"立体文字"动画,该动画播放后的一幅画面如图 4-4-39 所示,其红色立体文字中的阴影颜色、发光颜色、大小和角度等效果不断变化。

6. 制作一个"动画天地"动画,该动画播放后的一幅画面如图 4-4-40 所示。"动画天地"文字内有亮、暗相间颜色由蓝变红再变绿的图案来回移动。单击下边的 Adobe Animate 链接文字,可链接到"http://www.pconline.com.cn"网页。

图 4-4-39 "立体文字"动画画面

图 4-4-40 "动画天地"动画画面

4.5 【案例 17】鲜花电影文字

4.5.1 案例描述

"鲜花电影文字"影片播放后的一幅画面如图 4-5-1 所示。它由一幅幅鲜花图像不断从右向左移过掏空的"世界名花争奇斗艳"文字内部而形成电影文字效果,文字的轮廓线是金黄色,背景是黑色电影胶片状图形。

图 4-5-1 "鲜花电影文字"影片播放后的一幅画面

4.5.2 操作方法

1. 制作电影胶片

(1)设置舞台大小的宽为 1 100 像素、高为 220 像素,背景为黑色。将"图层 1"图层的名称改为"电影胶片",在该图层之上创建三个图层,从上到下分别更名为"文字轮廓线"、"文字遮罩"和"图像移动"。以名称"鲜花电影文字.fla"保存在"【案例 17】鲜花电影文字"文件夹内。

(2)单击"电影胶片"图层第 1 帧,单击"矩形工具"■,设置填充色为黑色,无轮廓线。如果"选项"栏中的"对象绘制"按钮 ◎ 处于弹起状态,则单击按下该按钮,使绘图状态是"对象绘制"模式。在舞台工作区中拖动绘制宽为 1 100 像素、高为 220 像素的黑色矩形,将舞台工作区刚好完全覆盖。

(3)设置填充色为白色,无轮廓线。在舞台工作区上边绘制宽和高均为 18 像素的白色小正方形。按住【Alt】键并水平拖动复制一份,再复制 36 份,共 37 个白色小正方形。

（4）将两个白色小正方形移到黑色矩形左上边和右上边，选中这两个白色小正方形，单击"对齐"面板内的"底对齐"按钮 ，将这两个小正方形底部对齐，如图 4-5-2 所示。

图 4-5-2　两个白色小正方形底部对齐

（5）使用"选择工具" 选中 37 个白色小正方形，单击"对齐"面板内的"底对齐"按钮 ，将选中的白色小正方形底部对齐，再单击"水平平均间隔"按钮 ，使它们等间距分布，水平等间距地排成一行，如图 4-5-3 所示。

图 4-5-3　白色小正方形水平等间距排成一行

（6）按住【Alt】键，垂直向下拖动复制一行白色小正方形到黑色矩形内下边，如图 4-5-4 所示。再选中上边一行白色小正方形，然后，垂直向下拖动到黑色矩形内上边。选中两行白色小正方形和黑色矩形，将它们组成一个电影胶片图形组合，如图 4-5-5 所示。

图 4-5-4　复制一行白色小正方形到黑色矩形内下边

图 4-5-5　电影胶片图形

2．制作图像移动动画

（1）导入六幅鲜花图像到"库"面板内。单击选中"图像移动"图层第 1 帧，将"库"面板内的六幅图像依次拖动到舞台工作区内，高度均调整为 160 像素，排列成水平一排。

（2）选中所有图像，单击"对齐"面板内的"顶对齐"按钮 ，使它们顶部对齐。再复制一份，移到原图像的右边，排成一行，删除最后一幅图像。

（3）将所有图像组成一个组合，移到电影胶片图形之上，图像左边缘与电影胶片图形左边缘对齐，如图 4-5-6 所示（未给出右边的四幅图像）。

图 4-5-6　第 1 帧图像水平排成一排

(4)单击"电影胶片"图层第 120 帧,按【F5】键,使该图层中第 1 ~ 120 帧内容一样。

(5)创建"图像移动"图层中第 1 ~ 120 帧的传统补间动画。单击选中"图像移动"图层第 100 帧内的图像,水平向左移动图像到图 4-5-7 所示的位置。

图 4-5-7 第 120 帧的画面

注意:因为制作的 Animate 动画是连续循环播放的,所以可以认为第 120 帧的下一帧是第 1 帧,调整第 120 帧画面应注意这一点,以保证第 120 帧和第 1 帧画面的衔接。

(6)单击"文字遮罩"图层中的第 1 帧,单击"文本工具",在其"属性"面板内设置"华文琥珀"字体、96 磅、金色。单击舞台工作区,再输入"世界名花争奇斗艳"文字。

(7)选中输入的文字,两次单击"修改"→"分离"命令,将文字打碎,如果出现连笔画现象,可以使用"橡皮擦工具"进行修复。将其他图层暂时隐藏。

(8)使用"选择工具"单击舞台工作区的空白处,不选中文字。单击"墨水瓶工具",在其"属性"面板内设置线样式为实线,颜色为金黄色,线粗为 1 磅。再单击文字笔画的边缘,可以看到,文字的边缘增加了金黄色轮廓线,如图 4-5-8 所示。

图 4-5-8 "世界名花争奇斗艳"打碎文字和文字描边

(9)单击"选择工具",按住【Shift】键的同时单击各文字轮廓线内部。右击选中图形,弹出快捷菜单,单击"剪切"命令,将选中内容剪切到剪贴板中。

(10)单击"文字轮廓线"图层中的第 1 帧,单击"编辑"→"粘贴到当前位置"命令,将剪贴板中的文字粘贴到"文字轮廓线"图层第 1 帧舞台工作区内的原位置。

(11)右击"文字遮罩"图层,弹出图层快捷菜单,单击"遮罩层"命令,将"文字遮罩"图层设置为遮罩图层,"图像移动"图层为被遮罩图层。

将所有图层显示,该动画制作完毕。"鲜花电影文字"动画的时间轴如图 4-5-9 所示。

图 4-5-9 "鲜花电影文字"动画的时间轴

4.5.3 相关知识

1. 文字分离

对于 Animate 中的文字,可以通过单击"修改"→"分离"命令,将它们分解为独立的单个文字。例如,输入文字"保护地球",它是一个整体,即一个对象。选中它后,如图 4-5-10 所示。单击"修改"→"分离"命令,即可将它分解为相互独立的文字,如图 4-5-11 所示。如果选中一个或多个单独的文字,再单击"修改"→"分离"命令,可将它们打碎。例如,将图 4-5-11 所示的文字再次分离后,可以看出,打碎的文字上面有一些小白点。

图 4-5-10 "保护地球"文字

图 4-5-11 "保护地球"文字的分离

2. 文字变形编辑

(1)使用"任意变形工具" 和"选择工具"只可以对文字进行缩放、旋转、倾斜和移动的编辑操作。也可以选择"修改"→"变形"菜单的子命令来完成。

(2)对于打碎的文字,可以像编辑操作图形那样来进行各种操作。可以使用"选择工具"对它进行变形和切割等操作,使用"套索工具"对它进行选取和切割,使用"任意变形工具"对它进行扭曲和封套编辑,使用"橡皮擦工具"进行擦除。

打碎的文字有时会出现连笔画现象,这时需要对文字进行修复,修复的方法有很多。可以使用"套索工具"选中多余的部分,再按【Delete】键,删除选中的多余部分。还可以使用"橡皮擦工具"擦除对打碎的多余内容。

● ● ● 思考与练习 4-5 ● ● ●

1. 制作一个"电影文字"影片,该影片播放后的一幅画面如图 4-5-12 所示。它由一幅幅风景图像不断从右向左移过掏空的"家乡风景美如画"文字内部而形成电影文字效果,文字的轮廓线是绿色,背景是黑色电影胶片状图形。

图 4-5-12 "电影文字"影片播放后的一幅画面

2. 制作一幅 FLASH 立体文字图形,如图 4-5-13 所示。
3. 制作一个"荧光文字"动画,该动画运行 FLASH 立体文字四周的金黄色光芒逐渐由小变大再由大变小,同时还有光芒四射的光斑。其中的一幅画面如图 4-5-14 所示。

图 4-5-13 FLASH 立体文字图形

图 4-5-14 "荧光文字"动画画面

4. 制作一幅"封套文字"图形，如图 4-5-15 所示。

图 4-5-15 "封套文字"图形

4.6 【综合实训 4】最新汽车展

4.6.1 实训效果

"最新汽车展"影片播放后的一幅画面如图 4-6-1 所示。展厅的地面是蓝白相间的大理石，房顶是明灯倒挂，还有 10 个不断摆动的彩灯，照射着展厅。在展厅的左右是汽车展所在城市的图像，展厅正中间展示着一辆漂亮的银色跑车，正面背景是不断缓缓拉开和闭合的幕帘，幕帘后面有一个不断播放的汽车表演视频，展台前还有一个不断眨眼的儿童模特。展厅中还有四个音箱，不断播放动听的歌声。

图 4-6-1 "最新汽车展"影片播放后的一幅画面

4.6.2 实训提示

（1）打开【案例 12】"摄影展厅彩球 .fla"文档，再以名称"最新汽车展 .fla"保存在"【综合实训 4】最新汽车展"文件夹内。单击时间轴"新建文件夹"按钮，添加一个文件夹，更名为"摄影展厅"，再将"图层 1"～"图层 4"图层拖动到"摄影展厅"之上，放入该文件夹内。

（2）删除"图层 1"内展厅正面的三幅摄影图像，更换两边的透视图像，导入"汽车表演 .flv"视频文件。调整它的大小和位置，使它位于原来三幅摄影图像处。

（3）在"展台"图层中第 1 帧内绘制一幅展台图形，其上导入一幅跑车图像。

（4）在"幕布 1"和"幕布 2"图层内分别制作左右幕布拉开的动画。

（5）在"模特"图层第 1 帧内导入"模特 .gif"动画，将"库"面板内新增的"模特"影片剪辑元件拖动到站台右边，调整它的大小和位置。

（6）创建"灯光 1"影片剪辑元件，其中是经一定间隔灯光变色的动画。在"库"面板内将

"灯光1"影片剪辑元件复制四个,分别调整这些影片剪辑元件内灯光的颜色,并更名为"灯光2"~"灯光5"。

(7)创建"彩灯1"~"彩灯5"影片剪辑元件,其中分别放置"灯光1"~"灯光5"影片剪辑元件,分别制作灯光旋转移动的动画。然后,将它们拖动到展厅的上边不同位置。

(8)创建"音响"影片剪辑元件,其中五个关键帧内分别绘制不同的音响图形,如图 4-6-2 所示。"音响"影片剪辑元件的时间轴如图 4-6-3 所示。

图 4-6-2 五幅音响图像

图 4-6-3 "音响"影片剪辑元件时间轴

"最新汽车展"动画的时间轴如图 4-6-4 所示。

图 4-6-4 "最新汽车展"动画的时间轴

4.6.3 实训评测

能力分类	评价项目	评价等级
职业能力	导入外部素材,位图属性的设置	
	分离位图,使用"套索工具"选取对象,"套索工具"的选取模式	
	导入 AVI、FLV 等视频格式文件,视频属性的设置	
	导入 WAV、MP3 等音频格式文件,声音属性的设置	
	声音的"属性"面板设置,编辑声音	
	输入和编辑文字,添加滤镜效果,文本属性的设置	
	文本的分离和打碎,创建延伸文本和固定行宽文本	
通用能力	自学能力、总结能力、合作能力、创造能力等	
能力综合评价		

第 5 章　传统补间动画和引导层的应用

本章提要

本章通过三个案例，介绍 Animate 动画的种类、特点，以及传统补间动画动画的制作方法。前面几章已经接触过大量制作传统补间动画的案例，本章将进一步介绍制作传统补间动画的制作方法和制作技巧，特别是制作旋转和摆动与旋转传统补间动画的方法和技巧，还介绍了两种引导层的应用方法，以及制作引导动画的基本方法和技巧等。

5.1 【案例 18】旋转摆动动画集锦

5.1.1 案例描述

"旋转摆动动画集锦"动画用来播放几个旋转和摆动动画，该动画运行后，首先播放第一个"五彩风车"场景内的"五彩风车"动画，其中的一幅画面如图 5-1-1 所示。可以看到，在一幅美丽的风景图像之上，一排七个不同颜色的小风车随风逆时针自转。

接着播放第二个"摆动模拟指针表"场景内的"摆动模拟指针表"动画，其中的一幅画面如图 5-1-2 所示。可以看到，最左边的彩珠环模拟指针表摆起再回到原处后，撞击右边的环模拟指针表摆起，当它回到原处后，又撞击左边的模拟指针表再摆起。周而复始，不断运动。

图 5-1-1 "五彩风车"动画画面　　　　图 5-1-2 "摆动模拟指针表"动画画面

接着播放第三个"彩球和模拟指针表"场景内"彩球和模拟指针表"动画，其中的一幅画面如图 5-1-3 所示。可以看到，在一幅美丽鲜花图像之上，中间一个彩球，一个顺时针自转彩珠环围绕它，三个模拟指针表围绕自转彩珠环顺时针转圈，它们相间约 120°。

再接着播放第四个"翻页画册"场景内"翻页画册"动画，其中的一幅画面如图 5-1-4 所示。可以看到，第一幅图像慢慢从右向左翻开，接着第二幅图像慢慢从右向左翻开。当翻页翻到背面后，背面图像与正面图像不一样。

图 5-1-3 "彩球和模拟指针表"动画画面

图 5-1-4 "翻页画册"动画画面

最后播放第五个"变色电风扇"场景内"变色电风扇"动画，其中的两幅画面如图 5-1-5 所示。可以看到，在美丽的草坪上，一个小人在左边的跳台上走几步，再以 360° 翻身跳下来，落到跷跷板左边，将跷跷板右边的另一个小人弹起，右边的小人受重力影响落到跷跷板右边后，又将左边的小人弹起，左边的小人以反向 360° 翻身弹回跳台。

图 5-1-5 "杂技双人跳"动画运行后的两幅画面

5.1.2 操作方法

1．制作"五彩风车"场景动画

（1）新建一个 Animate 文档，设置舞台大小为宽 500 像素、高 400 像素，背景为白色。以名称"旋转摆动动画集锦 .fla"保存在"【实例 18】旋转摆动动画集锦"文件夹内。

（2）打开"场景"面板。新建四个场景。将"场景 1"场景名称改为"五彩风车"，接着依次从上到下再将其他四个场景的名称分别改为"摆动模拟指针表"、"彩球和模拟指针表"、"翻页画册"和"杂技双人跳"，如图 5-1-6 所示。单击"场景"面板内的"五彩风车"场景名称，切换到"五彩风车"场景的舞台工作区。

（3）创建并进入"风车图形"图形元件的编辑状态。单击选中"图层 1"图层第 1 帧。使用"矩形工具"，在舞台工作区中，绘制一个线条颜色为黑色、笔触样式为实线，笔触高度为 0.1 点，填充白色到红色的线性渐变色矩形图形。

（4）单击"选择工具"，将鼠标指针移动到矩形图形的左上角，当鼠标指针右上方出现一个小角图形时，垂直向下拖动，改变矩形的形状，如图 5-1-7 所示。

（5）绘制一幅三角形图形并给它填充白色到红色的线性渐变色，如图 5-1-8 所示。再将它们组成组合，形成风车的一瓣。使用"任意变形工具"，将风车瓣中心点移到它的右下角。旋转组合对象为 45°。打开"变形"面板，在该面板内的"旋转"文本框中输入 90，三次单击该面板内的"重制选区并变形"按钮，复制三个分别旋转 90°、180° 和 270° 的图形。

(6)调整四个风车瓣的位置,组成一个风车图形,再将它们组成组合,如图 5-1-9 所示。单击元件编辑窗口中的图标 五彩风车,回到"五彩风车"场景的舞台工作区。

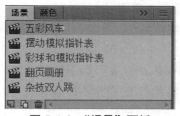

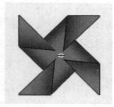

图 5-1-6 "场景"面板   图 5-1-7 修改矩形 图 5-1-8 三角图形   图 5-1-9 风车图形

(7)创建并进入"风车"影片剪辑元件的编辑窗口,单击选中"图层 1"图层第 1 帧,将"库"面板中的"风车图形"图形元件拖动到舞台工作区的中心位置。

(8)单击"选择工具" ,右击"图层 1"图层第 1 帧,弹出帧快捷菜单,再单击"创建传统补间"命令,使该帧具有传统补间属性。在其"属性"面板的"旋转"下拉列表框中选择"逆时针"选项,在其右边的文本框中输入 3,表示动画围绕对象的中心点(默认在圆心处),逆时针旋转 3 次。

(9)单击选中"图层 1"图层第 100 帧,按【F6】键,创建该图层第 1~100 帧的传统补间动画。

(10)在"图层 1"图层下边新建一个"图层 2"图层,单击选中该图层的第 1 帧。单击"矩形工具" ,设置笔触颜色为黑色、笔触样式为极细线,黑色到黄色再到黑色的线性填充,绘制一幅长条矩形,作为风车支棍,如图 5-1-10 所示。使第 1~100 帧的所有帧内容一样。然后,单击元件编辑窗口中的图标 五彩风车,回到"五彩风车"场景的舞台工作区。

(11)将"图层 1"图层名称改为"背景图像",单击选中该图层第 1 帧,导入一幅"风景 2.jpg"图像,在其"属性"面板内调整它的宽为 500 像素,高为 400 像素,X 和 Y 值均为 0。

图 5-1-10 风车支棍

(12)在"背景图像"图层之上添加一个"风车"图层,七次将"库"面板内的"风车"影片剪辑元件拖动到舞台工作区内,形成七个风车。在其"属性"面板内分别调整七个风车的大小和位置,添加"调整颜色"滤镜,分别调整七个风车影片剪辑实例的颜色、亮度、饱和度和色相,最终效果如图 5-1-1 所示。

"五彩风车"场景内"五彩风车"动画的时间轴如图 5-1-11 所示。

图 5-1-11 "五彩风车"动画的时间轴

2. 制作"摆动模拟指针表"场景动画

(1)打开"【案例 8】双摆指针表"文件夹内的"双摆指针表.fla"文档,该文档设置的舞台大小为宽 600 像素、高 300 像素,有三个模拟指针表。需要将该动画复制粘贴到"旋转摆动动画集锦.fla"动画文档的"摆动模拟指针表"场景内,再进行修改。

(2)按住【Shift】键的同时,单击选中"双摆指针表.fla"动画时间轴中最上边和最下边的图层,选中所有图层所有动画帧,右击选中的帧,弹出帧快捷菜单,单击"复制帧"命令,将选中的所有动帧复制到剪贴板内。或者右击选中的图层,弹出图层快捷菜单,单击"拷贝图层"命令,将选中的所有动图层复制到剪贴板内。

(3)切换到"旋转摆动动画集锦.fla"文档,切换到"摆动模拟指针表"场景的舞台工作区。右击"图层1"图层第1帧,弹出帧快捷菜单,单击"粘贴帧"或者右击"图层1"图层,弹出图层快捷菜单,单击"粘贴图层"命令。都可以将剪贴板内的所有动画帧粘贴到"摆动模拟指针表"场景时间轴内。同时,也在"库"面板内粘贴了"双摆指针表.fla"文档"库"面板内的所有元件。

(4)单击选中"背景图像"图层第1帧内的"鲜花1.jpg"图像,在其"属性"栏内调整它的宽为500像素,高为400像素,X和Y的值为0。删除"中指针表"图层,调整"横杆"图层内的横杆图形的宽度为380像素。

(5)单击"右指针表"图层中的第51帧,水平向左移动右边模拟指针表图形,移到与左边模拟指针表图形紧挨着。再将第51帧复制粘贴到该图层的第100帧。

(6)创建一条垂直辅助线,经过第51帧内右边模拟指针表图形的中心圆点。单击选中"右指针表"图层中的第75帧,水平向左移动右边模拟指针表图形,移到右边模拟指针表图形中心圆点的垂直辅助线处。至此修改工作完成,"摆动模拟指针表"场景"摆动模拟指针表"动画的时间轴如图5-1-12所示。

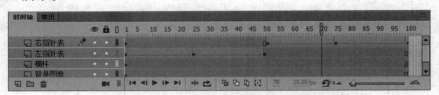

图 5-1-12 "摆动模拟指针表"动画的时间轴

3.制作"彩球和自转彩珠环"场景动画

(1)切换到"旋转摆动动画集锦.fla"动画的"彩球和自转彩珠环"场景,将"图层1"图层的名称改为"背景图像",在该图层之上创建两个图层,从上到下分别更名为"模拟指针表"和"彩球和彩珠环"。单击"背景图像"图层中的第1帧,导入一幅"鲜花2.jpg"图像,在其"属性"栏内调整宽为500像素,高为400像素,X和Y的值为0。

(2)打开【案例9】"闪耀红星和弹跳彩球.fla"文档,右击其"库"面板内的"彩球"影片剪辑元件,弹出快捷菜单,单击"复制"命令,将"彩球"影片剪辑元件复制到剪贴板内。

(3)切换到"旋转摆动动画集锦.fla"文档,单击"场景"面板内的"彩球和自转彩珠环"名称,切换到"彩球和自转彩珠环"场景的舞台工作区。打开"库"面板,右击其内,弹出快捷菜单,单击"粘贴"命令,即按剪贴板内的"彩球"影片剪辑元件粘贴到"库"面板内。

(4)单击选中"彩球和彩珠环"图层第1帧,将"库"面板中的"彩球"影片剪辑元件拖动到舞台工作区中。利用"属性"面板调整"彩球"影片剪辑实例的大小为宽100像素、高100像素,"彩球"影片剪辑实例的中心与两条辅助线的交点重合(X和Y的值均为0),如图5-1-13所示。

（5）单击选中"彩球和彩珠环"图层第 1 帧，再将"库"面板中的"顺时针自转彩珠环"影片剪辑元件拖动到舞台工作区中。利用"属性"面板调整"模拟指针表"影片剪辑实例的宽和高均为 120 像素，X 和 Y 的值均为 0。将它的右边缘与"彩球"影片剪辑实例左边缘相切。

（6）单击选中"模拟指针表"图层第 1 帧，三次将"库"面板中的"模拟指针表"影片剪辑元件拖动到舞台工作区中。调整一个实例的位置，使它与中间的"彩球"影片剪辑实例的上边缘相切。使用"任意变形工具"单击一个"模拟指针表"影片剪辑元件的实例，将它的中心点调整到"彩球"影片剪辑实例的中心点处，如图 5-1-14 所示。

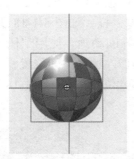
图 5-1-13 "彩球"影片剪辑实例

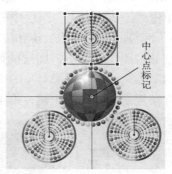
图 5-1-14 四个对象的相对位和调整中心位置

（7）采用相同的方法，将其他两个"逆时针自转彩珠环"影片剪辑元件实例的位置进行调整，调整它们的夹角为 120°，而且与"彩球"影片剪辑元实例的缘相切。使用"任意变形工具"，将它们的中心点也调整到"彩球"影片剪辑实例的中心点处，如图 5-1-14 所示。

（8）单击"模拟指针表"图层中的第 1 帧，单击"修改"→"时间轴"→"分散到图层"命令，将"模拟指针表"图层中第 1 帧的三个影片剪辑实例分散到三个图层中。

然后，将原来的"模拟指针表"图层删除，将新生成的三个图层的名称分别改为"模拟指针表 1"、"模拟指针表 2"和"模拟指针表 3"。

（9）按住【Shift】键的同时单击"顺时针自转环 1"、"模拟指针表 2"和"模拟指针表 3"图层中第 1 帧，右击选中的帧，弹出帧快捷菜单，单击"创建传统补间"命令，再在其"属性"面板内的"旋转"下拉列表框中选中"顺时针"选项，在其右边的文本框内输入 1，使这三个帧都具有顺时针自转一圈的传统补间动画属性。

（10）同时选中这三个图层中的第 100 帧，按【F6】键，创建"顺时针自转环 1"、"模拟指针表 2"和"模拟指针表 3"图层中第 1 ~ 100 帧的顺时针自转一圈的传统补间动画。

注意：三个影片剪辑元件实例的中心点位置始终应在中心处，如图 5-1-14 所示。

（11）同时选中"背景图像"和"彩球和彩珠环"图层中的第 100 帧，按【F5】键，使这两个图层第 1 ~ 100 帧各帧的内容一样。该场景动画的时间轴如图 5-1-15 所示。

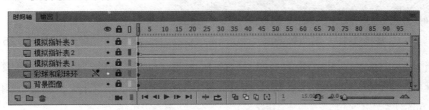
图 5-1-15 "彩球和自转彩珠环"场景动画的时间轴

4. 制作"翻页画册"场景动画

（1）显示标尺，创建三条垂直辅助线和两条水平辅助线。在时间轴内，从下到上创建"图像5"、"图像1翻页"、"图像2翻页"、"图像3翻页"和"图像4翻页"图层，如图5-1-16所示。导入五幅图像到"库"面板中，将"库"面板内的五幅图像的名称分别改为"风景1"、"风景2"、"风景3"、"风景4"和"风景5"。

（2）单击"图像3"图层中的第1帧，将"库"面板中的"风景3"图像拖动到舞台工作区内，调整图像的宽为240像素，高为200像素，X为250像素，Y为190像素，如图5-1-17所示。

（3）单击"图像1翻页"图层中的第1帧，将"库"面板中的"风景1"图像拖动到舞台内。在其"属性"面板内设置它的大小和位置与"风景3"图像一样，如图5-1-18所示。

（4）创建"图像1翻页"图层的第1～50帧的传统补间动画。使用"任意变形工具" 选中第50帧的图像，将该帧图像对象的中心标记 拖动到图像左边缘中间位置，如图5-1-18所示。然后将第50帧复制粘贴到第1帧，第1帧图像的中心标记 位置也如图5-1-18所示。

图5-1-16 时间轴图层　　图5-1-17 "图像3"图层中的第1帧　　图5-1-18 "图像1翻页"图层中的第1帧

（5）单击"图像1翻页"图层中的第50帧"风景1"图像。使用"任意变形工具" 向左拖动该图像右侧的控制柄，将它水平反转过来（宽度不变）。

将鼠标指针移到该图像左边缘处，当鼠标指针呈两条垂直箭头状时，垂直向上微微拖动，使"风景1"图像左边微微向上倾斜，如图5-1-19所示。

（6）拖动时间轴中的红色播放头，可看到"风景1"图像从上边进行翻页。如果前面没有将"图像1"图像左边微微向上倾斜，则"图像1"图像会从下边进行翻页。当拖动时间轴中的红色播放头移到第25帧处时，"图像1"图像呈垂直状，如图5-1-20所示。

图5-1-19 第1帧画面　　　　　　　　　　图5-1-20 第25帧画面

（7）按照上述方法，创建"图像2翻页"图层中第1～50帧的"图像2"图像翻页传统补间动画。按住【Ctrl】键的同时单击"图像1翻页"图层中第25帧和"图像2翻页"图层中第26帧，按【F6】键，创建两个关键帧。

(8)单击"图像3"图层第50帧,按【F5】键,使该图层中第1～50帧的内容一样。

(9)按住【Shift】键的同时单击选中"图像2翻页"图层的第1帧和第25帧,选中该图层第1～25帧,如图5-1-21(a)所示。右击选中的帧,弹出帧快捷菜单,再单击"删除帧"命令,将选中的帧删除,效果如图5-1-21(b)所示。

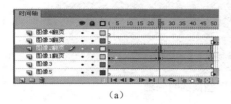　　　　　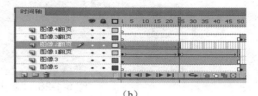

(a)　　　　　　　　　　　　　　(b)

图 5-1-21　时间轴内删除一些帧

(10)水平向右拖动选中的"图像2翻页"图层第1～25帧的图像帧,移到第26～50帧处,如图5-1-22所示。按住【Shift】键的同时单击"图像1翻页"图层的第26帧和第50帧,选中该图层第26～50帧。右击选中的帧,弹出帧快捷菜单,再单击"删除帧"命令,将选中的帧删除,效果如图5-1-23所示。

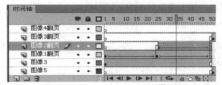　　　　　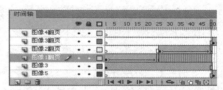

图 5-1-22　时间轴内移动和删除一些帧　　　图 5-1-23　时间轴内移动和删除一些帧

(11)将"图像3"图层中的第1帧复制粘贴到"图像3翻页"图层中的第51帧。再创建"图像3翻页"图层中第51～100帧"风景3"图像的翻页动画。将"图像3翻页"图层第76～100帧动画删除。

(12)创建"图像4翻页"图层中第51～100帧"风景4"图像的翻页动画。"风景4"图像如图5-1-24所示。将"图像4翻页"图层中的第51～75帧动画删除,将原来的第76～100帧动画移回原来第76～100帧位置。

将"图像2翻页"和"图像3翻页"图层隐藏。

(13)单击选中"图像5"图层第51帧,按【F7】键。将"库"面板内的"图像5"图像拖动到舞台内,调整它的宽为240像素,高为200像素,X为250像素,Y为190像素,效果如图5-1-25所示。单击选中"图像5"图层第100帧,按【F5】键,使"图像5"图层第51～100帧内容一样。将"图像2翻页"和"图像3翻页"图层显示。

图 5-1-24　"风景4"图像　　　　　图 5-1-25　"风景5"图像

（14）单击"图像2翻页"图层第100帧，按【F5】键，使该图层中第50～100帧的内容一样。右击"图像2翻页"图层中的第50帧，弹出帧快捷菜单，单击"删除补间"命令。

至此，整个"翻页画册"图像制作完毕，该图像的时间轴如图5-1-26所示。

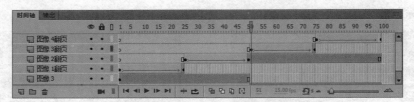

图 5-1-26 "翻页画册"图像的时间轴

5. 制作"杂技双人跳"场景动画

（1）创建并进入"木板1"影片剪辑元件的编辑状态，绘制一幅金黄色矩形图形，它的宽为300像素，高为10像素。然后，单击元件编辑窗口中的图标，回到主场景。

（2）创建并进入"木板"图形元件的编辑状态，单击选中"图层1"图层第1帧，将"库"面板内的"木板1"影片剪辑元件拖动到舞台中间，形成一个"木板1"影片剪辑实例，再利用它的"属性"面板设置"斜角"滤镜，滤镜参数采用默认值。在"图层1"图层之上添加一个"图层2"图层，单击该图层第1帧，绘制一个蓝色立体球。然后回到主场景。

（3）单击"场景"面板内的"杂技双人跳"名称，切换到"杂技双人跳"场景的舞台工作区。将主场景"图层1"图层的名称改为"背景图像"。在该图层的第1帧内导入一幅"风景4.jpg"图像，调整该图像的大小和位置，使它刚好将舞台工作区完全覆盖。

（4）在"背景图像"图层的上边创建五个新图层，从上到下分别将它们的名称改为"左边小人"、"右边小人"、"跷跷板"、"支架"和"跳台"。单击选中"跳台"图层第1帧，绘制一幅跳台图形。单击选中"支架"图层第1帧，在大树左边绘制一幅支架图形。此时画面如图5-1-27所示。

（5）单击选中"跷跷板"图层第1帧，将"库"面板内的"木板"图形元件拖动到舞台工作区内中间支架图形处，形成一个"木板"图形实例，调整该实例的大小、位置和旋转角度，效果如图5-1-28所示。

图 5-1-27 背景图像和支架图形

图 5-1-28 添加"木板"图形实例

（6）单击选中"左边小人"图层第1帧，绘制一幅小黑人图形，单击该图层第8帧，按【F6】键。接着在第9～33帧分别绘制25个小黑人，如图5-1-29所示。该图层第34～67帧的内容与第33帧的内容一样。该图层第68～93帧的内容分别与该图层第8～33帧的内容一样。

可以看出，第1～8帧以及第93～100帧的小黑人原位不动，第9～33帧以及第93～100

帧是小黑人在跳台上走和腾空动作的逐帧动画。制作好了前面第 8 ~ 33 帧的动作后，只需复制粘贴到第 68 ~ 93 帧。然后选中第 68 ~ 93 帧，右击选中的帧，弹出帧快捷菜单，单击"翻转帧"命令，将选中的帧翻转，就可以制作出第 68 ~ 93 帧的动画效果。

图 5-1-29　在"左边小人"图层第 8 ~ 27 帧分别绘制 26 个小黑人

（7）在"右边小人"图层中第 1 帧绘制一个小黑人，单击该图层中的第 27 帧，按【F6】键，再在第 28 ~ 33 帧分别绘制七个小黑人，形成右边小人弹起时的动作画面，各帧之间有一些微小的变化。而第 68 ~ 74 帧是右边小人下落的动画，该图层第 68 ~ 74 帧的内容与第 27 ~ 33 帧的内容一样。

（8）在"右边小人"图层中第 33 ~ 50 帧创建小黑人垂直弹起的传统补间动画；再在"右边小人"图层第 51 ~ 68 帧创建小黑人垂直落下的传统补间动画。

（9）在"跷跷板"图层第 27 ~ 33 帧和第 68 ~ 74 帧做围绕"木板"图形实例的中心点旋转一定角度的传统补间动画。该动画需要与两个小人的动画相匹配。

（10）按住【Shift】键的同时单击"左边小人"图层中的第 100 帧，再单击"风景图像"图层中第 100 帧，选中所有图层中的第 100 帧，按【F5】键，使各图层最右边关键帧到第 100 帧的内容一样。至此，"杂技双人跳"动画制作完毕，该动画的时间轴如图 5-1-30 所示。

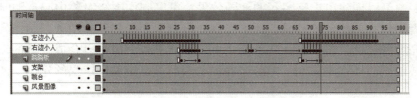

图 5-1-30　"杂技双人跳"动画的时间轴

5.1.3　相关知识

1. Animate 动画的种类和特点

Animate 可以制作的动画种类主要有逐帧、传统补间、补间、补间形状和 IK（反向运动）动画等。Animate 可以使实例、图形、图像、文本和组合等对象创建传统补间动画和补间动画。创建传统补间动画后，自动将对象转换成补间的实例，"库"面板中会自动增加元件，名字为"补间 1"和"补间 2"等。创建补间动画后，自动将对象转换成影片剪辑元件的实例，"库"面板中会自动增加元件，名字为"元件 1"和"元件 2"等。

制作这些动画的方法简介如下：

（1）逐帧动画：逐帧动画的每一帧都由制作者确定，制作不同的且相差不大的画面，而不是由 Animate 通过计算得到，然后连续依次播放这些画面，即可生成动画效果。逐帧动画适于制作非常复杂的动画，GIF 格式的动画就是属于这种动画。为了使一帧的画面显示的时间长一些，可以在关键帧后边添加几个普通帧。对于每帧的图形必须不同的复杂动画而言，可以采用逐帧动画。

（2）传统补间动画：制作若干关键帧画面，由 Animate 计算生成各关键帧之间各帧画面，使画面从一个关键帧过渡到另一个关键帧。传统补间动画在时间轴中显示为蓝色背景。在前面四章案例中制作的动画基本都是传统补间动画。传统补间所具有的一些功能是补间动画所不具有的。

（3）补间动画：是由若干属性关键帧和补间范围组成的动画。补间范围在时间轴中为单个图层中浅蓝色背景的一组帧，属性关键帧保存了目标对象多个属性值。Animate 可以根据各属性关键帧提供的补间目标对象的属性值，计算生成各属性关键帧之间的各个帧中补间目标对象的大小和位置等属性值，使对象从一个属性关键帧过渡到另一个属性关键帧。补间动画在时间轴中显示为连续的帧范围（补间范围），默认情况下可以作为单个对象进行选择。补间动画功能强大，易于创建，可以最大限度地减小文件大小。与传统补间动画相比较，在某种程度上，补间动画创建起来更简单和更灵活。

在同一图层中可以有多个传统补间或多个补间动画，但在同一图层中不能同时出现两种补间类型的动画。

（4）补间形状动画：在形状补间中，可以在时间轴中的关键帧绘制一幅图形，再在另一个关键帧内更改该图形形状或绘制另一幅图形，然后，Animate 将计算出两个关键帧之间各帧的画面，创建一个图形形状变形为另一个图形形状的动画。

（5）IK（反向运动）动画：这是一种可以伸展和弯曲形状对象以及链接元件实例组，使它们以自然方式一起移动，使用骨骼的关节结构，对一个对象或彼此相关的一组对象进行复杂而自然的移动。例如，通过 IK 可以轻松地创建人物的胳膊和腿等动作动画。可以在不同帧中以不同方式放置形状对象或链接的实例，Animate 将计算出两个关键帧之间各帧的画面。

在 Animate 中可以创建出丰富多彩的动画效果，可以制作围绕对象中心点顺时针或逆时针转圈的动画，或者制作来回摆动的动画，还可以制作沿着引导线移动的动画，制作变化对象大小、形状、颜色、亮度和透明度的动画。各种变化可以独立进行，也可以合成复杂的动画。例如，一个对象不断自转的同时还水平移动。另外，各种动画都可以借助遮罩层的作用，产生千姿百态的动画效果。

2．传统补间动画的制作方法

（1）制作传统补间动画方法1：按照如下操作步骤完成。

◎ 使用"选择工具" ▶，选中起始关键帧，创建传统补间动画起始关键帧内的对象。可以是绘制的图形、导入的图像、创建的元件实例、组合或文本块等。

◎ 右击起始关键帧，弹出帧快捷菜单，单击该菜单中的"创建传统补间"命令，使该关键帧具有传统补间动画的属性。

另外，选中起始关键帧，单击"插入"→"传统补间"命令，也可以使该关键帧具有传统补间动画的属性。

◎ 单击动画的终止关键帧，右击弹出帧快捷菜单，单击该菜单内的"插入关键帧"命令或者按【F6】键，创建终止关键帧。

◎ 修改终止关键帧内对象的位置、大小、旋转或倾斜角度，改变颜色、亮度、色调或 Alpha 透明度等，制作各种对象的变化动画。

（2）制作传统补间动画方法2：按照如下操作步骤完成。

◎ 创建传统补间动画起始关键内的对象。

◎ 使用"选择工具" 选中动画的终止帧，右击弹出帧快捷菜单，单击该菜单内的"插入关键帧"命令或按【F6】键，创建动画终止关键帧。

◎ 选中动画的终止帧，修改该帧内的对象。

◎ 右击动画终止关键帧到起始关键帧内的任何帧，弹出帧快捷菜单，单击该菜单中的"创建传统补间"命令。

传统补间动画创建成功后，此时从起始关键帧到终止关键帧会自动产生一条指向终止关键的带箭头的直线，帧为浅蓝色背景。如果动画创建没成功，则该直线会变为虚线……。

3. 传统补间动画关键帧的"属性"面板

选中传统补间动画中任意一帧，打开"属性"面板。利用该面板可以设置动画类型和动画的其他属性。"属性"面板如图 5-1-31 所示。该对话框内有关选项的作用如下：

（1）"名称"文本框：它在"标签"栏，用来输入帧的标签名称，例如 abc。输入名称后，"类型"下拉列表框变为有效，该关键帧右边会显示帧的名称。在"类型"下拉列表框内有"名称"、"注释"和"锚记"三个选项可选，选中不同选项后，名称具有不同的含义和作用。

在"类型"下拉列表框内选中"名称"选项后，"名称"文本框内名称的左边会自动添加一面小红旗 abc ，用来标记帧的名称。选中"注释"选项后，"名称"文本框内通常是该帧的注释说明，它的左边会自动添加"//"，例如"// abc"。选中"锚点"选项后，"名称"文本框内名称的左边不添加任何标记，只是在程序中使用。

（2）"旋转"下拉列表框：用来控制对象在运动时的旋转方式。选择"无"选项是不旋转；选择"自动"选项是按照尽可能少运动的原则旋转；选择"顺时针"选项，是围绕对象的中心点顺时针旋转；选择"逆时针"选项，是围绕对象的中心点逆时针旋转。可以在其右边的文本框内输入旋转的圈数。

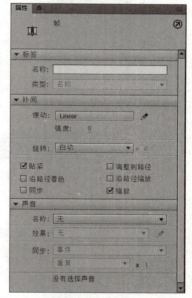

图 5-1-31 传统补间动画帧"属性"面板

（3）"贴紧"复选框：选中它后，可使运动对象的中心点标记与引导线路径对齐。

（4）"调整到路径"复选框：在制作引导动画后选中它，可以在运行时自动调整运动对象的倾斜角度，使其总与引导线切线平行。

（5）"沿路径着色"复选框：让对象运动中沿着引导路径改变颜色。

（6）"沿路径缩放"复选框：让对象运动中沿着引导路径改变大小。

（7）"同步"复选框：选中它后，可使图形元件实例的动画与时间轴同步。会重新计算补间的帧数，从而匹配时间轴上分配给它的帧数。如果元件中动画序列的帧数不是主场景中对象占用帧数的偶数倍，那么需要选中"同步"复选框。

（8）"缩放"复选框：在对象的大小属性发生变化时，应该选中它。

（9）"缓动"列表框：用来选择一种预设好的缓动类型。

（10）"强度"文本框：它在"补间"栏内属于"缓动"调整，其数值的调整范围是 –100～100，用来调整动画补间帧之间的变化速率。其值为负数时为动画加速运动，其值为正数时为动画减速运动。对传统补间动画应用缓动，可以产生更逼真的动画效果。

（11）"编辑缓动"按钮：单击该按钮，弹出"自定义缓动"对话框，如图 5-1-32（曲线还没调整，是一条斜线）所示。使用该对话框可以更精确地调整传统补间动画的速率变化规律。

选中"为所有属性使用一种设置"复选框后，如图 5-1-32 所示，缓动设置适用于所有属性。不选中该复选框，则"属性"下拉列表框变为有效，可选择"位置"、"旋转"、"缩放"、"颜色"和"滤镜"选项，缓动设置适用于"属性"下拉列表框内选中的属性选项。可以拖动小黑色正方形关键点（切线斜线控制柄），调整动画变化速率，如图 5-1-33 所示。

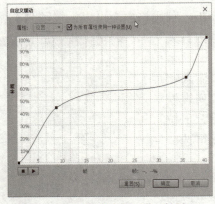
图 5-1-32 "自定义缓动"对话框 1

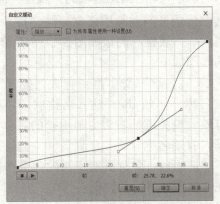
图 5-1-33 "自定义缓动"对话框 2

●●●● 思考与练习 5-1 ●●●●

1. 制作一个"双翻页"动画，该动画运行后的一幅画面如图 5-1-34 所示。左边和右边两页图像分别向两边翻开，中间一页不动，背面的图像与正面的图像不一样。

2. 制作一个"动画翻页"动画，该动画播放后，第 1 个动画画面慢慢从右向左翻开，接着第 2 个动画画面慢慢从右向左翻开。其中的一幅画面如图 5-1-35 所示。当翻页翻到背面后，背面动画画面与正面动画画面不一样。在翻页中动画画面内的动画一直变化。

3. 制作一个"摆动彩球"动画，该动画播放后的一幅画面如图 5-1-36 所示。最左边彩球摆起后回原处，撞击中间的三个彩球，右边彩球摆起，当右边彩球回原处后又撞击中间的三个彩球，左边彩球再摆起。周而复始，不断运动。彩球还会改变颜色。

图 5-1-34 "双翻页"动画画面

图 5-1-35 "动画翻页"动画

图 5-1-36 "摆动彩球"动画画面

5.2 【案例 19】水中游鱼和气泡

5.2.1 案例描述

"水中游鱼和气泡"动画运行后的两幅画面如图 5-2-1 所示。可以看到，在蓝色的水底中，一些颜色不同、大小不同的小鱼从右向左或从左向右游动，水中还有飘动的水草，13 个透明气泡沿着不同的曲线路径，从下向上缓慢飘移。

图 5-2-1 "水中游鱼和气泡"动画运行后的两幅画面

5.2.2 操作方法

1. 制作"小鱼游动"影片剪辑元件

（1）新建一个 Animate 文档，设置舞台大小的宽为 700 像素、高为 900 像素，背景为白色。以名称"水中游鱼和气泡.fla"保存在"【案例 19】水中游鱼和气泡"文件夹内。

（2）导入"游鱼 1.gif"和"游鱼 2.gif"动画到"库"面板中，将其中生成的两个影片剪辑元件名称分别改为"游鱼 1"和"游鱼 2"。双击"游鱼 1"影片剪辑元件，进入它的编辑状态，将其中各关键帧的图像分离，并将白色背景删除。然后，回到主场景。

（3）创建并进入"小鱼游动 1"影片剪辑元件的编辑状态，单击选中时间轴"图层 1"图层第 1 帧，将"库"面板中的"游鱼 1"影片剪辑元件拖动到舞台工作区右边。右击"图层 1"图层第 1 帧，弹出帧快捷菜单，单击"创建补间动画"命令，创建补间动画。

（4）使用"选择工具"拖动第 24～110 帧。单击选中图层 1"图层第 120 帧，水平向左拖动舞台工作区内的"游鱼 1"影片剪辑实例到左边，此时会出现一条从起点到终点的辅助线。将鼠标指针移到引导线处，当鼠标指针右下方出现一个小弧线时拖动，垂直向上拖动鼠标，将引导线调整成为曲线，如图 5-2-2 所示，从而可以使"游鱼 1"影片剪辑实例沿着曲线引导线移动。然后，回到主场景。

图 5-2-2 调整引导线成为曲线

（5）创建并进入"小鱼游动2"影片剪辑元件的编辑状态，选中时间轴"图层1"图层第1帧，将"库"面板中的"游鱼2"影片剪辑元件拖动到舞台工作区左边，单击"修改"→"变形"→"水平翻转"命令，使选中的"游鱼2"影片剪辑实例水平翻转。

（6）按照上述方法，创建第1～120帧的补间动画，使"游鱼2"影片剪辑实例沿着曲线引导线从左向右移动。然后，回到主场景。

2．制作"水草"和"气泡"影片剪辑元件

（1）创建并进入"水草"影片剪辑元件编辑状态，单击选中"图层1"图层第1帧，在舞台内中间处绘制一幅水草图形，如图5-2-3（a）所示。单击"图层1"图层中的第15帧，按【F6】键，创建一个关键帧。单击"任意变形工具"，单击"选项"栏中的"封套"按钮，图形周围出现许多控制柄，如图5-2-3（b）所示。拖动控制柄，调整图形形状，最后效果如图5-2-3（c）所示。

（2）单击选中"图层1"图层第30帧，按【F6】键，创建一个关键帧，调整该帧水草形状，如图5-2-4（a）所示。单击该图层中的第45帧，按【F6】键，创建一个关键帧，调整该帧水草形状，如图5-2-4（b）所示。单击选中该图层第60帧，按【F6】键，创建一个关键帧，调整该帧水草形状，如图5-2-4（c）所示。

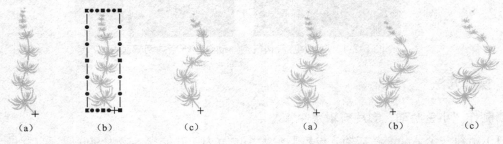

图5-2-3　水草图形　　　　　　　图5-2-4　水草图形

（3）单击该图层中的第75帧，按【F5】键，创建一个普通帧。然后，回到主场景。

（4）设置舞台工作区的背景为黑色。创建并进入"气泡"影片剪辑元件的编辑状态，在舞台内绘制一个无轮廓线、填充径向渐变颜色类型的圆形，"颜色"面板内左起六个关键色块依次设置为白色（Alpha为100%）、白色（Alpha为15%）、白色（Alpha为5%）、白色（Alpha为5%）、白色（Alpha为15%）、白色（Alpha为92%），如图5-2-5所示。气泡图形如图5-2-6所示。再回到主场景。

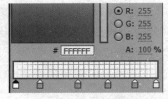　　　　

图5-2-5　"颜色"面板设置　　　　图5-2-6　"气泡"影片剪辑元件

3．制作游鱼和水草动画

（1）打开"游鱼.fla"文档，将该文档"库"面板内的Fish Movie Clip影片剪辑元件和其他相关元件复制粘贴到"水中游鱼和气泡.fla"文档的"库"面板内。

(2)将"图层1"图层的名称改为"水底",单击该图层中的第1帧,导入"海底.jpg"图像到舞台工作区内,在其"属性"面板内设置宽为700像素、高为900像素,X和Y的值均为0,使它刚好将舞台工作区完全覆盖。

(3)在"水底"图层之上增加三个图层,从下到上分别更名为"水草"、"游鱼"和"气泡",单击选中"水草"图层第1帧,23次将"库"面板内的"水草"影片剪辑元件拖动到舞台工作区中。适当调整23个"水草"影片剪辑实例的大小和位置。

(4)六次将"库"面板内的"小鱼游动1"影片剪辑元件拖动到舞台工作区右边,形成六个"小鱼游动1"影片剪辑实例。调整它们的大小。五次将"库"面板内的"小鱼游动2"影片剪辑元件拖动到舞台工作区左边,形成五个"小鱼游动2"影片剪辑实例。

(5)依次选中"小鱼游动1"影片剪辑实例,在其"属性"面板内的"样式"下拉列表框中选中"色调"选项,调整它们颜色;再使用"任意变形工具"调整它们的大小。

(6)依次选中"小鱼游动2"影片剪辑实例,在其"属性"面板内添加"调整颜色"滤镜,调整它们颜色;再使用"任意变形工具"调整它们的大小。

(7)三次将"库"面板内的 Fish Movie Clip 影片剪辑元件拖动到舞台工作区中,形成三个 Fish Movie Clip 影片剪辑实例。

(8)单击一个 Fish Movie Clip 影片剪辑实例,在其"属性"面板内的"实例行为"下拉列表框内选中"图形"选项,将影片剪辑实例转换为图形实例。在"选项"下拉列表框内选择"循环"选项,在"第一帧"文本框内输入1。单击另一个 Fish Movie Clip 影片剪辑实例,在其"属性"面板内设置该实例为图形实例,在"第一帧"文本框内输入60。再单击另一个 Fish Movie Clip 影片剪辑实例,在其"属性"面板内设置该实例为图形实例,在"第一帧"文本框内输入80。调整各小鱼实例的大小和位置。

4.制作"气泡"上升动画

(1)隐藏"水底"、"水草"和"游鱼"图层,单击"气泡"图层中的第1帧,13次将"库"面板内的"气泡"影片剪辑元件拖动到舞台工作区内的下边,如图5-2-7所示。

图 5-2-7 13 个"气泡"影片剪辑实例

(2)选中13个"气泡"影片剪辑实例,打开"对齐"面板,单击"底对齐"按钮和"水平平均间隔"按钮,使选中的对象水平等间距排列且底部对齐。

(3)单击"气泡"图层中的第1帧,单击"修改"→"时间轴"→"分散到图层"命令,将"气泡"图层第1帧内的13个对象分配到不同图层的第1帧中,原来的"气泡"图层第1帧清空。将该"气泡"图层删除。将新增的各图层的名称分别更改为"气泡1"~"气泡13"。

(4)按住【Shift】键的同时单击"气泡1"和"气泡13"图层,选中"气泡1"~"气泡13"图层的所有图层。右击选中的帧,弹出帧快捷菜单,单击该菜单内的"创建传统补间"命令。按住【Shift】键,单击选中"气泡1"和"气泡13"图层第120帧,选中"气泡1"~"气泡13"图层所有第120帧,按【F6】键,创建13个图层的传统补间动画。

（5）隐藏"气泡1"和"气泡12"图层，右击"气泡13"图层，弹出图层快捷菜单，单击"添加传统运动引导层"命令，在"气泡13"图层图之上创建一个传统运动引导层 引导层：水泡13 ，再将该图层名称更名为"引导图层"。

（6）单击选中"引导图层"第1帧，单击"铅笔工具" ，在"选项"栏中的下拉列表框中单击按下"平滑"按钮 S.，在舞台工作区内从"气泡13"图层内的"气泡"影片剪辑实例处向上方绘制一条细曲线。

（7）单击"选择工具" ，按住【Shift】键的同时单击"气泡1"和"气泡12"图层，选中"气泡1"～"气泡12"所有图层，再将选中的所有图层向右上方微微移到，使它们向右缩进，成为"引导图层"图层的被引导图层。

（8）单击选中"气泡13"图层第1帧内的"气泡"影片剪辑实例，移到引导线起点处或附近的引导线之上，如图5-2-8（a）所示。将"气泡13"图层第120帧内的"气泡"影片剪辑实例移到引导线终点处或附近的引导线之上，如图5-2-8（b）所示。

（9）将"气泡13"图层隐藏。选中"引导图层"图层第1帧，从"气泡1"图层内"气泡"影片剪辑实例处向左上角绘制第2条细曲线。将该图层的第1帧"气泡"影片剪辑实例移到引导线起点附近的引导线上，如图5-2-9（a）所示。将"气泡12"图层 第110帧内的"气泡"影片剪辑实例移到引导线终点附近的引导线上，如图5-2-9（b）所示。

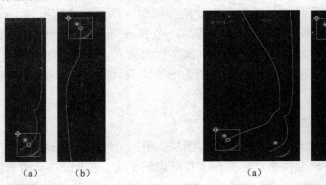

图5-2-8 "气泡13"图层第1、120帧　　图5-2-9 "气泡12"图层第1、120帧

（10）按上述方法，依次制作"气泡1"～"气泡11"图层沿着第1～11条引导线移动的引导动画。各引导线起点和终点都不一样。

（11）显示所有气泡图层和"引导图层"，选中各气泡图层中的第1帧，此时舞台工作区如图5-2-10（a）所示；选中各气泡图层中的第110帧，舞台工作区如图5-2-10（b）所示。

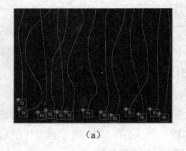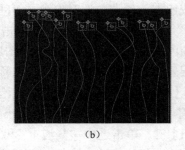

图5-2-10 "游鱼和气泡"动画第1、110帧引导线和13个气泡

（12）显示所有图层，该动画制作完毕，动画的时间轴如图 5-2-11 所示。

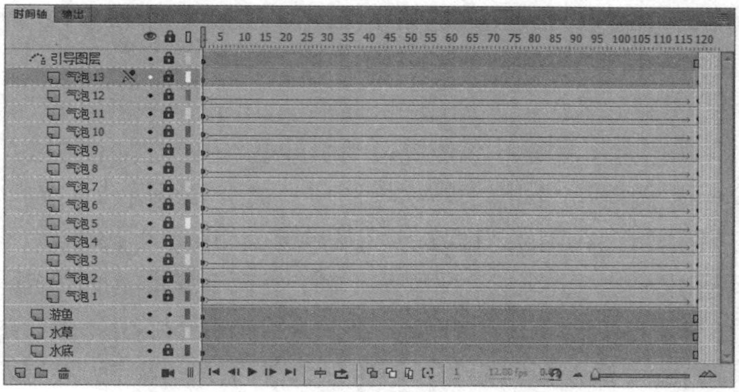

图 5-2-11 "游鱼和气泡"动画的时间轴

5.2.3 相关知识

1. 两种引导层

可以在引导层内绘制图形，起辅助作用以及运动路径的引导作用。引导层中的图形只能在舞台工作区内看到，在输出的电影中不会出现。另外，还可以把多个普通图层关联到一个引导层上。在时间轴窗口中，引导层名字的左边有 图标（传统运动引导层）或 图标（普通引导层）。它们代表了不同的引导层，有着不同的作用。

（1）普通引导层 ：它起到辅助绘图的作用。创建普通引导层的方法是：创建一个普通图层。右击该图层名称，弹出图层快捷菜单，如图 5-2-12 所示，再单击"引导层"命令，即可将右击的图层转换为普通引导层，其结果如图 5-2-13 所示。

（2）传统运动引导层 ：利用传统运动引导层，可以引导对象沿辅助线移动，创建引导动画。创建一个普通图层（如"图层 1"图层），右击图层名称，弹出图层快捷菜单，单击"添加传统运动引导层"命令，即可在右击的图层（如"图层 1"图层）之上生成一个传统运动引导层，使右击的图层成为被引导图层，其结果如图 5-2-14 所示。

如果将图 5-2-12 所示的普通图层"图层 1"图层向右上方的普通引导层拖动，可以使普通引导层 转换为传统运动引导层 ，被拖动的图层成为被引导图层，如图 5-2-14 所示。

图 5-2-12 图层快捷菜单

图 5-2-13 普通引导层

图 5-2-14 传统运动引导层

2. 传统补间的引导动画

（1）按照上述方法，在"图层1"图层第1～10帧创建一个沿直线移动的传统补间动画，例如一个彩球图形从左向右移动的动画。

（2）右击"图层1"图层的名称，弹出图层快捷菜单，单击该菜单内的"添加传统运动引导层"命令，即可在"图层1"图层之上生成一个传统运动引导层"引导层：图层1"图层，使右击的"图层1"图层成为"引导层：图层1"图层的被引导图层，被引导图层的名字向右缩进，表示它是被引导图层，将"引导层：图层1"图层的名称改为"引导层"，如图5-2-15所示（还没有绘制引导线）。

（3）选中传统运动引导层"引导层"图层第1帧，在舞台工作区内绘制一条曲线（引导线），曲线起始点在彩球图形对象的变形点（中心点）处。然后，右击"引导层"图层第10帧，弹出帧快捷菜单，单击该菜单内的"插入帧"命令，创建一个普通帧，使"引导层"图层第1～10帧内容一样，如图5-2-15所示。

（4）选中"图层1"图层第1帧，选中"属性"面板内的"贴紧"复选框，调整彩球对象变形点（中心点）到引导线起始端或线上。

（5）单击选中"图层1"图层第10帧内的彩球图形对象，将它移到引导线的终点处，使对象的变形点与引导线终点重合，最后效果如图5-2-16所示。

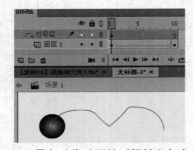   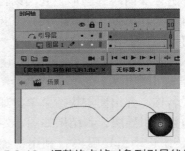

图 5-2-15　导向动作动画的时间轴和舞台工作区　　图 5-2-16　调整终点帧对象到引导线终端

（6）按【Enter】键，播放动画，可以看到小球沿辅助线移动。按【Ctrl+Enter】组合键，播放动画，此时辅助线不会显示出来。

3. 补间引导动画的制作方法

（1）选中"图层1"图层第1帧，创建一个要移动的对象，例如，一个彩球图形。

（2）右击"图层1"图层第1帧（也可以右击对象），弹出帧快捷菜单，单击该菜单内的"创建补间动画"命令，即可创建第1～24帧的补间动画。该帧成为属性关键帧，第1～24帧形成一个补间范围，它显示为蓝色背景，如图5-2-17所示。

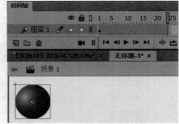

图 5-2-17　创建补间动画

（3）使用"选择工具" ，拖动第24～15帧，使补间范围缩小。选中第15帧（即播放指针移到第15帧），拖动彩球到终点位置，此时会出现一条从起点到终点的辅助线，即运动引导线，如图5-2-18所示。

（4）将鼠标指针移到运动引导线之上，当鼠标指针右下方出现一个小弧线时，拖动鼠标，可以调整直线运动引导线成为曲线运动引导线，如图5-2-19所示。

第 5 章　传统补间动画和引导层的应用

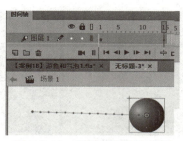

图 5-2-18　调整对象终止位置

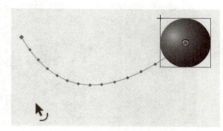

图 5-2-19　调整引导线

还可以采用相同的方法，继续调整该曲线运动引导线的形状。也可以使用"任意变形工具"和"变形"面板等来改变运动引导线的形状。在补间范围的任何帧中更改对象的位置，也可以改变运动引导线的形状。另外，使用帧快捷菜单内的命令，可以将其他图层内的曲线（不封闭曲线）复制粘贴到补间范围，替换原来的运动引导线。

●●●● 思考与练习 5-2 ●●●●

1. 制作一个"桃花飘"动画，该动画运行后，在一幅图像之上，许多桃花飘落下来。
2. 制作一个"都来保护大自然"动画，该动画运行后的两幅画面如图 5-2-20 所示。可以看到，在一幅风景图像之上有"都"、"来"、"保"、"护"、"大"、"自"和"然"七个文字沿着七条不同的曲线轨迹，依次从上向下移动到中间，排成水平一行。同时，一只飞翔的小鸟从左上角向右上角飞翔，好像在迎接下落的一个个文字。

图 5-2-20　"都来保护大自然"动画运行后的两幅画面

●●●● 5.3　【案例 20】儿童玩具小火车 ●●●●

5.3.1　案例描述

"儿童玩具小火车"动画运行后的两幅画面如图 5-3-1 所示。可以看到，木地板之上有一个椭圆形的轨道，轨道内有两个湖水不断转动椭圆形小湖，一列精致的儿童玩具小火车（一辆黑色火车头、四辆黄色车厢）在地板上沿着椭圆形轨道不断循环行驶。儿童玩具小火车在行驶时，出站和进站都较缓慢。

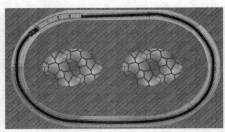 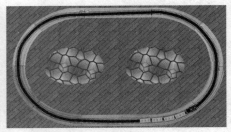

图 5-3-1 "儿童玩具小火车"动画运行后的两幅画面

5.3.2 操作方法

1. 制作地板画面

（1）新建一个 Animate 文档，设置舞台大小的宽为 700 像素、高为 400 像素，背景色为浅蓝色。以名称"儿童玩具小火车.fla"保存在"【案例 20】儿童玩具小火车"文件夹内。

（2）导入"湖水.jpg"、"地板砖.jpg"、"轨道.jpg"、"火车头.jpg"、"车厢 1.jpg"和"车厢 2.jpg"图像到"库"面板内。

（3）将"图层 1"图层的名称改为"地板"，在该图层之上创建三个新图层，将这些图层的名称从下到上分别改为"湖水轨基"、"轨基 1"和"火车头"。

（4）单击选中"地板"图层第 1 帧，将"库"面板内的"地板砖.jpg"图像元件移到舞台内左上角，如图 5-3-2 所示。将"地板砖"图像复制一份，将复制的"地板砖"图像移到舞台内右上角，使用"选择工具" 选中这两幅"地板砖"图像，单击"对齐"面板内的"顶对齐"按钮 ，将选中的两幅"地板砖"图像顶部对齐。然后，再复制九份"地板砖"图像，如图 5-3-3 所示。

图 5-3-2 "地板砖"图像　　　　　图 5-3-3 复制"地板砖"图像

（5）使用"选择工具" 选中 11 幅"地板砖"图像，单击"对齐"面板内的"顶对齐"按钮 ，将选中的 11 幅"地板砖"图像顶部对齐，再单击"水平平均间隔"按钮 ，使它们等间距分布，水平等间距地排成一行，如图 5-3-4 所示。

图 5-3-4 11 幅"地板砖"图像水平等间距排成一行

（6）使用"选择工具" 将一行"地板砖"图像进行组合。按住【Alt】键，七次垂直向下拖动"地板砖"图像组合，复制七份"地板砖"图像组合，调整它们上下排列紧凑，没有间隙和重叠现象。使用"选择工具" 选中八行"地板砖"图像组合，单击"对齐"面板内的"左对齐"按钮 ，将选中的八行"地板砖"图像组合左部对齐，再单击"垂直平均间隔"按钮 ，使它们垂直方向等间距排列，如图 5-3-5 所示。

图 5-3-5　八行"地板砖"图像组合垂直等间距排列

（7）选中八行"地板砖"图像组合，将它们组成一个组合。在其"属性"面板内设置宽为 700 像素、高为 400 像素，X 和 Y 的值均为 0，刚好将整个舞台工作区完全覆盖。

2．制作湖水和轨基画面

（1）创建并进入"湖"影片剪辑元件的编辑状态，单击选中"图层 1"图层第 1 帧，在舞台中心绘制一幅宽和高均为 200 像素的无轮廓线、填充为"湖水 .jpg"图像（见图 5-3-6）的圆形图形，调整它的填充。再创建该图层第 1 ~ 280 帧的顺时针旋转一周的传统补间动画。

（2）在"图层 1"图层之上创建"图层 2"图层，单击选中该图层第 1 帧，绘制一幅黑色椭圆图形，调整它的大小和位置，效果如图 5-3-7 所示。

（3）右击"图层 2"图层，弹出图层快捷菜单，单击"遮罩层"命令，将"图层 2"图层设置为遮罩图层，"图层 1"图层成为被遮罩图层。然后，回到主场景。

（4）单击选中"湖水轨基"图层第 1 帧，将"库"面板内的"轨道 .jpg"图像元件拖动到舞台工作区内，将该图像分离打碎。单击图像外部，取消选中打碎的图像。单击选中工具箱内的"魔术棒"工具，再单击绿色部分图像，按【Delete】键，删除绿色背景图像。再将剩余的轨道图像组成组合。

（5）仍选中"湖水轨基"图层第 1 帧，两次将"库"面板内的"湖"影片剪辑元件拖动到舞台工作区内轨道图像中间处，水平排列，具有一定的间隔，如图 5-3-8 所示。

　　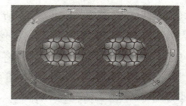

图 5-3-6　"湖水 .jpg"图像　　图 5-3-7　"湖水"元件　　图 5-3-8　第 1 帧背景画面

3．制作轨道图形

（1）单击选中"轨道 1"图层中的第 1 帧。单击"矩形工具"，在其"属性"面板内设置线颜色为深灰色，无填充色，笔触高度为 2 点。在它的"矩形选项"栏内文本框中输入 180，按【Enter】键后，将其他几个文本框内的数值也改为 180，如图 5-3-9 所示。

（2）在舞台工作区内拖动，绘制一个圆角矩形轮廓线。然后，使用"选择工具"单击舞台工作区的空白处，不选中椭圆轮廓线，再调整圆角矩形轮廓线的形状，让它的左半边尽量位于轨道图像的中间位置。双击圆角矩形轮廓线，在其"属性"面板内设置曲线笔触高度增加为 18 个点，形成轨道曲线，如图 5-3-10 所示。

图5-3-9 "属性"面板"矩形选项"栏设置

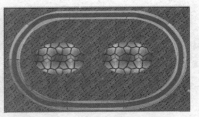
图5-3-10 圆角矩形轮廓线图形

（3）在时间轴图层区域内拖动"轨道1"图层到"新建图层"按钮 之上，复制一份"轨道1"图层，将该图层的名称改为"轨道2"，使它位于"轨道1"图层之上。

（4）锁定"地板"和"湖水轨基"图层，隐藏"轨道1"图层。单击选中"轨道2"图层第1帧，选中其中的轨道曲线，打开它的"属性"面板，单击"编辑笔触样式"按钮 ，弹出"笔触样式"对话框，设置笔触样式为"斑马线"，间隔为"非常远"，粗细为"极细线"，其他保留默认值，如图5-3-11所示。单击"确定"按钮，"轨道1"图层内的轨道图形效果如图5-3-12所示。锁定"轨道1"和"轨道2"图层。

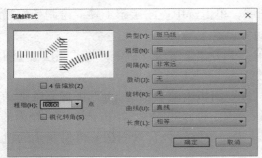
图5-3-11 "笔触样式"对话框

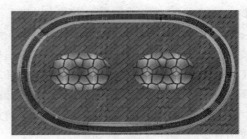
图5-3-12 "轨道1"图层图形

4．制作火车头动画

（1）在"轨道2"图层之上新建一个名称为"火车头"的图层，单击选中该图层第1帧，将"库"面板内的"火车头.jpg"图像拖到舞台内。将该图像打碎，不选中该图像。

（2）使用"套索工具" ，将白色背景图像删除，将打碎的火车头图像组成组合，利用它的"属性"面板，调整该组合宽为38像素、高为19像素，再移到合适位置。然后，创建"火车头"图层中第1～280帧的运动动画。

（3）右击"火车头"图层，弹出图层快捷菜单，单击该菜单内的"传统运动引导层"命令，在"火车头"图层上边增加一个名称为"引导层：火车头"的引导图层 。

（4）将"轨道2"图层中第1帧的轨道曲线复制粘贴到"引导层：火车头"图层中的第1帧，将该帧内的轨道曲线笔触高度调整为1个点的实线。使用"橡皮擦工具" 将轨道曲线上边的中间擦除一个小口，如图5-3-13（a）所示。单击"引导层：火车头"图层中的第280帧，按【F5】键，使该图层第1～280帧的内容一样，均为1个点实线的椭圆形。

（5）将除了"火车头"和"引导层：火车头"图层之外其他图层都隐藏。单击"火车头"图层中的第1帧，使用"任意变形工具" 移动火车头到引导线上，使火车头中心点标记在引导线上，如图5-3-13（a）所示。

（6）使用"选择工具"单击选中"火车头"图层第280帧，移动火车头与引导线末端重合，单击"任意变形工具"按钮，火车头的中心点标记应在引导线上，如图5-3-13(b)所示。如果需要，可以将火车头图像旋转一定角度，使之与引导线曲线的切线方向一致。

图 5-3-13　第1帧和第280帧火车头位置

（7）使所有图层显示。单击选中"火车头"图层中的第1帧，打开"属性"面板，选中该"属性"面板中的"紧贴"和"调整到路径"复选框。选中"调整到路径"复选框后，可使儿童玩具小火车在行驶中，沿着轨道自动旋转，调整方向。

（8）按住【Ctrl】键的同时单击选中"地板"、"湖水轨迹"、"轨道1"和"轨道2"图层的第280帧，按【F5】键，使这些图层第1～280帧的内容一样。

至此，小火车头沿轨道运动的动画制作完毕，时间轴如图5-3-14所示（删除一些帧）。

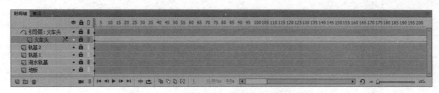

图 5-3-14　"火车头"动画的时间轴

5．制作车厢动画

（1）将"火车头"图层隐藏。使用"选择工具"水平向左拖动引导线缺口右边端点一定距离，如图5-3-15所示。目的是添加车厢后的动画，使其在循环播放时具有连续性。

（2）使"火车头"图层显示，单击"火车头"图层中的第1帧，使用"选择工具"水平向左移动"火车头"图像的位置，如图5-3-16所示。

图 5-3-15　调整引导线

图 5-3-16　第1帧火车头位置

（3）选中"火车头"图层，在该图层的上边添加一个名称为"车厢1"的图层，在该图层制作"车厢1"图像沿引导线移动的动画。

（4）在时间轴内三次拖动"车厢1"图层到"新建图层"按钮之上，复制三份"车厢1"图层，从下到上将复制的三个图层更名为"车厢2"、"车厢3"和"车厢4"。

（5）分别调整"火车头"、"车厢1"、"车厢2"、"车厢3"和"车厢4"图层各第1帧内火车头和各车厢的起始位置，如图5-3-17所示。

（6）分别调整"火车头"、"车厢1"、"车厢2"、"车厢3"和"车厢4"图层第280帧内火车头和各车厢的位置，如图5-3-18所示。注意保证火车头和车厢从第280帧回到第1帧时没有跳跃。

图 5-3-17 第 1 帧火车头和车厢的位置

图 5-3-18 第 280 帧火车头和车厢的位置

至此,"儿童玩具小火车"动画的时间轴如图 5-3-19 所示。

图 5-3-19 "儿童玩具小火车"动画的时间轴

(7) 按住【Shift】键的同时单击"火车头"图层和"车厢 4"图层中的第 1 帧,选中"火车头"、"车厢 1"~"车厢 4"图层中的第 1 帧,打开其"属性"面板,单击其内的"编辑缓动"按钮,弹出"自定义缓入/缓出"对话框,拖动调整曲线,如图 5-3-20 所示,使火车头和几节车厢在进站和出站时行速较缓慢。然后,单击"确定"按钮,完成设置,关闭该对话框。

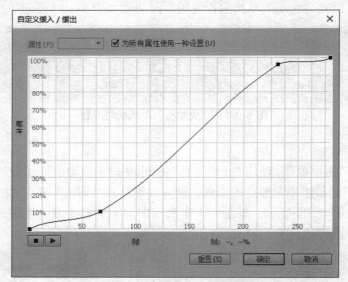
图 5-3-20 "自定义缓入/缓出"对话框

5.3.3 相关知识

1. 引导层和普通图层的关联

(1) 引导层和普通图层互换:选中引导层,右击选中的引导层,弹出图层快捷菜单,单击该图层快捷菜单中的"引导层"命令,使它左边的对钩✓消失,该引导层就转换为普通图层了。

选中普通图层,右击选中的普通图层,弹出图层快捷菜单,单击该图层快捷菜单中的"引导层"命令,使它左边出现对钩✓,该普通图层就转换为引导图层了。

(2) 引导层与普通图层的关联:其方法是把一个引导层控制区域外的普通图层拖动到引导层(传统运动引导层或普通引导层)的右下边,如图 5-3-21 所示(如果原来的引导层是普通引导层,则与普通图层关联后会自动变为传统运动引导层）。一个引导层可以与多个普通图层关联。把图层控制区域内的已关联的图层拖动到引导层的左下边，即可断开普通图层与引导层的关联。如果传统运动引导层没有与它相关联的图层，则该运动引导层会自动变为普通图层。

2．图层属性的设置

选中一个图层并右击，单击快捷菜单中的"属性"命令或单击"修改"→"时间轴"→"图层属性"命令，弹出"图层属性"对话框，如图 5-3-22 所示。对话框中各选项的作用如下：

图 5-3-21　两个普通图层与引导层关联

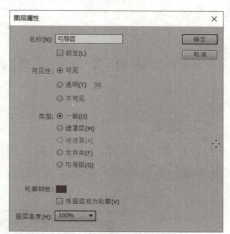

图 5-3-22　"图层属性"对话框

（1）"名称"文本框：给选定的图层命名。

（2）"锁定"复选框：选中它后，表示该图层处于锁定状态，否则处于解锁状态。

（3）"可见性"栏：该栏有三个单选按钮。

◎ "可见"单选按钮：选中该单选按钮后，该层处于显示状态。

◎ "透明"单选按钮：选中该单选按钮后，该层处于透明状态。

◎ "不可见"单选按钮：选中该单选按钮后，该层处于隐藏状态。

（4）"类型"栏：利用该栏的单选按钮，可以确定选定图层的类型。

（5）"轮廓颜色"按钮：单击它可打开颜色面板，用该颜色面板可以设置在以轮廓线显示图层对象时，轮廓线的颜色。它仅在"将图层视为轮廓"复选框被选中时有效。

（6）"将图层视为轮廓"复选框：选中它后，将以轮廓线方式显示该图层内的对象。

（7）"图层高度"下拉列表框：用来选择一种百分数，在时间轴窗口中可以改变图层帧单元格的高度，它在观察声波图形时非常有用。

●●●● 思考与练习 5-3 ●●●●

1．参考"【案例 20】儿童玩具小火车"动画的制作方法，制作另外一个"儿童玩具小火车"动画，该动画播放后的一幅画面如图 5-3-23 所示。可以看到，一列精致的儿童玩具小火车沿着蓝色地板上的八字形轨道行驶。

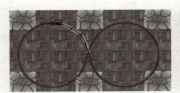

图 5-3-23 "儿童玩具小火车"动画播放后的两幅画面

2. 制作一个"云中飞鸟"动画,该动画运行后,六只飞鸟(GIF 格式)沿着不同的曲线在蓝天白云中飞翔,时而隐藏到白云中,时而又从白云中飞出。地上一只豹子在草地上来回奔跑。

5.4 【综合实训 5】击打台球

5.4.1 实训效果

"击打台球"动画播放后的画面如图 5-4-1(a)所示。接着球杆移动击中白球,白球移动再击中其他彩球,各彩球同时朝不同方向移动,一些落入球袋洞中消失;接着球杆再移动击打白球,直至所有彩球进球袋洞为止。动画播放中的一幅画面如图 5-4-1(b)所示。

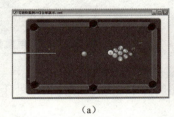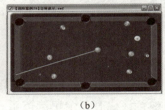

(a)　　　　　　　　　　　(b)

图 5-4-1 "击打台球"动画播放后的两幅画面

5.4.2 实训提示

在此,并不想用更多的文字介绍整个动画的制作方法,只是介绍动画制作的思路。在制作该动画时,特别要注意球杆移动动作和各个台球移动动作的协调和合理。

(1)设置舞台工作区大小为 640 像素宽、400 像素高,背景为白色。然后以名称"击打台球.fla"保存。将"图层 1"图层的名称更改为"台球桌"。

(2)单击"台球桌"图层中的第 1 帧,导入"台球桌.jpg 图像",调整该图像的大小和位置,如图 5-4-1 所示。

(3)参看【案例 6】"珠宝和项链"动画中的制作方法,制作"1 黄"、"2 蓝"、"3 红"、"4 紫"、"5 橙"、"6 绿"、"7 褐"、"8 黑"、"9 浅褐"和"白"影片剪辑元件,其中分别绘制一幅台球图形。再制作一个"球杆"影片片剪辑元件,其中绘制一幅球杆图形。

(4)在"台球桌"图层之上新增一个"图层 1"图层,单击该图层中的第 1 帧,将"库"面板内的"1 黄"、"2 蓝"、"3 红"、"4 紫"、"5 橙"、"6 绿"、"7 褐"、"8 黑"、"9 浅褐"、"白"和"球杆"影片剪辑元件依次拖动到舞台工作区内,形成 11 个影片剪辑实例,调整它们的大小和位置,如图 5-4-1(a)所示。

（5）单击"图层 1"图层，单击"修改"→"时间轴"→"分散到图层"命令，将"图层 1"图层内 11 个影片剪辑实例分配到不同图层的第 1 帧中。将新增的 11 个图层的名称分别改为"1 黄""2 蓝""3 红""4 紫""5 橙""6 绿""7 褐""8 黑""9 浅褐""白"和"球杆"。将"图层 1"图层删除。

（6）单击"台球桌面"图层中的第 220 帧，按【F5】键，使"台球桌面"图层中第 1～220 帧的内容都是台球桌面图像。

（7）创建"球杆"图层中第 1～7 帧的动画，该动画是球杆向后移动的动画；创建"球杆"图层中第 7～10 帧的动画，该动画是球杆击打白球的动画。创建"白球"图层中第 10～15 帧动画，该动画是白球移到其他彩球的动画。

（8）创建"球 1"图层中第 15～20 帧的动画，该动画是球 1 移动的动画；创建"球 5"图层中第 10～15 帧的动画，该动画是球 5 移动的动画；创建"球 8"图层中第 10～15 帧的动画，该动画是球 8 移动的动画。

（9）第 15～28 帧是各种颜色台球移动的动画，第 28～35 帧是球杆击打白球的动画。以后基本是球杆击打白球，白球撞击其他台球和其他台球移到洞内的动画。

整个"击打台球"动画的时间轴如图 5-4-2 所示。

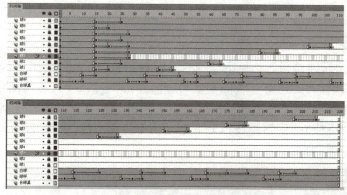

图 5-4-2 "击打台球"动画时间轴

5.4.3 实训测评

能力分类	评价项目	评价等级
职业能力	掌握 Animate 动画特点和传统补间动画的制作方法	
	掌握制作旋转和摆动传统补间动画的方法和技巧，制作引导动画	
	了解两种引导层，掌握传统补间引导动画的制作方法	
	掌握引导层与普通图层的关联，设置图层属性的方法	
	了解"自定义缓入/缓出"对话框的使用方法	
通用能力	自学能力、总结能力、合作能力、创造能力等	
能力综合评价		

第 6 章　补间动画和补间形状动画

本章提要

本章通过四个案例，介绍制作补间动画和补间形状动画的方法。【案例 1】中曾简单介绍了制作补间动画的基本方法，本章将进一步深入介绍制作补间动画的制作方法和制作技巧，介绍补间动画和传统补间动画的区别。

6.1 【案例 21】米老鼠玩跷跷板

案例21

6.1.1 案例描述

"米老鼠玩跷跷板"动画运行后的一幅画面如图 6-1-1 所示。背景是一个动画画面，一些人在载歌载舞，还有一个仙女从右边向左边飞过，一只飞鸟从左边向右边飞过；下边有一个跷跷板，两个不断摆动的米老鼠上下弹起和落下，同时跷跷板也随之上下摆动。米老鼠的上下移动动作与跷跷板上下摆动动作协调有序。该动画采用的是补间动画的制作方法。

图 6-1-1　"米老鼠玩跷跷板"动画运行后的一幅画面

6.1.2 操作方法

1. 制作跷跷板动画

（1）新建一个 Animate 文档，设置舞台大小的宽为 760 像素、高为 260 像素，背景为黄色。然后，以名称"米老鼠玩跷跷板.fla"保存在"【案例 21】米老鼠玩跷跷板"文件夹中。

（2）导入"背景.gif"、"米老鼠.gif"、"飞鸟.gif"和"仙女.gif"四个 GIF 格式动画到"库"面板内，自动生成的四个影片剪辑元件的名称分别改为"背景"、"米老鼠"、"飞鸟"和"仙女"。

将"图层 1"图层名称改为"背景"，在该图层之上创建六个新图层，从下到上分别更名为"横杆"、"支架"、"左米老鼠"、"右米老鼠"、"仙女"和"飞鸟"。

（3）单击选中"背景"图层第1帧，将"库"面板内的"背景"影片剪辑元件拖动到舞台工作区内，调整"背景"影片剪辑实例的宽为760像素、高为260像素，X和Y值均为0，将舞台工作区完全覆盖。单击"背景"图层中的第140帧，按【F5】键，使该图层第1～140帧的内容一样，均是"背景"影片剪辑实例。

（4）创建并进入"横杆"影片剪辑元件的编辑状态，在舞台工作区内绘制一幅蓝色矩形，作为跷跷板的横杆，如图6-1-2所示。创建并进入"支架"影片剪辑元件的编辑状态，在舞台工作区内绘制一个蓝色支架图形，如图6-1-3所示。

图6-1-2 "横杆"影片剪辑元件　　　　　　图6-1-3 "支架"影片剪辑元件

（5）创建两条垂直参考线和三条水平参考线。单击选中"支架"图层中第1帧，将"库"面板中的"支架"影片剪辑元件拖动到舞台工作区内，利用它的"属性"面板给该实例应用"斜角"滤镜，使图形呈立体状。单击选中"支架"图层中的第140帧，按【F5】键。

（6）单击选中"横杆"图层第1帧，将"库"面板中的"横杆"影片剪辑元件拖动到舞台工作区内"支架"影片剪辑实例处，利用它的"属性"面板给该实例应用"斜角"滤镜，使图形呈立体状。使用"任意变形工具" 单击"横杆"影片剪辑实例，将中心点标记移到"横杆"影片剪辑实例的中心处。然后，顺时针旋转一定的角度，如图6-1-4所示（此时还没有米老鼠）。

（7）单击选中"横杆"图层第30帧，按【F6】键，创建一个关键帧。右击该关键帧，弹出帧快捷菜单，单击"创建补间动画"命令，使该关键帧具有补间动画属性，同时，该图层第2～29帧变为普通帧，内容和该图层第1帧内容一样，如图6-1-5所示。然后，单击选中"横杆"图层第70、100、110、140帧，按【F6】键，创建四个关键帧。创建该图层第30～140帧的补间动画。

 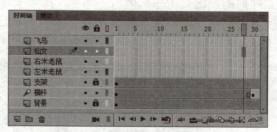

图6-1-4 第1、140帧画面和跷跷板中心点位置　　图6-1-5 时间轴的图层和补间动画帧

（8）"横杆"图层中第30、110帧的画面如图6-1-6所示（此时还没有米老鼠）。单击"横杆"图层中的第40帧，逆时针拖动旋转"横杆"影片剪辑实例，如图6-1-7所示（此时还没有米老鼠）。再将该帧复制粘贴到第100帧，第100帧效果也如图6-1-7所示。

图6-1-6 第30帧和第110帧的画面　　　　图6-1-7 第40帧和第100帧的画面

2. 制作米老鼠跳跃和其他动画

（1）选中"左米老鼠"图层中第 1 帧，将"库"面板内"米老鼠"影片剪辑元件拖动到左上角辅助线交点处；选中"右米老鼠"图层中第 1 帧，将"库"面板内的"米老鼠"影片剪辑元件拖动到舞台右下角辅助线交点处，如图 6-1-4 所示。

（2）按住【Ctrl】键单击"左米老鼠"图层和"右米老鼠"图层的第 1 帧，右击弹出帧快捷菜单，单击"创建补间动画"命令，使这两个关键帧具有补间动画属性。同时创建"左米老鼠"图层和"右米老鼠"图层第 1～140 帧的补间动画。

（3）按住【Ctrl】键单击这两个图层的第 30、40、70、100、110 帧，按【F6】键，创建 10 个补间动画关键帧。调整各关键帧两个"米老鼠"影片剪辑实例的位置。第 1、140 帧画面如图 6-1-4 所示，第 30、110 帧画面如图 6-1-6 所示，第 40、100 帧画面如图 6-1-7 所示，第 70 帧画面如图 6-1-8 所示。

图 6-1-8　第 70 帧的画面

（4）单击选中"飞鸟"图层中的第 1 帧，将"库"面板内的"飞鸟"影片剪辑元件拖动到舞台工作区内左上角处；单击选中"仙女"图层中的第 1 帧，将"库"面板内的"仙女"影片剪辑元件拖动到舞台工作区内右上角处。按照上述方法创建"飞鸟"图层和"仙女"图层第 1～140 帧的补间动画，一个水平向右移动，一个水平向左移动。

至此，"米老鼠玩跷跷板"动画制作完毕，它的时间轴如图 6-1-9 所示。

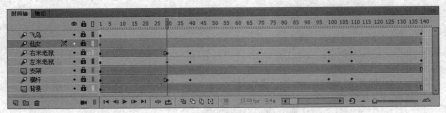

图 6-1-9　"米老鼠玩跷跷板"动画的时间轴

6.1.3　相关知识

1. 补间动画的名词解释

（1）补间：Animate 根据两个关键帧或属性关键帧给出的画面或对象属性，计算这两个帧之间各帧的画面和对象属性的变化值，即补充两个关键帧或属性关键帧之间的所有帧。

（2）补间动画：它是通过为一个属性关键帧中对象的一个或多个属性，指定一个值并为另一个关键帧中的相同属性指定另一个值，Animate 计算这两个帧之间各帧的属性值，创建属性关键帧之间所有帧的每个属性的属性值，创建对象从一个属性关键帧过渡到另一个属性关键帧的动画。如果补间对象在补间过程中更改了位置，则会自动产生运动引导线。

（3）补间范围：它是时间轴中的一组帧，目标对象的一个或多个属性可以随着时间而改变。补间范围在时间轴中显示为具有蓝色背景的单个图层中的一组帧。可以将一个补间范围作为单个对象进行选择，并从时间轴中的一个位置拖动到另一个位置。在每个补间范围中，只能对舞台上的一个对象进行动画处理，此对象称为补间范围的目标对象。

（4）属性关键帧：它是在补间范围中为补间目标对象显示一个或多个定义了属性值的帧。

2．创建补间动画

在创建补间动画时，通常先在时间轴创建属性关键帧和补间范围，调整各属性关键帧中的对象，再在"属性"或"动画编辑器"面板中编辑各属性关键帧的属性。操作方法如下：

（1）选中图层（可以是普通图层、引导层、被引导层、遮罩层或被遮罩层）的一个空白关键帧或关键帧，创建一个或多个对象。右击该帧，弹出帧快捷菜单，单击该菜单内的"创建补间动画"命令，使右击的帧具有补间动画属性，同时该帧所在图层内的所有关键帧和普通帧会自动产生补间动画。如果该图层只有一个关键帧，则会自动产生该帧和其后多个帧的补间动画。

（2）如果要将关键帧内多个对象（图形和位图）作为一个对象来创建补间动画，可以选中该关键帧内的所有对象，再右击选中的对象，弹出快捷菜单，单击其内的"创建补间动画"命令，即可将对象转换为影片剪辑元件的实例，再以该实例为对象创建补间动画。原来的关键帧转换为补间属性关键帧。

如果关键帧内的对象是元件的实例或文本块，则在创建补间动画后，不会将对象再转换为元件的实例。如果选中该关键帧内的部分对象，则会自动生成一个新补间动画图层，其内是选中的多个对象，没选中的对象还在原来图层的关键帧内。

（3）可以右击关键帧，弹出帧快捷菜单，单击"创建补间动画"命令，此时会弹出一个提示对话框，提示需要将该帧内的对象转换为元件的实例，单击"确定"按钮，即可将对象转换为影片剪辑元件的实例，再以该实例为对象创建补间动画。原来的关键帧转换为属性关键帧。

（4）如果原对象只在第1关键帧内存在，则补间范围的长度等于1s的持续时间。如果帧速率是12帧/秒，则范围包含12帧。拖动补间范围的一端，可以调整补间范围的帧数。

（5）要一次创建多个补间动画，需要在多个图层的第1帧中分别创建可以直接创建补间动画的对象（元件的实例和文本块），选择所有图层中的第1帧，再右击选中的帧，弹出帧快捷菜单，单击"创建补间动画"命令或单击"插入"→"补间动画"命令。

（6）如果原图层是普通图层、引导层、遮罩层或被遮罩层，则在创建补间动画后会自动将它们转换为补间图层、补间引导层、补间遮罩层或补间被遮罩层。

以后，可以将播放头放在补间范围内的某个帧上，再利用"属性"或"动画编辑器"面板修改对象的宽度、高度、水平坐标X、垂直坐标Y、Z（仅限影片剪辑，3D空间）、旋转角度、倾斜角度、Alpha、亮度、色调、滤镜属性值（不包括应用于图形元件的滤镜）等属性。

3．补间动画基本操作

（1）选中整个补间范围：单击该补间范围。

（2）选中多个不连续的补间范围：按住【Shift】键的同时单击每个补间范围。

（3）选中补间范围内的单个帧：按住【Ctrl】键，同时单击该补间范围内的帧。

（4）选中补间范围中的单个属性关键帧：按住【Ctrl】键，同时单击该属性关键帧。

（5）选中范围内的多个连续帧：按住【Ctrl】键，同时在补间范围内拖动选择多个连续帧。

（6）选中不同图层上多个补间范围中的帧：按住【Ctrl】键，同时跨多个图层拖动。

（7）移动补间范围：将补间范围拖动到其他图层；或剪切粘贴补间范围到其他图层。如果将某个补间范围移到另一个补间范围之上，会占用第二个补间范围的重叠帧。

（8）复制补间范围：按住【Alt】键，并将补间范围拖到新位置，或复制粘贴到新位置。

（9）删除帧：右击选中的帧，弹出其快捷菜单，单击"删除帧"命令。

（10）删除补间范围：右击要删除的补间范围，弹出其快捷菜单，单击"删除帧"或"清除帧"命令。

4．编辑相邻的补间范围

（1）移动两个连续补间范围间的分隔线：拖动该分隔线，Animate 将重新计算每个补间。

（2）按住【Alt】键，同时拖动第二个补间范围的起始帧，可以在两个补间范围之间添加一些空白帧，用来分隔两个连续补间范围。

（3）拆分补间范围：按住【Ctrl】键，同时单击补间范围中的单个帧，然后右击选中的帧，弹出帧快捷菜单，单击"拆分动画"命令。

如果拆分的补间已应用了缓动，则拆分后的补间可能不会与原补间具有相同的动画。

（4）合并两个连续的补间范围：选择这两个补间范围，右击选中的帧，弹出帧快捷菜单，单击"合并动画"命令。

（5）更改补间范围的长度：拖动补间范围的右边缘或左边缘，选中补间范围内的帧，按【F5】键，添加帧，但不会将属性关键帧添加到选定帧。

5．传统补间动画和补间动画的差异

Animate 可以使用实例、图形、图像、文本和组合等对象创建传统补间动画和补间动画。

（1）传统补间动画是针对画面变化而产生的，是在创建传统补间动画后，自动将对象转换成补间的实例，"库"面板中会增加名为"补间1"的图形元件。创建补间动画后，自动将对象（对象类型不是影片剪辑实例等可补间的类型）转换成影片剪辑实例，在"库"面板中会增加名为"元件1"影片剪辑元件。补间动画是针对对象属性变化而产生的。

（2）传统补间动画使用关键帧，补间动画使用属性关键帧。"属性关键帧"和"关键帧"的概念有所不同："关键帧"是指传统补间动画中的起始、终止和各转折画面对应的帧；"属性关键帧"是指在补间动画中对象属性值初始定义和发生变化的帧。

（3）传统补间动画会将文本对象转换为图形元件。补间动画会将文本视为可补间的类型，而不会将文本对象转换为影片剪辑。

（4）在传统补间动画的关键帧中可以添加帧脚本。在传统补间动画的属性关键帧中不允许添加帧脚本。

（5）只有补间动画可以创建 3D 对象动画，才能保存为动画预设。但是，补间动画无法交换元件或设置属性关键帧中显示的图形元件的帧数。

（6）传统补间动画由关键帧和关键帧之间的过渡帧组成，过渡帧是可以分别选择的独立帧。

补间动画由属性关键帧和补间范围组成，可以视为单个对象。如果要在补间动画范围中选择单个帧，必须按住【Ctrl】键，同时单击要选择的帧。如果要在补间动画范围中选择不同图层相同帧号码的帧，必须按住【Shift】键，同时单击要选择的图层的帧。

（7）右击传统补间动画帧，弹出帧快捷菜单，单击该菜单内的"插入关键帧"命令，即可将右击的帧转换为关键帧。右击补间动画帧，弹出帧快捷菜单，单击该菜单内的"插入关键帧"命令，会弹出"插入关键帧"菜单，如图 6-1-10 所示。

单击该菜单内的选项，即可将右击的帧转换为相应属性的属性关键帧。例如，单击"插入关键帧"→"全部"命令，即可将右击的帧转换为全部属性的属性关键帧。

图 6-1-10 "插入关键帧"菜单

●●● 思考与练习 6-1 ●●●

1. 采用补间动画的操作方法，制作一个"五幅图像切换"动画。
2. 采用补间动画的操作方法，制作一个"彩球上下跳跃"动画。
3. 采用传统补间动画的制作方法制作【案例 21】的动画。
4. 采用补间动画的操作方法，制作一个"昼夜轮回"动画，运行后一开始的画面如图 6-1-11（a）所示，然后画面逐渐变暗，月亮和星星逐渐显示出来，还有倒影，如图 6-1-11（b）所示。接着月亮和它的倒影从右向左缓慢移动。

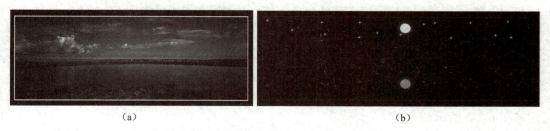

(a)   (b)

图 6-1-11 "昼夜轮回"动画运行后的两幅画面

●●● 6.2 【案例 22】图像漂浮切换 ●●●

6.2.1 案例描述

"图像漂浮切换"动画运行后的三幅画面如图 6-2-1 所示。可以看到，第一幅图像和红色"奇美图像"文字显示后,图像倾斜漂浮地向右上角移出,将下面的第二幅图像显示出来;接着第二幅图像也像第一幅图像一样显示、倾斜漂浮地向右上角移出。如此不断,一共有七幅图像像第一幅图像一样显示、移出。最后又显示第一幅图像画面。

图 6-2-1 "图像漂浮切换"动画运行后的三幅画面

6.2.2 操作方法

1. 制作第一个漂浮切换的动画

(1)新建一个 Animate 文档。设置舞台大小的宽为 240 像素、高为 320 像素,背景色为白色。以名称为"图像漂浮切换.fla"保存在"【案例 22】图像漂浮切换"文件夹内。

(2)将 TU1.jpg ~ TU7.jpg 七幅图像导入"库"面板内。创建并进入"图像 1"影片剪辑元件的编辑状态,单击选中"图层 1"第 1 帧,将"库"面板内的 TU1.jpg 图像拖到舞台内,在其"属性"面板内设置图像宽为 240 像素、高为 320 像素,X 和 Y 的值均为 0,然后回到主场景。

(3)按照上述方法,再创建"图像 2"~"图像 7"六个影片剪辑元件,在元件内分别放置"库"面板内的 TU2.jpg ~ TU7.jpg 图像。

(4)单击主场景"图层 1"图层中的第 1 帧,将"库"面板内的"图像 1"~"图像 7"影片剪辑元件拖动到舞台内。调整它们的 X 和 Y 的值均为 0,影片剪辑实例的宽度均为 240 像素,高度均为 320 像素。七个影片剪辑实例的位置一样,均覆盖整个舞台工作区。

(5)单击"图层 1"图层中的第 1 帧,单击"修改"→"时间轴"→"分散到图层"命令,将七个影片剪辑实例分别移到不同图层的第 1 帧,原来"图层 1"图层第 1 帧成为空白关键帧,将"图层 1"图层移到其他图层的最上边,将该图层的名称改为"文字"。其他图层名称从上到下分别是"库"面板内影片剪辑元件的名称"图像 1"~"图像 7"。在最下边创建一个"背景"图层,如图 6-2-2 所示。

(6)单击"文字"图层中的第 1 帧,输入红色、黑体、大小 50 点"奇美图像"文字,置于图像中间偏下的位置,添加渐变斜角滤镜,使文字立体化。按住【Shift】键,同时单击选中"文字"图层第 20 帧,按【F5】键,使"文字"图层中的第 1 ~ 20 帧的内容一样。

(7)按住【Shift】键,同时单击选中"图像 1"~"图像 7"图层第 21 帧,按【F6】键,使"图像 1"~"图像 7"图层第 21 帧成为关键帧,这些图层第 1 ~ 21 帧的内容一样。

(8)单击选中"图像 1"图层第 40 帧,创建"图像 1"图层中第 21 ~ 40 帧的补间动画,如图 6-2-3 所示。

图 6-2-2 时间轴　　　　　　　　　图 6-2-3 时间轴

（9）使用工具箱内的"3D 旋转工具" ，单击"图像 1"图层第 40 帧内的"图像 1"影片剪辑实例，调整该实例对象围绕各轴旋转一定角度，再使用"任意变形工具"将元件实例对象移到舞台工作区外右上角，适当调整它的大小，如图 6-2-4 所示。还可以使用"3D 平移工具"调整"图像 1"图层中第 40 帧内的实例对象，使用"选择工具"调整辅助线的形状。"图像 1"影片剪辑实例显示一段时间后向右上方漂浮移出的动画制作完毕。

2．制作其他图像的漂浮切换

（1）按住【Shift】键，同时单击选中"图像 1"和"图像 7"图层第 40 帧，选中"图像 1"～"图像 7"图层第 40 帧，按【F6】键，使"图像 1"～"图像 7"图层第 40 帧成为关键帧，效果如图 6-2-5 所示。

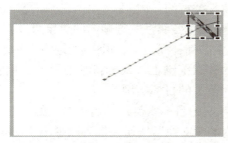
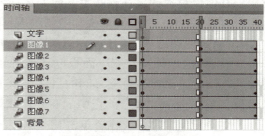

图 6-2-4 "图像 1"图层第 40 帧实例　　　　图 6-2-5 时间轴

（2）右击"图像 1"图层内补间动画的补间范围，弹出快捷菜单，单击"复制动画"命令，将"图像 1"图层内的补间动画帧复制到剪贴板内。

（3）右击"图像 2"图层中的第 21 帧，弹出快捷菜单，单击"粘贴动画"命令，将"图像 1"图层内补间动画的属性粘贴到"图像 2"图层的第 21～40 帧，"图像 2"图层第 21～40 帧已经具有和"图像 1"图层中第 21～40 帧一样的补间动画。

（4）再将"图像 1"图层内的补间动画帧复制到剪贴板内。

（5）按住【Shift】键的同时单击"图像 3"图层中的第 21 帧，再单击"图像 7"图层中的第 21 帧，同时选中"图像 3"～"图像 7"图层中的第 21 帧。

（6）右击选中的帧，弹出它的快捷菜单，单击其中的"粘贴动画"命令，将"图像 1"图层内补间动画的属性粘贴到"图像 3"～"图像 7"图层的第 21～40 帧，"图像 3"～"图像 7"图层第 21～40 帧已经具有和"图像 1"图层第 21～40 帧一样的补间动画。此时的时间轴如图 6-2-5 所示。

（7）单击"图像 2"图层，选中该图层的第 1～第 40 帧，再水平向右拖动选中的帧到第

21～60帧。按照相同的方法和移动规律，调整其他图层中的第1～40帧的位置，如图6-2-6所示。

（8）将"图像1"图层中的第1帧复制粘贴到"背景"图层中的第141帧，单击"背景"图层中的第160帧，按【F5】键，使该图层第141～160帧的内容一样。时间轴如图6-2-6所示。

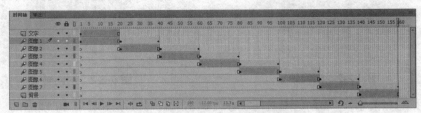

图6-2-6 "图像漂浮切换"动画的时间轴

6.2.3 相关知识

1．编辑补间动画

（1）右击补间范围，弹出快捷菜单，单击"查看关键帧"→"××"（属性类型名称）命令选项，可以显示或隐藏相关的属性类型的属性。

（2）如果补间动画中修改了对象位置（X和Y属性值），则会显示出一条从起点到终点的引导线。如果要改变对象的位置，可使用"选择工具"将播放头移到补间范围内的一帧处，拖动对象到其他位置，即可在补间范围内创建一个新的属性关键帧。

（3）可以使用"属性"面板和"动画编辑器"面板编辑各属性关键帧内的对象属性。

（4）将其他图层帧内的曲线（不封闭曲线）复制粘贴到补间范围，可以替换原引导线。

（5）将其他元件从"库"面板拖动到时间轴中的补间范围上，或者将其他元件实例复制粘贴到补间范围上，都可以替换补间的目标对象（即补间范围的目标实例）。

另外，单击选中"库"面板中的新元件或舞台内补间的目标实例，然后单击"修改"→"元件"→"交换元件"命令，或者单击其"属性"面板内的"交换"按钮，都可以弹出"交换元件"对话框，用来替换补间的目标实例。

（6）右击补间范围，弹出帧快捷菜单，单击"运动路径"→"翻转路径"命令，可以使对象沿路径移动的方向翻转。

（7）可以将静态帧从其他图层拖动到补间图层，在补间图层内添加静态帧中的对象。还可以将其他图层上的补间动画也拖动到补间图层，添加补间动画。

（8）如果要创建对象的3D旋转或3D平移动画，可将播放头放置在要先添加3D属性关键帧处，再使用"3D旋转工具"按钮或"3D平移工具"进行调整。

（9）如果补间范围未包含任何3D的属性关键帧，右击补间范围，弹出快捷菜单，单击"3D补间"命令选项，则可以将3D属性添加到已有的属性关键帧；如果补间范围已包含3D属性关键帧，则Animate会将这些3D属性关键帧删除。

2．复制和粘贴补间帧属性

可以将选中帧的属性（色彩效果、滤镜或3D等）复制粘贴到同一补间范围或其他补间范围内的另一个帧。粘贴属性时，仅将属性值添加到目标帧。注意，3D位置属性不能粘贴到3D补间范围内的帧中。操作方法如下：

（1）单击选中补间范围中的一个帧，右击选中的帧，弹出帧快捷菜单，单击"复制属性"命令。

（2）单击选中补间范围内的目标帧。右击选中的帧，弹出帧快捷菜单，单击"粘贴属性"命令。另外，右击选中的帧，弹出帧快捷菜单，再单击"选择性粘贴属性"命令，弹出"选择特定属性"对话框，选择要粘贴的属性，再单击"确定"按钮。

3．复制和粘贴补间动画

将补间属性从一个补间范围复制到另一个补间范围，原补间范围的补间属性应用于目标补间范围内的对象，但目标对象的位置不会变化。这样，可以将舞台上某补间范围内的补间属性应用于另一个补间范围内的对象，使操作简单。操作方法如下：

（1）单击包含要复制的补间属性的补间范围。

（2）右击选中的补间帧，弹出帧快捷菜单，单击"复制动画"命令，或单击"编辑"→"时间轴"→"复制动画"命令，将选中的补间动画复制到剪贴板内。

（3）右击要接收所复制补间范围的目标帧，弹出帧快捷菜单，单击"粘贴动画"命令，或单击"编辑"→"时间轴"→"粘贴动画"命令，即可对目标补间范围应用剪贴板内的属性并调整补间范围的长度，使它与所复制的补间范围一致。

4．"动画编辑器"面板简介

在时间轴上选择要调整的补间动画，双击补间范围，可以打开"动画编辑器"面板，如图6-2-7所示。右击该补间范围，弹出快捷菜单，单击选中该菜单内的"调整补间"命令，也可以打开"动画编辑器"面板。重复上边的操作，可以关闭"动画编辑器"面板。

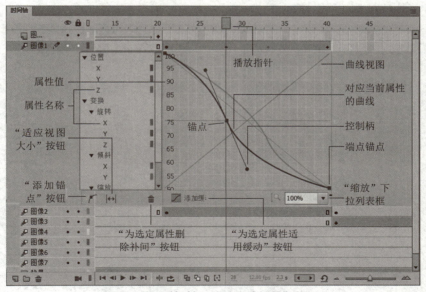

图 6-2-7　时间轴和"动画编辑器"面板

"动画编辑器"面板是专为补间动画设计的，可以方便、精确地进行各种补间属性的调整。只需用较少时间就可以创建较复杂的补间动画，从而丰富动画效果，模拟实情。动画编辑器是制作某些种类动画的唯一方式，例如，对单个属性通过调整其属性曲线来创建弯曲的路径补间。动画编辑器可以应用到选定补间范围的所有属性。

（1）属性名称：动画编辑器左边栏内列出了选中补间范围的所有属性名称，它们是分类保存的。例如，"位置"属性类中有 X、Y、Z 三个属性名称，"变换"属性类中有"旋转"和"倾斜"两个属性子类，"旋转"属性类中有 X、Y、Z 三个属性名称，如图 6-2-7 所示。单击图标▼，可展开属性，该图标变为▶状；单击图标▶，可收缩属性，该图标变为▼状。

单击不同的属性名称，曲线视图内会显示相应的补间属性曲线，曲线视图内左边一列的属性值也会随之改变。

（2）垂直缩放曲线：在"缩放"下拉列表框中选择不同的百分数值，可以在垂直方向缩放曲线视图内的曲线，以便观察。

（3）曲线视图：其内使用二维图形表示属性关键帧和补间帧的属性值变化情况，每个图形的水平方向表示帧（从左到右增加），曲线视图上边对应着时间轴中相应补间范围中的帧；左边垂直方向的数值表示属性值。属性曲线上的锚点对应一个属性关键帧。

请注意，动画编辑器只允许编辑那些在补间范围中可以改变的属性。例如，"渐变斜角"滤镜的"品质"属性在补间范围中只能被指定一个值，因此不能使用动画编辑器来编辑它。

（4）修改补间属性：动画编辑器内右边是曲线视图，其内显示一些二维图形。一个属性有一幅曲线图像与之对应。可以单独选择并修改视图中的每一幅图形，从而单独修改相应的补间属性。通过选择并修改一个个补间属性，从而实现对补间的集中编辑，修改应用于某个补间的所有属性，精确调整动画补间。

（5）适应视图大小：单击按下"适应视图大小"按钮 ↔，可以充分展开视图，如图 6-2-8 所示。此时该按钮变为"恢复视图"按钮 ↔，单击该按钮，使视图恢复原来状态，同时按钮恢复原抬起状的"适应视图大小"按钮 ↔。

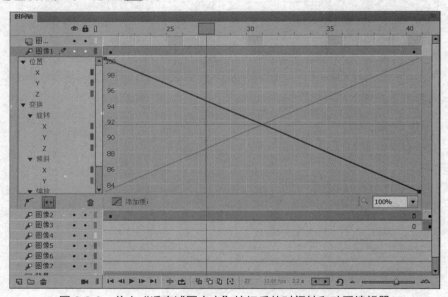

图 6-2-8　单击"适应试图大小"按钮后的时间轴和动画编辑器

（6）锚点和控制点：单击"在图形上添加锚点"按钮 后，将鼠标指针移到曲线视图内的曲线之上时，鼠标指针变为"添加锚点"状 ，此时单击，可以增加一个锚点 ，锚点处会增加一条切线，切线两端各有一个控制点 。

在增加锚点的同时，也在时间轴播放指针指示的帧插入一个属性关键帧。可以使用锚点和控制点来改变曲线形状，隔离补间的关键部分并进行编辑。

（7）缓动：缓动是用于修改 Animate 计算补间中属性关键帧之间属性值的一种技术。如果不使用缓动，Animate 在计算这些值时，会使对数值的更改在每一帧中都一样。如果使用缓动，则可以调整对每个数值的更改程度，从而实现更自然、更复杂的动画。使用动画编辑器可以对任何属性曲线应用缓动，轻松地创建复杂动画效果，而无须创建复杂的运动路径。缓动曲线是显示在一段时间内如何内插补间属性值的曲线。

使用动画编辑器可以添加不同的缓动预设、添加多个缓动预设和创建自定义缓动。可以对单个属性应用缓动，然后使用合成曲线在单个属性视图上查看缓动的效果，合成曲线表示实际的补间。对补间属性添加缓动是模拟对象真实行为的简便方式。

单击动画编辑器内的"为选定属性添加缓动"按钮，即可打开"缓动"面板，单击其内左边列表中的一个预设的缓动名称（例如"简单"类型中的"中"选项），即可在右边视图中显示相应的缓动曲线，如图 6-2-9 所示。

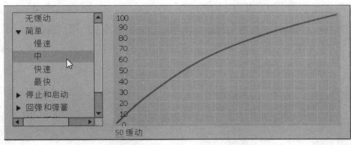

图 6-2-9 "缓动"面板

5．属性曲线调整

在时间轴中双击选定的补间范围，可打开动画编辑器。在左边列表框中选择要编辑的属性，曲线视图会显示相应的曲线，针对选定属性的曲线，可以进行以下操作。

（1）添加锚点：除了前面介绍的添加锚点的方法意外，还有一个简单添加锚点的方法。这就是将鼠标指针移到曲线之上要添加锚点之处，当鼠标指针变为白色箭头状时双击此处，即可添加一个锚点。

（2）移动锚点位置：使用"选择工具"或"钢笔工具"等工具，将鼠标指针移到锚点处，鼠标指针会变为状，拖动鼠标，可以移动锚点位置，可以精确调整补间属性曲线的形状。垂直方向的移动受属性取值范围的限制。在更改某一属性曲线形状的同时，舞台工作区内的对象显示也会随之改变。

（3）删除锚点：按【Ctrl】键，将鼠标指针移到锚点处，鼠标指针会变为"删除锚点"状，单击锚点，即可删除该锚点，同时也删除了相应的属性关键点。

（4）添加锚点：前面介绍了，单击"在图形上添加锚点"按钮后，将鼠标指针移到曲线之上时，鼠标指针变为"添加锚点"状，单击即可以增加一个锚点。另外，按住【Shift】键，同时将鼠标指针移到曲线之上双击，也可以增加一个锚点，也称属性关键帧控制点。

（5）使用控制点调整属性曲线：在左边列选择要编辑的属性，将鼠标指针移到锚点切线的控制点●处，当鼠标指针呈▶状时拖动鼠标，可以调整切线的斜率，锚点位置不变，从而调整了曲线的形状。

（6）调整属性曲线的形状：使用"选择工具"▶或"钢笔工具"♦等工具，向上拖动移动曲线段或属性关键帧锚点可以增加属性值，向下移动可以减小属性值；向左或向右拖动移动曲线段或属性关键帧控制点，可以移动属性关键帧的位置。拖动曲线可以精确调整补间的每条属性曲线的形状，在更改某一属性曲线形状的同时，舞台工作区内的对象显示也会随之改变。

（7）反转：右击曲线视图内部，弹出快捷菜单，如图6-2-10所示。单击该菜单内的"反转"命令，即可使补间范围内的两个属性关键帧的选中属性对换。

（8）翻转：在动画编辑器中选择一个属性，右击曲线视图内部，弹出快捷菜单，单击该菜单内的"翻转"命令，即可翻转属性曲线，将当前帧画面按照选中的属性镜像翻转。

图6-2-10 曲线区域快捷菜单

（9）锚点不同模式：按住【Alt】键，使用工具箱内的"选择工具"▶或"钢笔工具"♦等工具，并单击属性关键帧锚点，可将锚点在转角点模式（尖角，控制点无切线）和平滑点模式（平滑，控制点有切线）之间切换。当属性关键帧锚点是转角点模式时，拖动鼠标，图形变化和鼠标指针如图6-2-11所示。当属性关键帧锚点是平滑点模式时，在该锚点处会出现一条切线，拖动切线的控制点，可调整曲线，如图6-2-12所示。

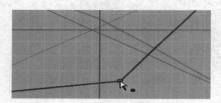 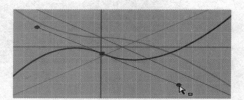

图6-2-11 转角点模式和图形变化　　　图6-2-12 平滑点模式和曲线形状的调整

（10）复制属性曲线：可以在动画编辑器中为多个属性复制属性曲线。具体操作如下：

◎ 选择要复制其曲线的属性，右击弹出快捷菜单，单击该菜单内的"复制"命令，或者按【Ctrl+C】组合键，即可将选中曲线的属性设置复制到剪贴板内。

◎ 根据绝对值粘贴曲线：复制其他曲线的属性，右击当前曲线视图，弹出快捷菜单，单击该菜单内的"粘贴"命令或按【Ctrl+V】组合键，将剪贴板内的属性设置粘贴到当前曲线。

◎ 在当前范围内粘贴：复制其他曲线的属性，右击当前曲线视图，弹出它的快捷菜单，单击该菜单内的"以适合当前范围方式粘贴"命令，将剪贴板内的属性设置粘贴到选择的属性。

6. 应用缓动

缓动是用于修改Animate计算补间中属性关键帧之间属性值的一种技术。如果不使用缓动，Animate在计算这些值时，就会使对值的更改在每一帧中都一样。如果使用缓动，则可以调整对每个值的更改程度，从而实现更自然、更复杂的动画。使用"动画编辑器"面板可以对任何属性曲线应用缓动，轻松地创建复杂的动画效果，而无须创建复杂的运动路径。缓动曲线是显示在一段时间内如何内插补间属性值的曲线。

（1）单击动画编辑器内的"为选定属性适用缓动"按钮▥，打开"缓动"面板，如图6-2-13

所示。可以看到"缓动"面板内左边列表框中有"无缓动"选项，默认选中该选项，其右边区域显示一条斜直线。

（2）"缓动"面板内左边列表框中还有四个缓动类别名称和"自定义"选项。单击图标▶，可展开相应类型的缓冲名称，该图标变为▼状；单击图标▼，可收缩相应类型的缓冲名称，该图标变为▶状。例如，单击"回弹和弹簧"缓冲类名称左边的图标▶，展开该缓冲类缓冲名称，单击选中"回弹"选项，其右边视图会显示相应的曲线，如图6-2-14所示。

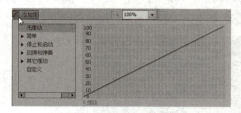
图 6-2-13 "缓动"面板

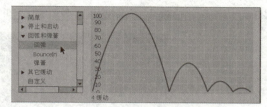
图 6-2-14 "缓动"面板内选中"回弹"缓冲选项

（3）单击选中左边列内的"自定义"选项，则右边曲线是一条斜线，可以进行自定义缓动曲线的调整，将鼠标指针移到曲线之上，鼠标指针变为"添加锚点"状，此时单击，可以增加一个锚点，锚点处会增加一条切线，切线两端各有一个控制点，如图6-2-15所示。"缓动"面板内曲线的调整方法与动画编辑器视图中属性曲线的调整方法一样。

（4）如果向一条属性曲线应用了缓动，则在属性曲线区域中会增加一条虚线，表示缓动对属性值的影响，如图6-2-16所示。缓动曲线是应用于补间属性值的数学曲线。补间的最终效果是属性曲线和缓动曲线中属性值范围组合的结果。

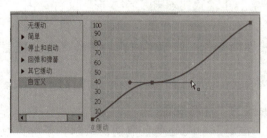
图 6-2-15 自定义缓动曲线的调整

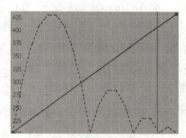
图 6-2-16 属性曲线和缓动曲线

●●●● 思考与练习 6-2 ●●●●

1. 参考【案例22】动画的制作方法，制作一个"图像切换"动画。该动画运行后，可以按照两种不同的方式切换图像，奇数和偶数图像的切换方式不一样，共切换10幅图像。

2. 制作一个"旋转变化文字"动画，该动画运行后Adobe Animate文字由小变大地旋转变换展现出来，同时颜色由蓝色变为绿色，再变为红色。

3. 使用"动画编辑器"面板，调整【案例22】动画中各幅图像移出画面所采用的方法。

4. 制作一个"漂浮图像切换"动画。该动画运行后，第一幅图像旋转扭曲地从外边向舞台工作区内移入，并刚好将源图像完全覆盖。接着其他八幅图像也采用相同方法依次切换。

6.3 【案例23】浪遏飞舟和文字变形

视频
案例23

6.3.1 案例描述

"浪遏飞舟和文字变形"动画运行后的两幅画面如图6-3-1所示。可以看到,空中的两只小鸟在飞翔,随着海面起伏,一个小人在海中划船,迎浪前行。同时上边的红色字符"浪遏"逐渐变形变色并移位到右边,变为黄色字符"飞舟"。

图6-3-1 "浪遏飞舟和文字变形"动画运行后的两幅画面

6.3.2 操作方法

1. 制作海浪起伏的动画

(1)新建一个Animate文档,设置舞台大小的宽为500像素、高为350像素,背景为浅蓝色。以名称"浪遏飞舟和文字变形.fla"保存在"【案例23】浪遏飞舟和文字变形"文件夹内。

(2)将"图层1"图层的名称改为"背景",单击选中"背景"图层第1帧,绘制一幅宽500像素、高350像素的矩形,填充下白上蓝的线性渐变色。该矩形将舞台工作区完全覆盖,如图6-3-2所示。然后,隐藏"背景"图层。

(3)在"背景"图层之上添加一个名称为"海浪"的图层,单击选中该图层第1帧,绘制一幅宽600像素、高180像素的矩形,填充下白上蓝的线性渐变色。

(4)单击"直线工具" ,按住【Shift】键,在矩形中间处垂直拖动,绘制一条垂直直线。使用"选择工具" ,将鼠标指针移到直线左边矩形上边缘处,垂直向下拖动矩形的上边缘,产生左边的海浪图形效果,如图6-3-3所示。

图6-3-2 "背景"图层图形　　　　图6-3-3 产生左边的海浪图形效果

(5)将鼠标指针移到直线右边矩形上边缘处,垂直向上拖动矩形的上边缘,产生海浪图形效果,再双击直线,选中直线全部,按【Delete】键,删除直线,如图6-3-4所示。

(6)右击"海浪"图层中的第1帧,弹出帧快捷菜单,单击"创建补间形状"命令,再按住【Ctrl】键,同时单击"海浪"图层中的第120帧和第60帧,按【F6】键,创建两个关键帧,同时制作"海浪"图层中第1~60帧再到第120帧的形状动画。"海浪"图层中第1帧与第120帧的画面一样,如图6-3-4所示。

（7）单击"海浪"图层中的第60帧，单击舞台工作区外，不选中图形，再将鼠标指针移到直线右边上边缘处，垂直向下拖动上边缘；再将鼠标指针移到直线左边矩形上边缘处，垂直向上拖动上边缘，从而产生海浪起伏的动画效果，效果如图6-3-5所示。

图6-3-4　第1、120帧的画面

图6-3-5　第60帧的画面

2．制作小船和小鸟的动画

（1）将"飞鸟1.gif"、"飞鸟2.gif"和"划船.gif"三个GIF动画导入到"库"面板中。将"库"面板内，生成三个影片剪辑，将它们的名称分别改为"飞鸟1"、"飞鸟2"和"划船"。

（2）在"海浪"图层之上添加三个图层，将它们的名称从下到上依次改为"划船"、"飞鸟1"和"飞鸟2"。单击选中"划船"图层第1帧，将"库"面板内的"划船"影片剪辑元件拖动到舞台工作区内左下海面之上；单击选中"飞鸟1"图层第1帧，将"库"面板内的"飞鸟1"影片剪辑元件拖动到舞台工作区内的左上角；单击"飞鸟2"图层中的第1帧，将"库"面板内的"飞鸟2"影片剪辑元件拖动到舞台工作区内右上角。

（3）创建"划船""飞鸟1"和"飞鸟2"图层中第1～120帧的补间动画。将"划船"图层第120帧的"划船"影片剪辑实例移到舞台工作区右边；将"飞鸟1"图层中第120帧的"飞鸟1"影片剪辑实例移到舞台工作区右边；将"飞鸟1"图层中第120帧的"飞鸟1"影片剪辑实例移到舞台工作区左边。

（4）选中"划船"图层，可以看到该图层补间动画的运动引导线是一条直线。"飞鸟1"和"飞鸟2"图层补间动画运动引导线都是一条直线。按【Enter】键，运行动画，可以看到"划船"、"飞鸟1"和"飞鸟2"影片剪辑实例都是沿着直线运动。

（5）在"飞鸟2"图层上新增一个"图层1"图层，单击选中该图层第1帧，在起伏海浪之上绘制一条黑色水平直线，再在它们的中间位置绘制一条垂直直线。将鼠标指针移到直线左边水平直线中间处，垂直向下拖动，使直线向下弯曲；将鼠标指针移到直线右边水平直线中间处，垂直向上拖动，使直线向上弯曲，如图6-3-6所示。

（6）将文档的背景色改为蓝色。单击选中绘制的曲线并右击，弹出快捷菜单，单击"复制"命令，将选中的曲线复制到剪贴板内。单击选中"划船"图层第1帧，选中该补间动画内引导线并右击，弹出快捷菜单，单击"粘贴到中心位置"命令，或者单击"编辑"→"粘贴到当前位置"命令，用剪贴板内的曲线替换补间动画的引导线，如图6-3-7所示。

图6-3-6　"引导线"图层第1帧绘制的引导线

图6-3-7　"划船"图层第1帧的画面和引导线

（7）按照上述方法，依次在"图层1"图层制作"飞鸟1"和"飞鸟2"图层补间动画的曲线引导线，再依次将它们替换"飞鸟1"和"飞鸟2"图层补间动画内的引导线，使"飞鸟1"和"飞鸟2"图层内的"飞鸟1"和"飞鸟2"影片剪辑实例沿着曲线移动。

如果粘贴曲线后，飞鸟的移动方向反了，可以右击该补间动画的补间帧，弹出帧快捷菜单，单击"运动路径"→"翻转路径"命令，使运动的方向反转；再选中该补间动画的引导线，水平移动引导线和实例对象的起始和终止位置。

如果粘贴曲线后，引导线的位置不对，可以使用"选择工具" ，调整引导线的位置，还可以调整引导线的形状。

（8）单击选中"划船"图层第 1 帧，拖动时间轴内的播放指针，根据动画播放的情况，拖动调整该补间动画引导线的形状，最后效果如图 6-3-8 所示。

图 6-3-8 "划船"图层中第 1 帧的画面和补间动画内引导线的调整结果

3．制作文字变色变形动画

（1）将"图层 1"图层（已经是空白关键帧）的名称改为"文字变化"，单击选中该图层中的第 1 帧，输入字体为"华文行楷"、大小为 58 点、红色文字"浪遏"，再将文字两次分离，即打碎。

（2）右击"文字变化"图层中的第 1 帧，弹出帧快捷菜单，单击"创建补间形状"命令，使该帧具有补间形状动画属性。单击选中第 120 帧，按【F6】键，创建第 1 ～ 120 帧的补间形状动画。

（3）单击"文字变化"图层中的第 120 帧，输入字体为"华文行楷"、大小为 58 点、黄色字符"飞舟"，将该文字移到舞台工作区内的右上角。将文字两次分离，即打碎。然后将打碎的文字"浪遏"删除。

至此，整个动画制作完毕，"浪遏飞舟和文字变形"动画的时间轴如图 6-3-9 所示。

图 6-3-9 "浪遏飞舟和文字变形"动画的时间轴

6.3.3 相关知识

1．制作补间形状动画的基本方法

补间形状动画是由一种图形逐渐变为另外一种图形的动画。可以将图形、打碎的文字、分离后的位图和由位图转换的矢量图形对象进行变形，制作补间形状动画。不能将实例、未打碎的文字、位图图像、组合对象制作补间形状动画。

下面通过制作一个绿色球变为红色六边形的补间形状动画来介绍补间形状动画的制作方法。

（1）选中一个空白关键帧（例如"图层 1"图层第 1 帧）作为补间形状动画的开始帧，在舞台工作区内创建一个符合要求的对象（图形等），作为补间形状动画的初始对象。此处绘制一个绿色球。

（2）右击关键帧（例如"图层1"图层第1帧），弹出帧快捷菜单，单击该菜单内的"创建补间形状"命令，使该帧具有补间形状动画属性。"属性"面板"补间"栏的设置如图6-3-10所示，可以进行调整。

（3）单击补间形状动画的终止帧（例如"图层1"图层第20帧），右击弹出帧快捷菜单，单击该菜单内的"插入关键帧"命令或者按【F6】键，创建动画的终止帧为关键帧。此时，在时间轴上，第1～20帧之间会出现一个指向右边的箭头，帧单元格的背景为浅绿色。

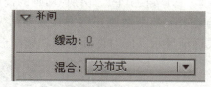

图6-3-10 "属性"面板"补间"栏设置

（4）在舞台工作区内绘制一个红色六边形图形，再将该帧内原有的绿色球删除。也可以先删除原对象，再创建新对象；或者修改原对象，使原对象形状改变。

2. 补间形状动画关键帧的"属性"面板

单击选中补间形状动画关键帧，打开它的"属性"面板，其内的"补间"栏如图6-3-10所示，其中各选项的作用简介如下：

（1）"缓动"文本框：其内输入缓动输出量。

（2）"混合"下拉列表框：该下拉列标框内各选项的作用如下。

◎ "角形"选项：选择它后，创建的过渡帧中的图形更多地保留了原来图形的尖角或直线的特征。如果关键帧中图形没有尖角，则与选择"分布式"的效果一样。

◎ "分布式"选项：选择它后，可使补间形状动画过程中创建的中间过渡帧的图形较平滑。

●●●● 思考与练习6-3 ●●●●

1. 制作一个"字母变换"动画，该动画播放后，一个红字母A逐渐变形为蓝字母B，接着蓝字母B再逐渐变形为红字母"C"。

2. 制作一个"冲浪"动画，该动画运行后的一幅画面如图6-3-11所示。可以看到，一个小孩脚踏滑板在波浪起伏的海中滑行。

3. 制作一个"彩球撞击"动画，该动画运行后的两幅画面如图6-3-12所示。在左边、右边和下边各有一个绿色渐变弹性面。一个彩球在三个弹性面之间撞击，彩球撞击到弹性面时，彩球的移动和绿色渐变弹性面的起伏动作协调连贯。另外，红色"彩"和"球"文字分别变形成"撞"和"击"文字，接着又变形回为原来的"彩"和"球"文字。

图6-3-11 "冲浪"动画播放的两幅画面

图6-3-12 "彩球撞击"动画的两幅画面

6.4 【案例 24】开关门式图像切换

6.4.1 案例描述

"开关门式图像切换"动画的播放后的两幅画面如图 6-4-1 所示。可以看到,先显示第一幅图像,接着第一幅图像以开门方式逐渐消失,同时将第二幅图像显示出来。接着,第三幅图像以关门方式逐渐显示,同时逐渐将第二幅图像遮挡。

图 6-4-1 "开关门式图像切换"动画播放后的两幅画面

6.4.2 操作方法

1. 图像开门式切换

(1)新建一个 Animate 文档,设置舞台大小的宽为 400 像素、高为 300 像素,背景色为白色。导入 TU1.jpg、TU2.jpg 和 TU3.jpg 三幅图像到"库"面板内。然后,以名称"开关门式图像切换 .fla"保存在"【案例 24】开关门式图像切换"文件夹内。

(2)单击选中"场景"面板内"场景 1"场景名称,切换到"场景 1"场景。单击选中时间轴"图层 1"图层第 1 帧,将"库"面板内的 TU2 图像元件拖动到舞台工作区内,调整该图像宽为 400 像素、高为 300 像素,X 和 Y 均为 0,使图像刚好将整个舞台工作区完全覆盖。

(3)在"图层 1"图层之上添加"图层 2"图层。单击选中该图层第 1 帧,将"库"面板内 TU1 图像元件拖动到舞台内,调整该图像的大小和位置,使它刚好将 TU2 图像完全覆盖。

(4)在"图层 2"图层之上创建一个"图层 3"图层,单击该图层中的第 1 帧。使用工具箱内的"矩形工具" ■,绘制一幅黑色、无轮廓线的矩形,使该黑色矩形刚好将图像完全覆盖,如图 6-4-2 所示(还没有形状指示)。

(5)使用工具箱中的"选择工具" ▶,右击"图层 3"图层中的第 1 帧,弹出帧快捷菜单,单击"创建补间形状"命令,使该帧具有补间形状动画属性。选中第 120 帧,按【F6】键,创建补间形状动画。

(6)单击选中"图层 3"图层中的第 120 帧,再选中矩形,利用其"属性"面板设置矩形宽 10 像素、高 300 像素,X 和 Y 均为 0,使矩形为一条位于舞台工作区内左边的细长矩形,如图 6-4-3 所示(还没有形状指示)。

(7)为了显示清楚,暂时隐藏"图层 1"和"图层 2"图层。单击选中"图层 3"图层中的第 1 帧,单击"视图"→"显示形状提示"命令,显示形状提示标记。两次单击"修改"→"形状"→"添加形状提示"命令或按【Ctrl+Shift+H】组合键,产生两个形状指示,如图6-4-2所示。再单击选中"图层3"图层中的第120帧,调整形状指示位置,如图6-4-3所示。

图 6-4-2　第 1 帧矩形和形状指示　　　　图 6-4-3　第 120 帧矩形和形状指示

（8）单击选中"图层1"和"图层2"图层中的第120帧,按【F5】键,使"图层1"图层中第1~120帧的内容一样,使"图层2"图层中第1~120帧的内容一样。

（9）右击"图层3"图层,弹出图层快捷菜单,单击"遮罩层"命令,设置"图层3"图层为遮罩图层,"图层2"图层为被遮罩图层。此时的时间轴如图6-4-4所示。

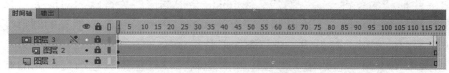

图 6-4-4　"场景 1"场景"开门式图像切换"动画的时间轴

2．图像关门式切换

（1）打开"场景"面板,选中"场景"面板内的"场景1"名称,单击"重置场景"按钮，复制一份"场景1",在"场景"面板内,将复制的场景名称改为"场景2"。

（2）单击选中"场景"面板内"场景2"名称,将舞台切换到"场景2"。将时间轴内"图层1"图层锁定。按住【Shift】键,单击"图层3"图层第120帧和第1帧,选中"图层3"图层内的所有帧。右击选中的帧,弹出帧快捷菜单,单击该菜单内的"翻转帧"命令,使"图层3"图层第1~120帧内容翻转互换。

（3）使用工具箱中的"选择工具"，单击选中"图层2"图层第1帧内的图像,按【Delete】键,将该图像删除。再将"库"面板内的TU3图像元件拖动到舞台内,调整该图像的大小和位置,使它刚好将"图层1"图层第1帧内的图像完全覆盖。

（4）选中"图层3"图层第1帧,单击"修改"→"形状"→"添加形状提示"命令,再按【Ctrl+Shift+H】组合键,产生两个形状指示。将这两个形状指示移到黑色矩形左边两个顶点处,如图6-4-5所示。单击选中"图层3"图层第120帧,调整形状指示的位置,如图6-4-6所示。

（5）另外,也可以不采用创建补间形状动画的方法。使用工具箱中的"选择工具"，单击选中"图层3"图层第1帧,为了看清楚,暂时将该帧内绘制的黑色矩形图形宽度调整为40像素。

单击选中"图层3"图层第1帧,单击舞台工作区外部,不选中黑色矩形,将鼠标指针移到第1帧内矩形的右上角,当鼠标指针右下方出现一个小直角形后,垂直向下拖动,使右上角垂直下移1/4。再将鼠标指针移到矩形的右下角,垂直向上拖动,使右下角垂直上移1/4。形成一个梯形形状,如图6-4-7所示。再将梯形图形的宽度调整为10像素。

"场景2"场景的时间轴与"场景1"场景的时间轴一样,如图6-4-4所示。

 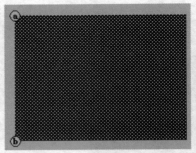 

图 6-4-5　第 1 帧矩形和形状提示　　　图 6-4-6　第 120 帧矩形和形状提示　　　图 6-4-7　第 1 帧梯形

6.4.3　相关知识

1. 添加形状提示的基本方法

使用形状提示可以控制补间形状动画的变形过程。形状提示就是在形状的初始图形与结束图形上分别指定一些形状的关键点一一对应，Animate 会根据这些关键点的对应关系来计算形状变化的过程，并赋给各个补间帧。下边以制作一个将一幅红色到黄色渐变填充的圆形变形为一幅填充七彩色的矩形图形的变形动画为例，介绍添加形状提示的方法。

（1）单击选中第 1 帧（起始帧），在该帧内绘制一幅红色到黄色渐变填充的圆形；选中第 20 帧（终止帧），在该帧内绘制一幅填充七彩色的矩形图形。单击选中起始帧，单击"修改"→"形状"→"添加形状提示"命令或按【Ctrl+Shift+H】组合键，可以在起始帧图形之上添加形状提示标记 a。如果重复上述过程，可以继续增加 b ~ z 25 个形状提示标记。最多可添加 26 个形状提示标记。如果没有形状提示标记显示，可以单击"视图"→"显示形状提示"命令。

此处添加形状提示标记 a ~ c 三个形状提示标记，拖动这些形状提示标记，分别放置在图形的一些位置处，如图 6-4-8 所示。

（2）起始帧的形状提示标记用黄色圆圈表示，终止帧的形状提示标记用绿色圆圈表示。如果形状提示标记的位置不在曲线上，会显示红色。

（3）在添加一个或多个形状提示标记后，可以右击形状提示标记，弹出快捷菜单，如图 6-4-9 所示。单击该菜单内的命令，可以添加一个形状提示标记、删除右击的形状提示标记或删除全部形状提示标记，也可以在显示或隐藏形状提示标记间切换。

（4）选中终止帧单元格，会看到终止帧七彩矩形中也有 a ~ c 形状提示标记（它们重叠在一起）。也可以右击拖动这些形状提示标记到矩形图形的适当位置，如图 6-4-10 所示。

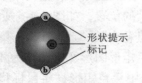 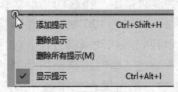 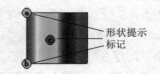

图 6-4-8　起始帧形状提示标记　　　图 6-4-9　快捷菜单　　　图 6-4-10　终止帧形状提示标记

（5）拖动形状提示标记到舞台外边，即可删除被拖动的形状提示标记。单击"修改"→"形状"→"删除所有标记"命令，可以删除所有标记。

2. 添加形状提示的原则

（1）如果过渡比较复杂，可以在中间增加一个或多个关键帧。

（2）起始关键帧与终止关键帧中形状提示标记的顺序最好一致。

（3）最好使各形状关键点沿逆时针方向排列，并且从图形的左上角开始。

（4）形状提示标记不一定越多越好，重要的是位置要合适。这可以通过实验来决定。

（5）在创建复杂的补间形状动画时，需要创建中间形状图形，然后再进行补间，而不要只定义起始和结束的形状图形。最后给各关键帧图像添加形状提示标记。

（6）在添加形状提示标记时，要确保形状提示标记添加的符合逻辑。例如，如果在一个三角形中使用三个形状提示标记，则在原始三角形和补间三角形中，三个形状提示标记的顺序必须相同。如果按逆时针顺序从形状图形的左上角开始放置形状提示标记，它们的工作效果最好。

●●●● 思考与练习6-4 ●●●●

1. 制作一个"关开门式图像切换"动画，第二幅图像以关门方式逐渐将第一幅图像遮挡；接着第二幅图像以开门方式逐渐将第三幅图像显示出来。

2. 制作一个"动画开关门式切换"动画，该动画播放后的一幅画面如图6-4-11所示。先显示第一个动画画面，接着该动画画面以开门方式逐渐消失，同时将第二动画画面显示出来。然后，第三个动画画面以关门方式逐渐显示，同时逐渐将第二个动画画面遮挡住。

3. 制作一个"双关门式图像切换"动画，该动画播放后，第一幅图像以双开门方式打开，将第二幅图像逐渐显示出来，其中的一幅画面如图6-4-12所示。

图6-4-11 "动画开关门式切换"动画画面

图6-4-12 "双关门图像切换"动画画面

●●●● 6.5 【综合实训6】红楼翻页画册 ●●●●

6.5.1 实训效果

"红楼翻页画册"场景动画由两个场景的动画组成，第一个场景是"文字图像切换"场景，该场景内的动画运行后的三幅画面如图6-5-1所示。可以看到，第一幅图像和相应的"红楼金陵十二钗"变色旋转文字显示一段时间后，第一幅红楼图像和文字都会以一种旋转变化方式漂浮移出，同时将下面的第二幅红楼图像和相应的变色旋转文字显示出来。

图 6-5-1 "文字图像切换"场景动画运行后的三幅画面

第二个场景是"翻页画册"场景，该场景内的动画运行后的三幅画面如图 6-5-2 所示。可以看到，第一幅图像慢慢从右向左翻开，接着第二幅图像慢慢从右向左翻开，而且画册的每一页背面的图像与正面的图像不一样。在翻页的同时，一些花瓣从上向下缓缓飘落。该动画是使用制作形状补间动画来创建翻页效果的，效果较为真实。

图 6-5-2 "翻页画册"场景动画运行后的三幅画面

6.5.2 实训提示

（1）新建一个 Animate 文档，设置舞台大小的宽为 680 像素、高为 550 像素，背景为白色。以名称"红楼翻页画册.fla"保存在"【综合实训 6】红楼翻页画册"文件夹内。在"场景"面板内创建一个"场景 2"新场景，将"场景 1"名称改为"文字图像切换"，将"场景 2"名称改为"翻页画册"。

（2）制作"文字图像切换"场景内的动画，该动画的时间轴如图 6-5-3 所示。"图像 1"图层放置的是图 6-5-1（a）所示的背景图像"宝钗戏蝶.jpg"，"图像 2"图层第 1 帧内放置的是图 6-5-1（c）所示的背景图像"黛玉葬花.jpg"。动画内"图像 2"图层中第 1～20 帧的内容一样。参看【案例 24】动画的制作方法制作"图像 2"图层图像漂浮移出画面的动画。

图 6-5-3 "文字图像切换"场景动画的时间轴

（3）为了制作文字旋转变化动画，需要制作"文字"影片剪辑元件，其中容是"红楼金陵十二钗"立体文字。参看【案例 24】动画的制作方法制作"红楼金陵十二钗"文字旋转变色和变化的动画。第 121～140 帧的内容一样，保证这段时间图像和文字不变。

（4）创建并进入"花瓣飘落"影片剪辑元件编辑状态，制作三片花瓣沿引导线下落的动画。"图层 1"、"图层 2"和"图层 3"图层分别是三个花瓣图形移动的补间动画。它们的三个引导图层内分别绘制有三条曲线，再分别用三条曲线替代三个补间动画的引导线，创建三个花瓣图形沿着曲线下落的补间动画。可以将三个引导图层删除，不会影响动画的正常运行。制作该动画可以参看【案例 24】"浪遏飞舟和文字变形"动画的制作方法。该影片剪辑元件的时间轴、第 1 帧的画面和引导线如图 6-5-4 所示。然后回到主场景。

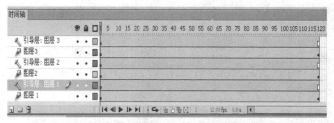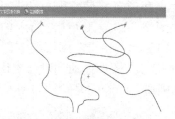

图 6-5-4 "花瓣飘落"影片剪辑元件的时间轴、第 1 帧画面和三条引导线

（5）切换到"翻页画册"场景，将"图层 1"图层的名称改为"动画"，在"动画"图层下边新建"第一篇正"、"第一篇反"和"背景"图层。导入 12 幅"红楼金陵十二钗"图像（TU1.jpg ~ TU12.jpg 图像）、"底页"和"封面"图像到"库"面板内。

（6）单击"第一篇正"图层中的第 1 帧。将"库"面板内 TU1 图像拖动到舞台工作区内，调整该图像的宽度为 242.4 像素，高度为 358.8 像素，位置如图 6-5-5（a）所示。

（7）将 TU1 图像打碎，创建"第一篇正"图层中第 1 ~ 40 帧的形状动画。"第一篇正"图层中第 1 帧的画面如图 6-5-5（a）所示，第 40 帧的画面如图 6-5-5（b）所示。

（8）单击"第一篇反"图层中的第 41 帧，创建一个空白关键帧，将"库"面板内的 TU2 图像拖到舞台工作区内，调整该图像的大小和位置，使该图像的宽度为 242.4 像素，高度为 358.8 像素。然后，将 TU2 图像打碎，再将该图像调整如图 6-5-5（c）所示。

（9）创建"第一篇反"图层中第 41 ~ 80 帧的形状动画。"第一篇反"图层中第 41 帧的画面如图 6-5-5（d）所示，第 80 帧的画面如图 6-5-5（c）所示。

（a）　　　　　　　　（b）　　　　　　　　（c）　　　　　　　　（d）

图 6-5-5 "第一篇正"图层和"第一篇反"图层形状动画关键帧的画面

此时，"翻页画册"动画的部分时间轴如图 6-5-6 所示。

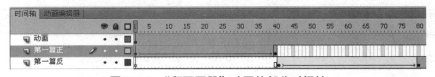

图 6-5-6 "翻页画册"动画的部分时间轴

（10）单击"第一篇反"图层中的第120帧，按【F5】键，使第80～120帧的内容一样。

（11）按照上述方法，制作其他10幅图像翻页动画。注意，每一段动画都有三个图层。

（12）制作一个"背景"图形元件，其中绘制浅粉色到粉色再到浅粉色的垂直渐变色。单击"背景"图层中的第1帧，将"库"面板内的"背景"图形元件拖动到舞台工作区内，调整它的大小和位置，使它刚好将整个舞台工作区覆盖。然后，六次导入"书框.gif"图像，调整这六幅图像，组成图6-5-2所示的背景图像。

（13）在"背景"图层的上面添加一个"底页"图层。单击该图层中的第1帧。将"库"面板内的"底页"图像拖动到舞台工作区内。调整该图像的大小和位置，与图6-5-5(a)中的图像一样。"翻页画册"动画的时间轴如图6-5-7所示。

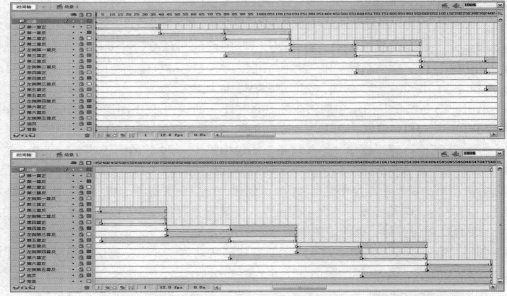

图6-5-7 "红楼金陵十二钗"动画的时间轴

6.5.3 实训测评

能力分类	评价项目	评价等级
职业能力	了解补间动画基础知识，掌握补间动画的制作方法，补间动画的基本操作方法	
	掌握补间的引导动画的制作方法和制作技巧	
	了解补间动画的编辑方法	
	掌握制作补间形状动画的基本方法，掌握添加形状提示的基本方法	
通用能力	自学能力、总结能力、合作能力、创造能力等	
能力综合评价		

第 7 章　遮罩层的应用和 IK 动画

本章提要

本章通过四个案例，介绍应用遮罩层制作各种动画的方法和技巧，以及使用"骨骼工具" 和"绑定工具"制作 IK 动画（即反向运动动画）的方法。

7.1 【案例 25】唐诗朗诵

7.1.1 案例描述

"唐诗朗诵"动画播放后，在一幅"鹅"图像之上，红色立体文字"咏　鹅"竖排从上向下推出显示，接着第 2 列文字"鹅，鹅，鹅，"竖排从上向下推出显示，第 3 ~ 6 列红色立体文字依次竖排从上向下推出显示。在显示文字时，还有朗诵这首唐诗的声音与唐诗的逐渐显示同步播放。该动画播放后的两幅画面如图 7-1-1 所示。

图 7-1-1　"唐诗朗诵"程序运行后的两幅画面

7.1.2 操作方法

1. 制作显示唐诗动画

（1）设置舞台大小的宽为 550 像素，高为 400 像素。在"图层 1"图层上创建一个"鹅"图层。将"图层 1"图层的名称改为"背景"，单击选中该图层第 1 帧，导入一幅"鹅.jpg"图像，调整该图像刚好将舞台工作区覆盖。单击选中该图层中的第 256 帧，按【F5】键，使该图层第 1 ~ 256 帧的内容一样。然后，以名称"唐诗朗诵.fla"保存在"【案例 25】唐诗朗诵"文件夹内。

（2）单击选中"鹅"图层中的第 1 帧，导入"咏鹅 0.gif"~"咏鹅 4.gif"和"骆宾王.gif"

六幅图像到舞台工作区内，调整它们的大小和位置，如图 7-1-1（b）所示。单击选中"鹅"图层第 1 帧，单击"修改"→"时间轴"→"分散到图层"命令，将六幅图像分别移到不同图层第 1 帧，删除"鹅"图层，将其他图层名称从上到下分别改为"鹅 0"~"鹅 4"和"骆宾王"。

（3）在"骆宾王"图层之上创建一个"遮罩"图层。单击该图层中的第 1 帧，绘制一幅蓝色矩形图形，将"咏鹅"图像完全遮盖住。然后将蓝色矩形图形复制五份，分别移到各列文字之上，调整它们的大小和位置，使它们刚好将各列文字图像完全覆盖。

（4）单击选中"遮罩"图层第 1 帧，单击"修改"→"时间轴"→"分散到图层"命令，将六幅蓝色矩形图形分别移到不同图层的第 1 帧，删除"遮罩"图层，将其他图层名称从上到下分别改为"鹅 0 遮罩"~"鹅 4 遮罩"和"骆宾王遮罩"。然后，在时间轴内将这些图层分别移到"鹅 0"~"鹅 4"和"骆宾王"各图层的上边。

（5）创建"鹅 0 遮罩"图层中第 1~30 帧的传统补间动画，再将第 1 帧的蓝色矩形图形在垂直方向压缩调小。该动画是蓝色矩形图形从上向下逐渐将"咏鹅"图像完全遮盖住的动画。

（6）右击"鹅 0 遮罩"图层的名称处，弹出图层快捷菜单，再单击"遮罩层"命令，使"鹅 0 遮罩"图层成为遮罩层，使"鹅 0"图层成为被遮罩图层。同时，"鹅 0 遮罩"和"鹅 0"图层被锁定。

（7）将"鹅 1"和"鹅 1 遮罩"图层中的第 1 帧水平向右移到第 36 帧处，创建"鹅 1 遮罩"图层中第 36~67 帧的传统补间动画，再将第 36 帧的蓝色矩形图形在垂直方向压缩调小。该动画是蓝色矩形图形从上向下逐渐将"鹅，鹅，鹅，"图像完全遮盖住的动画。

（8）右击"鹅 1 遮罩"图层的名称处，弹出图层快捷菜单，再单击"遮罩层"命令，使"鹅 1 遮罩"图层成为遮罩层，使"鹅 1"图层成为被遮罩图层。同时，"鹅 1 遮罩"和"鹅 1"图层被锁定。

（9）按照上述方法，处理其他图层，制作其他文字图像从上向下逐渐显示的动画。最后，"唐诗朗诵.fla"动画的时间轴如图 7-1-2 所示。注意，还没有最下边的"声音"图层，也没有建立"唐诗显示"图层文件夹，其他图层也没有放置在该图层文件夹内。

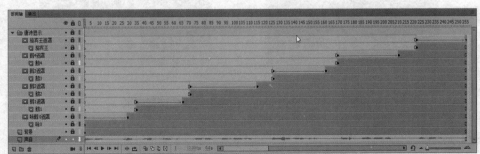

图 7-1-2 "唐诗朗诵.fla"动画的时间轴

2．添加朗诵的声音

（1）使用 Windows 录音机软件或者其他录音软件，录制朗诵的声音。运行"唐诗朗诵.fla"动画，看着动画的运行画面，只在当文字出现时对着话筒朗诵文字内容，文字显示完后暂停朗诵，当代下一组文字的出现，如此继续。录制完后，以名称"朗诵唐诗.wav"保存在"【案例 26】唐诗朗诵"文件夹内。

(2)单击"文件"→"导入"→"导入到库"命令,弹出"导入到库"对话框。利用该对话框,选择"【案例25】唐诗朗诵"文件夹内的"朗诵唐诗.wav"声音文件,单击"打开"按钮,将选中的"朗诵唐诗.wav"声音导入到"库"面板中。

图7-1-3 "属性"对话框"声音"栏

(3)在"背景"图层之下添加一个名称为"声音"的图层。单击选中"声音"图层中的第1帧,将"库"面板中的"朗诵唐诗"WAV声音元件拖动到舞台工作区中,此时"声音"图层中第1帧显示声音的波形。也可以打开"属性"面板,展开"声音"栏,在"名称"下拉列表框内选中"朗诵唐诗"选项,如图7-1-3所示,也可以导入声音到舞台工作区中。

(4)单击选中"声音"图层中的第1帧,打开"属性"面板,展开"声音"栏,单击"编辑声音封套"按钮,弹出"编辑封套"对话框,如图7-1-4所示。单击"帧"按钮,向右拖动滚动条中的滑块,可以观察到该声音占的总帧数。另外,在该对话框内可以观察到声音所对应的帧号码。

(5)向左拖动滚动条中的滑块到最左边,单击"播放"按钮,播放声音,大概可以确定声音开始和结束所对应的帧号码。向右拖动左边的控制柄,到波形幅度开始增加的位置,如图7-1-4(a)所示,这也是声音开始的帧位置,将开始没声音部分删除。这一操作需要反复几次。

(6)向右拖动滚动条中的滑块到最右边,向左拖动右边的控制柄,到波形幅度开始消失的位置,如图7-1-4(b)所示,也是声音结束的帧(应该是257帧)位置,将结束后没声音的部分删除。然后,单击"编辑套封"对话框内的"确定"按钮,关闭该对话框。

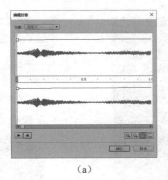
(a)

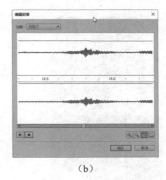
(b)

图7-1-4 "编辑封套"对话框

(7)单击"声音"图层中的第256帧,按【F5】键,创建一个普通帧,使"声音"图层中第1~256帧内都有声音波纹。播放动画,观察文字图像显示是否与声音同步,如果不同步,拖动关键帧,调整各段动画的起始帧和终止帧的位置。

(8)选中"骆宾王遮罩"图层,单击时间轴中的"新建文件夹"按钮,在"骆宾王遮罩"图层之上插入一个图层文件夹,将该图层文件夹的名称改为"唐诗显示"。按住【Shift】键的同时单击"骆宾王遮罩"图层和"鹅0"图层,选中所有展示文字图像的图层,将它们拖动到"唐诗显示"图层文件夹之上,即可将整个文字图像从上向下逐渐显示的各个图层放入"唐诗显示"图层文件夹中。

至此,整个动画制作完毕。该动画的部分时间轴如图7-1-2所示。

7.1.3 相关知识

1. 遮罩层的作用

可以透过遮罩层内的图形看到其下面的被遮罩图层的内容，而不可以透过遮罩层内的无图形处看到其下面的被遮罩图层的内容。在遮罩层上创建对象，相当于在遮罩层上挖掉了相应形状的洞，形成挖空区域，挖空区域将完全透明，其他区域都是完全不透明的。通过挖空区域，下面图层的内容就可以被显示出来，而没有对象的地方成了遮挡物，把下面的被遮罩图层的其余内容遮挡起来。利用遮罩层的这一特性，可以制作很多特殊效果。通常可以采用如下三种类型的方法。

（1）在遮罩层内制作对象移动、大小改变、旋转或变形等动画。
（2）在被遮罩层内制作对象移动、大小改变、旋转或变形等动画。
（3）在遮罩层和被遮罩层内制作对象移动、大小改变、旋转或变形等动画。

2. 创建遮罩层

（1）在"图层1"图层第1帧创建一个对象，此处导入一幅图像，如图7-1-5所示。

（2）在"图层1"图层上边创建一个"图层2"图层。选中该图层第1帧，绘制图形与输入一些文字，选中输入的文字，两次单击"修改"→"分离"命令，将文字打碎，如图7-1-6所示，作为遮罩层中挖空区域。

（3）将鼠标指针移到遮罩层的名字处，右击弹出图层快捷菜单，单击该快捷菜单中的"遮罩层"命令。此时，选中的普通图层会向右缩进，表示已经被它上面的遮罩层所关联，成为被遮罩图层。效果如图7-1-7所示。

图7-1-5　导入一幅图像　　图7-1-6　绘制图形与输入文字　　图7-1-7　创建遮罩图层

建立遮罩层后，Animate 会自动锁定遮罩层和被遮罩层，如果需要编辑遮罩层，应先解锁，解锁后不会显示遮罩效果。如果需要显示遮罩效果，需要再锁定图层。

●●●● **思考与练习 7-1** ●●●●

1. 制作一个"滚动字幕"动画，该动画运行后，一些竖排的文字从右向左移动。
2. 制作一个"五星探照灯"动画，该动画运行后，在一幅很暗的图像之上有一个五角星形探照灯光在画面中移动并逐渐变大，灯光经过处被照亮，其中一幅画面如图 7-1-8 所示。

3. 制作一个"图像循环展示"动画，播放后的两幅画面如图 7-1-9 所示。在顺时针自转的七彩光环内从右向左循环移动的多幅图像，就像在光环中播放电影一样。

图 7-1-8 "五星探照灯"动画画面

图 7-1-9 "图像循环展示"动画播放后的两幅画面

4. 制作一个"图像切换"动画，该动画播放后的两幅画面如图 7-1-10 所示。可以看到，先显示第一幅图像，接着第一幅图像分成左右两部分，左半边图像从下向上移动，右下半边图像从上向下移动，逐渐将第二幅图像显示出来。

5. 制作一个"雪花文字"动画，播放后的一幅画面如图 7-1-11 所示。动画显示的效果是"雪花文字"的填充是从上向下不断飘下的雪花。

图 7-1-10 "图像切换"动画运行后的两幅画面

图 7-1-11 "雪花文字"动画画面

7.2 【案例 26】太空星球

7.2.1 案例描述

"太空星球"动画播放后的两幅画面如图 7-2-1 所示。可以看到，在黑色背景之上，一个浅蓝色星球不断自转，同时一个光环围绕星球不断转圈运动，星球四周还有一些星星、摆动的发光星球和星云。

图 7-2-1 "太空星球"动画播放后的两幅画面

7.2.2 操作方法

1. 制作"星球展开图"影片剪辑元件

（1）新建一个文档，设置舞台大小的宽为 600 像素、高为 400 像素，背景为黑色，导入"星球图 .jpg"、"星云 .jpg"、"光环 .jpg"（见图 7-2-2）和"星球 .jpg"图像（见图 7-2-3）到"库"面板内，再以名称"太空星球 .fla"保存在"【案例 26】太空星球"文件夹内。

(a) (b) (c)

图 7-2-2 "星球图 .jpg"、"星云 .jpg"和"光环 .jpg"图像

（2）创建并进入"星球展开图"影片剪辑元件的编辑状态。将"库"面板内的"星球图 .jpg"图像拖动到舞台工作区内，如图 7-2-2（a）所示。单击"修改"→"分离"命令，将该图像分离，再将图像放大。使用工具箱内的"魔术棒工具" 单击选中背景白色，按【Delete】键，删除选中的白色背景图像，再使用"橡皮擦工具" 擦除剩余的白色背景图像。

（3）使用"选择工具" 单击选中整个"星球图 .jpg"图像的剩余部分，复制一份，水平移到原图像右边，水平拼接排成一排，然后将它们组成组合，如图 7-2-4 所示。回到主场景。

图 7-2-3 "星球 .jpg"图像　　图 7-2-4 "星球展开图"影片剪辑元件内的星球展开图

2. 制作"自转星球"影片剪辑元件

（1）创建并进入"自转星球"影片剪辑元件的编辑窗口。单击选中"图层 1"图层第 1 帧，在舞台中间绘制一幅黄色、直径为 190 像素的圆形图形，如图 7-2-5 所示。

（2）在"图层 1"图层下边新建"图层 2"图层。将"图层 1"图层第 1 帧复制粘贴到"图层 2"图层第 1 帧。将该帧内圆形填充由白色到浅蓝色径向渐变色，成为一个浅蓝色球，如图 7-2-6 所示。单击选中"图层 1"图层第 160 帧，按【F5】键，使该图层各帧内容一样。

（3）在"图层 2"图层之上添加"图层 3"图层。将"库"面板中的"星球展开图"影片剪辑元件拖到舞台工作区中，形成一个实例，调整该实例的位置，如图 7-2-7 所示。

 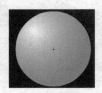 

图 7-2-5 黄色圆形　　图 7-2-6 浅蓝色球　　图 7-2-7 "图层 3"图层第 1 帧星球展开图位置

（4）右击"图层 3"图层中的第 1 帧，弹出帧快捷菜单，单击"创建补间动画"命令，再选中 160 帧，按【F6】键，创建"图层 3"图层第 1 ~ 160 帧的补间动画。单击第 160 帧内的星球展开图，按住【Shift】键的同时水平向右拖动"星球展开图"到图 7-2-8 所示的位置。

注意：播放完第 160 帧后，又从第 1 帧开始播放，因此第 1 帧的画面应该是第 160 帧的下一个画面，否则会出现星球自转时的抖动现象。

（5）右击"图层 1"图层，弹出图层快捷菜单，单击该菜单内的"遮罩层"命令，将"图层 1"图层设置为遮罩层，"图层 3"图层成为被遮罩图层。此时，舞台工作区内第 1 帧的画面如图 7-2-9 所示。

图 7-2-8 "图层 3"图层第 160 帧星球展开图位置

图 7-2-9 第 1 帧画面

按【Enter】键，可以在舞台工作区内运行"自转星球"影片剪辑元件，看到一个蓝色自转星球的动画。"自转星球"影片剪辑元件的时间轴如图 7-2-10 所示。然后，回到主场景。

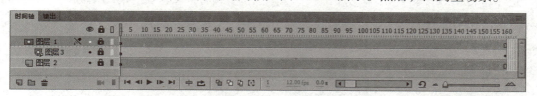

图 7-2-10 "自转星球"影片剪辑元件的时间轴

3．制作"光环自转星球"影片剪辑元件

（1）创建并进入"光环自转星球"影片剪辑元件的编辑状态，在时间轴自上而下创建"遮罩"、"光环 1"、"星球"和"光环 2"图层。单击选中"星球"图层第 1 帧，将"库"面板中的"自转星球"影片剪辑元件拖动到舞台内。单击"星球"图层中第 160 帧，按【F5】键。

（2）单击选中"光环 1"图层第 1 帧，将"库"面板中的"光环.jpg"图像拖动到舞台工作区中，调整它的大小，宽约 400 像素，高约 300 像素，如图 7-2-2（a）所示。将该图像打碎，删除背景黑色，再组成一个组合。使用工具箱内"任意变形工具"，拖动调整"光环"图像在垂直方向变小一些，将它移到"自转星球"影片剪辑实例的上边。

（3）单击选中工具箱内"选项"栏中的"旋转与倾斜"按钮，顺时针拖动右上角的控制柄，使"光环"图像旋转一定的角度，如图 7-2-11 所示。创建第 1 帧到第 80 帧再到第 160 帧的传统补间动画。第 160 帧与第 1 帧的画面一样。旋转调整第 80 帧的"光环"图像，如图 7-2-12 所示。

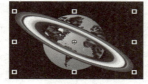

图 7-2-11 第 1、160 帧的画面

图 7-2-12 第 80 帧的画面

（4）单击"光环1"图层，选中该图层内所有动画帧，右击选中的帧，弹出帧快捷菜单，单击"复制帧"命令，将该图层选中的所有动画帧复制到剪贴板内。

（5）单击"光环2"图层，选中该图层内第1~160帧，右击选中的帧，弹出帧快捷菜单，单击"粘贴帧"命令，将剪贴板内"光环1"图层的动画帧粘贴到"光环2"图层第1~160帧。

（6）单击"遮罩"图层中的第1帧，绘制一幅黄色矩形，再将该矩形旋转一定角度，如图7-2-13所示。然后，制作"遮罩"图层第1~160帧的传统补间动画。

第160帧和第1帧的画面一样，如图7-2-13所示。单击"遮罩"图层中的第80帧，按【F6】键，创建一个关键帧。旋转第80帧内的黄色矩形，效果如图7-2-14所示。将"遮罩"图层设置成遮罩图层，"光环1"图层成为"遮罩"图层的被遮罩图层。然后，回到主场景。

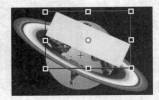 

图7-2-13 第1、160帧的画面　　　　图7-2-14 第80帧的画面

"光环自转星球"影片剪辑元件是一个光环围绕自转星球上下摆动的动画，它的时间轴如图7-2-15所示。

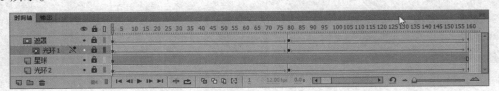

图7-2-15 "光环自转星球"影片剪辑元件的时间轴

4．制作主场景动画

（1）创建并进入"星球"影片剪辑元件的编辑状态，单击选中"图层1"图层第1帧，将"库"面板内图7-2-3所示的"星球.jpg"图像拖到舞台工作区内的中心处，再将该图像打碎，删除它的黑色背景，将剩余图像组成组合。然后，制作该图像上下摆动的动画，再回到主场景。这由读者自行完成。

（2）单击"图层1"图层中的第1帧，将"库"面板内的"星云.jpg"图像拖动到舞台工作区内，如图7-2-2（b）所示，调整它的大小和位置，使它刚好将整个舞台工作区覆盖。

（3）在"图层1"图层之上新建"图层2"图层，单击选中该图层第1帧，将"库"面板内的"光环自转星球"和"星球"影片剪辑元件拖到舞台工作区，再将"星球"影片剪辑实例复制一份，调整这三个影片剪辑实例的大小和位置。

7.2.3 相关知识

1．普通图层与遮罩层的关联

（1）建立遮罩层与普通图层关联：它的操作方法有两种，第一种是在遮罩层的下面创建一个普通图层，再用鼠标将该普通图层拖动到遮罩层的右下边；第二种是在遮罩层的下面创建一个普通图层，右击该图层，弹出图层快捷菜单。单击该菜单中的"属性"命令，弹出"图层属性"对话框，如图 7-2-16 所示。选中该对话框中的"被遮罩"单选按钮。

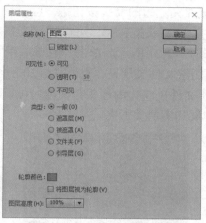

图 7-2-16　"图层属性"对话框

（2）取消被遮盖的图层与遮罩层关联：它的操作方法有两种，第一种是在时间轴中，用鼠标将被遮罩层拖动到遮罩层的左下边或上面；第二种是选中被遮罩的图层，再打开"图层属性"对话框，选中该对话框中的"图层属性"对话框中的"一般"单选按钮。

2．图层文件夹

当一个 Animate 动画的图层较多时，会给阅读、调整、修改 Animate 动画等带来不便。图层文件夹就是用来解决该问题的。可以将同一类型的图层放置到一个图层文件夹中，形成图层文件夹结构。例如，有一个 Animate 动画的时间轴如图 7-2-17 所示。

（1）插入图层文件夹。具体操作方法如下：

◎ 单击选中"遮罩"图层，单击时间轴的"新建文件夹"按钮 ，即可在选中的"遮罩"图层之上插入一个名字为"文件夹 1"的图层文件夹。

◎ 双击图层文件夹的名称，进入编辑状态，即可输入新的图层文件夹的名字。例如，将该文件夹名称改为"遮罩应用"，如图 7-2-18 所示。

◎ 再在选中的"引导层"图层之上插入一个名字为"文件夹 2"的图层文件夹，将该文件夹名称改为"引导应用"，如图 7-2-18 所示。

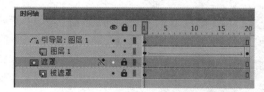
图 7-2-17　一个 Animate 动画的时间轴

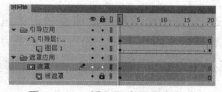
图 7-2-18　插入两个图层文件夹

（2）编辑图层文件夹。它的具体操作方法如下：

◎ 在选中的"引导应用"图层文件夹之上插入一个名字为"应用文件夹"的图层文件夹，按住【Ctrl】键，单击选中"应用文件夹"的图层文件夹下的所有图层和图层文件夹，如图 7-2-19 所示。

◎ 拖动选中的所有图层文件夹和图层，移到"应用文件夹"图层文件夹中，选中的所有图层

235

和文件夹会自动向右缩进,如图 7-2-20 所示,表示被拖动的图层和文件夹已经放置到"应用文件夹"图层文件夹中。

◎ 单击"引导应用"图层文件夹左边的箭头按钮▼,可以将"引导应用"图层文件夹收缩;单击"遮罩应用"图层文件夹左边的箭头按钮▼,可以将"遮罩应用"图层文件夹收缩;不显示这两个图层文件夹内的图层,如图 7-2-21 所示。单击"遮罩应用"和"引导应用"图层文件夹左边的箭头按钮▶,可以将这两个图层文件夹展开,如图 7-2-20 所示。

◎ 单击"应用文件夹"图层文件夹左边的箭头按钮▼,可以将"应用文件夹"图层文件夹收缩,不显示该图层文件夹内的图层和图层文件夹。

图 7-2-19　选中多个图层

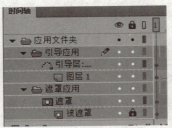
图 7-2-20　图层文件夹展开

图 7-2-21　图层文件夹收缩

●●●● 思考与练习 7-2 ●●●●

1. 制作一个"文字绕自转地球"动画,该动画播放后的两幅画面如图 7-2-22 所示。一个发黄光的红色自转文字环围绕自转地球转圈运动,空中还有一些闪烁星星。

图 7-2-22　"文字绕自转地球"动画画面

2. 制作一个"展开透明卷轴图像"动画,该动画播放后的一幅画面如图 7-2-23 所示。一幅图像卷轴从右向左滚动,将图像逐渐展开,同时也逐渐地将原图像覆盖。

图 7-2-23　"展开透明卷轴图像"动画画面

7.3 【案例 27】运动员晨练

7.3.1 案例描述

"运动员晨练"动画播放后的一幅画面如图 7-3-1 所示。一个运动员在草地上从左向右奔跑，追逐一个滚动的足球，一个小孩在跑步，还有一只小鸟从右向左飞翔。

图 7-3-1 "运动员晨练"动画画面

7.3.2 操作方法

1. 准备制作"运动员"影片剪辑元件

在制作"运动员"影片剪辑元件时，用"右小腿"、"左小腿"、"右大腿"、"左大腿"、"左胳臂"、"右胳臂"、"头"和"上身"等一组影片剪辑实例，分别表示人体的不同部分，通过用骨骼将右大腿和右小腿、左大腿和左小腿、右胳臂和右肩、左胳臂和左肩等分别链接在一起，创建一个包括两个胳膊、两条腿和头等的分支骨骼，可以创建逼真的跑步动画。

（1）创建一个新的 Animate 文档，设置舞台大小的宽为 900 像素，高为 300 像素，背景色为白色。然后，以名称"【案例 27】运动员晨练 .fla"保存。

（2）创建"头"影片剪辑元件，其内绘制一幅运动员头像形状图形，如图 7-3-2（a）所示；创建"上身"影片剪辑元件，其内绘制一幅运动员上身图像，如图 7-3-2（b）所示。接着创建"右肩"、"右胳臂"、"左肩"、"左胳臂"、"臀"、"右大腿"、"右小腿"、"右脚"、"左大腿"、"左小腿"和"左脚"影片剪辑元件，其内分别绘制运动员各部分的图形，其中其他几幅图形如图 7-3-2 所示。

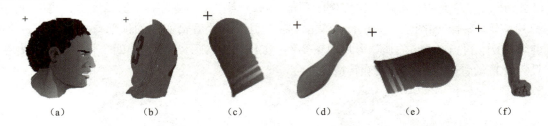

图 7-3-2 运动员各部分影片剪辑元件内的图形

（3）创建并进入"运动员"影片剪辑元件的编辑状态，依次将"库"面板内的"头"、"上身"、"右肩"、"右胳臂"、"左肩"、"左胳臂"等影片剪辑元件拖动到舞台工作区的中间，组合成运动员图像。

（4）单击选中"图层1"图层第1帧，单击"修改"→"时间轴"→"分散到图层"命令，将该帧的所有对象分配到不同图层的第1帧中。新图层是系统自动增加的，图层的名称分别是各影片剪辑元件的名称。

（5）"图层1"图层第1帧内的所有对象消失，删除"图层1"图层。如果这些影片剪辑实例的上下叠放次序不正确，可以使用工具箱内的"选择工具" 上下拖动图层，调整图层的上下次序。这时舞台工作区内运动员图像如图7-3-3所示。此时的时间轴如图7-3-4所示。

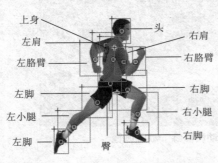

图7-3-3　组成运动员的影片剪辑实例　　　　　图7-3-4　时间轴

2．制作"运动员"影片剪辑元件

（1）将"头"、"上身"和"臀"图层隐藏，舞台工作区如图7-3-5所示。单击"视图"→"贴紧"→"贴紧至对象"命令，启用"贴紧至对象"功能。单击工具箱内的"骨骼工具"按钮，单击"左肩"影片剪辑实例的顶部，拖动到"左胳臂"影片剪辑实例，如图7-3-6所示；单击"右肩"影片剪辑实例的顶部，拖动到"右胳臂"影片剪辑实例，如图7-3-7所示。

图7-3-5　隐藏部分图层　　　　图7-3-6　第一个骨骼　　　　图7-3-7　第二个骨骼

（2）单击"左大腿"影片剪辑实例的顶部，拖动到"左小腿"影片剪辑实例，再拖动到"左脚"影片剪辑实例，如图7-3-8所示；单击"右大腿"影片剪辑实例的顶部，拖动到"右小腿"影片剪辑实例，再拖动到"右脚"影片剪辑实例，如图7-3-9所示。创建的四个骨骼，可以使用"选择工具" 拖动骨骼，观察骨骼旋转情况。

图7-3-8　第三个骨骼　　　　　图7-3-9　第四个骨骼

(3)此时的时间轴如图 7-3-10 所示。单击选中"骨骼_1"图层第 60 帧,右击弹出帧快捷菜单,单击该菜单内的"插入姿势"命令,创建一个姿势帧;按住【Ctrl】键,同时单击选中该图层第 20 帧,右击弹出帧快捷菜单,单击该菜单内的"插入姿势"命令,创建第二个姿势帧;按住【Ctrl】键,同时单击选中该图层第 40 帧,右击弹出帧快捷菜单,单击该菜单内的"插入姿势"命令,创建一个姿势帧,创建第三个姿势帧。按照上述方法,创建其他姿势图层的姿势帧。

(4)将"头"、"上身"和"臀"图层显示,按住【Ctrl】键,同时单击选中这些图层的第 60 帧,右击弹出帧快捷菜单,单击该菜单内的"插入帧"命令,创建普通帧,使这些图层的内容一样。此时的时间轴如图 7-3-11 所示。

图 7-3-10　时间轴

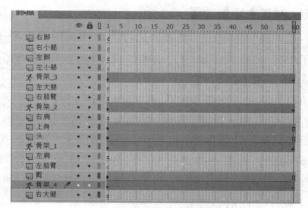

图 7-3-11　时间轴

(5)按住【Ctrl】键,单击选中"右肩"、"右胳臂"、"左肩"和"左胳臂"等空白图层,单击 按钮,将这些选中的空白图层删除。

(6)水平向左拖动"骨骼_1"图层第 60～30 帧,按照相同方法调整其他姿势图层第 60～30 帧。按住【Shift】键,单击选中"上身"图层第 31 帧,再单击"臀"图层第 60 帧,选中"上身"、"头"和"臀"图层第 31～60 帧,右击弹出帧快捷菜单,单击该菜单内的"删除帧"命令,效果如图 7-3-12 所示。

(7)使用"选择工具" ,将播放头移到第 10 帧,调整各影片剪辑实例的姿势,也就调整了运动员姿势。将播放头移到第 20 帧,调整各影片剪辑实例的姿势。将播放头移到第 20 帧,调整各影片剪辑实例的姿势。在调整运动员姿势时,使用工具箱中的"任意变形工具"按钮 ,可以调整各部分影片剪辑实例的位置。最后的时间轴如图 7-3-13 所示,增加了八个姿势关键帧。

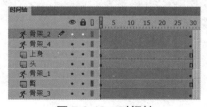

图 7-3-12　时间轴

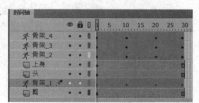

图 7-3-13　时间轴

(8)经过上述各姿势关键帧 IK 运动骨骼的位置和旋转角度的姿势调整,第 10 帧、第 20 帧和第 30 帧运动员姿势如图 7-3-14 所示。然后,回到主场景。

图 7-3-14　第 10 帧、第 20 帧、第 30 帧运动员姿势调整结果

3．制作主场景动画

（1）将"图层 1"图层名称改为"背景"，单击该图层中的第 1 帧，导入"草地.jpg"图像到舞台内，调整该图像的大小和位置，使它刚好将舞台工作区完全覆盖。单击"背景"图层中的第 150 帧，按【F5】帧。

（2）导入"飞鸟.gif"、"足球.gif"和"学生.gif"动画到"库"面板内。将"库"面板内生成的影片剪辑元件的名称分别改为"飞鸟"、"足球"和"学生"。

（3）在"背景"图层上边添加"图层 1"图层，单击选中该图层第 1 帧，将"库"面板内这些影片剪辑元件拖动到舞台工作区内不同位置，分别调整它们的大小。单击该图层中的第 1 帧，单击"修改"→"时间轴"→"分散到图层"命令，将该帧的影片剪辑实例对象分配到不同图层的第 1 帧中，图层名称分别是各影片剪辑元件的名称。删除"图层 1"图层。

（4）在"背景"图层之上添加一个"运动员"图层。调整图层的次序，从下到上依次是"背景"、"学生"、"飞鸟"、"运动员"和"足球"图层。

（5）创建"运动员"图层第 1～150 帧的传统补间动画，单击该图层中的第 150 帧，将"运动员"影片剪辑实例移到舞台工作区内的右边。创建"学生"和"飞鸟"图层第 1～150 帧的补间动画，分别调整这两个第 150 帧内影片剪辑实例的位置。

"运动员晨练"动画时间轴如图 7-3-15 所示。

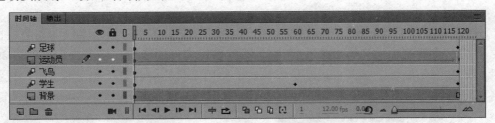

图 7-3-15　"运动员晨练"动画时间轴

7.3.3　相关知识

1．反向运动（IK 运动）

反向运动（IK 运动）是一种使用骨骼对对象进行动画处理的方式，这些骨骼按父子关系链接成线性或树枝状的骨骼。当一个骨骼移动时，与其连接的骨骼也会随之发生相应的移动。使用反向运动可以方便地创建自然运动。

（1）骨架（骨骼链）和关节：如果要使用反向运动进行动画处理，只需在时间轴上指定骨骼的开始和结束位置。Animate 会自动在起始帧和结束帧之间对骨骼中骨骼位置进行内插处理。

在一个骨骼移动时，与启动运动的骨骼相关的其他连接骨骼也会移动，构成骨骼链，形成 IK 运动。骨骼链也称骨架（即 IK 骨架）。在父子层次结构中，骨架中的骨骼彼此相连。骨架可以是线性的或分支的，源于同一骨骼的骨架分支称为同级，骨骼之间的连接点称为关节（也称控制点或变形点）。

（2）骨骼工具：使用"骨骼工具"可以向单个元件实例、图形和形状的内部添加骨骼，但是只能向元件实例添加一个骨骼。在一个骨骼移动时，与骨骼相关的其他连接骨骼的移动，构成骨骼链，形成 IK 运动（即反向运动）。

（3）制作反向运动（IK 运动）的方法：可以采用两种方式制作反向运动。

◎ 链接元件实例骨骼：在几个实例之间建立连接各实例的骨骼，骨骼允许各元件实例连在一起移动。使用工具箱内的"骨骼工具"，从一个元件实例向另一个元件实例拖动，添加骨骼并将添加骨骼的多个元件实例链接起来，每个实例都只有一个骨骼。

例如，可以将显示躯干、手臂、前臂和手的影片剪辑元件链接起来，以使其彼此协调而逼真地移动。一个骨骼移动时，与其连接的骨骼也随之发生移动。

◎ 链接图形或形状骨骼：使用形状作为多块骨骼的容器。向单独图形或形状对象添加骨骼，图形或形状变为骨骼的容器，通过骨骼可以移动图形或形状的各部分，进行动画处理。例如，可以向蛇图形添加骨骼，使其爬行。可以在"对象绘制"模式下绘制这些形状。

（4）骨骼样式：可以使用下面四种方式绘制骨骼。若要设置骨骼样式，需在时间轴中选择 IK 范围，再从"属性"面板"选项"栏中的"样式"下拉列表框中选择一种样式。

◎ 实线：这是默认样式，使用较粗的实线链接两个骨骼，如图 7-3-16（a）所示。
◎ 线框：此方法在纯色样式遮住骨骼下的图太多时很有用，如图 7-3-16（b）所示。
◎ 线：对于较小的骨骼很有用，如图 7-3-16（c）所示。
◎ 无：隐藏骨骼，仅显示骨骼下面的插图，不显示骨骼建的链接，如图 7-3-16（d）所示。

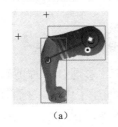 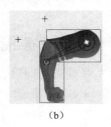 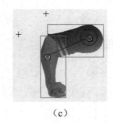 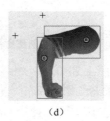

（a）　　　　　　　（b）　　　　　　　（c）　　　　　　　（d）

图 7-3-16　"实线"、"线框"、"线"和"无"样式示意图

注意：如果将"骨骼样式"设置为"无"并保存文档，Animate 在下次打开该文档时会自动将骨骼样式更改为"线"。

（5）姿势图层：在向元件实例或图形形状中添加骨骼时，Animate 会在时间轴中为它们创建一个新图层，称为姿势图层，图标是。将新骨骼拖到新实例或图形或形状对象而创建链接时，Animate 会将对象及关联的骨架移到时间轴的姿势图层，同时会保持舞台上对象的以前堆叠顺序。每个姿势图层只能包含一个骨骼及其关联的实例或形状。

2. 给元件实例添加骨骼的方法

（1）创建排列好的元件实例：单击选中"图层1"图层第1帧，将"库"面板内的"彩球"影片剪辑元件拖动到舞台工作区内形成一个"彩球"影片剪辑实例，利用它的"属性"面板调整它的大小。复制10个影片剪辑实例，将它们排成三排，将第一排三个影片剪辑实例的颜色调整为蓝色，将第三排三个影片剪辑实例的颜色调整为橙色，如图7-3-17所示。

（2）将实例分散到图层：使用"选择工具"，单击选中"图层1"图层第1帧，单击"修改"→"时间轴"→"分散到图层"命令，将该帧的所有对象分配到不同图层的第1帧中。新图层是系统自动增加的，图层的名称分别是各影片剪辑实例的名称。

再次强调：在添加骨骼之前，元件实例在不同的图层上。添加骨骼时，Animate将它们移动到新图层（该图层称为姿势图层）的第1帧（称为姿势帧），每个姿势图层只能包含一个骨骼。姿势帧内有骨骼和骨骼链接的对象，时间轴中姿势帧内有一个菱形标记。

（3）使用骨骼工具：为了便于更加轻松准确地放置尾部，将新骨骼的尾部拖动到所需的特定位置，可以在单击工具箱内的"骨骼工具"按钮后，单击"视图"→"贴紧"→"贴紧至对象"命令，关闭"贴紧至对象"功能。

（4）给中间一行彩球添加一个骨骼：使用"骨骼工具"按钮，单击中间一行左边的"彩球"影片剪辑实例（它是骨骼的头部元件实例）的中间部位，拖动到第二个"彩球"影片剪辑实例的中间部位，创建了第一个骨骼，这是根骨骼，它显示为一个圆围绕骨骼头部，如图7-3-18（a）所示。

（5）给中间一行彩球创建骨骼：单击第二个"彩球"影片剪辑实例中间的骨骼根部，拖动到第三个"彩球"影片剪辑实例的中间部位，创建连接到第三个"彩球"影片剪辑实例的骨骼，如图7-3-18（b）所示。

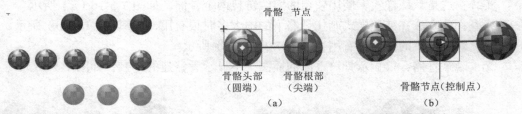

图7-3-17 创建影片剪辑实例　　　　　图7-3-18 创建骨骼和骨骼节点

按照上述方法，继续创建第三个"彩球"影片剪辑实例到第四个"彩球"影片剪辑实例、第四个"彩球"影片剪辑实例到第五个"彩球"影片剪辑实例的骨骼，即创建了中间一行彩球的骨骼，如图7-3-19所示。每个元件实例只能有一个节点，骨骼中的第一个骨骼是根骨骼，它显示为一个圆围绕骨骼头部。每个骨骼都具有头部（圆端）和根部（尖端）。

图7-3-19 创建IK骨骼

（6）使用"选择工具"单击空白处，不选中实例，中间一行彩球的骨骼消失，将鼠标指针移到现有骨骼的头部或尾部时，会变为状。拖动彩球或骨骼，可使彩球和骨骼围绕相关的节点旋转，彩球也会围绕骨骼节点（控制点）转圈，同时与其关联的实例也会随之移动，但不会相对于其骨骼旋转。在拖动时，会显示骨骼。

使用工具箱中的"任意变形工具"按钮，可以调整各部分影片剪辑实例的位置。

（7）在默认情况下，Animate 会在鼠标单击的位置创建一个骨骼，将每个元件实例的变形点移动到由每个骨骼链接构成的链接位置。对于根骨骼，变形点移动到骨骼头部。

若要使用更精确的方法添加骨骼，可以对 IK 骨骼工具关闭"自动设置变形点"，方法是单击"编辑"→"首选参数"命令，弹出"首选参数"对话框，在"绘制"选项卡中，不选中"自动设置变形点"复选框。在"自动设置变形点"处于关闭状态，当从一个元件到下一个元件实例依次单击时，骨骼将对齐到元件变形点。分支中的最后一个骨骼，变形点移动到骨骼的尾部。

（8）添加分支骨骼：从第一个骨骼的尾部节点（即第二个"彩球"影片剪辑实例的中心点）拖动到要添加到骨骼的下一个元件实例，此处是上边一行的蓝色"彩球"影片剪辑实例。再创建该分支内第一个"彩球"元件实例到第二个元件实例的骨骼，第二个元件实例到第三个元件实例的骨骼，从而创建了一个骨骼的分支，如图 7-3-20 所示。

按照上述方法，再创建下边一行橙色"彩球"影片剪辑实例的骨骼，从而创建了另一个骨骼的分支，按照要创建的父子关系顺序，如图 7-3-20 所示。

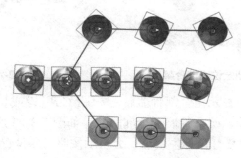

图 7-3-20 具有分支的骨架

注意：分支可以链接到根部，不能连接到其他分支。

创建 IK 骨骼后，可以在骨骼中拖动骨骼或元件实例以重新定位实例。拖动实例可以移动，也可以相对于其骨骼旋转。拖动分支中间的实例可导致父级骨骼通过连接旋转而相连。

3．删除骨骼和骨骼再定位

创建骨骼后，可以使用多种方法重新定位 IK 骨骼及其关联的对象，在对象内移动骨骼，更改骨骼的长度，删除骨骼，以及编辑包含骨骼的对象。只能在第 1 个帧中仅包含初始姿势的姿势图层中编辑 IK 骨骼。在姿势图层的后续帧中重新定位骨骼后，无法对骨骼结构进行更改。如果要编辑骨骼，需要删除位于骨骼的第 1 个帧之后的任何附加姿势。

（1）删除骨骼：删除骨骼有以下几种方法。

◎ 删除单个骨骼及其所有子级骨骼：单击工具箱内的"骨骼工具"按钮，单击添加骨骼的元件实例，显示出全部骨骼。单击"选择工具"，单击选中要删除的骨骼，按【Delete】键，即可删除该骨骼及其所有子级骨骼。

◎ 删除多个骨骼及其所有子级骨骼：显示出全部骨骼后，按住【Shift】键并单击选中要删除的多个骨骼，再按【Delete】键，即可删除选中的骨骼及其所有子级骨骼。

◎ 删除这个骨骼：显示出全部骨骼后，单击"选择工具" ，单击选中整个骨骼中的任何一个骨骼或元件实例，再单击"修改"→"分离"命令，即可删除所有骨骼，同时，IK骨骼将还原为正常图形或形状。

（2）重新定位骨骼：使用"选择工具" 拖动骨骼中的任何骨骼或元件实例，可以重新定位骨骼和关联的元件实例对象，可以移动骨骼和元件实例，还可以相对于其节点旋转骨骼和元件实例如图7-3-21所示。

拖动该分支中的任何骨骼或实例。该分支中的所有骨骼和实例都会随之移动。骨骼的其他分支中的骨骼和实例不会移动。

（3）骨骼根部的元件实例不移位：显示出全部骨骼后，按住【Shift】键，使用"选择工具" ，同时拖动任何骨骼或实例。父级骨骼根部的元件实例不会移动，被移动骨骼与其子级骨骼和实例一起旋转移动，即该分支中的所有骨骼和实例都会随之旋转移动，如图7-3-22所示。

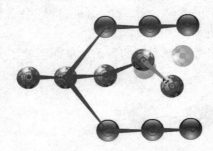 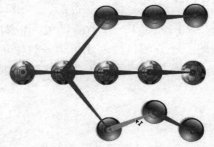

图7-3-21　重新定位线性骨架　　　　　　　图7-3-22　不移动父级骨骼

（4）移动单个元件实例：显示出全部骨骼后，按住【Ctrl】键或【Alt】键，使用"选择工具" 拖动元件实例。在一开始拖动，所有骨骼会全部隐藏，如图7-3-23所示。继续拖动元件实例，可以移动元件实例到任何位置，松开鼠标左键后，会自动按照与原位置类似的顺序链接出各个骨骼，相应的骨骼将变化，以适应实例的新位置，如图7-3-20所示。

（5）移动多个元件实例：单击工具箱内的"任意变形工具"按钮 ，所有骨骼会全部隐藏，如图7-3-23所示。可以依次拖动多个元件实例，调整这些元件实例的位置。单击工具箱内的"骨骼工具"按钮 后，骨骼会全部显示出来。相应的骨骼将变化，以适应实例的新位置。

（6）移动元件实例的位置和大小：使用"选择工具" ，单击选中要调整位置的元件实例。打开"属性"面板，在其"位置和大小"栏内，改变X和Y文本框中的数值，可以改变元件实例的位置；改变"宽"和Y文本框中的数值，可以改变元件实例的大小，如图7-3-24所示。利用元件实例的"属性"面板还可以调整其他属性。

 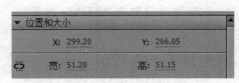

图7-3-23　骨架全部隐藏　　　　　　　图7-3-24　"属性"面板"位置和大小"栏

4. 对骨架进行动画处理

IK 骨架存在于时间轴中的姿势图层内。若要在时间轴中对骨架进行动画处理，例如把 IK 骨架（本身是一个动画）看作一个影片剪辑元件实例那样，制作一个骨架补间动画。具体操作的方法和制作影片剪辑实例补间动画的方法基本一样。不过这里的关键帧称为姿势帧。

制作 IK 骨架动画的方法很简单，可以右击姿势图层中的帧，弹出快捷菜单，单击"插入姿势"命令，插入姿势帧。再使用"选择工具" 单击选中新插入的姿势帧，调整该帧骨架的姿势属性。Animate 会在姿势帧之间制作出骨架动画。

由于骨架通常用于动画，因此每个姿势图层都自动充当补间图层。但是，姿势图层不同于补间图层，因为无法在姿势图层中对除骨骼位置以外的属性进行补间。若要对 IK 骨架对象的其他属性（如位置、变形、色彩效果或滤镜）进行补间，可以将骨架及其关联的对象包含在影片剪辑或图形元件中。然后，可以使用"插入"→"补间动画"命令，再利用"属性"面板和"动画编辑器"面板对元件的属性进行动画处理。

5. 在姿势图层添加普通帧和插入姿势帧

（1）向姿势图层添加普通帧，以便为要创建的动画留足够的帧数。方法有以下几种。

◎ 使用"选择工具" ，右击姿势图层中任何现有帧右侧的帧，弹出帧快捷菜单，单击该菜单内的"插入帧"命令或按【F5】键，可以添加多个内容一样的普通帧，如图 7-3-25 所示。

◎ 向姿势图层添加帧：使用"选择工具" ，将鼠标指针移动姿势帧右边缘处，当鼠标指针呈双箭头状 时，水平向右拖动，即可添加多个内容一样的普通帧，如图 7-3-25 所示。

（2）向姿势图层添加姿势帧：制作骨架动画需要向姿势图层添加姿势帧，插入的姿势帧中有菱形标记，如图 7-3-26 所示。

图 7-3-25 插入帧

图 7-3-26 插入姿势帧

具体方法如下：

◎ 右击姿势图层中要添加姿势帧处，弹出帧快捷菜单，单击该菜单内的"插入姿势"命令或按【F6】键，可以在右击处插入姿势帧。

◎ 将播放头放在要添加姿势的帧上，然后重新定位骨骼。

◎ 将播放头放在要添加姿势的帧上，弹出帧快捷菜单，单击该菜单内的"插入姿势"命令，可以插入姿势帧。

◎ 复制粘贴姿势帧：按住【Ctrl】键，单击选中姿势帧，右击选中的姿势帧，弹出帧快捷菜单，单击该菜单内的"复制属性"命令；按住【Ctrl】键，单击选中要粘贴的帧，右击选中的帧，弹出帧快捷菜单，单击该菜单内的"粘贴属性"命令。

（3）更改动画的长度：将姿势图层的最后一个帧向右或向左拖动，以添加或删除帧。Animate 将依照图层持续时间更改的比例重新定位姿势帧，并在中间重新内插帧。

完成后，在时间轴拖动播放头，预览动画效果。可以随时重新定位骨骼或添加姿势帧。

6. 骨骼转换为元件

将骨骼转换为影片剪辑或图形元件后，可以实现动画的其他属性的补间效果，将补间效果应用于除骨骼位置之外的 IK 对象属性。该对象必须包含在影片剪辑或图形元件中。

（1）选择 IK 骨骼及其所有的关联对象。对于 IK 骨骼，只需单击该形状即可。对于链接的元件实例集，可单击姿势图层，或者使用"选择工具"拖动选中所有的链接元件。

（2）右击所选内容，弹出快捷菜单，再单击"转换为元件"命令，弹出"转换为元件"对话框，在该对话框内输入元件的名称，在"类型"下拉列表框中选择元件类型，然后单击"确定"按钮。Animate 将创建一个元件，其内时间轴包含骨骼的姿势图层。

●●●● 思考与练习 7-3 ●●●●

1. 修改【案例 28】动画中的"运动员"影片剪辑元件，使运动员的跑步动作更自然。
2. 制作一个"女孩走路"动画，该动画播放后，是一个女孩在草地上来回。

●●●● 7.4 【案例 28】滚动变色文字 ●●●●

7.4.1 案例描述

"滚动变色文字"动画播放后，在一幅风景图像之上，一串红色文字"滚动变色文字"翻滚扭曲变化，同时颜色由红色变为黄色，再变为绿色、变为蓝色，最后又变为红色，其中的三幅画面如图 7-4-1 所示。

图 7-4-1 "滚动变色文字"动画播放后的三幅画面

7.4.2 操作方法

1. 制作变形动画

（1）创建一个新的 Animate 文档，设置舞台大小的宽为 700 像素，高为 300 像素。单击选中时间轴"图层 1"图层第 1 帧，导入一幅风景图像到舞台工作区内，调整该图像与舞台工作区大小和位置完全一样，刚好将舞台工作区完全覆盖。隐藏"图层 1"图层。然后，以名称"滚动变色文字 .fla"保存在"【案例 28】滚动变色文字"文件夹内。

（2）创建并进入"滚动变色文字"影片剪辑元件的编辑状态。选中"图层 1"图层，输入红色、华文行楷、65点大小的文字"滚动变色文字",选中该文字,两次单击"修改"→"分离"命令,将文字打碎,调整它们的大小及每个字的间距,使间距变小,如图7-4-2所示。

(3)再使用工具箱内的"画笔工具"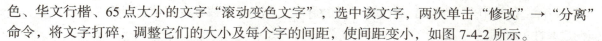,补画一些线条,将各打碎的文字连接成一个对象,如图7-4-3所示。此时只要单击一个打碎的文字笔画,即可选中所有打碎的文字。

图7-4-2 "滚动变色文字"文字　　　　图7-4-3 调整文字大小和连接成一个整体

(4)单击工具箱内的"骨骼工具"按钮。单击"视图"→"贴紧"→"贴紧至对象"命令,关闭"贴紧至对象"功能。

(5)单击"滚"字处,拖动到"动"字中间位置后松开鼠标左键,创建第1个骨骼。接着依次创建字母"动"、"变"、"色"、"文"和"字"文字之间的骨骼,如图7-4-4所示。同时Animate再将图形转换为IK骨骼对象,并将其移到时间轴的"骨骼_1"姿势图层。

图7-4-4 第1帧和第100帧的骨骼形状

(6)使用工具箱中的"选择工具",单击选中"骨骼_1"图层第10帧,按【F6】键,创建一个关键帧。接着将第20、30、40、50、60、70、80、90帧创建关键帧。

(7)单击选中"骨骼_1"图层第10帧,使用工具箱中的"选择工具",调整该帧内IK骨骼对象的骨骼旋转情况,如图7-4-5(a)所示。单击选中"骨骼_1"图层第20帧,调整该帧内IK骨骼对象的骨骼旋转情况,如图7-4-5(b)所示。单击选中"骨骼_1"图层第30帧,调整该帧内IK骨骼对象的骨骼旋转情况,如图7-4-5(c)所示。

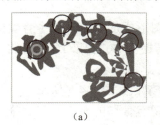  

　　　(a)　　　　　　　　　　(b)　　　　　　　　　　(c)

图7-4-5 第10、20、30帧的骨骼形状

(8)接着调整第40、50、60、70、80关键帧内IK骨骼对象。然后,回到主场景。

2. 制作变色动画

(1)在主场景"图层1"图层之上新增一个"图层2"图层,单击选中"图层2"图层第1帧,将"库"面板内的"滚动变色文字"影片剪辑元件拖动到舞台工作区内偏左边。适当调整"滚动变色文字"影片剪辑大小。

(2)右击"图层2"图层第1帧,弹出帧快捷菜单,单击该菜单内的"创建补间动画"命令,使该帧具有补间动画属性。

（3）单击"图层"图层第100帧，按【F6】键，创建一个属性关键帧，接着在第25、50、75帧创建属性关键帧。

（4）单击选中"图层2"图层第25帧内的影片剪辑实例对象，在其"属性"面板内"色彩效果"栏内的"样式"下拉列表框中选择"高级"选项，设置颜色为黄色。

（5）按照上述方法，将"图层2"图层第50帧内的影片剪辑实例对象设置颜色为绿色；将"图层2"图层第75帧内的影片剪辑实例对象设置颜色为蓝色。

（6）将时间轴"图层1"图层显示出来。

至此，整个动画制作完毕。"滚动变色文字"，动画时间轴如图7-4-6所示。

图7-4-6 "滚动变色文字"动画时间轴

7.4.3 相关知识

1. 给图形和形状添加骨骼的方法

可以向合并绘制模式或对象绘制模式中绘制的图形和形状内部添加多个骨骼（元件实例只能具有一个骨骼）。在将骨骼添加到所选内容后，Animate将所有的图形和骨骼转换为IK骨架对象，并将该对象移动到新姿势图层。在某图形转换为IK骨架后，它无法再与IK骨架外的其他图形与形状合并。下面通过一个简单的实例介绍添加骨骼的具体操作方法。

（1）在舞台工作区内绘制一幅七彩矩形图形或形状，使它尽可能接近其最终形式。

（2）选择整个图形或形状：在添加第一个骨骼之前，使用"选择工具"拖动出一个矩形选择区域，选择全部图形或形状。

（3）使用骨骼工具：单击工具箱内的"骨骼工具"按钮，可以单击"视图"→"贴紧"→"贴紧至对象"命令，启用或关闭"贴紧至对象"功能。

（4）单击图形或形状内第一个骨骼的头部位置，拖到图形或形状内第二个骨骼的头部位置松开鼠标，创建第一个骨骼。同时，Animate将图形或形状转换为IK骨架对象，并将其移到时间轴的姿势图层。IK骨架具有自己的注册点、变形点和边框。

（5）按照上述方法，继续创建其他骨骼，形成图形的骨架，如图7-4-7所示。

（6）如果要创建分支骨架，可以单击希望开始分支的现有骨骼的头部，然后拖动以创建新分支的第一个骨骼。骨架可以具有多个分支，如图7-4-8所示。

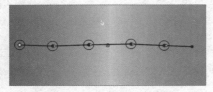
图7-4-7 创建图形的骨架

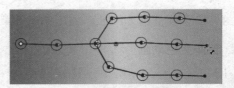
图7-4-8 创建图形有分支的骨架

2. 选择骨骼和关联的对象

（1）选择单个骨骼：使用"选择工具"或"部分选择工具"，单击要选择的骨骼，即可选中该骨骼和与它链接的上级圆形控制点，选中的内容变为绿色，如图 7-4-9 所示。

（2）选择多个骨骼：按住【Shift】或【Ctrl】键，依次单击选中多个骨骼，如图 7-4-10 所示。

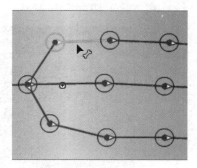 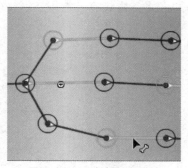

图 7-4-9 选中一个骨骼　　　　　　　图 7-4-10 选中多个骨骼

（3）选择骨架中的所有骨骼：使用"选择工具"双击骨架中的某一个骨骼，如图 7-4-11 所示。

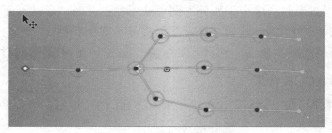

图 7-4-11 选中所有骨骼

（4）移到相邻骨骼：选中单个骨骼，如图 7-4-9 所示，此时的"属性"面板会显示骨骼属性，如图 7-4-12 所示。单击"属性"面板内的"父级"按钮，选中当前骨骼的父级骨骼，如图 7-4-13 所示；单击"子级"按钮，效果如图 7-4-9 所示。

 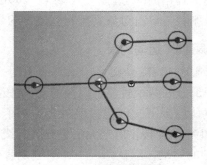

图 7-4-12 骨骼"属性"面板　　　　　　图 7-4-13 选中父级骨骼

然后，单击"下一个同级"按钮，效果如图 7-4-14 所示；单击"上一个同级"按钮，效果如图 7-4-9 所示。

(5)选中整个骨架并显示骨架的属性及其姿势图层:单击"选择工具",单击姿势图层中包含骨架的帧,此时的"属性"面板如图 7-4-15 所示。在"选项"栏"样式"下拉列表框中可以选择骨骼的样式,样式有"线框"、"实线"、"线"和"无"四种。

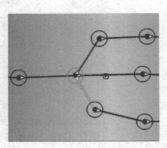

图 7-4-14 选中下一个同级骨骼　　　图 7-4-15 骨架"属性"面板

(6)选择 IK 图形或形状:单击骨架外的图形或形状,此时"属性"面板显示 IK 骨架属性。单击选中连接到骨骼的元件实例,此时"属性"面板显示实例属性。

(7)选择姿势图层的帧:单击"选择工具",按住【Ctrl】键的同时单击要选择的帧。

4.编辑图形或形状的 IK 骨架

创建图形或形状骨骼后,可以使用多种方法编辑它的 IK 骨架。可以重新定位骨骼及其关联的对象,在图形或形状对象内移动骨骼、更改骨骼的长度、删除骨骼以及编辑包含骨骼的对象。只能在第 1 个帧中仅包含初始姿势的姿势图层中编辑 IK 骨架。在姿势图层的后续帧中重新定位骨架后,无法对骨骼结构进行更改。如果要编辑骨架,需要删除位于骨架第 1 个帧之后的任何附加姿势。如果只是重新定位骨架以达到动画处理的目的,则可以在姿势图层的任何帧中进行位置更改。Animate 会将该帧转换为姿势帧。

使用工具箱内的"选择工具",拖动圆形控制点或骨骼,可以调整该圆形控制点或骨骼,以及它们所在的分支中的所有圆形控制点和骨骼的位置和旋转角度。

使用工具箱内的"部分选择工具",拖动圆形控制点或骨骼,可以调整与该圆形控制点或骨骼直接链接的骨骼和圆形控制点。

使用工具箱内的"选择工具"或"部分选择工具",单击选中骨骼或圆形控制点,再按【Delete】键,即可删除与单击对象直接相互链接的骨骼和圆形控制点。

5.调整 IK 运动约束

如果要创建 IK 骨架更加逼真的运动,可以约束特定骨骼的运动自由度。例如,可以约束作为胳膊一部分的两个骨骼,以便肘部无法按错误的方向弯曲。

在默认情况下,创建骨骼时会为每个 IK 骨骼分配固定的长度。骨骼可以围绕其父连接以及沿 X 轴和 Y 轴旋转,但是无法更改其父级骨骼长度。可以启用、禁用和约束骨骼的旋转及其沿 X 轴或 Y 轴的运动。默认情况下,只启用骨骼旋转,而禁用 X 轴和 Y 轴运动。启用 X 轴或 Y 轴运动时,骨骼可以不限度数地沿 X 轴或 Y 轴移动,而且父级骨骼的长度会随之改变,以适应运动。也可以限制骨骼的运动速度,在骨骼中创建粗细效果。

选中一个或多个骨骼时,可在"属性"面板内设置这些骨骼的属性,如图 7-4-12 和所示。

（1）约束骨骼围绕中心旋转：使用工具箱内的"选择工具"或"部分选择工具"，单击选中骨骼，同时骨骼上级的小圆形控制点也被选中，如图7-4-16（a）所示。在"属性"面板内选中"联接：旋转"栏中的"约束"和"启用"复选框，然后，在"左偏移"和"右偏移"输入骨骼可以运动的最小和最大角度。旋转度数相对于父级骨骼。同时，骨骼上级的联接顶部会显示一个指示旋转度的圆圈弧形，指示已启用旋转运动，如图7-4-16（b）所示。默认情况下是选中此"启用"复选框。

（2）限制骨骼沿Y轴方向移动：单击选中骨骼，在"属性"面板内选中"联接：Y平移"栏中的"约束"和"启用"复选框，在"左偏移"和"右偏移"输入骨骼可以移动的顶部偏移和底部偏移。同时，骨骼上级联接顶部的小圆形控制点处会显示一个垂直于上骨骼的双向箭头，指示已启用Y轴运动，如图7-4-16（c）所示。

（3）限制骨骼沿X轴方向移动：单击选中骨骼，在"属性"面板内选中"联接：X平移"栏中的"约束"和"启用"复选框，在"左偏移"和"右偏移"输入骨骼可以运动的最小和最大距离。同时，骨骼上级联接顶部的圆形控制点处会显示一个平行于上骨骼的双向箭头，指示已启用X轴运动，如图7-4-16（d）所示。

（4）使选定的骨骼相对于其父级骨骼是固定：可以禁用旋转以及X轴和Y轴平移。骨骼将变得不能弯曲，并跟随其父级的运动。此时，骨骼上级联接顶部的小圆形控制点处会显示一个平行于上骨骼的双向箭头和一个垂直于上骨骼的双向箭头，如图7-4-16（e）所示。

单击骨骼外部，则骨骼上级联接顶部的小圆形控制点处显示的平行于上骨骼的双向箭头、垂直于上骨骼的双向箭头和表示旋转的圆圈会变为蓝色，如图7-4-16（f）所示。

（5）限制选定骨骼的运动速度：在"属性"面板内的"联接速度"文本框内输入一个值。联接速度为骨骼提供了粗细效果，最大值100%表示对速度没有限制。

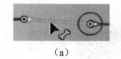 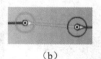 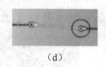
　　(a)　　　　　　　(b)　　　　　　　(c)　　　　　　　(d)　　　　　　　(e)　　　　(f)

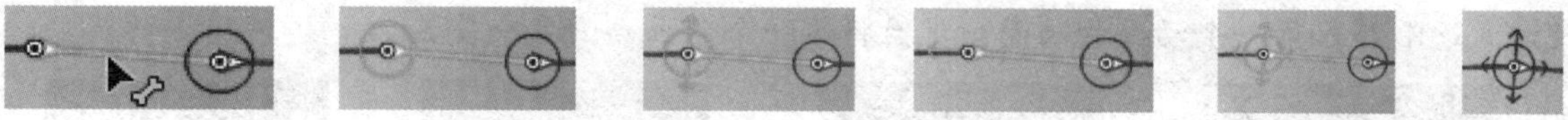

图7-4-16 调整IK运动约束的显示图示

6．向IK动画添加缓动

使用姿势向IK骨架添加动画时，可以调整帧中围绕每个姿势的动画速度。通过调整速度，可以创建更为逼真的运动。控制姿势帧附近运动的加速度称为缓动。可以在每个姿势帧前后使骨架加速或减速。向姿势图层中的帧添加缓动的方法如下：

（1）单击姿势图层中两个姿势帧之间的帧，选中所有动画帧，应用缓动时，它会影响选定帧左侧和右侧的姿势帧之间的帧。按住【Ctrl】键的同时单击某个姿势帧，选中该姿势帧，则缓动将影响选定的姿势帧和下一个姿势帧之间的帧。

（2）在图7-4-15所示的骨架"属性"面板内的"缓动"栏中，"强度"文本框中输入的数值可以控制缓动的影响程度。"类型"下拉列表框用来选择一种缓动类型，缓动类型包括四个简单缓动和四个停止并启动缓动。

简单缓动将降低紧邻上一个姿势帧之后帧的运动加速度或紧邻下一个姿势帧之前帧的运动加速度。停止并启动缓动可以减缓紧邻之前姿势帧后面的帧以及紧邻的下一个姿势帧之前帧中的运动。这两种类型的缓动都有"慢"、"中"、"快"和"最快"类型。"慢"类型效果最不明显，而"最快"类型效果最明显。在选定补间动画后，这些相同的缓动类型在"动画编辑器"面板中是可用的，可以在该面板中查看每种类型的缓动曲线。

（3）在"属性"面板"缓动"栏内，"强度"文本框用来给缓动强度输入一个数值，可以控制缓动的影响程度，默认强度是 0，即表示无缓动。最大值是 100，表示对下一个姿势帧之前的帧应用最明显的缓动效果。最小值是 -100，表示对上一个姿势帧之后的帧应用最明显的缓动效果。

完成缓动属性设置后，在已应用缓动的两个姿势帧之间拖动时间轴的播放头，可以预览已缓动的动画。

●●● 思考与练习 7-4 ●●●

1. 制作图像切换动画，使它可以切换三幅图像，且切换效果不一样。
2. 制作一个"变形变色文字"动画，该动画播放后，一个蓝色文字 ADOBE FLASH 扭曲变化，同时颜色由蓝色变为红色再变为蓝色，其中的两幅画面如图 7-4-17 所示。

图 7-4-17 "变形变色文字"动画播放后的两幅画面

3. 制作一个"动画特效切换"动画，该动画播放后的四幅画面如图 7-4-18 所示。首先显示第一个动画（小溪流水），如图 7-4-18（a）所示；接着第一个动画（四幅图像切换）画面以一种特效方式逐渐移入第一个动画的画面，直至将第一个动画画面完全覆盖。

（a）　　　　　　　　（b）　　　　　　　　（c）　　　　　　　　（d）

图 7-4-18 "动画特效切换"动画播放后的四幅画面

●●● 7.5 【综合实训 7】遮罩层应用集锦 ●●●

7.5.1 实训效果

"遮罩层应用集锦"动画运行后依次播放四个场景的动画，这些动画的制作应用了遮罩层应用的不同技巧。首先播放"场景1"场景的"小溪"动画,该动画播放后显示的一幅画面如图7-5-1所示,画面中小溪从上向下缓慢流动。

接着播放"场景2"场景的"错位切换"动画,它的一幅画面如图7-5-2所示,先显示第一幅图像,接着第二幅图像分成上下两部分,上半边图像从左向右移动,下半边图像从右向左移动,逐渐将第一幅图像遮挡。再接着播放"场景3"场景的"放大镜"动画,一个放大镜从左向右,从上到下,从右到左,再从下到上移动,将文字"祖国山河风景美如画!"和图像放大显示。该动画播放后的一幅画面如图7-5-3所示。

图 7-5-1 "小溪"动画画面

图 7-5-2 "错位切换"动画画面

图 7-5-3 "放大镜"动画画面

最后播放"场景4"场景的"百叶窗切换"动画,该动画播放后的两幅画面如图7-5-4所示。可以看到,第一幅为动物图像,接着以百叶窗方式从上到下切换为第二幅动物图像,又以百叶窗方式从右到左切换为第三幅动物图像。

图 7-5-4 "百叶窗式切换"动画运行后的两幅画面

7.5.2 实训提示

1. 制作"小溪"动画

(1)新建文档,设置舞台大小的宽为500像素、高为400像素,以名称"遮罩层应用集锦.fla"保存。导入六幅图像到"库"面板内,将其中的图像元件名称分别命名为"风景1"~"风景3"和"动物1"~"动物3"。在时间轴创建"图像"、"流水"、"遮罩"和"文字"图层。

(2)打开"场景"面板,在其中创建"场景2"、"场景3"和"场景4"场景。选中"场景1"场景名称,切换到"场景1"场景。

(3)单击"图像"图层中的第1帧,将"库"面板内的"风景1"图像拖动到舞台工作区内。调整该图像刚好将整个舞台工作区覆盖。单击该图层中的第120帧,按【F5】键。

(4)将"风景1"图像打碎。使用"套索工具"在图像的河流轮廓处拖动,选中所有河流,如图7-5-5所示。将选中的河流图像复制到剪贴板中。

(5)单击"流水"图层中的第1帧,单击"编辑"→"粘贴到当前位置"命令,将剪贴板中的图像粘贴到该图层第 1 帧原处。按两次光标下移键和右移键,将"流水"图层中第 1 帧的图像微微向右下方移动一些。单击"图层 2"图层中的第 100 帧,按【F5】键。

(6)单击"遮罩"图层中的第 1 帧,绘制一些直线线条,如图 7-5-6 所示。创建该图层第 1~100 帧的传统补间动画,垂直下移第 100 帧内线条位置,如图 7-5-7 所示。

图 7-5-5 河流图像　　　　　图 7-5-6 第 1 帧画面　　　　　图 7-5-7 第 100 帧画面

(7)设置"遮罩"图层为遮罩图层。单击"文字"图层中的第 1 帧,在舞台工作区内输入绿色"遮罩层应用集锦"文字,再添加"斜角"滤镜。此时的时间轴如图 7-5-8 所示。

图 7-5-8 "场景 1"场景"小溪流水"动画的时间轴

2. 制作"错位切换"动画

(1)切换到"场景 2"场景。在时间轴创建"图像 1"、"图像 2-1"、"遮罩 1"和"图像 2-2"图层。单击"图像 1"图层中的第 1 帧,将"库"面板内的"风景 1"图像元件拖动到舞台工作区内,调整它刚好将舞台工作区完全覆盖,如图 7-5-1 所示。

(2)单击"图像 2-1"图层中的第 1 帧,将"库"面板内的"风景 2"图像元件拖动到舞台工作区内,使该图像位于舞台工作区的左边,如图 7-5-9 所示。

(3)制作"图层 2"图层的第 1~100 帧的传统补间动画,单击"图层 2"图层第 100 帧的图像,在其"属性"面板内调整 X 值为 250 像素,Y 值为 200 像素,使图像刚好将"图像 1"图像完全覆盖。单击"图层 1"图层中的第 100 帧,按【F5】键。

(4)单击"遮罩 1"图层中的第 1 帧。绘制一幅黑色矩形,在其"属性"面板内设置宽为 500 像素、高为 200 像素,X 和 Y 值为 0,如图 7-5-10 所示。单击该图层中的第 100 帧,按【F5】键。

(5)选中"图像 2-1"和"遮罩 1"图层中的所有帧并右击,弹出帧快捷菜单,单击"复制帧"命令,将选中帧复制到剪贴板中。选中"图像 2-2"图层中的第 1~100 帧的所有帧,右击选中的帧,弹出帧快捷菜单,单击"粘贴帧"命令,将剪贴板中的内容粘贴到"图像 2-2"图层和新增的图层中。将新增图层的名称命名为"遮罩 2"。

图 7-5-9 "图层 2"图层第 1 帧画面　　　　图 7-5-10 在图像上半边绘制一个矩形

（6）将"图像2-2"图层第1帧中的图像移到舞台工作区的右边，如图7-5-11所示。单击"遮罩2"图层中的第1帧，将图像下半边的黑色矩形移到图像的上半边，X值为0，Y值为200，如图7-5-12所示。

图7-5-11 "图像2-2"图层第1帧的画面　　图7-5-12 图像下半边的矩形

（7）将"遮罩1"和"遮罩2"图层设置成遮罩层，使"图像2-1"和"图像2-2"图层成为被遮罩图层。"场景2"场景动画的时间轴如图7-5-13所示。

图7-5-13 "场景2"场景"图像错位切换"动画的时间轴

3．制作"放大镜"动画

（1）切换到"场景3"场景。在时间轴创建"图像文字1"、"放大镜"、"图像2"、"文字2"和"遮罩"图层。单击"图像文字1"图层中的第1帧，将"库"面板内的"风景3"图像元件拖动到舞台工作区内，调整它刚好将舞台工作区完全覆盖。然后，输入蓝色、黑体文字"祖国山河风景美如画！"，再在垂直方向调小，如图7-5-14所示。

（2）创建并进入"镜片"影片剪辑元件的编辑状态，在其中绘制一幅圆形图形，其中填充白色到灰色的径向渐变色，如图7-5-15（a）所示。创建并进入"放大镜"影片剪辑元件的编辑状态，导入"放大镜.jpg"图像，如图7-5-15（b）所示。将该图像分离，将背景白色删除，再将"库"面板内的"镜片"影片剪辑元件拖动到"放大镜.jpg"图像之上，调整"镜片"影片剪辑实例的大小和位置，然后，回到主场景。

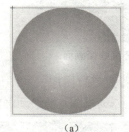

(a)　　(b)

图7-5-14 "图像文字1"图层第1帧画面　　图7-5-15 "镜片"图形和"放大镜.jpg"图像

（3）单击"放大镜"图层中的第1帧，将"库"面板内的"放大镜"影片剪辑元件拖动到舞台工作区内，调整"放大镜"影片剪辑实例的大小和位置，如图7-5-16所示。

（4）将"图像1"图层中的第1帧复制粘贴到"图像2"图层中的第1帧，再将该帧内的文字垂直调大,将图像调大(宽为 1 200 像素,高为 800 像素,X 和 Y 的值为 0),如图 7-5-17 所示。创建"图像 2"图层中第 1～100 帧的传统补间动画,调整第 100 帧的图形位置,如图 7-5-18 所示。

图 7-5-16 "放大镜"影片剪辑实例　　　　图 7-5-17 "图像 2"和"文字 2"图层第 1 帧画面

(5)隐藏"图像 2"图层,单击"遮罩"图层中的第 1 帧,将"库"面板内的"镜片"影片剪辑元件拖动到舞台内,调整该实例的大小和位置与放大镜一致,如图 7-5-19 所示。

图 7-5-18 "图像 2"和"文字 2"图层第 100 帧画面　　　图 7-5-19 第 1 帧画面

(6)创建"遮罩"和"放大镜"图层中第 1～100 帧的传统补间动画,将第 100 帧内"放大镜"和"镜片"影片剪辑实例位置调整到右边,两个实例位置一样,如图 7-5-20 所示。保证"放大镜"和"镜片"影片剪辑实例的移动完全同步动作。

(7)显示"图像 2"图层,创建该图层中第 1～100 帧的传统补间动画,单击该图层中的第 100 帧,将其中的"风景 3.jpg"图像水平移动到右边,如图 7-5-21 所示。

(8)创建"图像 2"图层中第 1～100 帧的传统补间动画,将第 100 帧中的放大镜水平移到舞台工作区内的右边,如图 7-5-21 所示。

图 7-5-20 第 100 帧画面　　　　　图 7-5-21 "图像 2"图层第 100 帧画面

(9)将"遮罩"图层设置为遮罩图层,"图像 2"和"文字 2"图层为被遮罩图层。

至此,该动画制作完毕。"场景 3"场景动画的时间轴如图 7-5-22 所示。

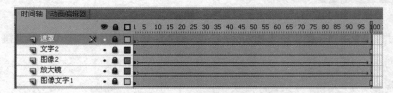

图 7-5-22 "场景 3"场景"放大镜"动画的时间轴

4．制作"百叶窗式切换"动画

（1）切换到"场景4"。在时间轴创建"图1"、"图2-1"、"遮罩1"、"图2-2"、"图3"和"遮罩2"图层。在舞台工作区内显示网格水平和垂直间距为30像素的网格。

（2）创建并进入"百叶"影片剪辑元件的编辑状态，单击"图层1"图层中的第1帧，绘制一幅蓝色矩形，如图7-5-23所示，设置它的宽为500像素，高为1像素，X和Y值分别为0和-15。

（3）创建"图层1"图层中第1～40帧的传统补间动画，单击该图层中的第40帧，选中其中的图形，在其"属性"面板内调整宽为500像素，高为30像素，X值为0，Y值为0。在垂直方向将矩形向下调大，如图7-5-24所示。然后，回到主场景。

图7-5-23　蓝色矩形图形1　　　　　　　图7-5-24　蓝色矩形图形2

（4）创建并进入"百叶窗"影片剪辑元件的编辑状态，单击"图层1"图层中的第1帧，14次将"库"面板内的"百叶"影片剪辑元件拖到舞台工作区内，垂直均匀分布，间距为30像素。将14个"百叶"影片剪辑元件实例全部选中，如图7-5-25所示。在其"属性"面板内设置宽为500像素，高为390像素，X值为-250，Y值为-210。然后，回到主场景。

（5）单击"图1"图层中的第1帧，将"库"面板内的"动物1"图像拖动到舞台正中间，调整它的大小和位置，刚好将整个舞台工作区覆盖，如图7-5-26所示。单击第40帧（注意：应该与"百叶"影片剪辑元件内动画的帧数一样），按【F5】键。

（6）单击"图2-1"图层中的第1帧，将"库"面板内的"动物2"图像拖动到舞台内，调整它的大小与位置与"动物1"图像完全一样，如图7-5-27所示。单击第40帧，按【F5】键。

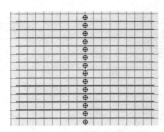  

图7-5-25　蓝色矩形图形　　　图7-5-26　"动物1"图像　　　图7-5-27　"动物2"图像

（7）单击"遮罩1"图层中的第1帧，将"库"面板内的"百叶窗"影片剪辑元件拖动到舞台工作区内，使"百叶窗"影片剪辑实例的上边缘与"动物2"图像的上边缘对齐，调整"百叶窗"影片剪辑实例的宽度大一些，如图7-5-28所示。单击第40帧，按【F5】键。

（8）单击"图2-2"图层中的第41帧，按【F7】键，将"图2-1"图层中的第1帧（其中是"动物2"图像）复制粘贴到"图2-2"图层中的第1帧。单击第80帧，按【F5】键。

（9）单击"图3"图层中的第41帧，按【F7】键，将"库"面板内的"动物3"图像拖动到舞台工作群的中间，调整"动物3"图像，使它与"动物2"图像的大小和位置完全一样，如图7-5-29所示。单击第80帧，按【F5】键。

（10）单击"遮罩2"图层中的第41帧，按【F7】键，将"库"面板内的"百叶窗"影片剪辑元件拖动到舞台工作区内，旋转90°，使它的右边缘与舞台工作区的右边缘对齐，调整它的宽度大一些，如图7-5-30所示。单击第80帧，按【F5】键。

图7-5-28 "百叶窗"影片剪辑实例

图7-5-29 "动画3"图像

图7-5-30 "百叶窗"实例

（11）将"遮罩1"和"遮罩2"图层设置成遮罩层，使"图2-1"和"图3"图层成为被遮罩图层。至此，动画制作完毕。"场景4"场景动画的时间轴如图7-5-31所示。

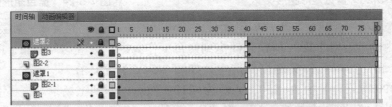
图7-5-31 "场景4"场景"图像百叶窗式切换"动画的时间轴

7.5.3 实训评测

能力分类	评价项目	评价等级
职业能力	掌握应用遮罩层制作动画的方法和技巧	
	了解使用"骨骼工具"和"绑定工具"制作反向运动动画的方法，以及反向运动动画的编辑方法	
	掌握在制作动画中应用遮罩层技术的方法和技巧	
	进一步掌握导入声音和使声音同步的技巧	
	进一步掌握"库"面板和时间轴内文件夹的应用技术	
通用能力	自学能力、总结能力、合作能力、创造能力等	
能力综合评价		

第 8 章 ActionScript 程序设计 1

本章提要

本章通过五个案例,介绍"动作"面板的特点和使用方法、点运算符和标点符号、函数语句定义方法、事件处理、Event 类和 MouseEvent 子类,还介绍了"时间轴控制"函数、ActionScript 程序设计语法基础、影片剪辑常用属性和自定义函数,创建文本框、文本变量,StartDrag( )、StopDrag( ) 方法等。另外,介绍了条件语句、循环语句,以及 ActionScript 3.0 类中数学(Math)对象的基本使用方法等。

8.1 【案例 29】按钮控制自转星球

8.1.1 案例描述

"按钮控制自转星球"动画运行后显示一个自转星球和四个按钮。单击"停止"按钮,自转星球停止自转,回到原始状态,如图 8-1-1(a)所示。单击"播放"按钮,自转星球从头开始自转。单击"暂停"按钮,动画暂停,没有回到初始状态,如图 8-1-1(b)所示。单击"继续"按钮,动画从暂停处继续播放,如图 8-1-1(c)所示。

图 8-1-1 "按钮控制自转星球"动画播放后的三幅画面

8.1.2 操作方法

1. 制作"透明自转星球"动画

(1)设置舞台大小的宽为 220 像素,高为 230 像素,背景色为蓝色。将它以名称"按钮控制自转星球.fla"保存在"【案例 29】按钮控制自转星球"文件夹内。

（2）打开"【案例26】太空星球"文件夹内的"太空星球.fla"文档。单击"按钮控制自转星球"文档的标签，切换到"按钮控制自转星球"文档。打开"库"面板，在该面板内最上边的下拉列表框中选择"太空星球.fla"选项，将"库"面板切换到"太空星球.fla"文档的"库"面板。

（3）右击该"库"面板内的"自转星球"影片剪辑元件，弹出快捷菜单，单击该菜单内的"复制"命令，将"自转星球"影片剪辑元件复制到剪贴板内。在"库"面板内最上边的下拉列表框中选择"按钮控制自转星球.fla"选项，将"库"面板切换到"按钮控制自转星球.fla"文档的"库"面板。右击该"库"面板内，弹出快捷菜单，单击该菜单内的"粘贴"命令，将剪贴板内的"自转星球"影片剪辑元件粘贴到"按钮控制自转星球.fla"Animate文档的"库"面板内，同时相关的元件也粘贴到该"库"面板内。最后将刚刚粘贴的影片剪辑元件的名称改为"透明自转星球"。

（4）参看上一章"【案例26】太空星球"一节中"自转星球"影片剪辑元件制作方法的内容，双击"库"面板内"透明自转星球"影片剪辑元件，进入该元件的编辑状态。将动画时间轴的终止帧（第160帧）移到第200帧，将"图层2"图层也移到"图层1"遮罩图层右下方，使"图层3"和"图层2"都成为"图层1"图层的被遮罩图层。最后将各图层的名称进行修改，如图8-1-2所示（还没有最下边的图层）。

图8-1-2 "自转星球"影片剪辑元件的时间轴

（5）将"前右移地图"图层除第1帧外均删除，按住【Ctrl】键，单击选中该图层第1帧，右击弹出帧快捷菜单，单击该菜单内的"删除补间"命令，删除该帧的补间属性。再右击该帧，弹出帧快捷菜单，单击该菜单内的"创建补间动画"命令，给该图层创建补间动画。按住【Ctrl】键，单击选中该图层第200帧，按【F6】键，创建关键帧。

（6）将"前右移地图"图层复制一份，复制的图层名称改为"后左移地图"，按住【Ctrl】键，垂直向下拖动"后左移地图"图层，将该图层移到"透明圆球"图层的下边。

（7）按住【Ctrl】键，单击选中"前右移地图"图层第1帧，按住【Shift】键并水平向右拖动"星球展开图"到如图8-1-3（a）所示处。按住【Ctrl】键，单击选中该图层第200帧，按住【Shift】键并水平向右拖动"星球展开图"到图8-1-3（b）所示位置。

(a)　　　　　　　　　　　　　　(b)

图8-1-3 在"自转星球"影片剪辑元件内的时间轴中右移"星球展开图"图像

（8）单击选中"透明圆球"图层第1帧，单击选中该帧的透明圆球图形，打开"颜色"面板，如图8-1-4所示。

单击选中调色栏右下角的关键颜色滑块，在面板内设置R文本框内数值为255，G、B文本框中的数值为0，A及文本框数值为75%，设置该关键点颜色接近半透明的红色。再单击选中调色栏左下角的关键颜色滑块，在面板内设置 R 文本框内数值为 255，G、B 文本框中的数值也都为 255，A 及文本框数值为 50%，设置该关键点颜色为半透明的白色。

图 8-1-4 "颜色"面板设置

（9）按住【Ctrl】键，单击选中"后左移地图"图层第 1 帧，按住【Shift】键并水平向右拖动"星球展开图"到图 8-1-5（a）所示位置。按住【Ctrl】键，单击选中该图层第 200 帧，按住【Shift】键并水平向左拖动"星球展开图"到图 8-1-5（b）所示位置。

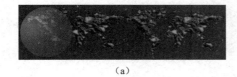 

（a） （b）

图 8-1-5 在"自转星球"影片剪辑元件内的时间轴中左移"星球展开图"图像

（10）将主场景"图层 1"图层的名称改为"透明自转星球"，单击选中该图层第 1 帧，将"库"面板内的"透明自转星球"影片剪辑元件拖动到主场景舞台工作区内。选中影片剪辑实例，打开"属性"面板。在该面板中的"实例名称"文本框中输入 ZZDQ，调整该实例的宽和高均为 190 像素，调整它的位置，如图 8-1-1 所示。然后选中"透明自转星球"第 200 帧，按【F5】键，使该图层第 1 ~ 200 帧内容一样。

2．添加按钮和输入程序

（1）在"透明自转星球"图层之上创建一个名称为"按钮"的图层。参看前面章节中介绍的方法，制作四个不同的按钮，或者将已经制作好的按钮元件复制粘贴到"库"面板中。这里复制粘贴■、▶、■和▶四个按钮元件到"库"面板中。

（2）选中"按钮"图层第 1 帧，将"库"面板中的四个按钮元件■、▶、■和▶拖动到下边，形成四个按钮实例，调整它们的位置，如图 8-1-1 所示。

（3）单击选中"停止"按钮■，在其"属性"面板的"实例名称"文本框中输入按钮实例的名称 AN1。采用相同的方法，给"播放"按钮实例▶命名为 AN2，给"暂停"按钮实例■命名为 AN3，给"继续"按钮实例▶命名为 AN4。

（4）在"按钮"图层之上添加一个"动作"图层，单击选中"动作"图层第 1 帧，单击"窗口"→"动作"命令，打开"动作"面板。在该面板内右边的脚本窗口内输入如下程序。输入程序后的"动作"面板如图 8-1-6 所示。

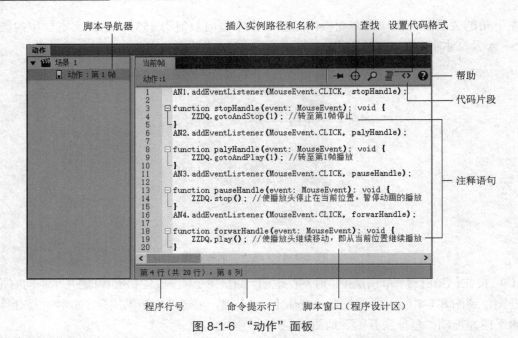

图 8-1-6 "动作"面板

```
AN1.addEventListener(MouseEvent.CLICK,stopHandle);
function stopHandle(event:MouseEvent):void
{
    ZZDQ.gotoAndStop(1);  // 转至第 1 帧停止
}
AN2.addEventListener(MouseEvent.CLICK,palyHandle);
function palyHandle(event:MouseEvent):void
{
    ZZDQ.gotoAndPlay(1);  // 转至第 1 帧播放
}
AN3.addEventListener(MouseEvent.CLICK,pauseHandle);
function pauseHandle(event:MouseEvent):void
{
    ZZDQ.stop();// 使播放头停止在当前位置,暂停动画的播放
}
AN4.addEventListener(MouseEvent.CLICK,forwarHandle);
function forwarHandle(event:MouseEvent):void
{
    ZZDQ.play();// 使播放头继续移动,即从当前位置继续播放
}
```

至此,整个动画制作完毕,该动画的时间轴如图 8-1-7 所示。

图 8-1-7 "按钮控制自转星球"动画的时间轴

8.1.3 相关知识

1. "动作"面板

对于交互式动画，用户可以参与控制动画的走向，还可以通过单击或按键等操作，去执行一些动作脚本程序，使动画画面产生跳转变化。动作脚本是可以在动画运行中起计算和控制的程序代码，这些程序是在"动作"面板中使用 ActionScript 编程语言编写的。

对于 3.0 版本的 ActionScript，选中关键帧或空白关键帧后的"动作"面板如图 8-1-6 所示。下面介绍该"动作"面板中一些选项的作用。

（1）脚本窗口：它叫程序设计区或程序编辑区，是用来编写 ActionScript 程序的区域。拖动选中该区域内部分或全部脚本代码，右击选中的脚本代码或右击脚本窗口内部，都会弹出快捷菜单，利用快捷菜单中的命令可以编辑（复制、粘贴、删除等）脚本代码，单击该快捷菜单中的"查看帮助"命令，可以打开相应的帮助信息网页，如图 8-1-8 所示。

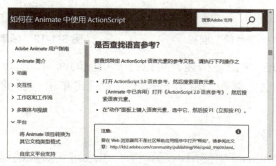

图 8-1-8 帮助信息网页

（2）脚本导航器：列出 Animate 文档中脚本所在位置的信息，它给出了当前选择的关键帧、按钮或影片剪辑实例的有关信息（所在图层、关键帧名称等），可以帮助快速查看脚本。单击"脚本"导航器中的项目，即可在"脚本窗口"窗格内显示相应的脚本程序。

（3）命令提示行：显示脚本窗口内光标所在的行号和列号。

（4）"插入实例路径和名称"按钮：单击该按钮，可以弹出"插入目标路径"对话框，如图 8-1-9 所示。利用该对话框可以设置脚本中某个动作的绝对或相对目标路径。

（5）"查找"按钮：单击该按钮，可以打开"查找文本"栏，如图 8-1-10 所示。其内有"查找文本"文本框、"查找"下拉列表框和几个按钮。"查找文本"文本框用来查找及查找和替换脚本中的文本。"查找"下拉列表框内有"查找"和"查找和替换"两个选项。单击 按钮，可以展开和收缩下边一栏，它用来选择两个复选框选项。单击"高级"按钮，会弹出"查找和替换"对话框，可以用来进行较方便和高级的查找和替换。

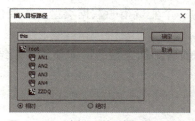

图 8-1-9 "插入目标路径"对话框

图 8-1-10 "查找文本"栏

（6）"设置代码格式"按钮：帮助设置代码格式。

（7）"代码片段"按钮：单击该按钮，可打开"代码片段"面板，如图8-1-11所示。其中显示代码片段名称。例如，双击"在此帧处停止"选项后"动作"面板如图8-1-12所示。

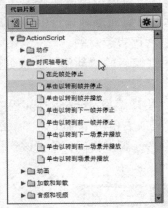

图8-1-11 "代码片段"面板

图8-1-12 帧事件的"动作"面板

（8）"帮助"按钮：单击该按钮，可以打开相应的网页，显示"脚本窗口"窗格中所选ActionScript元素的参考信息。例如，单击import语句，再单击"帮助"按钮，"帮助"面板中将显示import的参考信息。

2．点运算符和标点符号

（1）点运算符（.）：Animate中使用点运算符（.）来访问对象的属性和方法，点运算符主要用于下面的几个方面。一是可以采用对象名称后面跟点运算符的属性名称来引用对象的属性（方法）；二是可以采用点运算符表示对象的层次关系结构；三是可以采用点运算符描述显示对象的路径。

（2）标点符号：在Animate中有多种标点符号都很常用，分别为分号（；）、逗号（，）、冒号（：）、小括号（()）、中括号（[ ]）和大括号（{ }）。这些标点符号在Animate中都有各自不同的作用，可以帮助定义数据类型，终止语句或者构建ActionScript代码块。

◎分号（；）：表示ActionScript语句结束。

◎逗号（，）：主要用于参数分隔，比如用于多个方法的参数之间。

◎小括号（()）：决定表达式的运算顺序。结合使用小括号和逗号运算符，计算一系列表达式的结果并返回最后一个表达式的结果。

◎中括号（[ ]）：主要用于数组的定义和访问。

◎大括号（{ }）：主要用于编程语言程序控制、函数和类中。

◎冒号（：）：主要用于为变量指定数据类型。要为一个变量指明数据类型，需要使用var关键字和后冒号法为其指定。

在构成控制结构的每个语句（例如if…else或for）前后添加大括号，即使该控制结构只包含一条语句。

3．函数语句定义方法

函数语句定义的方法在各种语言的程序设计中基本类似，通常都是使用function关键字来定义，其格式如下所示。

```
function 函数名 ( 参数 1：参数类型，参数 2：参数类型…)：返回类型
{
    // 函数体
}
```

代码格式说明如下：

（1）function：定义函数使用的关键字。注意 function 关键字要以小写字母开头。

（2）函数名：定义函数的名称。函数名要符合变量命名的规则，最好给函数取一个与其功能一致的名字。

（3）小括号：定义函数的必需格式，小括号内的参数和参数类型都可以选择。

（4）返回类型：定义函数的返回类型，也是可选的，要设置返回类型，冒号和返回类型必须成对出现，而且返回类型必须是存在的类型。

（5）大括号：定义函数的必需格式，需要成对出现。括起来的是函数定义的程序内容，是调用函数时执行的代码。

例如：

```
function forwarHandle(event:MouseEvent):void
{
    TU1.gotoAndStop(7);    // 函数体
}
```

函数名是 forwarHandle，参数是 event，它的参数类型是 MouseEvent，返回类型是 void。

4．事件和事件处理

交互式动画的一个行为包含了两部分内容：一是事件；二是事件产生时所执行的动作。事件是触发动作的信号，动作是事件的结果。在 Animate 中，播放指针到达某个指定的关键帧、用户单击按钮或影片剪辑元件、用户按下了键盘按键等操作，都可以触发事件。

动作可以有很多，可以由读者发挥创造。可以认为动作是由一系列的语句组成的程序。最简单的动作是使播放的动画停止播放，使停止播放的动画重新播放等。

事件的设置与动作的设计是通过"动作"面板来完成的。

在 ActionScript 2.0 中，事件可分为帧事件、按钮事件、按键事件和影片剪辑元件事件。帧事件就是当影片或影片剪辑播放到某一关键帧时的事件。

对比 ActionScript 2.0，在 ActionScript 3.0 中，只存在一种事件处理模型。ActionScript 3.0 的事件处理体系具有以下几个新特点：

（1）在 ActionScript 3.0 中，只能使用 addEventListener( ) 注册侦听器。可以对属于事件流一部分的任何对象，调用 addEventListener( ) 方法。

（2）在 ActionScript 3.0 中，只有函数或方法可以是事件侦听器。

在 ActionScript 3.0 的事件处理系统中，事件对象主要有两个作用：一是将事件信息存储在一组属性中，来代表具体事件；二是包含一组方法，用于操作事件对象和影响事件处理系统的行为。

在 Animate 播放器的应用程序接口中，有一个 Event 类，作为所有事件对象的基类，也就是说，程序中所发生的事件都必须是 Event 类或者其子类的实例。

5. Event 类和 MouseEvent 子类

在 ActionScript 3.0 中，Event 类又包括 MouseEvent（鼠标）类、KeyBoardEvent（键盘）类、TimerEvent（时间）类和 TextEvent 文本类。

ActionScript 3.0 中 MouseEvent 子类的变量名和功能见表 8-1-1。

表 8-1-1 MouseEvent 子类的变量名和功能

序号	变量名	功能
1	CLICK:String	单击
2	DOUBLE_CLICK:String	双击
3	MOUSE_DOWN:String	按下
4	MOUSE_LEAVE:String	鼠标移开舞台
5	MOUSE_MOVE:String	移动
6	MOUSE_OUT:String	移出
7	MOUSE_OVER:String	移过
8	ROLL_OUT:String	滑入
9	ROLL_OVER:String	滑出
10	MOUSE_UP:String	提起
11	MOUSE_WHEEL:String	滚动

有 Event 类的事件来专门处理事件。例如：

```
AN1.addEventListener(MouseEvent.CLICK,yidongHorizontally);
function yidongHorizontally (event:MouseEvent)
{
   a.x += 100;
}
```

6. 面向对象编程的基本概念

面向对象的程序设计（OOP）能够有效地改进结构化程序设计中的问题。在结构化的程序设计中，要解决某个问题，是将问题分解为过程，再用许多功能不同的函数来实现，数据与函数是分离的。面向对象的程序设计方法不再将问题分解为过程，而是将问题分解为对象，要解决问题必须首先确定这个问题是由哪些对象组成的。

对象是可以独立存在的、可以被区分的一个实体，它有属性、方法（作用于对象的操作）和事件（对象响应的动作）。对象之间的相互作用通过消息传送来实现。因此面向对象编程的设计模式为"对象＋消息"。在面向对象的编程中，有几个很重要的基本概念：类、对象、属性、方法、实例和继承等。

所谓"类"，可以打一个比喻，饼干模子可以看成是一个"类"，扣出的饼干是对象，每个动物饼干都继承了模子（类）的属性，比如模子形状是老虎，扣出来的饼干就是老虎形状。每个饼干对象都有它自己的特有属性，例如，某个饼干的颜色是黄色，某个饼干是甜的。通过一些方法可以改变这些属性等。

在面向对象的编程中，对象是属性和方法的集合，程序是由对象组成的。Animate 中的各种实例都是类的对象，类的每个实例都继承了类的属性和方法。例如，所有影片剪辑实例都是 MovieClip 类的实例，可以将 MovieClip 类的任何方法和属性应用于影片剪辑实例。属性是对象的特性，方法是与类关联的函数，用于改变对象属性的值。面向对象的程序设计是将问题抽象成许多类，将对象的属性和方法封装成一个整体，供程序设计者使用。

创建对象和访问对象的方法简介如下：

（1）创建对象：可以使用 new 操作符通过 Animate 内置对象类或自定义的类来创建一个对象。"myDate = new date();"这条语句就是使用了 Animate 的日期类创建了一个新对象（也称实例化）。对象 myDate 可以使用内置对象 date() 的 getDate() 等方法和属性。

使用 new 操作符来创建一个对象需要使用构造函数（构造函数是一种简单的函数，它用来创建某一类型的对象）。在本案例的"制作方法"中的制作"流星雨"影片剪辑元件过程中介绍了制作自定义类 Star 的方法，以及使用 new 操作符通过自定义的类 Star 来创建一个对象 var starCopy_mc 的方法。

（2）访问对象：可以使用点操作符来访问对象的属性，点操作符左边写对象名，右边写使用方法。例如，sound1.setVolume() 中，sound1 是对象，setVolume() 是方法，通过点操作符来连接。

●●● 思考与练习 8-1 ●●●

1. 制作一个"按钮控制模拟指针表"动画，该动画播放后的三幅画面如图 8-1-13 所示。就像本节案例一样，可以用按钮控制"模拟指针表"影片剪辑实例动画的播放状态。

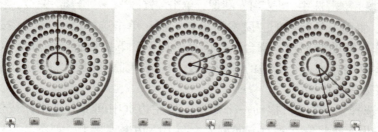

图 8-1-13 "按钮控制模拟指针表"动画播放后的三幅画面

2. 制作一个"按钮控制图像切换动画"动画，按钮控制的是"图像切换"影片剪辑实例动画。

●●● 8.2 【案例 30】画册浏览 1 ●●●

视频

案例30

8.2.1 案例描述

"画册浏览 1"动画运行后的画面如图 8-2-1（a）所示，单击"唯美动物"和"天真宝宝"按钮，可以切换到不同的场景，浏览不同类型的图像。单击"天真宝宝"按钮后的画面如图 8-2-1（b）所示。单击下边的按钮，可以切换到相应的图像。

（a） （b）

图 8-2-1 "画册浏览 1"动画运行后的两幅画面

不管切换到哪个场景，单击"下一帧"按钮，可以显示下一帧画面；单击"上一帧"按钮，显示上一帧画面；单击"起始帧"按钮，显示第 1 帧画面；单击"终止帧"按钮，显示最后一帧画面。当显示第 1 幅图像时，单击"上一帧"按钮，仍然显示第 1 幅图像；当显示最后一幅图像时，单击"下一帧"按钮，仍然显示最后一幅图像。

8.2.2 操作方法

1. 制作框架和文字

（1）新建一个 Animate 文档（选择 ActionScript 3.0 类型选项），设置舞台大小的宽为 560 像素，高为 430 像素，背景色为黄色。将"图层 1"图层名称改为"框架"。再新增四个图层，名称分别改为"框架"、"文字"、"按钮"和"图像"。将该文档以名称"画册浏览 1.fla"保存在"【案例 30】画册浏览 1"文件夹中。

（2）选中"框架"图层第 1 帧，导入一幅"框架 1.jpg"图像到舞台工作区内，如图 8-2-2 所示。使用"选择工具" ，单击选中"框架 1"图像，单击"修改"→"分离"命令，将选中的图像分离，即将该图像打碎。使用工具箱内的"魔术棒工具" ，单击选中白色背景，按【Delete】键删除白色背景。在工作界面的右上角"舞台工作区显示比例"下拉列表框中选择 200% 选项，或者在下拉列表框的文本框中输入一个合适的百分比数，将舞台工作区放大。然后使用"橡皮擦工具" ，更细致地擦除白色背景。

（3）使用"选择工具" ，拖动一个矩形，将左边框中间部分选中，按住【Alt】键，水平向右拖动，复制一份，再将它在垂直方向调大，与上下边框连接上，如图 8-2-3 所示。

（4）单击选中整幅框架图像，将它转换为"框架"影片剪辑元件的实例，然后利用"属性"面板的"滤镜"栏给它添加"斜角"滤镜，使"框架"影片剪辑实例呈立体感，最后调整"框架"影片剪辑实例的大小和位置，如图 8-2-3 所示。

 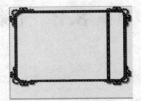

图 8-2-2 "框架 1.jpg"图像 图 8-2-3 制作的框架图像

(5)选中"文字"图层第 1 帧,在右边窄框架内输入红色、楷体、32 磅大小的竖排文字"唯美动物图像"。然后利用"属性"面板的"滤镜"栏给它添加"渐变斜角"滤镜。

(6)单击选中"图层 1"图层第 1 帧,打开"动作"面板,在该面板内右边的脚本窗口中输入"stop( );"语句,表示播放到该帧停止移动播放头。

2. 制作图像和按钮

(1)导入八幅唯美动物图像、八幅宝宝图像到"库"面板中,并将"库"面板内导入的元件名称分别改为"动物 1"~"动物 8"和"宝宝 1"~"宝宝 8"。

(2)创建"唯美动物图集"影片剪辑元件,进入"唯美动物图集"影片剪辑元件的编辑状态,选中"图层 1"图层第 2 ~ 8 帧,按【F7】键,创建七个空白关键帧。

(3)选中该图层第 1 帧,将"库"面板中的"动物 1"图像拖动到舞台工作区中,在其"属性"面板内设置宽为 350 像素,高为 300 像素,X 值为 -230,Y 值为 -150。在其他帧依次插入"库"面板内其他动物图像元件,调整它们的宽、高、X、Y 均和第 1 帧内图像一样。

(4)按照上述方法再制作一个名称为"天真宝宝图集"影片剪辑元件,将其内各帧中依次插入"库"面板内各宝宝图像,宝宝图像的大小和位置均不变。

(5)在"库"面板中制作如图 8-2-1 中所示的六个按钮元件。切换到主场景,单击选中"按钮"图层第 1 帧,将已经制作好的六个按钮元件拖动到舞台工作区内框架图像的下边,在每个按钮下面输入相应文字,再利用"对齐"面板将它们排列对齐。

(6)回到主场景,单击选中"图像"图层第 1 帧,将"库"面板内的"唯美动物图集"影片剪辑元件拖动到框架内。选中"唯美动物图集"影片剪辑实例,在其"属性"面板的"实例名称"文本框内输入 TU1,给该实例命名为 TU1。

3. 输入程序制作两个场景动画

(1)打开"场景"面板,将该面板内的"场景 1"场景名称改为"唯美动物"。

(2)选中"唯美动物"场景时间轴内"按钮"图层第 1 帧,单击选中左边第一个按钮实例。在它的"属性"面板的"实例名称"文本框内输入 AN1,给该按钮实例命名为 AN1。

按照上述方法,给其他按钮实例(从左到右)分别命名为 AN2 ~ AN6。

(3)选中"唯美动物"场景的"按钮"图层第 1 帧,打开"动作"面板,在该面板内右边的脚本窗口中输入如下程序:

```
AN1.addEventListener(MouseEvent.CLICK, gotoAndStopHandle);
function gotoAndStopHandle(event:MouseEvent):void
{
    TU1.gotoAndStop(1);         //跳转到当前场景第 1 帧
}
AN2.addEventListener(MouseEvent.CLICK, prevFrameHandle);
function prevFrameHandle(event:MouseEvent):void
{
    TU1.prevFrame();            //跳转到当前场景上一帧
}
AN3.addEventListener(MouseEvent.CLICK, nextFrameHandle);
```

```
function nextFrameHandle(event:MouseEvent):void
{
    TU1.nextFrame();              //跳转到当前场景下一帧
}
AN4.addEventListener(MouseEvent.CLICK, forwarHandle);
function forwarHandle(event:MouseEvent):void
{
    TU1.gotoAndStop(8);            //跳转到当前场景最后一帧
}
AN6.addEventListener(MouseEvent.CLICK, gotoscene2Handle);
function gotoscene2Handle(event:MouseEvent):void
{
    MovieClip(this.root).gotoAndPlay(1,"天真宝宝"); //跳转到"天真宝宝"场景第1帧
}
```

（4）选中"场景"面板内的"唯美动物"名称，单击"重置场景"按钮▣，复制一份"唯美动物"，在"场景"面板内，将复制的场景名称改为"天真宝宝"。

切换到"天真宝宝"场景，将"文字"图层第1帧内的文字改为"天真宝宝图像"。将"图像"图层第1帧内的"唯美动物图集"影片剪辑实例更换为"天真宝宝图集"影片剪辑实例，将该实例的名称改为TU2。

（5）选中"天真宝宝"场景内"按钮"图层第1帧，打开"动作"面板，在该面板内右边的脚本窗口中输入如下程序：

```
AN1.addEventListener(MouseEvent.CLICK, gotoAndStopHandle2);
function gotoAndStopHandle2(event:MouseEvent):void
{
    TU2.gotoAndStop(1);        //跳转到当前场景第1帧
}
AN2.addEventListener(MouseEvent.CLICK, prevFrameHandle2);
function prevFrameHandle2(event:MouseEvent):void
{
    TU2.prevFrame();           //跳转到当前场景上一帧
}
AN3.addEventListener(MouseEvent.CLICK, nextFrameHandle2);
function nextFrameHandle2(event:MouseEvent):void
{
    TU2.nextFrame();           //跳转到当前场景下一帧
}
AN4.addEventListener(MouseEvent.CLICK, forwarHandle2);
function forwarHandle2(event:MouseEvent):void
{
    TU2.gotoAndStop(8);        //跳转到当前场景最后一帧
}
```

```
AN5.addEventListener(MouseEvent.CLICK, gotoscene1Handle);
function gotoscene1Handle(event:MouseEvent):void
{
    MovieClip(this.root).gotoAndPlay(1,"唯美动物");// 跳转到 "唯美动物" 场景第 1 帧
}
```

8.2.3 相关知识

1. "时间轴控制"函数

函数是完成一些特定任务的程序，通过定义函数，就可以在程序中通过调用这些函数来完成具体的任务。函数有利于程序的模块化。

Animate 中有很多方法来控制时间轴，控制时间轴播放的函数格式和函数功能见表 8-2-1。

表 8-2-1 "时间轴控制"函数的格式与功能

序 号	函 数 格 式	函 数 功 能
1	stop( )	暂停当前动画的播放，使播放头停止在当前帧
2	play( )	当前动画暂停播放，则从播放头暂停处继续播放动画
3	gotoAndPlay(frame:Object[, scene:String])	使播放头跳转到指定场景的指定帧并开始播放，参数 frame 是设置帧号，它可以是帧的序号，也可以是帧标签；参数 scene 是设置场景，如果省略则默认当前场景
4	gotoAndStop(frame:Object[, scene:String])	使播放头跳转到指定场景内的指定帧，并停止在该帧上
5	nextFrame( )	使播放头跳转到当前帧的下一帧，并停在该帧
6	prevFrame( )	使播放头跳转到当前帧的前一帧，并停在该帧
7	nextScene( )	使播放头跳转到当前场景的下一个场景的第 1 帧，并停在该帧
8	prevScene( )	使播放头跳转到当前场景的前一个场景的第 1 帧，并停在该帧

2. 层次结构

这里的层次结构是指编程的层次结构，即引用对象的层次结构。

（1）Animate 的层次结构的底层是场景，一个动画可以有多个场景，每个场景都是一个独立的动画，在动画播放时，可以利用"场景"面板设置场景的播放顺序。

（2）每一个场景的结构都是一样的。每一个舞台工作区由许多图层（Layer）组成，每个图层中的关键帧可以由许多层（Level）组成，层类似于在制作动画时的图层，但它与图层并不是一个概念。每一个层的上面可以放置不同的影片剪辑元件。层是有严格的顺序的，最底下的层是"层 0"，其上面的层是"层 1"，依次向上，如图 8-2-4 所示。

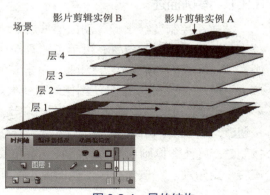

图 8-2-4 层的结构

每一个影片剪辑元件的舞台工作区中，也是由场景和层组成。

（3）各个场景之间是无法实现实例对象的互相调用的，所以在制作交互动画的时候，尽量使用一个独立的场景进行编程。

3．root、parent 和 this

（1）root：指主时间轴。它是顶级的对象，所有对象都包含在它的内部。在动画的任何位置都可以利用这个关键字来指示主场景中的某个对象。

（2）parent：指父一级对象。当把新建的一个影片剪辑实例放入到另一个影片剪辑实例的舞台工作区时，被放入的影片剪辑实例就是"子"，承载对象的影片剪辑实例就是父。例如，影片剪辑实例 A 中有影片剪辑实例 B，那么 A 就相对于 B 来说是"父"，B 相对于 A 来说是"子"。在编辑影片剪辑实例 B 的时候，如果想停止播放影片剪辑实例 A，则使用的命令是"parent.stopAllMovieClips( );"。

（3）this 关键字：指示当前影片剪辑实例和变量。例如，"this.stop( );"就是让影片剪辑自身停止，"this.alpha=0.5;"就是给剪辑实例设置透明度。

●●●● 思考与练习 8-2 ●●●●

1．参考【案例30】动画的制作方法，制作一个"风景图像浏览"动画。该动画播放后，可以浏览山川和河流两组不同的风景图像，各组图像分别有八幅图像。

2．制作一个用两个开关按钮控制不同动画播放的电影，单击按钮 A 后，动画 A 播放，动画 B 关闭；单击按钮 B 后，动画 B 播放，动画 A 关闭。

3．参考【案例30】动画的制作方法，制作一个"动画浏览"动画。该动画播放后，可以浏览两组不同的动画，各组动画分别有五个。

●●●● 8.3 【案例31】按钮控制变换图像 ●●●●

8.3.1 案例描述

"按钮控制变换图像"动画播放后，一幅由八幅图像组成的长卷图像从右向左缓慢移动，当移到需要细致观看的位置，可单击"暂停播放"按钮 ，使图像停止移动；如果需要继续移动长画卷，可单击"继续播放"按钮 。单击其他按钮，首先使图像暂停移动，然后再执行相应的功能。单击"放大"按钮 ，可使图像画面变大。单击"缩小"按钮 ，可使图像画面变小。单击"上移"按钮 ，可使图像画面向上移动。单击"下移"按钮 ，可使图像画面向下移动。单击"左移"按钮 ，可使图像画面向左移动。单击"右移"按钮 ，可使图像画面向右移动。单击"顺时针旋转"按钮 ，可使图像画面顺时针旋转一定角度。单击"逆时针旋转"按钮 ，可使图像画面逆时针旋转一定角度。"按钮控制变换图像"动画运行后的一幅画面如图 8-3-1 所示。

图 8-3-1 "按钮控制变换图像"动画运行后的一幅画面

8.3.2 操作方法

1. 制作移动动画

（1）创建一个 Animate 文档，设置舞台大小的宽为 600 像素，高为 380 像素，背景为浅蓝色。然后以名称"按钮控制变换图像.fla"保存在"【案例 31】按钮控制变换图像"文件夹中。

（2）将组成"长卷图像"图像的所有图像，即"图像 1.jpg"~"图像 8.jpg"图像导入到"库"面板内。再将一幅名称为"框架"的图像导入到"库"面板内。

（3）将"图层 1"图层名称改为"框架"，选中该图层第 1 帧，利用"库"面板内的"框架"图像元件拖动到舞台工作区内，在其"属性"面板中调整它的宽为 600 像素，高为 310 像素，X 和 Y 均为 0，使它刚好将舞台工作区上边大部分覆盖，如图 8-3-2 所示。

（4）创建并进入"图像 1"影片剪辑元件的编辑状态，将"库"面板内的"图 1.jpg"~"图 8.jpg"图像依次拖动到舞台工作区内，每幅图像的高度均调整为 260 像素，宽度等比例变化，再将这些图像水平排成一排，使用"选择工具" ▶，按住【Shift】键，单击选中所有图像，单击"修改"→"对齐"→"底对齐"命令，将选中的八幅图像底边对齐，然后进行图像水平位置的微调。最后，回到主场景。

（5）在"框架"图层之上添加一个名称为"图像"的图层，选中该图层第 1 帧，将"库"面板内的"图像 1"影片剪辑元件拖动到舞台工作区内，适当调整"图像 1"影片剪辑实例，使它的中心与框架图像的中心对齐。然后，利用"图像 1"影片剪辑实例的"属性"面板精确调整它的大小和位置，给该影片剪辑实例命名为 TU。

（6）在"图像"图层之上添加一个名称为"遮罩"的图层，选中"遮罩"图层第 1 帧，绘制一幅蓝色的矩形图形，大小与位置正好与框架图像内框一样，如图 8-3-3 所示。

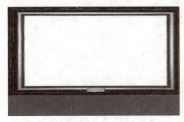

图 8-3-2 框架图像

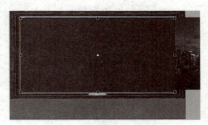

图 8-3-3 蓝色矩形图形

（7）右击"遮罩"图层的名字，弹出图层快捷菜单，单击该快捷菜单中的"遮罩层"菜单命令，使"遮罩"图层成为遮罩图层，"图像"图层成为被遮罩图层。

（8）创建"图像"图层第 1～400 帧的补间动画，该动画是"图像 1"影片剪辑实例水平从右向左移动，直到最右边的图像在舞台工作区内完全显示出来为止。

（9）按住【Ctrl】键，单击选中"框架"和"遮罩"图层第 400 帧，右击弹出快捷菜单，单击该菜单内的"插入帧"命令，在选中的帧插入普通帧。

2. 制作按钮控制动画

（1）在"遮罩"图层之上添加一个"按钮"图层，选中该图层第 1 帧，再将已经制作好的几个按钮拖动到舞台工作区内。其中两个按钮上的名字分别改为"放大"和"缩小"。按钮位置如图 8-3-1 所示。

（2）分别给这些按钮实例命名为 ANPLAY（播放）、ANFD（放大）、ANROTAS（顺时针旋转）、ANUP（向上）、ANDOWN（向下）、ANLEFT（向左）、ANRIGHT（向右）、ANROTAN（逆时针旋转）、ANSX（缩小）和 ANSTOP（暂停）。

（3）选中"按钮"图层第 400 帧，按【F5】键，使该图层各帧内容一样。

（4）在"按钮"图层上边添加一个"动作"图层，选中"动作"图层第 1 帧，打开"动作"面板。在该面板内右边的脚本窗口内输入如下程序：

```
// 暂停播放
ANSTOP.addEventListener(MouseEvent.CLICK, pauseHandle);
function pauseHandle(event:MouseEvent):void
{
    stop();// 使播放头停止在当前位置，暂停动画的播放
}
// 继续播放
ANPLAY.addEventListener(MouseEvent.CLICK, forwarHandle);
function forwarHandle(event:MouseEvent):void
{
    play();// 使播放头继续移动，即从当前位置继续播放
}
// 向右移动影片剪辑 TU
ANRIGHT.addEventListener(MouseEvent.CLICK, ANRIGHTHandle);
function ANRIGHTHandle(event:MouseEvent):void
{
    TU.x += 10;// 向右移动影片剪辑 TU
}
// 向左移动影片剪辑 TU
ANLEFT.addEventListener(MouseEvent.CLICK, ANLEFTHandle);
function ANLEFTHandle(event:MouseEvent):void
{
    TU.x -= 10;// 向左移动影片剪辑 TU
}
// 向上移动影片剪辑 TU
ANUP.addEventListener(MouseEvent.CLICK, ANUPHandle);
```

```
function ANUPHandle(event:MouseEvent):void
{
    TU.y -= 10;// 向上移动影片剪辑 TU
}
// 向下移动影片剪辑 TU
ANDOWN.addEventListener(MouseEvent.CLICK, ANDOWNHandle);
function ANDOWNHandle(event:MouseEvent):void
{
    TU.y += 10;// 向下移动影片剪辑 TU
}
// 顺时针旋转影片剪辑 TU
ANROTAS.addEventListener(MouseEvent.CLICK, ANROTASHandle);
function ANROTASHandle(event:MouseEvent):void
{
    TU.rotation += 0.1;// 顺时针旋转影片剪辑 TU
}
// 逆时针旋转影片剪辑 TU
ANROTAN.addEventListener(MouseEvent.CLICK, ANROTANHandle);
function ANROTANHandle(event:MouseEvent):void
{
    TU.rotation -= 0.1;// 逆时针旋转影片剪辑 TU
}
// 放大影片剪辑 TU
ANFD,addEventListener(MouseEvent.CLICK, ANFDHandle);
function ANFDHandle(event:MouseEvent):void
{
    TU.scaleX *=1.01;// 放大影片剪辑 TU
    TU.scaleY *=1.01;
    TU.x += 20;
}
// 缩小影片剪辑 TU
ANSX.addEventListener(MouseEvent.CLICK, ANSXHandle);
function ANSXHandle(event:MouseEvent):void
{
    TU.scaleX  *=0.99;// 缩小影片剪辑 TU
    TU.scaleY *=0.99;
    TU.x -= 20;
}
```

8.3.3 相关知识

1. 常量、变量和注释

（1）常量：程序运行中不变的量。常量有数值、字符串和逻辑型三种。

◎ 数值型：就是具体的数值。例如，2012 和 3.1415 等。

◎ 字符串型：用引号括起来的一串字符。例如，"Animate CC 2017" 和 "20121001" 等。

◎ 逻辑型：用于判断条件是否成立。True 或 1 表示真（成立），False 或 0 表示假（不成立）。逻辑型常量也称布尔常量。

（2）变量：它可以赋值一个数值、字符串、布尔值、对象等。而且，还可以为变量赋一个 Null 值，即空值，它既不是数值 0，也不是空字符串，是什么都没有。数值型变量都是双精度浮点型。不必明确地指出或定义变量的类型，Animate 会在变量赋值的时候自动决定变量的类型。在表达式中，Animate 会根据表达式的需要自动改变数据的类型。

◎ 变量的命名规则：变量的开头字符必须是字母、下画线或美元符号，后续字符可以是字母、数字等，但不能是空格、句号、保留字（即关键字，它是 ActionScript 语言保留的一些标示符，例如 play、stop 等）和逻辑常量等字符。变量名区分大小写。

◎ 变量的作用范围和赋值：变量分为全局变量和局部变量，全局变量可以在时间轴的所有帧中共享，而局部变量只在一段程序（大括号内的程序）内起作用。如果使用了全局变量，一些外部的函数将有可能通过函数改变变量的值。

所有变量的声明都用关键字 var 开头，关键字 var 表明要创建一个新的变量，使用赋值号 "=" 运算符给变量赋值，例如：var L=" 中文 Animate CC"，vra N1=689。使用 Animate Player 23 以上版本的 Animate 播放器，必须先定义变量，才可以使用变量。

单击"文件"→"发布设置"命令，弹出"发布设置"对话框，在其"目标"和"脚本"下拉列表框内可以设置 Animate 播放器版本和 ActionScript 版本，如图 8-3-4 所示。

◎ 测试变量的值：可使用 trace( ) 函数来测试变量的值。

trace( ) 函数的格式与功能如下：

【格式】trace(expression);

【功能】将表达式 expression 的值传递给"输出"面板，在该面板中显示表达式的值，其中的表达式可以是常量、变量、函数和表达式。

例如：trace("9+1+8") 命令，单击"控制"→"测试影片"命令，进入动画的测试界面，当执行 trace("9+1+8") 命令时，会打开"输出"面板，并在该面板中显示 18。

例如：trace("x 值 :"+mouseX);// 在"输出"面板内显示鼠标指针的 x 坐标值。

例如：在动画的第 1 帧输入如下程序。运行程序，"输出"面板显示如图 8-3-5 所示。

```
var L=" 中文 Adobe Animate CC 2017";
trace(" 认真学习 ");
trace(L+" 的基本理论 ");
trace(" 以及学习 "+L+" 的操作方法 ");
```

（3）注释：为了帮助阅读程序，可在程序中加入注释内容。它在程序运行中不执行。

◎ 单行注释符号 "//"：用来注释一行语句。在要注释的语句右边加入注释符号 "//"，在 "//" 注释符号的右边加入注释内容，构成注释语句。

◎ 多行注释符号 "/*" 和 "*/"：如果要加多行注释内容，可在开始处加入 "/*" 注释符号，在结束处加入 "*/" 注释符号，构成注释语句。

图 8-3-4 "发布设置"对话框设置

图 8-3-5 "输出"面板

2. 运算符和表达式

运算符（即操作符）是能够提供对常量与变量进行运算的元件。表达式是用运算符将常量、变量和函数以一定的运算规则组织在一起的式子。表达式可分为三种：算术表达式、字符串表达式和逻辑表达式。在表达式中，同级运算按照从左到右的顺序进行。

常用的运算符及其含义见表 8-3-1。

表 8-3-1 常用的运算符及其含义

运算符	名称	使用方法	运算符	名称	使用方法
!	逻辑非	a=!true; //a 的值为 false	?:	条件判断	【格式】变量 = 表达式 1?: 表达式 2, 表达式 3 【功能】如果表达式 1 成立，则将表达式 2 的值赋给变量，否则将表达式 3 的值赋给变量
%	取模	a=21%5;//a=1	*	乘号	5*9// 其值为 45
+	加号	a="abc"+5; //a 的值为 abc5	−	减号	10-6/ 其值为 4
++	自加	y++ 相当于 y=y+1	--	自减	y-- 相当于 y=y-1
/	除	9/3;// 其值为 3	>	大于	a>6;// 当 a 大于 6 时，其值为 true
<>	不等于	a<>8;// 当 a 不等于 8 时，其值为 true	<	小于	a<10;// 当 a 小于 10 时，其值为 true
<=	小于等于	a<=3;// 当 a 小于或等于 3 时，其值为 true	==	等于	判断左右的表达式是否相等 a==6;// 当 a 等于 6 时，其值为 true
>=	大于等于	a>=8;// 当 a 大于或等于 8 时，其值 true	&& and	逻辑与	只当 a 和 b 都不为 0 时，a && b 的值 1；a and b 的值 true
!=	不等于	判断左右的表达式是否不相等，a!=true//a 的值为 false	|| or	逻辑或	当 a 和 b 中有一个不为 0 时，a || b 的值为 1，a or b 的值为 true
===	全等	判断左右表达式和数据类型是否相等	!=	不全等	判断左右的表达式和数据类型是否不相等
""	定义字符串	"abcde"	add 或 +	字符串连接	a="ab"add "cd";//a 的值为 "abcd"

3. 影片剪辑实例的属性

影片剪辑实例具有自己的属性，一些属性可以通过"属性"面板、"信息"面板、"变形"面板来设置,大多数影片剪辑实例的属性可以在影片剪辑实例执行过程中设置、获取,例如 alpha、name 等属性。有的属性不可以修改,例如 currentframe、totalFrames 属性。影片剪辑实例的属性名称及其作用见表 8-3-2。

表 8-3-2 影片剪辑实例的属性名称及其作用

属性名称	作用
alpha	设定或取得透明度,以百分比的形式表示,100% 为不透明,0% 为透明
currentFrame	当前影片剪辑实例所播放的帧号
height	影片剪辑实例的高度,以像素为单位
name	返回影片剪辑实例的名称
quality	返回当前影片的播放质量
rotation	影片剪辑实例相对于垂直方向旋转的角度。0~180 的值是表示顺时针旋转,0~-180 的值是表示逆时针旋转
totalFrames	返回影片或者影片剪辑实例在时间轴上所有帧的数量
visible	设置影片剪辑实例是否显示:true 为显示,false 为隐藏
width	影片剪辑实例的宽度,以像素为单位
X	影片剪辑实例的中心点与其所在舞台的左上角之间的水平距离,以像素为单位
Y	影片剪辑实例的中心点与其所在舞台的左上角之间的垂直距离,以像素为单位
mouseX	返回鼠标指针相对于舞台水平的位置
scaleX	影片剪辑元件实例相对于其父类实际宽度的百分比
mouseY	返回鼠标指针相对于舞台垂直的位置
scaleY	影片剪辑实例相对于其父类实际高度的百分比
parent	父类容器或对象,指定或返回一个引用,该引用指向包含当前影片剪辑或对象的影片剪辑或对象
this	当前对象或实例,引用对象或影片剪辑实例

4. 自定义函数

(1)自定义函数:它是完成一些特定任务的程序,可以在程序中通过调用这些函数来完成具体的任务。自定义函数有利于程序的模块化。可以通过"function(){ }"来定义自己需要的函数。例如:在舞台工作区内创建一个输入文本框,其变量名为 TEXT1。在舞台中加入一个按钮元件实例(名称为 AN1)。在第 1 帧"动作"面板内输入如下程序。程序运行后,在文本框(它的文本变量是 TEXT1)内输入一个数,再单击按钮,即可在该文本框内显示输入数的平方值。

```
function example1(n){
    var n= TEXT1.text;
    var temp=n*n;
    return temp;
```

```
}
AN1.addEventListener(MouseEvent.CLICK,a1);
function a1(event:MouseEvent):void
{
    TEXT1.text=example1(TEXT1.text);
}
```

单击"控制"→"测试影片"命令，测试该程序。在输入文本框中输入5，然后单击按钮（AN1）元件实例，输入文本框中会显示25（5的平方值是25）。

（2）函数的返回值：函数中的return用来指定返回的值，它的参数是函数所要返回的变量，变量包含着所要返回的值。

注意：并非所有的函数都有返回值。

（3）调用函数的方法：如上个例子中的"TEXT1.text=example1(TEXT1.text)"，直接将文本变量TEXT的值作为参数传递给example1(n)函数的参数n。通过函数的计算，将函数的返回值返回到文本变量TEXT1中。

思考与练习 8-3

1. 制作一个"变换豹子"动画，该动画播放后的画面如图8-3-6所示。单击 按钮，可使奔跑的豹子向上移动。单击 按钮，可使豹子向下移动。单击 按钮，可使豹子向左移动。单击 按钮，可使豹子向右移动。单击"顺时针旋转"按钮 ，可使豹子顺时针旋转一定角度。单击"逆时针旋转"按钮 ，可使豹子逆时针旋转一定角度。单击"放大"按钮 ，可看到奔跑的豹子变大。单击"缩小"按钮 ，可看到奔跑的豹子变小。

2. 制作一个"按钮控制变换动画"动画，该动画播放后显示一个动画，其中一幅画面如图8-3-7所示。通过单击各个按钮，可以控制动画进行相应的变换。

图 8-3-6 "变换豹子"动画的画面

图 8-3-7 "按钮控制变换图像"动画画面

3. 制作一个"电影文字"动画，该动画播放后的一幅画面如图8-3-8所示。它由一幅幅名花图像不断从右向左移过掏空的文字内部而形成电影文字效果，文字的轮廓线是黄色，背景是黑色胶片状图形。动画的时间轴如图8-3-9所示。制作提示如下。

（1）"图层1"图层第1帧用来制作电影胶片图形，"图层2"图层第1帧内放置水平一行七幅名花图像，再复制一份，水平排列，总宽度为1 000像素，高为240像素，将它们转换为"图像"影片剪辑实例,给该实例命名为 TU。

图 8-3-8 "电影文字"动画播放后的画面

图 8-3-9 时间轴

(2)"图层 3"图层第 1 帧用来输入黑体文字,再将文字打碎。"图层 4"图层第 1 帧放置文字的金黄色轮廓线,选中第 1 帧,在"动作"面板的脚本窗口内输入如下程序:

```
TU.x=TU.x-5;
if (TU.x<=-2300){
   TU.x=TU.x+2300;
}
```

-2300 是"图像"影片剪辑实例左移后的值。需要通过实验得出这个数值。

(3)为了使动画可以不断执行第 1 帧内的程序,选中所有图层第 2 帧,按【F5】键。

8.4 【案例 32】画册浏览 2

8.4.1 案例描述

"画册浏览 2.psd"动画运行后的画面与【案例 30】的"画册浏览 1"动画的画面基本一样,只是增加了显示正在展示的图像编号,其中的两幅画面如图 8-4-1 所示。该动画除了具有"画册浏览"动画基本功能外,当显示第一幅图像时,单击"上一帧"按钮,会显示第八幅图像;当显示最后一幅图像时单击"下一帧"按钮,会显示第一幅图像。

图 8-4-1 "画册浏览 2"动画运行后的两幅画面

8.4.2 操作方法

1. 修改动画和创建文本框

(1)打开【案例 30】中的"画册浏览 1.fla"文档,以名称"画册浏览 2.fla"保存在"【案例 32】画册浏览 2"文件夹中。打开"【案例 32】画册浏览 2"文件夹中的"画册浏览 2.fla"文档,打开"场景"面板,将"唯美动画"场景名称改为"场景1",将"天真宝宝"场景删除。切换到"场景1"场景,选中"框架"图层第3帧,按【F5】键,使"框架"图层前三帧内容一样。将"框架"图层锁定。

(2)使用"选择工具" ,单击选中"按钮"图层第1帧,调整按钮的水平位置,将右边四个按钮水平向右移动一点距离,将左边两个按钮水平向左移动一点距离,使左边两个按钮和右边四个按钮之间产生一些空隙,如图8-4-1所示。

(3)单击选中"文字"图层第1帧,使用"文字工具" ,在产生的空隙处拖动创建一个文本框。在它的"属性"面板内设置文字颜色为红色、字体为黑体、大小为20磅;在"文本类型"下拉列表框中选择"动态文本"选项,设置为"动态文本"类型;在"变量"文本框中输入BH,设置该文本框的变量名称为BH;单击按下"在文本周围显示边框"按钮 ,单击按下"居中对齐"按钮 ,在"行为"下拉列表框内选中"单行"选项,选中"自动调整字距"复选框,如图8-4-2所示。

(4)使用"选择工具" ,拖动"按钮"图层第1、2帧,第1帧成为空白关键帧。拖动"图像"图层第1、2帧,第1帧成为空白关键帧。单击选中"按钮"图层第3帧,按【F6】键,使"按钮"图层第2帧和第3帧均为关键帧,且内容一样。

最后,在"图像"图层之上新增"程序"图层。制作的"画册浏览2.fla"动画的时间轴如图8-4-3所示,此时还没有制作"图像"和"程序"图层。

图 8-4-2 文本框的"属性"面板

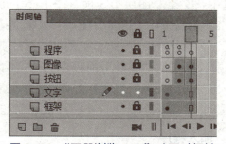

图 8-4-3 "画册浏览2.fla"动画时间轴

(5)使用"选择工具" ,单击选中"文字"图层第1帧,单击选中动态文本框,打开"属性"对话框。单击"嵌入"按钮,弹出"字体嵌入"对话框,在"字符范围"栏内单击选中"数字"复选框,设置嵌入全部数字字符,在"还包含这些字符"文本框中输入"唯美动画图像天真宝"文字,设置嵌入"唯美动画图像天真宝"汉字,如图8-4-4所示。单击"确定"按钮。

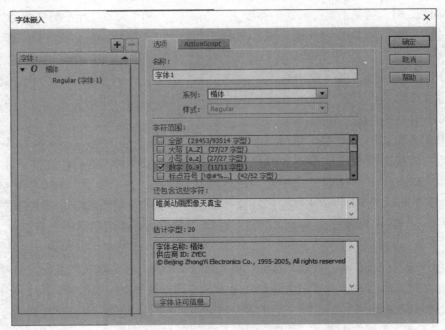

图 8-4-4 "字体嵌入"对话框

（6）单击选中右边框架内的"唯美动物图像"文字，打开文本框的"属性"面板，在"文本类型"下拉列表框中选择"动态文本"选项，设置为"动态文本"类型；在"实例名称"文本框中输入 TUMING，设置该文本框的实例名称为 TUMING；单击弹起"在文本周围显示边框"按钮▣，单击按下"段落"栏内"格式"行的"左对齐"按钮▤，在"字符"栏"行为"下拉列表框内选中"多行"选项。

（7）单击"嵌入"按钮，弹出"字体嵌入"对话框，在"字体"栏内选中"字体1"选项，单击"确定"按钮。

选中"文字"图层第 3 帧，按【F5】键，使这第 1～3 帧内容一样。

（8）单击选中"图像"图层第 3 帧，按【F7】键，创建一个空白关键帧。选中该图层第 3 帧，将"库"面板内的"天真宝宝图集"影片剪辑元件拖动到框架内，调整它的宽为 400 像素，高为 300 像素。在它的"属性"面板内的"实例名称"文本框中输入 TU1。

单击选中"图像"图层第 2 帧，检查该帧内对象是"唯美动画图集"影片剪辑实例，在它的"属性"面板内"实例名称"文本框中的名称也为 TU1。

2．输入程序

（1）在"图像"图层上边添加一个"程序"图层。选中该图层第 1 帧，打开"动作"面板，在它的脚本窗口内输入如下程序：

```
var n;      // 定义变量 n，用来保存图像序号
```

（2）选中"程序"图层第 2 帧，在"动作"面板的脚本窗口内输入如下程序：

```
stop();
AN1.addEventListener(MouseEvent.CLICK, gotoAndStopHandle);
```

```
function gotoAndStopHandle(event:MouseEvent):void
{
    TU1.gotoAndStop(1);              // 跳转到当前场景第1帧
    n=1;
    BH.text=""+n;
}
AN2.addEventListener(MouseEvent.CLICK, prevFrameHandle);
function prevFrameHandle(event:MouseEvent):void
{
    if (n>1){
      TU1.prevFrame();               // 转至TU1上一帧播放
      n--;                           // 变量值自动减1
    } else {
      TU1.gotoAndStop(8);            // 转至TU1最后一帧第8帧停止
      n=8;
    }
    BH.text=""+n;
}
AN3.addEventListener(MouseEvent.CLICK, nextFrameHandle);
function nextFrameHandle(event:MouseEvent):void
{
    if (n<8){
       TU1.nextFrame();              // 转至TU1下一帧播放
       n++;                          // 变量值自动加1
    } else {
       TU1.gotoAndStop(1);           // 转至TU1起始帧第1帧停止
       n=1;
    }
       BH.text=" " +n;
}
AN4.addEventListener(MouseEvent.CLICK, forwarHandle);
function forwarHandle(event:MouseEvent):void
{
    TU1.gotoAndStop(8);              // 跳转到当前场景最后一帧
    n=8;
    BH.text=" " +n;
}
AN5.addEventListener(MouseEvent.CLICK, goto1Handle);
function goto1Handle(event:MouseEvent):void
{
    gotoAndStop(2);                  // 跳转到主场景第2帧，显示"唯美动物"第1幅图像
    TU1.gotoAndStop(1);              // 跳转到当前场景第1帧
    n=1;
```

```
        BH.text=""+n;
        TUMING.text=" 唯美动物图像 ";
    }
    AN6.addEventListener(MouseEvent.CLICK, gotoscene2Handle);
    function gotoscene2Handle(event:MouseEvent):void
    {
        gotoAndStop(3);              // 跳转到主场景第 3 帧，显示"天真宝宝"第 1 幅图像
        TU1.gotoAndStop(1);          // 跳转到当前场景第 1 帧
        n=1;
        BH.text=""+n;
        TUMING.text=" 天真宝宝图像 ";
    }
```

"画册浏览2"动画的时间轴如图 8-4-3 所示。

8.4.3 相关知识

1. 文本类型和它的"属性"面板

文本有静态文、动态和输入文本三种类型。"属性"面板内的"文本类型"下拉列表框用来选择文本类型。选择"动态文本"选项时的"属性"面板如图 8-4-2 所示。在"文本类型"下拉列表框选择"输入文本"选项时的"属性"面板与图 8-4-2 所示基本一样，只是在选项上少了"链接"和"目标"文本框，增加了"最大字符数"文本框。

（1）"将文本呈现为 HTML"按钮 ：选中后，支持 HTML 标记语言的标记符。

（2）"在文本周围显示边框"按钮 ：选中后，输出的文本周围会有一个矩形边框线。

（3）"变量"文本框：展开"选项"栏可以看到该选项，用来输入文本框的变量名称。

（4）"最大字符数"文本框：在展开"选项"栏可以看到该选项，用来设置输入文本中允许的最多字符数量。如果是 0，则表示输入的字符数量没有限制。

（5）"行为"下拉列表框：展开"段落"栏可以看到该选项。对于动态文本，其中有三个选项："单行"、"多行"和"多行不换行"。对于输入文本，其中有四个选项，增加了"密码"选项。选择了"密码"选项后，输入的字符用字符"*"代替。

（6）单击"字符"栏内的"嵌入"按钮，可以弹出"字体嵌入"对话框，如图 8-4-4 所示。该对话框用来选择嵌入动画文件内的字符。在"系列"和"样式"下拉列表框内可以选择字体，在"名称"文本框内可以输入字体名称，在"字符范围"栏内可以选择嵌入的字符种类，在"还包含这些字符"文本框中可以输入另外嵌入的字符。

1. if 分支语句

【格式 1】

```
if （条件表达式） {
    语句体 }
```

【功能】如果条件表达式的值为 true，则执行语句体；如果条件表达式的值为 false，则跳到 if 语句，继续执行后面的语句。

【格式2】
```
if （条件表达式） {
   语句体1
} else {
   语句体2
}
```
【功能】如果条件表达式的值为 true，则执行语句体1；否则执行语句体2。

【格式3】
```
if （条件表达式1） {
   语句体1
} else if （条件表达式2） {
   语句体2
}
```
【功能】如果条件表达式1的值为 true，则执行语句体1。如果条件表达式1的值为 false，则判断条件表达式2的值。如果其值为 true，则执行语句体2；如果其值为 false，则退出 if 语句，继续执行 if 后面的语句。

2．switch 分支语句

【格式】
```
switch(expression){
   [case 取值列表1;
      语句序列1;
      break;]
   [case 取值列表2;
      语句序列2;
      break;
       ...
   [default;
      语句序列n;
      break;]
}
```
【功能】计算表达式 expression 的值，再将其值依次与每个 case 关键字后面的"取值列表"中的数据进行比较，如果相等，就执行该 case 后面的语句序列；如果都不相等，则执行 default 语句后面的语句序列 n。

3．数据类型

（1）数据类型分类：ActionScript 3.0 的数据类型同样分为两种。具体划分方式如下所示。

◎ 基础型数据类型：Boolean、int、Number、String 和 uint。

◎ 复杂型数据类型：Array、Date、Error、Function、RegExp、XML 和 XMLList。

（2）基础型数据和复杂型数据类型的最大的区别是，基础型都是值对类型数据，而都是引用类型数据。基础型直接储存数据，使用它为另一个变量赋值之后，若另一个变量改变，并不影响原变量的值。复杂类型指向要操作的对象，另一个变量引用这个变量之后，若另一变量发生改变，原有的变量也随之发生改变。

另外，最明显的一个区别是，如果数据类型能够使用 new 关键字创建，那么它一定是复杂类型数据，即引用型数据变量。

（3）数据类型转换：它是指把某个值转换为其他类型的数据。类型的转换有两种方式：隐式转换和显式转换。

◎ 隐式转换：也称强制转换，由 Animate Player 在运行时执行。比如将 2 赋值给 Boolean 数据类型的变量，则 Animate Player 会先将 2 转换为布尔值 true，然后再将其赋值给该变量。

◎ 显示转换：也称自动转换，是在程序编译的过程中由程序本身来进行数据类型的转换。

4．Math 类

Math 类是 Animate 显示和动画编程中使用最多的一个类。Math 类是 Animate 中的顶级类，共有 8 个常量、18 个方法。此类所有的属性和方法都是静态的。Math 类中用于处理数字的方法共 11 个，分别为 Math.abs()、Math.ceil()、Math.exp()、Math.floor()、Math.log()、Math.max()、Math.min()、Math.pow()、Math.random()、Math.round() 和 Math.sqrt()。Math 对象常用方法的格式和功能见表 8-4-1。

表 8-4-1　Math 对象常用方法的格式和功能

格　式	功　能
Math.abs(n)	求 n 的绝对值。例如：Math.abs(-123)=123
Math.ceil(number)	向上取整。返回大于或等于 number 的最小整数。例如：Math.ceil(18.5)=19, Math.ceil(-18.5)=-18
Math.exp(n)	返回自然数的乘方。例如：Math.exp(1)=2.718281828
Math.floor(number)	返回小于或等于 number 的最大整数，它相当于截取最大整数。例如：Math.floor(-18.5)=-19, Math.floor(18.5)=18
Math.log(n)	返回以自然数为底的对数的值。例如：Math.log(2.718)=0.999896315
Math.max(x,y)	返回 x 和 y 中，数值大的。例如：Math.max(10,3)=10
Math.min(x,y)	返回 x 和 y 中，数值小的。例如：Math.min(10,3)=3
Math.pow(base,exponent)	返回 base 的 exponent 次方。例如：Math.pow(-1,2)=1
Math.random()	返回一个大于等于 0 而小于 1.00 的随机数。例如：Math.random()*501；可以产生大于等于 0 而小于 501 之间的随机数（两位小数）
Math.round(n)	四舍五入到最近整数的参数。例如：Math.round(5.3)=5, Math.round(5.6)=6
Math.sqrt()	返回平方根。例如：Math.sqrt(16)=4

在计算过程中，最常用的是 Math.PI。Math 对象常量的值及说明见表 8-4-2。

表 8-4-2 Math 对象常量的值及说明

常量的值	说明
E:Number=2.71828182845905	自然对数的底的数学常数，表示为 e
LN10:Number=2.302585092994046	10 的自然对数的数学常数
LN2:Number=0.6931471805599453	2 的自然对数的数学常数
LOG10E:Number=0.4342944819032518	常数 e(Math.E) 以 10 为底的对数的数学常数
LOG2E:Number=1.4426950408889963387	常数 e 以 2 为底的对数的数学常数
PI:Number=3.141592653589793	一个圆的周长与其直径的比值的数学常数，圆周率
SQRT1_2:Number=0.7071067811865476	1/2 的平方根的数学常数
SQRT2:Number=1.4142135623730951	2 的平方根的数学常数

●●●● 思考与练习 8-4 ●●●●

1. 修改"画册浏览 2"动画，当显示第 1 幅图像时单击"上一帧"按钮，仍然显示第一幅图像；当显示最后一幅图像时单击"下一帧"按钮，仍然显示最后一幅图像。

2. 制作一个"图像分类浏览"动画，该动画播放后的两幅画面如图 8-4-5 所示。

单击右边的小图像，会在框架内显示相应的大图像。单击画面中的"下一幅"按钮，可以在框架内显示下一幅图像；单击"上一幅"按钮，可以在框架内显示上一幅图像；单击"第 1 幅"按钮，可以在框架内显示第 1 幅图像；单击"最后一幅"按钮，可以在框架内显示最后一幅图像。在显示第 1 幅图像时，单击"上一幅"按钮，显示第 10 幅图像；在显示第 10 幅图像时，单击"下一幅"按钮，还显示第 1 幅图像。单击 按钮可以切换到显示"世界十大名花"这一组图像，如图 8-4-5(a)所示。单击 按钮可以切换到显示"世界如画风景"这一组图像，如图 8-4-5(b)所示。按钮之间的文本框内显示图像的编号。在将鼠标移到右边的小图像之上时，该图像会变清楚。

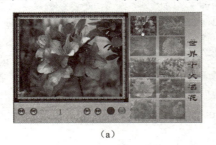 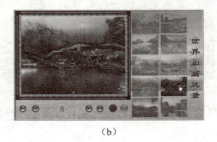

(a)　　　　　　　　　　　　　　(b)

图 8-4-5 "图像分类浏览"动画播放后的两幅画面

3. 制作一个"电影文字"动画，该动画播放后的一幅画面如图 8-4-6 所示。它由一幅幅名花图像不断从右向左移过掏空的文字内部而形成电影文字效果，文字的轮廓线是黄色，背景是黑色胶片状图形。动画的时间轴如图 8-4-7 所示。制作提示如下。

(1) "图层 1"图层第 1 帧用来制作电影胶片，"图层 2"图层第 1 帧内放置水平一行七幅名花图像，再复制一份，水平排列，总宽度为1 000像素，高为240像素，将它们转换为"图像"影片剪辑实例，给该实例命名为TU。

（2）"图层3"图层第1帧用来输入琥珀文字，再将文字打碎。"图层4"图层第1帧放置文字的金黄色轮廓线，选中第1帧，在"动作"面板的脚本窗口内输入如下程序：

```
TU.x=TU.x-5;
if (TU.x<=-2300){
    TU.x=TU.x+2300;
}
```

-2300是"图像"影片剪辑实例左移后的值。需要通过实验得出这个数值。

（3）为了使动画可以不断执行第1帧内的程序，选中所有图层第2帧，按【F5】键。

图8-4-6 "电影文字"动画播放后的画面

图8-4-7 时间轴

8.5 【案例33】连续整数和与积

8.5.1 案例描述

"连续整数和与积"动画运行后的画面如图8-5-1（a）所示。在"起始数"和"终止数"文本框中分别输入一个自然数。单击"求和"按钮，即可显示这两个自然数之间所有自然数的和，如图8-5-1（b）所示。单击"求积"按钮，即可显示这两个自然数之间所有自然数的积，如图8-5-1（c）所示。

图8-5-1 "连续整数和与积"动画运行后的三幅画面

8.5.2 操作方法

（1）新建一个Animate文档，设置舞台大小的宽为340像素，高为240像素。选中"图层1"图层第1帧，导入一幅框架图像，调整它的大小和位置，使它刚好将整个舞台工作区覆盖。以名称"连续整数和与积.fla"保存在"【案例33】连续整数和与积"文件夹中。

（2）输入蓝色、华文行楷字体、29点大小的"连续整数和与积"文字，利用它的"属性"

面板"滤镜"栏添加"发光"滤镜，发光颜色为绿色，"滤镜"栏发光的其他设置如图 8-5-2 所示。调整它的大小和位置，如图 8-5-1 所示。

（3）在"图层 1"图层之上新建"图层 2"图层，选中该图层第 1 帧，创建五个静态文本框，分别输入红色、黑体、加粗、18 点的"起始数"、"终止数"、"计算结果"、"求和"和"求积"文字。

（4）创建两个输入文本框，在它们的"属性"面板内的"实例名称"文本框中分别输入 N 和 M。再创建一个动态文本框，在它的"属性"面板内的"实例名称"文本框中输入 SUM。利用"属性"面板，设置这三个文本框的字体为黑体，大小为 18 点，颜色为蓝色。

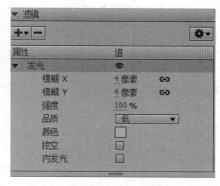

图 8-5-2 "属性"面板"滤镜"栏设置

（5）制作两个按钮分别拖动到框架图像内的下边，形成两个按钮实例，如图 8-5-1 所示。分别将两个按钮实例的名称命名为 AN11 和 AN12。

（6）选中"图层 2"图层第 1 帧，在"动作"面板的脚本窗口内输入如下程序：

```
var n;
var sum;
var L;
stop();
AN11.addEventListener(MouseEvent.CLICK, qhHandle);
function qhHandle(event:MouseEvent):void
{
    sum = 0;              //给变量 sum 赋初值 0
    L = 0;                //给变量 L 赋初值 0
  //计算 N+(N+1)+(N+2)+…+M 的值
    for (L=Number(N.text); L<=Number(M.text); L++) {
       sum = sum+L;       //进行累加
       SUM.text=sum;      //累加结果返回文本框
    }
}
AN12.addEventListener(MouseEvent.CLICK, qjHandle);
function qjHandle(event:MouseEvent):void
{
    sum = 1;              //给变量 sum 赋初值 1
    L = 1;                //给变量 L 赋初值 1
     //计算 N！=1*•*…*N 的值
    for (L=Number(N.text); L<=Number(M.text); L++) {
       sum = sum*L;       //进行累积计算
       SUM.text=sum;      //累积结果返回文本框
    }
}
```

8.5.3 相关知识

1. for 循环语句

【格式】

```
for (init; condition; next) {
    语句体;
}
```

【功能】for 括号内由三部分（表达式）组成，分别用分号隔开，含义如下：

init 用于初始化一个变量，它可以是一个表达式，也可以是用逗号分隔的多个表达式。init 只执行一次，即第一次执行 for 语句时最先执行它。condition 用于 for 语句的条件测试，它可以是一个条件表达式，当表达式的值为 false 时结束循环。在每次执行完语句体时执行 next，它可以是一个表达式，一般用于计数循环。计算 1～100 的和的程序如下：

```
var sum=0;
for (x=1;x<=100;x++){
    sum=sum+x;
}
trace(sum);// 显示 1 到 100 的和为 5050
```

2. while 循环语句

（1）while 循环语句。

【格式】

```
while(条件表达式){
    语句体
}
```

【功能】当条件表达式的值为 true 时，执行语句体，再返回 while 语句；否则执行语句体后退出循环。

（2）do…while 循环语句。

【格式】

```
do {
    语句体
}while(条件表达式)
```

【功能】当条件表达式的值为 true 时，执行语句体，再返回 do 语句，否则退出循环。

3. break 和 continue 语句

（1）break 语句：它经常在循环语句中使用，用于强制退出循环。例如：

```
var count=0;
while(count<100){
count++;
if (count==19){
break;}
```

```
}//结束循环
trace(count);//本程序运行后,"输出"窗口内显示count的值19
```

(2) continue 语句：强制循环回到循环的开始处，即 while 语句。例如：

```
var sum=0;
while(x<=100){
   x++;
   if (x%3==0){
      continue;
   }
   sum=sum+x;
}
trace(sum);//本程序运行后,"输出"窗口内显示100以内不能被3整除数的和3468
```

3. StartDrag( ) 和 StopDrag( ) 方法

在 ActionScript 3.0 中，只有影片 MovieClip(准确地讲是 Sprite 及其子类) 才具有 StartDrag( )、StopDrag( ) 方法和 dropTarget 属性。也就是说，只有 Sprite 及其子类才可以被拖动，执行拖动动作。

（1）StartDrag( ) 方法的参数和使用格式说明如下：

```
显示对象.startDrag(锁定位置,拖动范围);
```

说明如下：

◎ 显示对象：Sprite 对象及其子类生成的对象。

◎ 锁定位置：Boolean 值，true 表示锁定对象到鼠标位置中心，false 表示锁定到鼠标第一次单击该显示对象所在的点上。是可选参数，不选则默认为 false。

◎ 拖动范围：Rectangle 矩形对象，相对于显示对象父坐标系的一个矩形范围。是可选参数，默认值为不设定拖动范围。

（2）举例 1 如下：

```
myobj.addEventListener(MouseEvent.MOUSE_DOWN,pickup);
function pickup(e:MouseEvent ):void {
   //e.target.startDrag(); 不设定拖动边界
   e.target.startDrag(true,new Rectangle(0,0,200,100));//设定拖动边界
}
myobj.addEventListener(MouseEvent.MOUSE_UP,place);
function place(e:MouseEvent):void {
     e.target.stopDrag();
}
```

（3）举例 2 如下：

```
myobj.addEventListener(MouseEvent.MOUSE_DOWN,pickup);
function pickup(e:MouseEvent ):void {
    //e.target.startDrag(); 不设定拖动边界
    e.target.startDrag(true,new Rectangle(0,0,200, 100)); // 设定拖动边界
```

```
}
myobj.addEventListener(MouseEvent.MOUSE_UP,place);
function place(e:MouseEvent):void {
    e.target.stopDrag();
}
```

思考与练习 8-5

1. 制作一个"求连续奇数和偶数的和"动画,该动画运行后,输入 N 和 M 两个正整数,单击"计算"按钮,即可显示 N～M 之间的所有奇数的和,以及所有偶数的和。

2. 制作一个"求输入正整数的阶乘"动画,该动画运行后,输入正整数 N,单击"阶乘"按钮,即可显示正整数 N 的阶乘值。

3. 制作一个"猜数游戏"的动画,该动画播放后,产生一个随机数,屏幕显示如图 8-5-3 所示(还没有输入数和显示提示文字),单击白色文本框内,输入一个 1～100 之间的自然数,单击文本框左边的按钮,会马上根据输入的数据进行判断,给出一个提示。如果猜错了,则显示的提示是"太大!"或"太小!";如果猜对了,会显示"正确!"。

4. 制作一个"求斐波那契数列的和"动画播放后的画面如图 8-5-4 所示。在"个数"输入文本框中输入斐波那契数列前面的个数(赋给变量 N)。单击"计算"按钮,可在"结果"动态文本框内显示前 N 个斐波那契数列数的和。斐波那契数列的第 1 个数是 0,第 2 个数是 1,以后的数总是前两个数的和,以后的数是 1、2、3、5、8、13、21……。

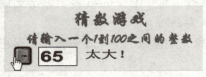
图 8-5-3 "猜数游戏"动画画面

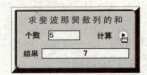
图 8-5-4 "求斐波那契数列的和"动画画面

8.6 【综合实训 8】动画浏览器

8.6.1 实训效果

"动画浏览器"动画运行后的画面如图 8-6-1(a)所示。将鼠标指针移到下边图像之上,图像会清楚地显示出来,它是动画的一幅画面,单击它会在框架内显示相应的动画,在右边栏内显示动画名称。单击左边第一幅图像,会显示"彩球碰撞"动画和动画名称,如图 8-6-1(b)所示。

单击左边第二幅图像,会显示"跷跷板"动画和动画名称,显示的动画画面和【案例 21】"米老鼠玩跷跷板"动画播放的画面一样。单击左边第三幅图像,会显示"翻页画册"动画和动画名称,如图 8-6-2(a)所示。单击左边第四幅图像,会显示"图像切换"动画和动画名称,如图 8-6-2(b)所示。

第 8 章　ActionScript 程序设计 1

 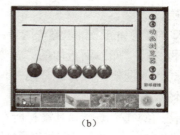

　　　　　　(a)　　　　　　　　　　　　　　(b)

图 8-6-1　"动画浏览器"动画运行后的两幅画面 1

　　　　　　(a)　　　　　　　　　　　　　　(b)

图 8-6-2　"动画浏览器"动画播放后的两幅画面 2

单击左边第五幅图像，会显示"唐诗朗诵"动画和动画名称，如图 8-6-3（a）所示。单击左边第六幅图像，会显示"五星彩球"动画和动画名称，如图 8-6-3（b）所示。

 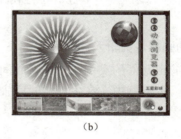

　　　　　　(a)　　　　　　　　　　　　　　(b)

图 8-6-3　"动画浏览器"动画播放后的两幅画面 3

单击"下一幅"按钮 ，可在框架内显示下一个动画；单击"上一个"按钮 ，可显示上一个动画；单击"第 1 个"按钮 ，可显示第一幅封面鲜花图像；单击"最后一个"按钮 ，可显示最后一个动画。在显示第一幅封面图像时，单击"上一个"按钮 ，还显示第一幅封面图像；在显示第六个动画时，单击"下一个"按钮 ，还显示第六个动画。

下边一排的六幅小图像，是六个图像按钮，平时按钮的图像半透明状，当鼠标指针移到按钮之上时，鼠标指针变为小手指状，按钮图像变亮，单击按钮图像即可在上边框架内显示相应的动画画面，同时在右边栏内的下边显示相应的动画名称。

8.6.2　实训提示

1．"库"面板中准备素材和创建文件夹

（1）新建一个 Animate 文档，设置舞台大小的宽为 650 像素，高为 450 像素，背景为黄色。将时间轴"图层 1"图层的名称改为"框架"，在该图层之上创建"图像按钮"、"按钮和文本"

293

和"动画"图层。

（2）导入"框架.jpg"和"鲜花风景.jpg"图像到"库"面板内。创建一个名称为"框架"的影片剪辑元件，将"库"面板内的"框架.jpg"图像拖动到"框架"影片剪辑元件的舞台工作区正中间，将导入的框架图像打碎分离，再进行修改，适当调整它的大小和位置，然后退出编辑状态，回到主场景。

（3）将要使用的几个动画和其素材所在的文件夹复制到"【综合实训8】动画浏览器"文件夹中，复制的动画有【案例5】"鲜花图像多场景切换"动画、【案例9】"闪耀红星和弹跳彩球"动画、【案例21】"米老鼠玩跷跷板"动画、【案例25】"唐诗朗诵"动画、"翻页画册"动画和"摆动彩球"动画，将几个设计好的按钮导入"库"面板中。

（4）在"库"面板内，新建"摆动彩球动画"、"跷跷板动画"、"翻页画册动画"、"唐诗朗诵动画"、"图像切换"和"闪耀五星彩球动画"文件夹，以后用来保存个动画的影片剪辑元件和相关的素材。

（5）新建"图像按钮素材"、"按钮"、"动画按钮"和"其他素材"文件夹。以后，将用于制作图像按钮的影片剪辑元件和导入的图像存放在"图像按钮素材"文件夹中；将制作的图像按钮存放在"动画按钮"文件夹中；将导入的用于本案例制作用的箭头小按钮存放在"按钮"文件夹中；将导入的"框架.jpg"和"鲜花风景.jpg"图像，以及制作动画的补间、元件等存放在"其他素材"文件夹中。

（6）以名称"动画浏览器.fla"将当前的 Animate 文档保存在"【综合实训8】动画浏览器"文件夹中。

2．制作动画影片剪辑元件

动画影片剪辑元件的实例在主场景时间轴内的一个帧中，就可以完整播放，这给调用播放动画带来了方便。本案例中，在主场景时间轴"动画"图层第 2～7 帧（共六个帧）中分别置放一个动画影片剪辑元件的实例。因此，一共要制作六个影片剪辑元件，每个影片剪辑元件内都是一个相应的动画，这些动画只有一个场景，所用素材和补间等元件的名称相互之间都不一样。制作的方法都是将已有动画时间轴各个图层的所有帧（或所有图层）复制粘贴到相应的影片剪辑元件的时间轴中。

下面以两个不同的动画影片剪辑为例，介绍它们的操作方法。

（1）打开第1章【案例5】内的"鲜花图像多场景切换.fla"文档，单击"窗口"→"其他面板"→"场景"命令，打开"场景"面板，单击选中"鲜花图像1切换"场景名称，切换到该场景的时间轴。

（2）按住【Shift】键，单击选中最上边图层（"遮罩图层"）第1帧，再单击最下边图层终止帧（"框架"图层第40帧），选中所有图层内的所有帧。也可以按住【Shift】键，单击选中图层栏最上边图层（"遮罩图层"），再单击最下边图层（"框架"图层），选中所有图层，同时选中所有图层中的所有帧。右击选中的帧，弹出帧快捷菜单，单击该菜单内的"复制帧"命令，将选中的所有动画帧复制到剪贴板中。

（3）回到工作界面，单击"动画浏览器"标签，切换到"动画浏览器"动画时间轴，单击"插入"→"新建元件"命令，弹出"创建新元件"对话框，在该对话框内"名称"文本框中输入"图像切换动画"，在"类型"下拉列表框中选择"影片剪辑"选项，单击"确定"按钮，关闭该对话框，创建"图像切换动画"影片剪辑元件并进入它的编辑状态。

（4）右击时间轴"图层1"图层第1帧，弹出帧快捷菜单，单击该菜单内的"粘贴帧并覆盖帧"命令或"粘贴帧"命令，将剪贴板内保存的各图层的所有动画帧粘贴到"图像切换动画"影片剪辑元件的时间轴内。单击工作区左上角的按钮，回到主场景，完成该影片剪辑元件的制作。

（5）打开"库"面板，使用工具箱内的"选择工具"，拖动该面板内新增元件到"图像切换"文件夹内。至此，"库"面板内的"图像切换动画"影片剪辑元件制作完毕。

（6）打开"摆动彩球.fla"文档，该动画主场景内只有"图层1"图层第1帧，其内放置一个"摆动彩球"影片剪辑元件的实例。打开"库"面板，其内有一个"摆动彩球动画"文件夹，该文件夹内有"摆动彩球"影片剪辑元件和其他三个用于制作"摆动彩球"影片剪辑元件的元件。右击"摆动彩球动画"文件夹，弹出它的快捷菜单，单击该菜单内的"复制"命令，将选中的"摆动彩球动画"文件夹和文件夹内的元件都复制到剪贴板中。

（7）回到工作界面，单击"动画浏览器"标签，切换到"动画浏览器"动画时间轴，调出"库"面板，右击其内的空白处，弹出"粘贴"命令，将剪贴板内复制的"摆动彩球动画"文件夹和文件夹内的元件粘贴到"动画浏览器"动画的库面板内，替换了原来空的"摆动彩球动画"文件夹。

（8）单击工作区左上角的按钮，回到主场景。将"库"面板内的"摆动彩球"影片剪辑元件的名称改为"摆动彩球动画"。至此，"库"面板内的"摆动彩球动画"影片剪辑元件制作完毕。

按照上述方法，利用其他四个动画，分别制作其他四个影片剪辑元件。

注意：在将其他动画复制粘贴到"动画浏览器.fla"文档"库"面板内时，不要覆盖"库"面板内原有的元件。可以修改动画"库"面板内原有元件的名称。

3．制作图像按钮元件

（1）打开一个抓图软件，打开"摆动彩球.fla"文档，按【Ctrl+Enter】组合键，播放该动画。使用抓图软件，将动画播放中的一幅画面抓图并以名称"摆动彩球图像.jpg"保存在"【综合实训8】动画浏览器"文件夹中。

（2）按照相同的方法，将其他五个动画的一幅画面抓图并分别以名称"图像切换图像.jpg"、"翻页画册图像.jpg"、"跷跷板图像.jpg"、"唐诗朗诵图像.jpg"和"五星彩球图像.jpg"保存在"【综合实训8】动画浏览器"文件夹中。然后，将这六幅图像导入到"动画浏览器.fla"动画的"库"面板中，移到"库"面板内"图像按钮素材"文件夹中。

（3）单击"插入"→"新建元件"命令，弹出"创建新元件"对话框，在该对话框内"名称"文本框中输入"摆动彩球图"，在"类型"下拉列表框中选择"影片剪辑"选项，单击"确定"按钮，关闭该对话框，创建"摆动彩球图"影片剪辑元件并进入它的编辑状态。将"库"面板中的"摆动彩球图像.jpg"图像元件拖动到舞台工作区内，使用工具箱内的"任意变形工具"，调整"摆动彩球图像.jpg"图像的大小，大约宽100像素、高60像素，其中心与舞台工作区中心对齐。

（4）单击工作区左上角的按钮，回到主场景。至此，"库"面板内的"摆动彩球图"影片剪辑元件制作完毕。按照相同方法分别制作"库"面板内的"图像切换图"、"翻页画册图"、"跷跷板图"、"唐诗朗诵图"和"五星彩球图"五个影片剪辑元件。这六个"库"面板内的影片剪辑元件都移到"库"面板内"图像按钮素材"文件夹中。

（5）单击"插入"→"新建元件"命令，弹出"创建新元件"对话框，在该对话框内"名称"

文本框中输入"摆动彩球按钮",在"类型"下拉列表框中选择"按钮"选项,单击"确定"按钮,关闭该对话框,创建"摆动彩球按钮"按钮元件并进入它的编辑状态。

(6)在"摆动彩球按钮"按钮元件的编辑窗口内,选中"弹起"帧,将"库"面板内的单击选中其内的"摆动彩球图"影片剪辑元件移到舞台工作区的中心处。选中"摆动彩球按钮"按钮元件时间轴的其他三个帧,按【F6】键,创建三个关键帧,其内的内容与"弹起"帧的"摆动彩球图"影片剪辑实例一样。

(7)单击选中"弹起"帧内的"摆动彩球图"影片剪辑实例,在其"属性"面板内的"样式"下拉列表框内选择 Alpha 选项,将它的值改为 45%,使"摆动彩球图"影片剪辑实例呈半透明状。

(8)单击工作区左上角的←按钮,回到主场景。至此,"库"面板内的"摆动彩球按钮"按钮元件制作完毕。

按照上边介绍的方法,分别制作"库"面板内的"图像切换按钮"、"翻页画册按钮"、"跷跷板按钮"、"唐诗朗诵按钮"和"五星彩球按钮"五个按钮元件。这六个"库"面板内的按钮元件都移到"库"面板内"图像按钮"文件夹中。

4.制作动画界面和设计程序

(1)单击选中"框架"图层的第1帧,将"库"面板内的"框架"影片剪辑元件拖动到舞台工作区内,调整它宽为650像素、高为450像素,X和Y的值均为0。

(2)选中"图像按钮"图层第1帧,将"库"面板内"动画按钮"文件夹中的六个图像按钮依次拖动到下边框架内,调整六个按钮实例的宽都为100像素,高都为58像素,排成一排,均匀分布,如图8-6-1所示。从左到右依次给这些按钮实例命名为 AN1 ~ AN6。

(3)选中"按钮和文本"图层第1帧,将"库"面板内的四个公用库按钮元件拖动到舞台工作区内右边框架内,调整他们的大小和位置,如图8-6-1所示。从上到下依次给这些按钮实例的名称命名为 AN11 ~ AN14。

(4)在四个按钮之间输入红色文字"动画浏览器",添加"渐变斜角"滤镜。在按钮的下边,创建一个文本框,在其"属性"面板内的"文本类型"下拉列表框内选择"动态文本"选项,设置字体为"黑体",在"实例名字"栏内的输入 TIMU。

(5)选中"动画"图层,选中该图层第2 ~ 7帧,按【F7】键,创建六个空白关键帧。选中"动画"图层第1帧,将"库"面板内"其他素材"文件夹中的"鲜花风景.jpg"图像元件拖动到左边框架内,调整它与内框一致,如图8-6-1(a)所示。

(6)选中"动画"图层第2帧,将"库"面板内的"摆动彩球动画"影片剪辑元件拖动到左边框架图像内,调整它的大小和位置,使它位于左边框架内,并与内框一致。

(7)按照上述方法,依次将"库"面板内的"跷跷板动画"、"翻页画册动画"、"图像切换动画"、"唐诗朗诵动画"和"五星彩球动画"影片剪辑元件分别放置在"动画"图层第3 ~ 7帧内,调整它的大小和位置,使它位于左边框架内,与内框一致。

(8)按住【Ctrl】键,同时单击选中"框架"、"图像按钮"和"按钮和文本"图层第7帧,按【F5】键,使这几个图层第1 ~ 7帧的内容都与该图层第1帧内容一样。

(9)选中"按钮和文本"图层第1帧,打开"动作"面板,输入如下程序:

```
stop();
```

```
AN11.addEventListener(MouseEvent.CLICK, gotoAndStopHandle);

function gotoAndStopHandle(event:MouseEvent):void
{
    gotoAndStop(2);        // 转至起始帧停止
}
AN12.addEventListener(MouseEvent.CLICK, prevFrameHandle);

function prevFrameHandle(event:MouseEvent):void
{
    prevFrame();        // 转上一帧播放
}


AN13.addEventListener(MouseEvent.CLICK, nextFrameHandle);

function nextFrameHandle(event:MouseEvent):void
{
    nextFrame();        // 转至后一帧播放
}
AN14.addEventListener(MouseEvent.CLICK, forwarHandle);

function forwarHandle(event:MouseEvent):void
{

    gotoAndStop(7);        // 转至最后一帧停止

}
AN1.addEventListener(MouseEvent.CLICK, gotoAndStop1Handle);

function gotoAndStop1Handle(event:MouseEvent):void
{
    gotoAndStop(2);        // 转至第 2 帧停止
    TIMU.text=" 摆动彩球 ";

}
AN2.addEventListener(MouseEvent.CLICK, gotoAndStop2Handle);

function gotoAndStop2Handle(event:MouseEvent):void
{
    gotoAndStop(3);        // 转至第 3 帧停止
    TIMU.text=" 跷跷板 ";
}
```

```
AN3.addEventListener(MouseEvent.CLICK, gotoAndStop3Handle);

function gotoAndStop3Handle(event:MouseEvent):void
{
    gotoAndStop(4);        // 转至第 4 帧停止
    TIMU.text=" 翻页画册 ";
}

AN4.addEventListener(MouseEvent.CLICK, gotoAndStop4Handle);

function gotoAndStop4Handle(event:MouseEvent):void
{
    gotoAndStop(5);        // 转至第 5 帧停止
    TIMU.text=" 图像切换 ";
}

AN5.addEventListener(MouseEvent.CLICK, gotoAndStop5Handle);
function gotoAndStop5Handle(event:MouseEvent):void
{
    gotoAndStop(6);        // 转至第 6 帧停止
    TIMU.text=" 唐诗朗诵 ";
}

AN6.addEventListener(MouseEvent.CLICK, gotoAndStop6Handle);
function gotoAndStop6Handle(event:MouseEvent):void
{
    gotoAndStop(7);        // 转至第 7 帧停止
    TIMU.text=" 五星彩球 ";
}}
```

8.6.3 实训测评

能力分类	评价项目	评价等级
职业能力	进一步熟练掌握制作动画影片剪辑元件的方法	
	进一步熟练掌握制作按钮元件的方法	
	进一步熟练掌握制作动画帧复制和粘贴的方法	
	掌握"时间轴控制"函数的格式与功能	
	掌握 Event 类中的 MouseEvent（鼠标）类的使用方法	
通用能力	自学能力、总结能力、合作能力、创造能力等	
能力综合评价		

第 9 章 ActionScript 程序设计 2

本章提要

本章通过六个案例，介绍面向对象编程的基本概念和基本方法，创建和访问对象的方法；介绍 Loader 类和 URLLoader 类，获取 URL 路径的方法；介绍 String（字符串）、Array（数组）、Key（键盘）、Mouse（鼠标）、Color（颜色）、Date（日期）和 Sound（声音）对象的使用方法，Key（键盘）和 Mouse（鼠标）对象侦听器的使用方法等，以及 ActionScript 程序设计技巧。

9.1 【案例 34】中国名花浏览 1

9.1.1 案例描述

"中国名花浏览 1"动画运行后的画面如图 9-1-1 所示，显示一幅名花图像和介绍名花的文字。单击中间标题文字"中国名花浏览"下边的图像按钮，会在左边图像框架内显示相应的外部图像，其下边显示图像的序号，在右边文本框内显示相应的文字。单击图像框架下边第一个按钮，显示第一幅外部图像；单击图像框架下边的第二个按钮，会显示上一幅外部图像，当已经显示第一幅图像时单击该按钮，则显示最后一幅图像（即第八幅图像）；单击图像框架下边的第三个按钮，显示下一幅外部图像，当已经显示第八幅图像时单击该按钮，则显示第一幅图像；单击框架下边第四个按钮，显示第八幅外部图像。

图 9-1-1 "【案例 34】中国名花浏览 1"动画运行后的一幅画面

单击文本框下边的第一个按钮，文本框内的文字会向上滚动 8 行；单击文本框下边的第二个按钮，文本框文字会向上滚动 1 行；单击文本框下边的第三个按钮，文本框文字会向下滚动 1 行；单击文本框下边的第四个按钮，文本框文字会向下滚动 8 行。

9.1.2 操作方法

1. 准备文本素材和制作界面

（1）新建一个 Animate 文档。设置舞台大小的宽为 900 像素，高为 380 像素，背景色为黄色，创建"背景"、"按钮文本"和"程序"图层。以名称"中国名花浏览 1.fla"保存在"【案例 34】中国名花浏览 1"文件夹中。

（2）打开记事本程序，输入文字，如图 9-1-2 所示。选择"文件"→"另存为"命令，弹出"另存为"对话框，在该对话框的"编码"下拉列表框内选择 UTF-8 选项，选择 Animate 文档所在文件夹（即"【案例 34】中国名花浏览 1"文件夹）内的 TEXT 文件夹，输入文件名称"名花介绍.TXT"，再单击"保存"按钮。

按照上述方法，再建立 MH1.TXT~MH8.TXT 等七个文本文件。

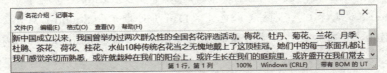

图 9-1-2　记事本内的文字

（3）准备"图像 1.jpg"~"图像 8.jpg"和"鲜花.jpg"图像（宽为 360 像素、高为 250 像素），如图 9-1-3 所示。图像分别对应"杜鹃"、"桂花"、"荷花"、"菊花"、"兰花"、"梅花"、"牡丹"和"水仙"图像，这与 MH1.TXT~MH8.TXT 八个文本文件中介绍的鲜花名称次序是一样的。将这八幅图像存放在"中国名花浏览 1.fla"动画所在"【案例 35】中国名花浏览 1"文件夹内的 PIC 文件夹中。

图 9-1-3　八幅名花图像

（4）将"杜鹃.jpg"、"桂花.jpg"、"荷花.jpg"、"菊花.jpg"、"兰花.jpg"、"梅花.jpg"、"牡丹.jpg"和"水仙.jpg"八幅小图像（宽为 100 像素、高为 75 像素）导入到"库"面板内。

（5）创建并进入"文本框架"影片剪辑元件的编辑状态，绘制一幅轮廓线为蓝色、填充为白色、笔触为 4 像素、宽为 175 像素、高为 250 像素的矩形图形。然后，回到主场景。选中"背景"图层第 1 帧，将"库"面板内的"文本框架"影片剪辑元件拖动到舞台工作区内右边，形成"文本框架"影片剪辑实例，在"属性"面板内添加"斜角"滤镜，如图 9-1-1 所示。

（6）使用工具箱内的"文字工具" T ，在文本框架内左上角向右下方拖动创建一个文本框。在它的"属性"面板内，设置文字颜色为绿色、字体为宋体、大小为 38 点、居中分布；设置为"静态文本"类型；输入文字"中国名花浏览"。然后，给该文字添加"投影"滤镜效果，文字效果如图 9-1-1 所示。

（7）导入一幅框架图像，将它的白色背景删除，将它组成组合，调整它的大小为宽 439 像素、高 330 像素，位置调整到如图 9-1-1 所示。再在框架内部绘制一幅绿色矩形，设置它的宽为 360 像素，高为 250 像素，如图 9-1-4 所示。

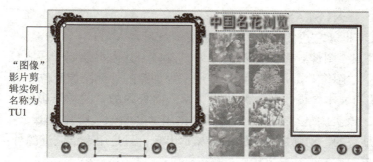

图 9-1-4　八个公用按钮、八个图像按钮和两个文本框

2．制作文本和按钮

（1）选中"按钮文本"图层第 1 帧。在"文本框架"影片剪辑实例之上创建一个动态文本框，在其"属性"面板内，设置它的颜色为红色、字体为宋体、大小为 16 点、加粗，加边框，行距为 0，"实例名称"文本框的设置为 TEXT1，与文本文件内的变量名一样。在"段落"栏内"行为"下拉列表框中选择"多行"选项，设置文本框可以多行显示文字。单击其内的"嵌入"按钮，弹出"字体嵌入"对话框，选中其内"字符范围"列表框中的"数字"和"简体中文 -1"复选框，在"名称"文本框内输入"字体 1"。单击"确定"按钮，完成文字嵌入设置，关闭"字体嵌入"对话框。以后的文本嵌入设置均为"字体 1"字体，单击选中"字体嵌入"对话框内左边的"常规（字体 1）"选项即可。

（2）将自制的四个按钮各两次拖动到舞台工作区内。将其中的四个按钮移到左下边，另外的四个按钮移到文本框架的下边，再将一些按钮按照需要分别进行不同角度的旋转，最后效果如图 9-1-4 所示。

（3）在左边四个按钮之间创建一个文本框，在其"属性"面板内设置文字为动态文本框，它的颜色为红色、字体为宋体、大小为 32 点，"实例名称"文本框的设置为 n1。

（4）创建并进入"图像 11"影片剪辑元件的编辑状态，将"库"面板内的小图像"杜鹃花 .jpg"拖动到舞台工作区内的正中间。再回到主场景。接着再创建"图像 12"～"图像 18"影片剪辑元件，其内分别导入"库"面板内的"桂花 .jpg"、"荷花 .jpg"、"菊花 .jpg"、"兰花 .jpg"、"梅花 .jpg"、"牡丹 .jpg"和"水仙 .jpg"小图像。

（5）创建并进入"图像按钮 11"按钮元件的编辑状态，选中"弹起"帧，将"库"面板内的"图像 11"影片剪辑元件拖动到舞台工作区内的正中间。按住【Ctrl】键，单击选中其他三个帧，按【F6】键，创建三个与"弹起"帧内容一样的关键帧。选中"弹起"帧，单击该帧内的图像，在其"属性"面板内的"样式"下拉列表框内选择 Alpha，将该图像的 Alpha 值调整为 34%，使图像半透明。然后，回到主场景。

按照上述方法，制作"图像按钮 12"～"图像按钮 18"按钮元件，其内分别使"图像 12"～"图像 18"影片剪辑实例。

（6）选中"按钮文本"图层第 1 帧，依次将"图像按钮 11"～"图像按钮 18"按钮元件分别拖动到文本框架的左边，排成 2 列、4 行。

3．设计调外部图像和文本程序

（1）从左到右依次给舞台工作区内下边的八个按钮实例命名为 AN1A、AN1B、AN1C"、

AN1D、AN1、AN2、AN3 和 AN4。

（2）依次给文本框架左边的八个图像按钮实例命名为 AN11～AN18。

（3）创建并进入"图像"影片剪辑元件编辑窗口，其内不绘制和导入任何对象。然后回到主场景，创建一个空"图像"影片剪辑元件，用来为加载的外部图像定位。

（4）选中"按钮文本"图层第 1 帧，将"库"面板内的"图像"影片剪辑元件拖动到舞台工作区内的左上角，该实例是一个很小的圆。这是因为"图像"影片剪辑元件是一个空元件，所以它形成的实例也是空的，动画播放时它不会显示出来，只是用来给调进的外部图像定位。然后，将该实例命名为 TU1。

（5）选中"程序"图层第 1 帧，在"动作"面板脚本窗口内输入如下程序：

```
stop();
var n1; // 用来显示图像的序号
var ldr: Loader = new Loader(); // 实例化一个 Loader 对象 :ldr
var urlldr: URLLoader = new URLLoader(); // 实例化一个 URLLoader 对象 :urlldr
var req1: URLRequest = new URLRequest("PIC/鲜花.jpg"); // 定义外部文档位置
ldr.load(req1); // 利用 load() 方法进行加载
TU1.addChild(ldr); // 利用 addChild() 方法将加载的内容显示出来
n1.text = "" + 0; // 图像的序号
var req2: URLRequest= new URLRequest("TEXT/名花介绍.TXT");// 定义外部文档位置
urlldr.load(req2); // 利用 load() 方法进行加载
urlldr.addEventListener(Event.COMPLETE, loadover1);
// 注册 URLLoader 加载完毕事件监听器
function loadover1(e: Event) {
    TEXT1.text = urlldr.data;
}
AN11.addEventListener(MouseEvent.CLICK, load1);
function load1(event: MouseEvent): void {
    var req1: URLRequest=new URLRequest("PIC/图像1.jpg");// 定义外部文档位置
    ldr.load(req1); // 利用 load() 方法进行加载
    TU1.addChild(ldr); // 利用 addChild() 方法将加载的内容显示出来
    n1.text = "" + 1; // 图像的序号
    var req2: URLRequest = new URLRequest("TEXT/MH1.TXT"); // 定义外部文档位置
    urlldr.load(req2); // 利用 load() 方法进行加载
    urlldr.addEventListener(Event.COMPLETE, loadover1);
    // 注册 URLLoader 加载完毕事件监听器
    function loadover1(e: Event) {
        TEXT1.text = urlldr.data;
    }
}
AN12.addEventListener(MouseEvent.CLICK, load2);
function load2(event: MouseEvent): void {
    var req1: URLRequest = new URLRequest("PIC/图像2.jpg"); // 定义外部文档位置
    ldr.load(req1); // 利用 load() 方法进行加载
```

```
        TU1.addChild(ldr); // 利用addChild()方法将加载的内容显示出来
        n1.text = "" + 2; // 图像的序号
        var req2: URLRequest = new URLRequest("TEXT/MH2.TXT"); // 定义外部文档位置
        urlldr.load(req2); // 利用load()方法进行加载
        urlldr.addEventListener(Event.COMPLETE, loadover2);
        // 注册URLLoader加载完毕事件监听器
        function loadover2(e: Event) {
            TEXT1.text = urlldr.data;
        }
}
AN13.addEventListener(MouseEvent.CLICK, load3);
function load3(event: MouseEvent): void {
        var req1: URLRequest = new URLRequest("PIC/图像3.jpg"); // 定义外部文档位置
        ldr.load(req1); // 利用load()方法进行加载
        TU1.addChild(ldr); // 利用addChild()方法将加载的内容显示出来
        n1.text = "" + 3; // 图像的序号
        var req2: URLRequest = new URLRequest("TEXT/MH3.TXT"); // 定义外部文档位置
        urlldr.load(req2); // 利用load()方法进行加载
        urlldr.addEventListener(Event.COMPLETE, loadover3);
        // 注册URLLoader加载完毕事件监听器
        function loadover3(e: Event) {
            TEXT1.text = urlldr.data;
        }
}
AN14.addEventListener(MouseEvent.CLICK, load4);
function load4(event: MouseEvent): void {
        var req1: URLRequest = new URLRequest("PIC/图像4.jpg"); // 定义外部文档位置
        ldr.load(req1); // 利用load()方法进行加载
        TU1.addChild(ldr); // 利用addChild()方法将加载的内容显示出来
        n1.text = "" + 4; // 图像的序号
        var req2: URLRequest = new URLRequest("TEXT/MH4.TXT"); // 定义外部文档位置
        urlldr.load(req2); // 利用load()方法进行加载
        urlldr.addEventListener(Event.COMPLETE, loadover4);
        // 注册URLLoader加载完毕事件监听器
        function loadover4(e: Event) {
            TEXT1.text = urlldr.data;
        }
}
AN15.addEventListener(MouseEvent.CLICK, load5);
function load5(event: MouseEvent): void {
        var req1: URLRequest = new URLRequest("PIC/图像5.jpg"); // 定义外部文档位置
        ldr.load(req1); // 利用load()方法进行加载
        TU1.addChild(ldr); // 利用addChild()方法将加载的内容显示出来
```

```
        n1.text = "" + 5; // 图像的序号
        var req2: URLRequest = new URLRequest("TEXT/MH5.TXT"); // 定义外部文档位置
        urlldr.load(req2); // 利用 load() 方法进行加载
        urlldr.addEventListener(Event.COMPLETE, loadover5);
        // 注册 URLLoader 加载完毕事件监听器
        function loadover5(e: Event) {
            TEXT1.text = urlldr.data;
        }
}
AN16.addEventListener(MouseEvent.CLICK, load6);
function load6(event: MouseEvent): void {
        var req1: URLRequest = new URLRequest("PIC/图像6.jpg"); // 定义外部文档位置
        ldr.load(req1); // 利用 load() 方法进行加载
        TU1.addChild(ldr); // 利用 addChild() 方法将加载的内容显示出来
        n1.text = "" + 6; // 图像的序号
        var req2: URLRequest = new URLRequest("TEXT/MH6.TXT"); // 定义外部文档位置
        urlldr.load(req2); // 利用 load() 方法进行加载
        urlldr.addEventListener(Event.COMPLETE, loadover6);
        // 注册 URLLoader 加载完毕事件监听器
        function loadover6(e: Event) {
            TEXT1.text = urlldr.data;
        }
}
AN17.addEventListener(MouseEvent.CLICK, load7);
function load7(event: MouseEvent): void {
        var req1: URLRequest = new URLRequest("PIC/图像7.jpg"); // 定义外部文档位置
        ldr.load(req1); // 利用 load() 方法进行加载
        TU1.addChild(ldr); // 利用 addChild() 方法将加载的内容显示出来
        n1.text = "" + 7; // 图像的序号
        var req2: URLRequest = new URLRequest("TEXT/MH7.TXT"); // 定义外部文档位置
        urlldr.load(req2); // 利用 load() 方法进行加载
        urlldr.addEventListener(Event.COMPLETE, loadover7);
        // 注册 URLLoader 加载完毕事件监听器
        function loadover7(e: Event) {
            TEXT1.text = urlldr.data;
        }
}
AN18.addEventListener(MouseEvent.CLICK, load8);
function load8(event: MouseEvent): void {
        var req1: URLRequest = new URLRequest("PIC/图像8.jpg"); // 定义外部文档位置
        ldr.load(req1); // 利用 load() 方法进行加载
        TU1.addChild(ldr); // 利用 addChild() 方法将加载的内容显示出来
        n1.text = "" + 8; // 图像的序号
```

```
        var req2: URLRequest = new URLRequest("TEXT/MH8.TXT"); //定义外部文档位置
        urlldr.load(req2); //利用load()方法进行加载
        urlldr.addEventListener(Event.COMPLETE, loadover8);
        //注册URLLoader加载完毕事件监听器
        function loadover8(e: Event) {
            TEXT1.text = urlldr.data;
        }
}
AN1A.addEventListener(MouseEvent.CLICK, load1A);
function load1A(event: MouseEvent): void {
    var req1: URLRequest = new URLRequest("PIC/图像1.jpg"); //定义外部文档位置
    ldr.load(req1); //利用load()方法进行加载
    TU1.addChild(ldr); //利用addChild()方法将加载的内容显示出来
    n1.text = "" + 1; //图像的序号
    var req2: URLRequest = new URLRequest("TEXT/MH1.TXT"); //定义外部文档位置
    urlldr.load(req2); //利用load()方法进行加载
    urlldr.addEventListener(Event.COMPLETE, loadover1A);
    //注册URLLoader加载完毕事件监听器
    function loadover1A(e: Event) {
        TEXT1.text = urlldr.data;
    }
}
AN1B.addEventListener(MouseEvent.CLICK, load1B);
function load1B(event: MouseEvent): void {
    var n = n1.text;
    if (n > 1) {
     n--;
     n1.text = "" + n;//图像的序号
     var req1: URLRequest= new URLRequest("PIC/图像"+n+ ".jpg");//定义外部文档位置
        ldr.load(req1);//利用load()方法进行加载
        TU1.addChild(ldr);//利用addChild()方法将加载的内容显示出来
        var req2: URLRequest= new URLRequest("TEXT/MH"+n+ ".TXT");//定义外部文档位置
        urlldr.load(req2);//利用load()方法进行加载
        urlldr.addEventListener(Event.COMPLETE, loadover1B);
        //注册URLLoader加载完毕事件监听器
        function loadover1B(e: Event) {
            TEXT1.text = urlldr.data;
        }
    } else {
        n1.text ="" + 8;//图像的序号
        var req11: URLRequest= new URLRequest("PIC/图像8.jpg");//定义外部文档位置
        ldr.load(req11) //利用load()方法进行加载
        TU1.addChild(ldr);//利用addChild()方法将加载的内容显示出来
```

```
            var req12: URLRequest= new URLRequest("TEXT/MH8.TXT");// 定义外部文档位置
            urlldr.load(req12);// 利用 load() 方法进行加载
            urlldr.addEventListener(Event.COMPLETE, loadover1B);
            // 注册 URLLoader 加载完毕事件监听器
            function loadover2B(e: Event) {
                TEXT1.text = urlldr.data;
            }
        }
    }
}
AN1C.addEventListener(MouseEvent.CLICK, load1C);
function load1C(event: MouseEvent): void {
    var n = n1.text;
    if (n < 8) {
        n++;
        n1.text = "" + n; // 图像的序号
        var req1: URLRequest=new URLRequest("PIC/图像"+n+".jpg");// 定义外部文档位置
        ldr.load(req1);  // 利用 load() 方法进行加载
        TU1.addChild(ldr); // 利用 addChild() 方法将加载的内容显示出来
        var req2: URLRequest=new URLRequest("TEXT/MH"+n+".TXT");// 定义外部文档位置
        urlldr.load(req2); // 利用 load() 方法进行加载
        urlldr.addEventListener(Event.COMPLETE, loadover1C);
        // 注册 URLLoader 加载完毕事件监听器
        function loadover1C(e: Event) {
            TEXT1.text = urlldr.data;
        }
    } else {
        n1.text = "" + 1; // 图像的序号
        var req13: URLRequest=new URLRequest("PIC/图像1.jpg");// 定义外部文档位置
        ldr.load(req13);  // 利用 load() 方法进行加载
        TU1.addChild(ldr); // 利用 addChild() 方法将加载的内容显示出来
        var req14: URLRequest=new URLRequest("TEXT/MH1.TXT");// 定义外部文档位置
        urlldr.load(req14);  // 利用 load() 方法进行加载
        urlldr.addEventListener(Event.COMPLETE,loadover1C);
        // 注册 URLLoader 加载完毕事件监听器
        function loadover2C(e: Event) {
            TEXT1.text = urlldr.data;
        }
    }
}
AN1D.addEventListener(MouseEvent.CLICK, load1D);
function load1D(event: MouseEvent): void {
    var req1: URLRequest=new URLRequest("PIC/图像8.jpg");// 定义外部文档位置
    ldr.load(req1);// 利用 load() 方法进行加载
```

```
        TU1.addChild(ldr);// 利用 addChild() 方法将加载的内容显示出来
        n1.text = "" + 8;// 图像的序号
        var req2: URLRequest = new URLRequest("TEXT/MH8.TXT");// 定义外部文档位置
        urlldr.load(req2);  // 利用 load() 方法进行加载
        urlldr.addEventListener(Event.COMPLETE, loadover1D);
        // 注册 URLLoader 加载完毕事件监听器
        function loadover1D(e: Event) {
            TEXT1.text = urlldr.data;
        }
}
AN1.addEventListener(MouseEvent.MOUSE_UP, scrollUp); // 执行向上拉
function scrollUp(mevtv: MouseEvent): void {
    for (var a = 0; a <= 8; a++) {
        TEXT1.scrollV++; // 实现滚动
    }
}
AN2.addEventListener(MouseEvent.MOUSE_UP, scroll1Up);
function scroll1Up(mevtv: MouseEvent): void {
    TEXT1.scrollV = TEXT1.scrollV + 1; // 文本框内的文字向上移动一行
}
AN3.addEventListener(MouseEvent.MOUSE_UP, scroll1Down);
function scroll1Down(mevtv: MouseEvent): void {
    TEXT1.scrollV = TEXT1.scrollV - 1; // 文本框内的文字向下移动一行
}
AN4.addEventListener(MouseEvent.MOUSE_DOWN, scrollDown); // 执行向下拉
function scrollDown(mevtv: MouseEvent): void {
    for (var a = 0; a <= 8; a++) {
        TEXT1.scrollV--; // 实现滚动
    }
}
```

9.1.3 相关知识

1. Loader 类

在 ActionScript 2.0 中，可以使用 MovieClip 的 loadMovie() 函数和 loadMovienum() 函数载入外部的影片，也可以使用 MovieClipLoader() 类来载入并控制外部的影片。在 ActionScript 3.0 中，这些函数和类被去除了，要实现相同的功能，必须使用显示对象的 Loader 类。

Loader 继承了基类 DisplayObjectContainer，所以可以也必须当作一个对象用 addChild 添加才能工作。Loader 类可用于加载 SWF 文件或图像（JPG、PNG 或静态 GIF）文件。使用 load() 函数来启动加载。被加载的显示对象将作为 Loader 对象的子级添加。如果要移除 load() 函数动态加载外部图片或 SWF 文件，可以使用 Loader 对象的 unload() 函数，使用 Loader 对象的 load() 函数所加载外部图片或 SWF 文件，需要使用 addChild() 函数将 Loader 对象加入制定的帧，这样就可以显示出来。

加载需要执行下面的程序。

（1）创建一个 Loader 对象。

```
var Loader 对象:Loader=new Loader();
```

（2）先创建一个 URLRequest 对象，用于存储要载入文件的 URL。

```
var URLRequest 对象:URLRequest=new URLRequest(外部载入文件的 URL);
```

（3）调用 Loader 对象的 load() 方法，并把 URLRequest 对象作为参数传递给 Loader 对象。

```
Loader 对象.load(URLRequest 对象);
```

（4）使用 addChild() 方法将 Loader 对象添加入空白显示对象容器。用于加载外部载入的内容。

```
显示对象.addChild(Loader 对象);
```

（5）使用显示对象的属性控制该显示对象容器的位置和大小。

（6）使用 MovieClip 类的播放控制方法控制外部影片的播放。

Loader 类常用属性和方法见表 9-1-1。

表 9-1-1　Loader 类常用属性和方法

序号	函数格式	函数功能
1	Loader()	创建一个可用于加载文件（如 SWF、JPEG、GIF 或 PNG 文件）的 Loader 对象
2	load(URLRequest 对象)	加载 SWF 文件或图像文件
3	unload()	删除此 Loader 对象中使用 load() 方法加载的子项
4	close()	取消当前正在对 Loader 实例执行的 load() 方法操作

2．URLLoader 类

URLLoader 类以文本、二进制数据或 URL 编码变量的形式从 URL 下载数据。在下载文本文件、XML 或其他用于动态数据驱动应用程序的信息时，它很有用。

URLLoader 对象会先从 URL 中下载所有数据，然后才将数据用于应用程序中的代码。它会发出有关下载进度的通知，通过 bytesLoaded 和 bytesTotal 属性以及已调度的事件，可以监视下载进度。在加载非常大的视频文件（如 FLV 的视频文件）时，可能会出现内存不足错误。

加载需要执行下面的操作：

（1）创建一个 URLLoader 对象。

```
var urlldr: URLLoader = new URLLoader();
```

（2）创建一个 URLRequest 对象，用于存储要载入文件的 URL。

```
var req: URLRequest = new URLRequest("TEXT/MH1.TXT");
```

（3）调用 Loader 对象的 load() 方法，并把 URLRequest 对象作为参数传递给 Loader 对象。

```
urlldr.load(req);
```

（4）建立事件侦听函数，侦听加载事件是否完成。当加载完成后，触发 Event.COMPLETE 事件，载入的数据会被复制为 URLLoader 对象的 data 属性。

```
urlldr.addEventListener(Event.COMPLETE, loadover1);
```

```
function loadover1(e: Event) {
    TEXT1.text = urlldr.data;
}
```

URLLoader 类常用属性和方法见表 9-1-2。

表 9-1-2　URLLoader 类常用属性和方法

序号	函 数 格 式	函 数 功 能
1	URLLoader( )	创建一个可用于加载文件的 URLLoader 对象
2	load(URLRequest 对象)	加载外部文件
3	data( )	加载完毕后的加载数据
4	close( )	取消当前正在对 Loader 实例执行的 load( ) 方法操作

3．获取 URL 路径方法

ActionScript 3.0 中获取 URL 路径的方法改变了，在 ActionScript 3.0 中，要在 Animate 中打开网址，需要使用 flash.net 包中的 navigateToURL( ) 函数来实现。其用法格式如下所示。

```
navigateToURL(request:URLRequest, window:String = null)
```

说明：此方法实现在包含 Animate Player 容器的应用程序中，通常是在一个浏览器中，打开或者替换一个窗口。

参数说明如下：

request：URLRequest 对象，指定要链接到哪个 URL 网页地址。

window：浏览器窗口或 HTML 帧，其中显示 request 参数指示的文档。可以输入某个特定窗口的名称，或者是下面的四个值之一："_self" 指定当前窗口中的当前帧打开网页；"_blank" 指定一个新窗口打开网址；"_parent" 指定当前窗口的父级窗口打开网址；"_top" 指定当前窗口中的顶级框架中打开网址。

步骤如下：

（1）必须先声明一个新的 Request 对象：

```
var myUrl:URLRequest = new URLRequest("http://www.baidu.com")
```

（2）使用该对象的 navigateToURL 方法链接地址：

```
navigateToURL(myUrl);
```

●●●● 思考与练习 9-1 ●●●●

1．修改本实例，使它在浏览不同图像时，可以在标题处显示图像的名称。
2．修改本实例，浏览其他一组图像和相应的文字。
3．制作一个"中国名胜"动画，该动画运行后的一幅画面类似图 9-1-1 所示，只是图像换为中国名胜图像。单击框架下边的八个按钮的作用与本实例一样。

9.2 【案例 35】猜字母大小游戏

9.2.1 案例描述

"猜字母大小游戏"动画播放后,计算机产生一个随机大写字母让用户猜,显示的画面如图 9-2-1(a)所示。单击第四行文本框内,输入一个 A～Z 之间的大写字母,再单击该文本框左边的按钮,程序会马上根据输入的字母进行判断,给出一个提示。如果猜错了,则显示的提示是"太大!"或"太小!",如图 9-2-1(a)所示。如果猜对了,会显示"正确!",框架内第二行显示判断正确后用的总时间,并在框架内第四行显示共用的次数,如图 9-2-1(b)所示。单击左下角的按钮,会在右边显示要猜的字母,如图 9-2-1(c)所示。

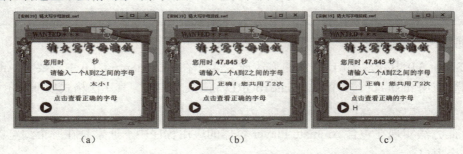

图 9-2-1 "猜字母大小游戏"动画播放后的三幅画面

9.2.2 操作方法

1. 制作界面

(1)新建一个 Animate 文档,设置舞台大小的宽为 360 像素,高为 300 像素,背景色为白色。将"图层 1"图层的名称改为"框架标题",新增"按钮文字"和"程序"图层。然后,以名称"猜字母大小游戏.fla"保存在"【案例 35】猜字母大小游戏"文件夹内。

(2)选中"框架标题"图层第 1 帧,导入一幅框架图像,调整它的大小和位置,刚好将整个舞台工作区完全覆盖。输入"猜字母大小游戏"文字,在其"属性"面板内设置文字颜色为红色,字体为黑体,字大小为 30 点;给该文字添加"斜角"和"渐变发光"滤镜。选中该图层第 2 帧,按【F5】键,使第 1、2 帧内容一样。

(3)单击选中"按钮文字"图层第 1 帧和第 2 帧,按【F7】键,创建两个空白关键帧。选中该图层第 2 帧,加入自建的两个按钮元件实例。打开按钮实例的"属性"面板,在其"按钮实例"文本框中给两个实例名称从上到下分别命名为 AN1 和 AN2。输入一些蓝色、宋体、18 点大小的文字,再创建一个输入文本框和三个动态文本框,如图 9-2-2 所示。

(4)设置第二行动态文本框为不加框,用来输出已用时间,实例名称为 textsj;设置第四行第一个文本框是加框输入文本框,用来输入要猜字母,实例名称为 text1;设置第四行第二个文本框是不加框的动态文本框,用来输出提示信息,实例名为 text2,在"属性"对话框内"系列"下拉列表框内选择"宋体"选项。设置第六行动态文本框不加框,用来显示产生的随机字母,实例名称为 sc1;设置以上文本框的颜色为蓝色、26 磅大小。

(5)单击选中第二行动态文本框,打开"属性"面板,单击其内的"嵌入"按钮,弹出"字体嵌入"对话框,如图9-2-3所示。不进行嵌入设置就不能在动态文本框中显示变化的数字。

选中"字体嵌入"对话框内"字符范围"列表框中的"数字"复选框,在"名称"文本框内输入"宋体1",如图9-2-3所示。单击"确定"按钮,完成设置,关闭该对话框。

图9-2-2 动画第2帧画面

图9-2-3 "字体嵌入"对话框

(6)选中第四行左边的输入文本框,弹出"字体嵌入"对话框,选中其内"字符范围"列表框中的"大写"复选框,在"名称"文本框内输入"宋体2"。单击"确定"按钮。

(7)选中第4行右边的动态文本框,弹出"字体嵌入"对话框,单击选中其左边"字体"栏选中其内的"字体1"选项,在"名称"文本框内显示"宋体1"。在"字符范围"列表框中选中"数字"复选框,在"还包含这些字符"列表框中输入"太小!大正确您共用了次"文字,如图9-2-3所示。单击"确定"按钮。

(8)单击选中第六行动态文本框,弹出"字体嵌入"对话框,在其内左边"字体"栏单击选中"字体2"选项,在"名称"文本框内显示"宋体2",在"字符范围"栏内已经选中"字母"复选框。单击"确定"按钮,完成设置,关闭该对话框。

2. 制作猜大写字母程序

(1)选中"程序"图层第1帧,在它的"动作"面板内输入如下初始化程序:

```
var n = 0;// 变量n用来存储猜随机字母的次数
var su = Math.round(Math.random() * 26 + 65); // 变量su用来存储A到Z之间的随机字母的ASCII码
var sc: String = String.fromCharCode(su); // 变量sc用来存储A到Z之间的随机字母
var startTime=getTimer()/1000;  // 变量startTime用来存储开始的时间(秒)
var sc1;
```

(2)选中"程序"图层第2帧,在它的"动作"面板内输入如下程序:

```
stop();// 暂停动画播放,即播放指针停在第1帧,按钮还起作用
AN1.addEventListener(MouseEvent.CLICK, bjHandle);
function bjHandle(event: MouseEvent): void {
    n++;
    /*如果猜的字母小于随机字母,则将"太小!"文字赋给文本框变量text 2*/
    if text1.text < sc) {
        text2.text = "太小!";
```

```
        }
        //如果猜的字母大于随机字母，则将"太大！"文字赋给文本框变量text2
        if (text1.text > sc) {
            text2.text = " 太大!
        }
        //如果猜对，则将"正确！您共用了"与n的值和"次"字连接在一起赋给text2
        if (text1.text == sc) {
            text2.text = " 正确! 您共用了" + n + "次";
        }
            var endTimer = getTimer() / 1000 - startTime; // 变量endTimer存储所用时间
            textsj.text = endTimer; //给文本框变量textsj赋存储所用的时间
            text1.text = "";// 清空输入文本框
}
AN2.addEventListener(MouseEvent.CLICK, xianshiHandle);
function xianshiHandle(event: MouseEvent): void {
    sc1.text = sc; //单击该按钮后将sc存储的随机字母赋给sc1,以显示随机数
}
```

9.2.3 相关知识

1. String 类

在 ActionScript 3.0 中字符是文本数据的最小单位，其内容为单个字母或符号。字符串是字符组成的一个序列，是大量字符的组合。字符串的内容是一个文本值，是串在一起而组成单个值的一系列字母、数字或其他字符。

在 ActionScript 3.0 中使用顶级类 String 类来管理和操作字符串。String 类提供了处理原始字符串数据的方法和属性。此外还可以使用 String() 函数将任意对象的值转换为 String 数据类型的对象。String 类用于表示字符串（文本）数据。

创建 String 类有两种方法，简介如下：

第一种直接创建：使用字符串文本直接创建字符串。

```
var L1:String = "beijing";
var L2:String = 'beijing';
```

注意：在 ActionScript 3.0 中，使用双引号和单引号创建的字符串没有任何区别。

第二种使用 String 类的构造函数：借助 new 关键字来定义。new 关键字来创建字符串。例如，下面方法均有效：

```
var L1:String =new String();        // 定义L1为字符串对象
var L2:String =new String("NXY98"); // 定义L2为字符串对象，并给它赋初值"NXY98"
var L3:String ="XYZ314";            // 定义L3为字符串对象，并给它赋初值"XYZ314"
```

字符串（String）对象只有一个 length，它可以返回字符串的长度。

例如，在舞台工作区内创建一个动态文本框，它的变量名字为 LN，在"图层 1"图层第 1 帧内加入如下脚本程序，运行程序后，文本框内会显示 2。

```
var stringSample:String="an";
```

```
var stringLength:Number=stringSample.length;
LN.text=""+stringLength;
```

2. String 方法

（1）charAt 方法

【格式】`charAt(n)`

【功能】返回字符串中指定位置的字符，索引数字 n 指示的字符。字符的数目从 0 到字符串长度减 1。如果 index 不是从 0 ~（string.length-1）之间的数字，则返回一个空字符串。

例如，在舞台工作区内创建一个动态文本框，它的变量名字为 LN，在"图层 1"图层第 1 帧内加入如下脚本程序，运行程序后，文本框内会显示字母 C。

```
var SN:String=new String("AnimateCC");
LN.text=SN.charAt(7)      // 将返回字母 C
```

例如：

```
var SN:String=new String("AnimateCC");
LN.text=SN.charAt(15)     // 输出空字符串，因为 15 不是从 0 到 aa.length-1 之间的值
```

（2）substr 方法

【格式】`String.substr(start[,length])`

【功能】返回指定长度的字符串。参数 start 是一个整数，指示字符串 String 中用于创建子字符串的第 1 个字符的位置，以 0 为开始点，start 的取值范围是字符串 String 长度减 1。length 是要创建的子字符串中的字符数。如没指定 length，则子字符串包括从 start 开始直到字符串结尾的所有字符。从字符串 String 的 start 开始，截取长为 length 的子字符串。字符的序号从 0 到字符串长度（字符个数）减 1。如果 start 为一个负数，则起始位置从字符串的结尾开始确定，-1 表示最后一个字符。

例如，在舞台工作区内创建一个动态文本框，变量名字为 A，在"图层 1"图层第 1 帧内加入如下程序，运行程序后，文本框内显示 CC2017。

```
var SN:String=new String("AnimateCC2017");
A.text=SN.substr(7,6);   // 将返回一个 "CC2017" 字符串
```

（3）concat 方法

【格式】`String.concat(String1)`

【功能】将两个字符串（String 和 String1）组合成一个新的字符串。

例如，在舞台工作区内创建一个动态文本框，它的变量名字为 LN，在"图层 1"图层第 1 帧内加入如下脚本程序，运行程序后，文本框内显示"AnimateCC2017 实例"。

```
var SN:String=new String("AnimateCC2017");
LN1.text=SN.concat ("实例");  // 将返回一个 "AnimateCC2017 实例" 字符串
```

（4）substring 方法

【格式】`substring (from[,to])`

【功能】返回指定位置的字符串。from 是一个整数，指示字符串 String 中用于创建子字符串的第 1 个字符的位置，以 0 为开始点，取值范围是字符串 String 长度减 1。to 是要创建的子字符串的最后一个字符位置加 1，取值范围是字符串 String 长度加 1。如果没有指定 to，则子字符串

包括从 from 开始直到字符串结尾的所有字符。如果 to 为负数或 0，则子字符串是字符串 String 中前 from 个整数字符。

例如，在舞台工作区内创建一个动态文本框，变量名字为 LN，在"图层 1"图层第 1 帧内加入如下程序。

```
var SN:String=new String("Animate CC2017");
LN.text=SN.substring(8,14);  // 将返回一个"CC2017"字符串
```

●●●● 思考与练习 9-2 ●●●●

1. 参考本实例的制作方法，制作一个"猜数字游戏"动画。该动画运行后，计算机产生一个 100 以内的自然数，用户猜该数字。

2. 制作 26 个大写英文字母排成一行水平转圈移动，先是 A～Z，接着是 B～ZA，再是 C～ZAB，如此不断变换显示。

●●●● 9.3 【案例 36】荧光数字表 ●●●●

9.3.1 案例描述

"荧光数字表"动画播放后的一幅画面如图 9-3-1 所示。这是一个荧光数字表，两组荧光点每隔 1 s 闪动一次声。同时，还在荧光数字表下边显示当前的年、月、日、星期、上下午和时间，上下午不同时，右边的动画也会自动切换。

图 9-3-1 "荧光数字表"动画播放后显示的一幅画面

9.3.2 操作方法

1. 制作"数字表"影片剪辑元件

（1）新建一个 Animate 文档，设置舞台大小的宽为 740 像素，高为 200 像素，背景为浅蓝色。以名称"荧光数字表 .fla"保存在"【案例 36】荧光数字表"文件夹内。

（2）创建"点"图形元件，如图 9-3-2（a）所示。创建"线"图形元件，如图 9-3-2（b）所示。创建"表盘"图形元件，在"图层 1"图层第 1 帧的舞台工作区内，绘制一幅宽 570 像素、高 120 像素的黑色矩形图形。然后，回到主场景。

（3）创建并进入"点闪"影片剪辑元件，选中"图层 1"图层第 1 帧，将"库"面板中的"点"图形元件两次拖动到舞台中心，形成两个"点"图形实例，调整它们的位置，使它们水平放置，间距约 210 像素。选中"图层 1"图层第 1 帧，在"动作"面板脚本窗口内输入"stop();"语句，

选中"图层 1"图层第 2 帧，按【F7】键。然后，回到主场景。

（4）创建并进入"单个数字"影片剪辑元件的编辑状态，将"图层 1"名称改为"背景"，在"背景"图层之上新建"7 段"图层。选中"背景"图层第 1 帧，七次将"库"面板内的"线"图形元件拖动到舞台工作区内，调整它们的大小和旋转角度，组合成一个七段荧光数字 8，如图 9-3-3（a）所示。将该帧复制帧粘贴到"7 段"图层第 1 帧。

（5）选中"背景"图层第 1 帧内的一个"线"图形实例，在它的"属性"面板内的"样式"下拉列表框中选择"亮度"选项，亮度值调整为 –90%，使该实例变暗。采用相同方法将其他六个"线"图形实例调暗，如图 9-3-3（b）所示。选中该图层第 10 帧，按【F5】键。

（6）选中"7 段"图层第 2 ~ 10 帧，按【F6】键，使第 2 ~ 10 帧内容均与第 1 帧内容一样，均为荧光数字 8。然后，将第 1 ~ 10 帧内的图形分别改为 0 ~ 9 七段荧光数字。

（7）选中"7 段"图层第 1 帧，在它的"动作"面板内输入"stop();"语句。"单个数字"影片剪辑元件的时间轴如图 9-3-4 所示。然后，回到主场景。

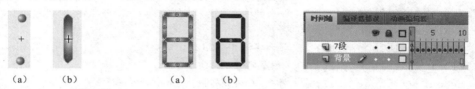

图 9-3-2　点和线　　　图 9-3-3　"单个数字"图形元件　　图 9-3-4　影片剪辑元件时间轴

（8）创建并进入"数字表"影片剪辑元件的编辑状态，将"图层 1"图层名字改为"表盘"。选中第 1 帧，将"库"面板内的"表盘"图形元件拖动到舞台内，调整其大小和位置。

（9）在"表盘"图层之上添加"数字"图层，选中该图层第 1 帧，六次将"库"面板内的"单个数字"影片剪辑元件和一次将"点闪"影片剪辑元件拖动到舞台工作区的中间内，调整其大小、位置和倾斜，如图 9-3-5 所示。

图 9-3-5　"数字表"影片剪辑元件

（10）从左到右分别给"单个数字"影片剪辑元件实例命名为 H2、H1、M2、M1、S2 和 S1。给"点闪"影片剪辑元件命名为 DS。然后，回到主场景。

2．制作动画

（1）将主场景的"图层 1"图层的名称改为"背景"，选中该图层第 1 帧，导入一幅框架图像，对该图像进行加工处理，最后效果如图 9-3-1 所示。

（2）在"背景"图层之上新建"日期时间"图层，选中该图层第 1 帧，将"库"面板中"数字表"影片剪辑元件拖动到舞台工作区中。设置该实例名称为 VIEW。

（3）选中"日期时间"图层第 1 帧，在"数字表"影片剪辑实例下边创建四个动态文本框，变量名分别设置为 DATE1、SXW、WEEK1 和 TIME1，分别用来显示日期、上午或下午、星期和时间。设置文本框颜色为红色，黑体，30 点左右，加粗。

（4）将两个 GIF 格式动画导入"库"面板内，将生成的两个影片剪辑元件名称分别改为"动画 1"和"动画 2"。在"日期时间"图层之上添加"动画"图层，选中该图层第 1 帧，将"库"面板内的"卡通 1"和"卡通 2"影片剪辑元件拖动到"数字表"影片剪辑实例的右边，分别给实例命名为 ETDH1 和 ETDH2。然后，调整它们的大小和位置一样。

（5）选中三个图层的第 2 帧，按【F5】键，使三个图层第 2 帧和第 1 帧内容一样，为的是让程序可以不断执行"日期时间"图层第 1 帧的脚本程序。然后，回到主场景。

（6）选中"日期时间"图层第 1 帧，在"动作"面板的脚本窗口内输入如下程序。

```
var mydate = new Date(); // 创建一个 mydate 日期对象
var myyear = mydate.getFullYear(); // 获取年份，存储在变量 myyear 中
var mymonth = mydate.getMonth() + 1; // 获取月份，存储在变量 mymonth 中
var myday = mydate.getDate(); // 获取日子，存储在变量 mymonth 中
var myhour = mydate.getHours(); // 获取小时，存储在变量 myhour 中
var myminute = mydate.getMinutes(); // 获取分钟，存储在变量 myminute 中
var mysec = mydate.getSeconds(); // 获取秒，存储在变量 mysec 中
var myarray=new Array("日","一","二","三","四","五","六");// 定义数组
var myweek = myarray[mydate.getDay()]; // 获取星期，存储在变量 myweek 中
// 上下午图像和文字切换
if (myhour > 12) {
    SXW.text = "下 午";
    ETDH2.visible = true; // 显示实例 "ETDH2"
    ETDH1.visible = false; // 隐藏实例 "ETDH1"
    myhour = myhour - 12; // 将 24 小时制转换为 12 小时制
} else {
    SXW.text = "上 午";
    ETDH2.visible = false; // 隐藏实例 "ETDH2"
    ETDH1.visible = true; // 显示实例 "ETDH1"
}
DATE1.text=myyear+" 年 "+mymonth+" 月 "+myday+" 日 ";// 获取日期存在变量 DATE1 中
WEEK1.text = "星期" + myweek; // 显示星期
TIME1.text = myhour + ":" + myminute + ":" + mysec; // 显示时间
// 下面两行脚本程序是控制数字表的秒
VIEW.S1.gotoAndStop(Math.floor(mysec % 10) + 1);
VIEW.S2.gotoAndStop(Math.floor(mysec / 10 + 1));
// 下面两行脚本程序是控制数字钟的分
VIEW.M1.gotoAndStop(Math.floor(myminute % 10) + 1);
VIEW.M2.gotoAndStop(Math.floor(myminute / 10 + 1));
// 下面两行脚本程序控制数字钟的小时
VIEW.H1.gotoAndStop(Math.floor(myhour % 10) + 1);
VIEW.H2.gotoAndStop(Math.floor(myhour / 10) + 1);
// 每秒小点闪一次
var miao;
if (miao != mydate.getSeconds()) {
    VIEW.DS.play(); // 使数字表内 "点闪" 变化
    miao = mydate.getSeconds() // 将秒数保存到变量 miao 中
}
```

"VIEW.H1.gotoAndStop(Math.floor(myhour % 10) + 1);"语句是将小时的个位取出，然后控

制影片剪辑元件播放哪一帧，假如是 14 点，则 14 与 10 取余，结果为 4，4 加 1（因为影片剪辑元件的第 1 帧是从 0 开始），然后实例 H1 停止在第 5 帧，显示数码字 4。

"VIEW.H2.gotoAndStop(Math.floor(myhour % 10) + 1);"语句是将小时的十位取出，控制影片剪辑元件播放哪一帧，假如是 14 点，则用 14 除以 10 再取整，结果为 1，再加 1，然后影片剪辑实例 H2 播放并停止在第 2 帧，显示数码 1。其他的数码字与此类似。

9.3.3 相关知识

1. Date 类

在 ActionScript3.0 中，Date 类是顶级类，用于表示日期和时间信息。Date 类的实例表示一个特定时间点（时刻），也可以查询或修改该时间点的属性，比如月、日、小时和秒等信息。创建 Date 对象的方法有两种：

（1）如果未给定参数，则 Date() 构造函数将按照本地时间返回包含当前日期和时间的 Date 对象。

```
var 实例名 =new Date();
```

例如：

```
var mydate = new Date();
```

（2）多个数值参数传递给 Date() 构造函数。该构造函数将这些参数分别视为年、月、日、小时、分钟、秒和毫秒：

```
var 实例名 = new Date();
```

例如：

```
var mydate = new Date( year, month, date,[ hour:Number], [ minute:Number] ,[second:Number] ,[millisecond:Number]);
```

2. Date 对象常用方法

Date（日期）对象的常用方法见表 9-3-1。

表 9-3-1 Date（日期）对象的常用方法

方法或属性	功　能
new Date	实例化一个日期对象
getDate( )	获取当前日期
getDay( )	获取当前星期，取值范围为 0～6，0 代表星期一，1 代表星期二等
getFullYear( )	获取当前年份（四位数字如 2002）
getHours( )	获取当前小时数（24 小时制，取值范围为 0～23）
getMilliseconds( )	获取当前毫秒数（取值范围为 0～999）
getMinutes( )	获取当前分钟数（取值范围为 0～99）
getMonth( )	获取当前月份，0 代表一月，1 代表二月……

续表

方法或属性	功　　能
getSeconds()	获取当前秒数，取值范围为 0 ~ 59
getTime()	根据系统日期，返回距离 1970 年 1 月 1 日 0 点的秒数
getTimer()	返回自 SWF 文件开始播放时起已经过的毫秒数
getYear()	获取当前缩写年份（用年份减去 1900，得到两位年数）
setDate()	设置当前日期
setFullYear()	设置当前年份（四位数字）
setHours()	设置当前小时数（24 小时制，取值范围为 0 ~ 23）
setMilliseconds()	设置当前毫秒数
setMinutes()	设置当前分钟数
setMonth()	设置当前月份（0 代表 Jan,1 代表 Feb……）
setSeconds()	设置当前秒数
setYear()	设置当前缩写年份（当前年份减去 1900）

3. Array（数组）

Array（数组）是一组具有相同特性变量的集合，使用数组可以使比较复杂的代码变简单，提高代码的效率和可读性。在数组元素"["和"]"之间的名称称为"索引"（index），数组通常用来存储同一类的数据。

（1）数组创建和赋值。

在 ActionScript 3.0 中，必须先声明变量后再使用，数组也必须先声明才能使用。声明数组的关键字是 Array，创建数组的方法有三种：

方法 1：创建一个空数组。

```
var　数组名 = new Array()
```

例如：

```
var myArray1 =new Array();// 创建
myArray1[0]=11;myArray1[1]=22; // 赋值
```

方法 2：创建一个指定长度的数组。

```
var　数组名 = new Array(长度)
```

例如：

```
var myArray2 =new Array(3)
// 创建一个长度为 3 的数组，数组中的元素为空
```

方法 3：创建一个具有特定值的数组。

```
var　数组名 = new Array(元素1, 元素2, …, 元素n)
```

例如：

```
var myArray2 =new Array(1,2,3,4);//创建一个数组，并直接对该数组赋值
```

（2）数组的属性。

数组只有 length 属性，该属性可以返回数组的长度。例如：

```
var myArray = new Array();
trace(myArray.length); // 显示myArray的长度为0
myArray [0]=11;myArray[1]=22;
trace(myArray.length); // 显示myArray的长度为2
```

4．Array（数组）的方法

下面简要介绍其中四个方法：

（1）concat 方法。

【格式】my_array.concat(array1, …, arrayN);

【功能】用来连接 array1 ~ arrayN 数组的值。

```
var N1_array = new Array("One","Two");
var N2_array = new Array("Three","Four");
trace(N1_array. concat (N2_array)); // 返回One,Two,Three,Four
```

（2）join 方法

【格式】my_array.join([separator]);

【功能】返回数组中的数组元素，这些数组元素用 separator 作为分隔符分隔。如果省略此参数，则使用逗号作为默认分隔符。例如：

```
var N1_array = new Array("One","Two","Three","Four","Five")
trace(N1_array.join()); // 返回One, Two, Three, Four, Five
trace(N1_array.join(" * ")); // 返回One*Two*Three*Four*Five
```

（3）pop 方法

【格式】my_array.pop()

【功能】返回数组中最后一个数组元素的值，同时删除数组中该数组元素。例如：

```
var N1_array = new Array("One","Two","Three","Four","Five")
var SN1 = N1_array.pop();
trace(SN1);// 返回Five
var SN2 = N1_array.pop();
trace(SN2);// 返回Four
trace(N1_array );// 返回One,Two,Three
```

（4）push 方法

【格式】my_array.push(value,...)

【功能】将一个或多个数组元素添加到数组的结尾，并返回该数组的新长度。value 参数是要追加到数组中的一个或多个数组元素值。例如：

```
var N1_array = new Array("One","Two","Three","Four","Five")
var SN1= N1_array.push("Six", "Seven");
trace(SN1);// 返回值为7
```

●●●● 思考与练习 9-3 ●●●●

1. 制作另一个"荧光数字表"动画，荧光数字改为红色。
2. 制作一个"定时数字表"动画，动画的一幅画面如图 9-3-6（a）所示。单击上边的按钮，可以打开定时面板，如图 9-3-6（b）所示。在两个文本框内分别输入定时的小时和分钟数，再单击按钮回到图 9-3-6（a）所示状态。当时间到了定时时间时，卡通人会动起来，时间达 1 min。

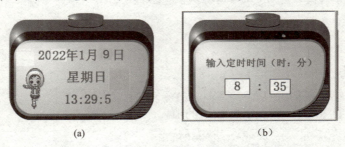

图 9-3-6 "定时数字表"动画播放后显示的两幅画面

●●●● 9.4 【案例 37】MP3 播放器 ●●●●

9.4.1 案例描述

"MP3 播放器"动画播放后的画面如图 9-4-1 所示，右边是一个动画。在单击"停止"按钮 ■ 后，再单击左边的四个按钮中的任意一个按钮，即可播放相应的 MP3 音乐，同时右边的动画之上会更换一个相应的动画。单击"停止"按钮 ■，可以使音乐停止播放。在播放一首音乐时要更换所播放的音乐，一定要先单击"停止"按钮 ■，使音乐停止播放，才能够播放要更换的音乐，否则所有播放按钮都不可用。

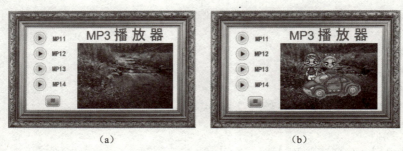

图 9-4-1 "MP3 播放器"动画播放后的两幅画面

9.4.2 操作方法

1. 制作"动画"等影片剪辑元件

（1）设置舞台大小的宽为 360 像素，高为 230 像素，背景为白色。以名称"MP3 播放器.fla"

保存在"【案例38】MP3播放器"文件夹内。"【案例38】MP3播放器"文件夹内的MP3文件夹中保存相应的MP3文件。

（2）导入"儿童7.gif"、"儿童12.gif"、"儿童13.gif"、"儿童14.gif"、"框架1.jpg"和"风景.gif"文件到"库"面板内。将"库"面板内生成五个影片剪辑元件的名称分别改为"儿童1"、"儿童2"、"儿童3"、"儿童4"和"风景"。

（3）创建并进入"动画"影片剪辑元件的编辑状态，选中"图层1"图层第1帧，将"库"面板内的"风景"影片剪辑元件拖动到舞台工作区内，调整它的宽为184像素、高为130像素，图像的左上角与舞台工作区的十字中心点对齐。选中"图层1"图层第5帧，按【F5】键，创建普通帧，使"图层1"图层第1～5帧内容一样。

（4）在"图层1"图层之上添加"图层2"图层，选中该图层第2~5帧，按【F7】键，创建四个空白关键帧。在第2～5帧分别放置"儿童1"～"儿童4"影片剪辑元件实例。选中"图层1"图层第1帧，添加"stop( );"程序。然后，回到主场景。

2．制作主场景界面

（1）将主场景"图层1"图层的名称改为"背景"，选中该图层第1帧，将"库"面板内的"框架"图像元件拖动到舞台工作区内，加工处理该图像，再调整它的大小和位置，使它刚好将整个舞台工作区完全覆盖。输入静态文本"MP3播放器"，设置字体为隶书、红色、大小为23磅。

（2）在"背景"图层之上创建一个"动画"图层，选中该图层第1帧，将"库"面板内的"动画"影片剪辑元件拖动到舞台工作区内，调整它的大小和位置，如图9-4-1所示。给"动画"影片剪辑实例分别命名为DH。

（3）在"动画"图层之上创建一个"按钮"图层，选中"按钮"图层第1帧，在库里自建四个按钮播放按钮和一个停止按钮，效果如图9-4-1（a）所示，将"库"面板内"按钮1"～"按钮5"按钮元件拖动到舞台工作区内。然后给"按钮1"～"按钮5"按钮实例分别命名为AN1～AN5。

3．设计程序

在"动画"图层之上添加"程序"图层，选中该图层第1帧，在"动作"面板脚本窗口内输入如下程序：

```
stop();
var pp = 0; //记录音乐暂停位置
var sc = new SoundChannel();// 存放音乐播放状态
AN1.addEventListener(MouseEvent.CLICK, playHandle1);
function playHandle1(e: MouseEvent): void {
    AN1.mouseEnabled = false;//播放按钮不能用
    AN2.mouseEnabled = false;
    AN3.mouseEnabled = false;
    AN4.mouseEnabled = false;
    var snd = new Sound();// 实例化一个mySound1声音对象
    snd.load(new URLRequest("MP3-1.mp3"));// 加载外部MP3音乐
    sc = snd.play(pp);  // 开始播放音乐
```

```
        DH.gotoAndStop(2);  // 显示 DH 实例第 2 帧图像
}
AN2.addEventListener(MouseEvent.CLICK, playHandle2);
function playHandle2(e: MouseEvent): void {
AN1.mouseEnabled = false;
    AN2.mouseEnabled = false;
    AN3.mouseEnabled = false;
    AN4.mouseEnabled = false;
    var snd = new Sound();
    snd.load(new URLRequest("MP3-2.mp3"));
    sc = snd.play(pp);
    DH.gotoAndStop(3);  // 显示 DH 实例第 3 帧图像
}
AN3.addEventListener(MouseEvent.CLICK, playHandle3);
function playHandle3(e: MouseEvent): void {
    AN1.mouseEnabled = false;
    AN2.mouseEnabled = false;
    AN4.mouseEnabled = false;
    AN5.mouseEnabled = false;
    var snd = new Sound();
    snd.load(new URLRequest("MP3-3.mp3"));
    sc = snd.play(pp);
    DH.gotoAndStop(4);  // 显示 DH 实例第 4 帧图像
}
AN4.addEventListener(MouseEvent.CLICK, playHandle4);
function playHandle4(e: MouseEvent): void {
AN1.mouseEnabled = false;
    AN1.mouseEnabled = false;
    AN2.mouseEnabled = false;
    AN3.mouseEnabled = false;
    AN5.mouseEnabled = false;
var snd = new Sound();
    snd.load(new URLRequest("MP3-4.mp3"));
    sc = snd.play(pp);
    DH.gotoAndStop(5);  // 显示 DH 实例第 5 帧图像
}
AN5.addEventListener(MouseEvent.CLICK, stopHandle);
   function stopHandle(e: MouseEvent): void {
    sc.stop();// 停止播放音乐
    AN1.mouseEnabled = true;  // 播放按钮可用
    AN2.mouseEnabled = true;
    AN3.mouseEnabled = true;
    AN4.mouseEnabled = true;
```

```
DH.    gotoAndStop(1);  // 显示 DH 实例第 1 帧图像
}
```

9.4.3 相关知识

1. Sound 类

在 Animate 创建的引人入胜的动画效果当中,声音效果是最容易让人忽略,却又是最吸引人的地方。在动画创作中加入声音元素,能够使动画效果交互性更强,效果更生动。比如可以在视频游戏中添加声音效果,可以在应用程序用户界面中添加音频回馈,甚至可以创建一个分析通过 Internet 加载的 MP3 文件的程序。

在 ActionScript3.0 中,利用载入的数字音频数据,可以随意控制声音的音量、切换播放立体声还是单声道声音。不过在 ActionScript3.0 中控制声音之前,需要先将声音信息加载到 Animate Player 中。

Sound 类用于在应用程序中使用声音。利用 Sound 类创建新的 Sound 对象、将外部的 MP3 文件加载到该对象并播放该文件、关闭声音流,以及访问有关声音的数据,比如有关流中字节数和 ID3 元数据的信息。Sound 类的方法见表 9-4-1。

表 9-4-1 Sound 类的方法

方 法	说 明
close( )	关闭该流,从而停止所有数据的下载
play(开始播放,播放次数)	播放声音
load(url:URLRequest)	启动从指定 URL 加载外部 MP3 文件的过程

例如:

```
var snd = new Sound();
snd.load(new URLRequest("MP3-1.mp3"));
sc = snd.play();// 调用 play() 方法播放,从头到尾
```

例如:

```
var snd = new Sound();
snd.load(new URLRequest("MP3-1.mp3"));
sc = snd.play(3000);// 调用 play() 方法播放,从 3000 毫秒播放
```

例如:

```
var snd = new Sound();
snd.load(new URLRequest("MP3-1.mp3"));
sc = snd.play(0,3);// 调用 play() 方法播放,播放 3 遍
```

2. SoundChannel 类

SoundChannel 继承了 EventDispatcher 类,使用 import flash.media.SoundChannel 声明。SoundChannel 用于描述声音通道。多个声道可以播放一个声音,一个声道可以播放多个声音(同一时刻只能播放一个)。对声音的操控和状态描述从描述声音数据的 Sound 类中分离出来。

思考与练习 9-4

1. 在本实例的基础之上，新增两个按钮和动画，可以播放六个 MP3 格式音乐。
2. 制作另外一个"MP3 播放器"动画，使它可以播放的外部 MP3 格式的音乐更多，界面中的按钮只有"关闭"、"开始"、"下一首"和"上一首"四个按钮。

9.5 【案例 38】键盘控制汽车

视频
案例38

9.5.1 案例描述

"键盘控制汽车"动画运行后的两幅画面如图 9-5-1 所示。按光标移动键可以控制汽车本身的方向和移动方向，一共可以有四种状态。按不同的按键，屏幕中会显示相应的文字，说明汽车的状态。例如，按光标右移键【→】，效果如图 9-5-1（a）所示；按光标上移键【↑】，效果如图 9-5-1（b）所示。

（a） （b）

图 9-5-1 "键盘控制汽车"动画运行后的两幅画面

9.5.2 操作方法

1. 制作"汽车"影片剪辑元件和创建画面

（1）新建一个 Animate 文档，设置舞台大小的宽为 600 像素，高为 300 像素，以名称"键盘控制汽车 1.fla"保存在"【案例 38】键盘控制汽车 1"文件夹中。

（2）创建并进入"汽车"影片剪辑元件的编辑状态，导入一个 GIF 格式动画，该动画是一个汽车原地自转的动画。删除不需要的帧，只保留向左、向上、向右、向下四个画面，如图 9-5-2 所示。然后，回到主场景。

图 9-5-2 汽车的四幅画面

（3）将"图层 1"图层名称改为"背景"，选中该图层第 1 帧，导入一幅风景图像，调整它的大小和位置，使它刚好将整个舞台工作区覆盖。

（4）在"背景"图层之上新建"汽车"图层，选中该图层第 1 帧，将"库"面板中的"汽车"

影片剪辑元件拖动到舞台工作区的中心。给"汽车"影片剪辑实例命名为 QC。

(5) 创建一个动态文本框,设置该文本框颜色为黄色,字号为 20 点,字体为宋体,文本变量名称为 DZSM。

2. 设计程序

(1) 双击"汽车"影片剪辑实例,进入该实例的编辑状态,选中"图层 1"图层第 1 帧,打开"动作"面板。输入"stop();"脚本程序。然后,单击舞台工作区左上角的按钮 ⬅,回到主场景。

(2) 单击选中"汽车"图层第 1 帧,在"动作"面板内输入如下程序。

```
// 针对"汽车"影片剪辑实例的事件响应
stage.addEventListener(KeyboardEvent.KEY_DOWN, yunDong);
function yunDong(event:KeyboardEvent):void
{
    //如果按下光标左移键,则使影片剪辑实例左移 2 像素
        if(event.keyCode==Keyboard.LEFT){
            QC.gotoAndStop(1);// 转到在"QC"影片剪辑实例的第 1 帧
            QC.x -= 2;
            DZSM.text=" 向左方移动! ";
        }
        //如果按下光标上移键,则使影片剪辑实例上移 2 像素
        else if(event.keyCode==Keyboard.UP){
            QC.gotoAndStop(2);// 转到在"QC"影片剪辑实例的第 2 帧
            QC.y -= 2;
            DZSM.text=" 向上方移动! ";
        }
    //如果按下光标右移键,则使影片剪辑实例右移 2 像素
    else if(event.keyCode==Keyboard.RIGHT){
        QC.gotoAndStop(3););// 转到在"QC"影片剪辑实例的第 3 帧
        QC.x += 2;
        DZSM.text=" 向右方移动! ";
    }
    //如果按下光标下移键,则使影片剪辑实例下移 2 像素
    else if(event.keyCode==Keyboard.DOWN){
        QC.gotoAndStop(4););// 转到在"QC"影片剪辑实例的第 4 帧
        QC.y += 2;
        DZSM.text=" 向下方移动! ";
    }
}
```

9.5.3 相关知识

1. 键盘事件

键盘事件是当按下或释放键盘上的键时触发的事件。在 Animate 中,使用键盘事件可以实现文字的输入,使用键盘对动画进行控制等功能。键盘事件也是 Animate 用户交互操作的重要事件。

在 ActionScript3.0 中使用 KeyboardEvent 类来处理键盘操作事件。属于 flash.events 包里面，它有两种类型的键盘事件：KeyboardEvent.KEY_DOWN 和 KeyboardEvent.KEY_UP，简介如下。

（1）KeyboardEvent.KEY_DOWN：定义按下键盘时事件。

（2）KeyboardEvent.KEY_UP：定义松开键盘时事件。

注意：在使用键盘事件时，要先获得它的焦点，如果不想指定焦点，可以直接把 stage 作为侦听的目标。

可以通过 keyCode 属性获得键的代码。

2．KeyboardEvent 常用属性、方法和事件

KeyboardEvent 常用属性、方法和事件见表 9-5-1。

表 9-5-1 KeyboardEvent 常用属性、方法和事件

属性、方法和事件	功　能
KeyboardEvent.KEY_DOWN 事件	当按下任意一个按键时，若按着不放将会被连续触发
KeyboardEvent.KEY_UP 事件	当放开任意一个按键时，将会被触发
charCode 属性	返回最后按下键的 ASCII 码
keyCode 属性	返回最后按下键的按键值（VirtualKey 码）
ctrlKey 属性	是否按下【Ctrl】键
altKey 属性	是否按下【Alt】键
shiftKey 属性	是否按下【Shift】键
uodateAfterEvent( ) 方法	更新显示画面

3．Keyboard 类常用的常量

Keyboard 类包含了一些使用起来非常方便的常数来表示键控代码，如 Shift 的写法为 Keyboard.SHIFT。KeyboardEvent 类常用的常量见表 9-5-2。

表 9-5-2 Keyboard 类常用的常量

写　法	说　明	写　法	说　明
Key.BACKSPACE	值为 8 的一个常量	Keyboard.TAB	值为 9 的一个常量
Keyboard.ENTER	值为 13 的一个常量	Keyboard.SPACE	值为 32 的一个常量
Keyboard.LEFT	值为 37 的一个常量	Keyboard.UP	值为 38 的一个常量
Keyboard.RIGHT	值为 39 的一个常量	Keyboardboard.DOWN	值为 40 的一个常量
Keyboard.SHIFT	值为 16 的一个常量	Keyboard.CONTROL	值为 17 的一个常量
Key.CAPSLOCK	值为 20 的一个常量	Keyboard.ESCAPE	值为 27 的一个常量
Keyboard.PAGE_UP	值为 33 的一个常量	Keyboard.PAGE_DOWN	值为 34 的一个常量
Keyboard.END	值为 35 的一个常量	Keyboard.HOME	值为 36 的一个常量
Keyboard.INSERT	值为 45 的一个常量	Keyboard.DELETE	值为 46 的一个常量

4. 键盘侦听程序步骤

（1）导入 KeyBoardEvent 类，即

```
import flash.events.KeyboardEvent;
```

（2）侦听舞台，并指定键盘事件处理函数，即

```
stage.addEventListener(键盘事件, 键盘事件处理函数);
```

（3）自定义键盘事件处理函数

```
function 键盘事件处理函数名(e:KeyboardEvent):void{
    //处理键盘事件代码
}
```

●●●● 思考与练习 9-5 ●●●●

1. 制作一个"小狐狸"动画，该动画运行后如图 9-5-3 所示。按光标左移键可使小狐狸向左移动；按光标右移键可使小狐狸向右移动；按光标下移键可使小狐狸向下移动；按光标上移键可使小狐狸向上移动。

2. 制作一个"ASCII 码"动画，该动画运行后，键入按键，即可显示相应的 ASCII 码。

图 9-5-3 "小狐狸"动画画面

●●●● 9.6 【案例 39】寻找童年 ●●●●

9.6.1 案例描述

"寻找童年"动画运行后的两幅画面如图 9-6-1 所示。可以看到，鼠标指针在画面上移动时，会在下边显示鼠标当前指针的坐标位置，但鼠标指针移到小屋上边窗口位置处时，会在上边显示"找到我童年居住的地方了！"文字。

图 9-6-1 "寻找童年"动画运行后的两幅画面

9.6.2 操作方法

1．画面设计

（1）新建一个 Animate 文档，设置舞台大小的宽为 400 像素，高为 300 像素。添加三个图层。给四个图层从上到下依次命名为"程序"、"隐形按钮"、"文字"和"背景"，如图 9-6-2 所示。然后，以名称"寻找童年 .fla"保存在"【案例 39】寻找童年"文件夹内。

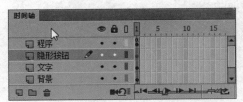

图 9-6-2　"寻找童年 .fla"文档的时间轴

（2）单击"插入"→"新建元件"命令，弹出"新建元件"对话框，在该对话框内的"类型"下拉列表框中选择"按钮"选项，在"名称"文本框中输入"隐形按钮"，单击"确定"按钮，关闭该对话框，在"库"面板内新建一个名称为"隐形按钮"的按钮元件，同时打开它的时间轴。将播放指针移到"点击"帧，在舞台工作区内正中间绘制一幅宽 33 像素；高 22 像素的红色矩形，如图 9-6-3 所示。单击舞台左上角的"场景 1"按钮，回到主场景。

（3）单击选中主场景的"背景"图层第 1 帧，导入一幅"童年风景 .jpg"图像到舞台中，调整该图像的大小和位置，使它刚好将整个舞台工作区完全覆盖。选中"隐形按钮"图层第 1 帧，将"库"面板内的"隐形按钮"按钮元件拖动到背景图像小房间上边窗口处，如图 9-6-4 所示。

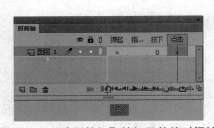　　

图 9-6-3　"隐形按钮"按钮元件的时间轴　　图 9-6-4　舞台工作区的设计

（4）选中"文字"图层第 1 帧，使用工具箱内的"文本工具"，在背景图像之上创建三个文本框。单击选中上边的文本框，打开它的"属性"面板，在"文本类型"下拉列表框中选择"动态文本"选项，在"名称"文本框中输入 Z_txt，在"系列"下拉列表框中选择"楷体"字体，颜色为红色，大小为 30 磅，段落格式居中。单击"嵌入"按钮，弹出"文字嵌入"对话框，在"包含这些字符"文本框中输入"找到我童年居住的地方了！"，字体为"字体 1"。

（5）选中下边第一个文本框，设置为"动态文本"，名称为 X_txt，字体选择 Arial，大小为 20 磅，颜色为红色，段落格式居中。弹出"文字嵌入"对话框，在"字符范围"栏内选择"数字"复选框。选中下边第二个文本框，名称为 Y_txt，其他设置和第一个文本框的设置一样。

2．程序设计

选中"程序"图层第 1 帧，在"动作"面板内输入如下程序：

```
stop();
stage.addEventListener(MouseEvent.MOUSE_MOVE,moveHandle);
function moveHandle(event:MouseEvent):void
{
    X_txt.text=""+stage.mouseX;
    Y_txt.text=""+stage.mouseY;
}
YXAN.addEventListener(MouseEvent.MOUSE_OVER, fl_MouseOverHandler_2);
function fl_MouseOverHandler_2(event:MouseEvent):void
{
    Z_txt.text="找到我童年居住的地方了！";
}
```

9.6.3 相关知识

1．鼠标属性

ActionScript3.0 中 MouseEvent 类的常用属性见表 9-6-1。

表 9-6-1 MouseEvent 类的常用属性

事 件	功 能
buttonDown	鼠标按键是否按下
delta	使用滚轮时，滚轮每滚动一个单位应该滚动的行数
altKey	指示【Alt】键是否按下
ctrlKey	指示【Ctrl】键是否按下
localX	事件发生时鼠标的本地 X 坐标值
localY	事件发生时鼠标的本地 Y 坐标值
relatedObject	鼠标滑进滑出时指向的显示对象
stageX	事件发生点在全局舞台坐标中的 X 坐标值
stageY	事件发生点在全局舞台坐标中的 Y 坐标值

例如，MouseEvent 类的 buttonDown 属性显示鼠标事件发生时鼠标是否处于按下状态。当其值为 true 时，表示鼠标处于按下状态；当其值为 false 时，表示鼠标处于没有按下状态。

2．鼠标事件

鼠标事件是指与鼠标操作有关的事件，其在操作鼠标时发生，如鼠标单击、鼠标双击、鼠标按下或鼠标释放等。下面对鼠标事件的使用进行介绍。

在 ActionScript3.0 中，鼠标事件由 MouseEvent 类来管理，该类定义了与鼠标事件有关的属性、事件和方法。

ActionScript3.0 中 MouseEvent 类常用的鼠标事件见表 9-6-2。

表 9-6-2　常用的鼠标事件

事件	功能
CLICK:	当用户在交互对象上按下鼠标键时触发事件
DOUBLE_CLICK	当用户在交互对象上按下鼠标键两次时触发事件
MOUSE_DOWN	当用户在交互对象上按下鼠标键时触发事件
MOUSE_UP	当用户在交互对象上释放鼠标键时触发事件
MOUSE_OVER	当用户将鼠标指针从交互对象边界外移入边界内时触发事件
MOUSE_MOVE	当鼠标指针在交互对象边界内移动时触发事件
MOUSE_OUT	当鼠标指针从交互对象边界内移到边界外时触发事件
MOUSE_WHEEL	当鼠标指针在交互对象上，用户滚动鼠标滚轮时触发事件
ROLL_OUT	当鼠标指针从交互对象上移出时触发事件
ROLL_OVER	当鼠标指针移入交互对象时触发事件

3. 颜色变换类 ColorTransform

ActionScript 3.0 提供的颜色变换类 ColorTransform 在 displayObject.transform 属性中也有一个对象实例。

ColorTransform 类的构造函数如下：

```
ColorTransform(redMultiplier, greenMultiplier, blueMultiplier, alphaMultiplier, redoffset, greenoffset, blueoffset, alphaoffset);
```

构造函数 ColorTransform() 中的所有参数都是 Number 类型，但实际上 redMultiplier、greenMultiplier、blueMultiplier 和 alphaMultiplieri 是 0～1 的小数。Redoffset、greenoffset、blueoffset 是 –255～255 的整数。这里 alphaoffset 的取值范围是 0～255。

●●●● 思考与练习 9-6 ●●●●

1. 制作一个"小鱼戏鲸鱼"动画，其中的一幅画面如图 9-6-5 所示。该动画运行后，拖动小鱼（鼠标指针消失），鲸鱼会随之移动和旋转，单击按下鼠标左键后，鲸鱼会停止摆动尾巴；松开鼠标左键后，鲸鱼会继续摆动尾巴。

图 9-6-5　"小鱼戏鲸鱼"动画画面

2. 制作一个"改变颜色"动画，动画运行后，演示窗口内显示一个按钮和一幅矩形图形，单击按钮，矩形颜色就发生一种新的随机变化。

9.7 【综合实训 9】调色板

9.7.1 实训效果

"调色板"动画运行后的画面如图 9-7-1 所示。用鼠标拖动图像下边的三组滑块，可以调整图像的颜色，同时还会显示 R、G、B 数值（在 0 ~ 255 之间）。

图 9-7-1 "调色板"动画播放后显示的三幅画面

9.7.2 实训提示

1. 制作界面

（1）新建一个 Animate 文档，设置舞台大小的宽为 420 像素，高为 360 像素，背景为白色。以名称"调色板.fla"保存在"【综合实训 9】调色板"文件夹内。

（2）将"图层 1"图层的名称改为"框架标题"，选中该图层第 1 帧，导入一幅框架图像。调整该图像的大小和位置，如图 9-7-1 所示。输入竖排红色、隶书、65 点文字"调色板"，再给该文字添加"斜角"和"渐变发光"滤镜。

（3）创建一个名称为"滑块"的按钮元件，在其内"点击"帧内绘制一个棕色矩形。

（4）创建并进入"滑块 1"影片剪辑元件的编辑状态，选中"图层 1"图层第 1 帧。绘制一个深绿色的矩形图形。再将"库"面板内的"滑块"按钮元件拖动到舞台工作区内，调整它的大小和位置，使它与绘制的棕色矩形图形完全重合。然后，回到主场景。

（5）创建并进入"圆"影片剪辑元件的编辑状态，选中"图层 1"图层第 1 帧，在舞台工作区的中心处绘制一幅黑色圆形图形。然后，回到主场景。

（6）在"框架标题"图层之上新建"圆形滑槽"图层，选中该涂层第 1 帧，将"库"面板内的"圆"影片剪辑元件拖动到框架内左偏上处。将"圆"影片剪辑实例命名为"YS"然后，调整"圆"影片剪辑实例的宽和高均为 180 像素。

（7）选中"圆形滑槽"图层第 1 帧，在"圆"影片剪辑实例下边绘制一条棕色、5 像素笔触高度的水平直线，它的长度为 260 像素。再复制两条直线，使它们的 X 坐标值均为 38，Y 值分别为 237、270、303。

（8）在三条水平直线的右边分别输入红色 R、绿色 G 和蓝色 B 字母，在三个字母的下边分别创建三个动态文本框，它们的变量名称分别为 R、G、B。

（9）在"圆形滑槽"图层的上边创建一个"滑块"图层，单击选中"滑块"图层第 1 帧，三次将"库"面板内的"滑块 1"影片剪辑元件拖动到舞台工作区内三条棕色水平直线的上边。利用"属性"面板分别将这些影片剪辑实例名称命名为 hk1、hk2 和 hk3，调整它们的宽为 25.9 像素，高为 9.5 像素，调整它们的 X 值为 46，Y 值分别为 224、257、290。

创建完的舞台工作区效果如图 9-7-2 所示。

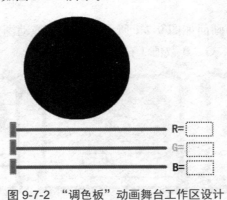

图 9-7-2 "调色板"动画舞台工作区设计

2．输入程序

（1）选中"滑块"图层第 1 帧，在它的"动作"面板脚本窗口内输入如下程序：

```
hk1.addEventListener(MouseEvent.MOUSE_DOWN, ydDrag1);
hk2.addEventListener(MouseEvent.MOUSE_DOWN, ydDrag2);
hk3.addEventListener(MouseEvent.MOUSE_DOWN, ydDrag3);
function ydDrag1(e: Event) {
    hk1.startDrag(true, new Rectangle(38, 224, 255, 0));
}
function ydDrag2(e: Event) {
    hk2.startDrag(true, new Rectangle(38, 255, 255, 0));
}
function ydDrag3(e: Event) {
    hk3.startDrag(true, new Rectangle(38, 290, 255, 0));
}
stage.addEventListener(MouseEvent.MOUSE_UP, tzDrag);
function tzDrag(e: Event) {
    stopDrag();
    var n1 = hk1.x - 38;
    var n2 = hk2.x - 38;
    var n3 = hk3.x - 38;
    R.text = " " + n1;
    G.text = " " + n2;
    B.text = " " + n3;
```

```
   // 定义一个名字为 myColorTransform 的颜色对象
   var myColorTransform = new ColorTransform(0, 0, 0, 0, n1, n2, n3,255);
   // 用 myColorTransform 颜色对象的颜色赋给 "YS" 影片剪辑实例
   YS.transform.colorTransform= myColorTransform;
}
```

（2）选中所有图层的第 2 帧，按【F5】键，使各图层第 1 帧和第 2 帧内容一样，可以使动画不断执行第 1 帧程序。

9.7.3 实训评测

能 力 分 类	评 价 项 目	评 价 等 级
职业能力	了解颜色变换类 ColorTransform	
	了解 ColorTransform 类的构造函数	
	掌握定义一个颜色对象的方法	
	了解 hk1.startDrag(true, new Rectangle(38, 224, 255, 0)); 语句的作用	
	了解鼠标事件，MouseEvent 类常用的鼠标事件	
通用能力	自学能力、总结能力、合作能力、创造能力等	
能力综合评价		

第 10 章　组件动画

本章提要

本章通过四个案例，介绍组件的基本概念，创建组件和组件参数设置的一般方法，以及 UIScrollBar（滚动条）、ScrollPane（滚动窗格）、RadioButton（单选钮）、CheckBox（复选框）、Label（标签）、Button（按钮）、ComboBox（组合框）、List（列表框）、TextInput（输入文本框）和 TextArea（多行文本框）、FLVPlayback、DateChooser（日历）、Alert 和 Accordion 组件的使用方法等。

10.1 【案例 40】四则运算练习器

视频
案例40

10.1.1 案例描述

"四则运算练习器"动画播放后的三幅画面如图 10-1-1 所示（文本框内还没有数值），"四则运算练习器"只能进行两位数或一位数运算。单击选择"加"、"减"、"乘"或"除"单选按钮，选择进行加法、减法、乘法或除法计算。单击"出题"按钮，即可随机显示一道相应运算类型的题目。在"="号右边的文本框内输入计算结果后，单击"判断"按钮，即可根据输入的计算结果进行判断，如果计算正确，则显示"正确"；如果计算不正确，则显示"错误"。单击"清空"按钮，界面回复到初始状态，如图 10-1-1（a）所示（文本框内还没有数值）。

图 10-1-1　"四则运算练习器"动画播放后的三幅画面

10.1.2 操作方法

1. 制作界面

（1）设置舞台大小的宽为 360 像素，高为 260 像素，将"图层1"图层的名称改为"框架标题"，单击选中该图层第 1 帧，导入一幅框架图像，调整它的大小和位置，刚好将舞台工作区完全覆盖，创建绿色立体文字"四则运算练习器"，如图 10-1-1 所示。然后，以名称"四则运算练习器 .fla"保存在"【案例 40】四则运算练习器"文件夹中。

（2）在"框架标题"图层之上添加一个"组件文字"图层。选中该图层第 1 帧，在标题文字下边从左到右创建三个输入文本框。设置都有边框，文本靠左对齐显示，单行文本框，黑体、20 磅大小、蓝色。设置第一个文本框实例的名称为 SHU1，第二个文本框实例的名称为 SHU2，第三个文本框实例的名称为 JSJG。

（3）在第二个输入文本框右边创建一个静态文本框，在其"属性"对话框内设置文字大小为 20 磅、字体为黑体、颜色为蓝色，然后输入"="。在第一个输入文本框右边创建一个动态文本框，在其"属性"对话框内设置文字大小为 20 磅，字体为黑体，颜色为蓝色，再设置文本框变量名为 FH。

（4）选中一个动态文本框，单击"属性"面板中的"嵌入"按钮，弹出"字体嵌入"对话框，在"系列"下拉列表框内选择"黑体"，在"名称"文本框内输入"字体 1"，选中"字符范围"栏内的"数字"复选框，在"还添加"文本框中输入"正确！错误重新出题四则运算练习器加法减乘除判断清空 × ＋－ ÷ ＝ -"文字，注意，其中的"× ＋－ ÷ ＝"文字输入的是特殊字符，不是通过键盘输入的字符。单击"确定"按钮，完成字体设置，关闭"字体嵌入"对话框。然后，再利用"字体嵌入"对话框，给其他输入文本框和动态文本框设置"字体 1"字体。

（5）在"组件文字"图层之上添加一个"按钮"图层。打开"组件"面板。将该面板中的 RadioButton 组件四次拖动到舞台工作区中，形成组件实例，位置如图 10-1-1 所示。在其"属性"面板内分别设置 RadioButton 组件实例的名称分别为 jia、jian、cheng 和 chu，label 参数分别设置为"加法"、"减法"、"乘法"和"除法"，用来确定单选按钮右边的文字。四个组件实例的"属性"面板设置如图 10-1-2 所示。

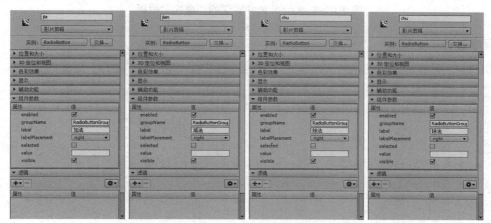

图 10-1-2 四个 RadioButton 组件实例的"属性"面板

（6）打开"组件"面板。将该面板中的 Button 组件三次拖动到舞台工作区中，形成组件实例，位置如图 10-1-1 所示。选中实例，在其"属性"面板内，设置实例名分别为 chuti、qk 和 pd，label 参数分别设置为"出题"、"清空"和"判断"，它是按钮上的标题文字。三个按钮组件的"属性"面板设置如图 10-1-3 所示。

图 10-1-3　Button 组件实例"属性"面板

（7）将"组件"面板中的 Label（标签）组件拖动到"判断"按钮的右边，形成一个组件实例，调整它的大小和位置，如图 10-1-1 所示。在它的"属性"面板内进行设置，组件实例命名为 jg，如图 10-1-4 所示。

图 10-1-4　Label 组件实例的"属性"面板

2．程序设计

在"组件文字"图层之上添加一个"动作"图层。选中第 1 帧，在"动作"面板内输入如下程序：

```
jia.addEventListener(MouseEvent.MOUSE_UP, changeState1);
function changeState1(e: MouseEvent): void {
  FH.text = "＋";
}
jian.addEventListener(MouseEvent.MOUSE_UP, changeState2);
function changeState2(e: MouseEvent): void {
  FH.text = "－";
}
cheng.addEventListener(MouseEvent.MOUSE_UP, changeState3);
function changeState3(e: MouseEvent): void {
  FH.text = "×";
}
chu.addEventListener(MouseEvent.MOUSE_UP, changeState4);
function changeState4(e: MouseEvent): void {
```

```
        FH.text = "÷";
    }
chuti.addEventListener(MouseEvent.CLICK, load3);
function load3(event: MouseEvent): void {
    SHU1.text = String((int)(Math.random() * 100) + 1);
    SHU2.text = String((int)(Math.random() * 100) + 1);
}
pd.addEventListener(MouseEvent.CLICK, load1);
function load1(event: MouseEvent): void {
    var num1 = parseInt(SHU1.text);
    var num2 = parseInt(SHU2.text);
    if (FH.text == "＋") {
        var nums = num1 + num2;
        if (JSJG.text == String(nums)) {
            jg.text = " 正确 ";
        } else {
            jg.text = " 错误 ";
        }
    } else if (FH.text == " － ") {
        var numj = num1 - num2;
        if (JSJG.text == String(numj)) {
            jg.text = " 正确 ";
        } else {
            jg.text = " 错误 ";
        }
    } else if (FH.text == "×") {
        var numcheng = num1 * num2;
        if (JSJG.text == String(numcheng)) {
            jg.text = " 正确 ";
        } else {
            jg.text = " 错误 ";
        }
    } else if (FH.text == "÷") {
        if (num1 < num2) {
            JSJG.text = " 重新出题 ";
        }
        var numchu = Math.round(num1 / num2);
        trace(numchu);
        if (JSJG.text == String(numchu)) {
            jg.text = " 正确 ";
        } else {
            jg.text = " 错误 ";
        }
```

```
    }
}
qk.addEventListener(MouseEvent.CLICK, load2);
function load2(event: MouseEvent): void {
    SHU1.text = "";
    SHU2.text = "";
    JSJG.text = "";
    jg.text = "";
}
```

10.1.3 相关知识

1. 组件简介

组件是一些复杂的并带有可定义参数的影片剪辑元件。它可以帮助用户在不编写 ActionScript 的情况下，方便快速地在 Animate 文档中添加所需的界面元素，例如按钮、下拉列表等。在使用组件创建影片时，可以直接定义参数，也可以通过 ActionScript 的方法定义组件的参数。每一个组件都有自己的预定义参数（不同组件的参数会不一样），还有属于组件的属性、方法和事件，它们被称为应用程序接口 API（Application Programming Interface）。使用组件可以使程序设计与软件界面设计分开，提高了代码的重复使用率，从而提高了工作效率。

可以分别将这些组件加入到 Animate 的交互动画中，也可以将多个组件一起使用。还能够使用方法自定义组件的外观。这些常用的组件不仅减少了开发者的开发时间，提高了工作效率，而且能给 Animate 动画带来更加统一的标准化界面。同时，用户可以制作一些自己的组件供自己使用，或者发布出去以方便其他用户使用。

单击"窗口"→"组件"命令，打开 Animate 的"组件"面板，如图 10-1-5 所示。"组件"面板内有系统提供的组件。将"组件"面板中的组件拖动到舞台工作区中或双击"组件"面板中的组件图标，都可以将组件添加到舞台工作区中，形成一个组件实例。当将一个或者多个组件加入到舞台工作区的时候，"库"面板中会自动加入相应的组件元件。使用"属性"面板可以设置组件实例的名称、大小、位置等属性，以及组件实例的参数。

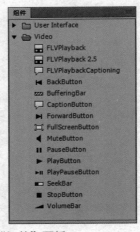

图 10-1-5 "组件"面板

2. RadioButton 组件参数

RadioButton（单选按钮）组件使用户可以在一组互相排斥的选择中做出一种选择。一组 RadioButton 组件实例包括具有相同 groupName 属性的两个或更多 RadioButton 组件实例。RadioButton 组件"属性"面板的"组件参数"栏如图 10-1-6 所示。组件参数的含义如下：

（1）enable 参数：设置组件是否可以接受焦点和用户输入。默认值是 true。

（2）groupName 参数：输入单选按钮组的名称。一组单选按钮的组名称应该一样，在相同组的单选按钮中只可以有一个单选按钮被选中。这一项实际上决定了将这个单选按钮分到哪个组中，假如需要两组单选按钮，两组的单选按钮互相作用、互不干扰，那么就需要设置两个组内的单选按钮具有不同的 groupName 参数值。

（3）label 参数：确定单选按钮旁边的标题文字。单击 Label 参数值部分，同时该参数值项进入可以编辑状态，然后输入文字，该文字出现在 RadioButton 组件实例的标题上。

（4）labelPlacement 参数：确定单选按钮旁边文字的位置。选择 right 选项，表示文字在单选按钮的右边；选择 left 选项，表示文字在单选按钮的左边；选择 top 选项，表示文字在单选按钮的上边；选择 bottom 选项，表示文字在单选按钮的下边。

（5）selected 参数：用来确定单选按钮的初始状态。选择 false 选项，表示单选按钮的初始状态为没有选中；选择 true 选项，表示单选按钮的初始状态为选中。

（6）visible 参数：设置组件对象是 (true) 否 (false) 可见。默认值为 true。

3. CheckBox 组件参数

CheckBox（复选框）组件包含一个可选标签和一个小方框，该方框内可以包含或不包含复选标记。可以将可选文本标签放在 CheckBo 的左侧、右侧、顶部或底部。当用户单击 CheckBox 组件或其相关文本时，CheckBox 控件的状态将从选中更改为未选中，或者从未选中更改为选中。CheckBox 控件包含一组非相互排斥的 true 或 false 值。CheckBox 组件"属性"面板"组件参数"栏如图 10-1-7 所示。组件参数的含义如下。

图 10-1-6 RadioButton 组件"组件参数"栏

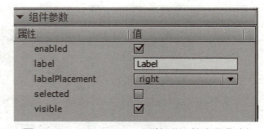

图 10-1-7 CheckBox 组件"组件参数"栏

（1）enable 参数：设置组件是否可以接受焦点和用户输入。默认值是 true。

（2）label 参数：用来修改 CheckBox 组件实例标签的名称，例如改为"复选框"。

（3）labelPlacement 参数：用来选择组件实例标签名称所处的位置。它有 right、left、top 和 bottom 四个选项，分别用来设置组件实例标签名称在复选框的左、右、上和下边。

（4）selected 参数：它有两个选项，用来设置复选框的初始状态。选择 true 选项，则初始状态为选中；选择 false 选项，则初始状态为没选中。

（5）visible 参数：设置组件对象是 (true) 否 (false) 可见。默认值为 true。

4. Button 组件参数

Button 组件是常用的矩形按钮。Button（按钮）组件实例的"属性"面板如图 10-1-8 所示。主要参数的含义如下：

（1）enable 参数：设置组件是否可以接受焦点和用户输入。默认值是 true。

（2）label 参数：用来修改按钮组件实例标签的名称，例如，改为"停止"。

（3）labelPlacement 参数：用来确定按钮标题文字在按钮图标的相对位置，它有 right、left、top 和 bottom 四个选项。

（4）selected 参数：用来确定按钮的默认状态。选择 false 选项时，表示按钮为按下状态；选择 true 选项时，表示按钮为释放状态。

（5）toggle 参数：用来确定按钮为普通按钮还是切换按钮。当该值选择 false 选项时，表示按钮为普通按钮；选择 true 选项时，表示按钮为切换按钮。对于切换按钮，单击按下按钮后，按钮就处于按下状态；再单击该按钮后，按钮才返回弹起状态。

（6）visible 参数：设置组件对象是 (true) 否 (false) 可见。默认值为 true。

5. Label 组件参数

Label 组件显示一行不可编辑的文本。Label（标签）组件的"属性"面板如图 10-1-9 所示。组件参数的含义如下：

（1）autoSize 参数：设置标签文字相对于 Label 组件实例外框（也称文本框）的位置。它有四个值：none（不调整标签文字的位置）、left（标签文字与文本框的左边和底边对齐）、center（标签文字在文本框内居中）和 right（标签文字与文本框的右边和底边对齐）。

（2）enable 参数：设置组件是否可以接受焦点和用户输入。默认值是 true。

（3）htmlText 参数：指定 Label 组件显示的文本，包括表示该文本样式的 HTML 标签。

（4）selected 参数：指定是否可以选择文本。

（5）text 参数：设置标签的文本内容。默认值是 Label。

（6）visible 参数：设置组件对象是 (true) 否 (false) 可见。默认值为 true。

图 10-1-8　Button 组件"组件参数"栏　　图 10-1-9　Label 组件"组件参数"栏

●●●● 思考与练习 10-1 ●●●●

1. 修改【案例 40】动画，使它可以进行三位数加减乘除运算。
2. 使用本节介绍的组件，制作一个爱好登记表。

10.2 【案例41】人工智能会议登记表

10.2.1 案例描述

"人工智能会议登记表"动画运行后的画面如图10-2-1(a)所示。这是一个网上调查表,供参加人工智能会议的人员填写个人信息。填写后的效果如图10-2-1(b)所示。

图10-2-1 "人工智能会议登记表"动画运行后的两幅画面

10.2.2 操作方法

(1)设置舞台工作区的宽和高均为360像素,背景颜色为黄色。以名称"人工智能会议登记表.fla"保存在"【案例41】人工智能会议登记表"文件夹中。选中"图层1"图层第1帧,绘制一幅红色、2磅粗的矩形框架图形。调整它的大小和位置,使矩形图形比舞台工作区稍微小一点,如图10-2-1所示。

(2)单击"窗口"→"组件"命令,打开"组件"面板,如图10-1-5所示。在舞台工作区内上边的中间处创建一个Label组件实例,设置该实例的名称为label1,它的"属性"面板设置如图10-2-2所示。

(3)创建九个静态文本框,输入九个提示文字。文字为蓝色、宋体、16点大小、加粗。

(4)在"姓名"、"年龄"、"家庭地址"和E_mail文字的右边分别创建一个TextInput(输入文本框)组件实例,这四个组件实例名称分别为input1、input2、input3和input4,input1组件的"属性"面板设置如图10-2-3所示。

(5)在"密码"文字右边创建一个TextInput组件实例,名称为input5,这个TextInput组件实例的"属性"面板设置与图10-2-3所示基本一样,只是选中displayAsPassword复选框,参数值为true,表示输入密码,文本框内用"*"替代输入的字符。

(6)在"性别"文字右边创建三个RadioButton(单选按钮)组件实例,它们的名称分别为nan、nv和bm,第一个组件实例的"属性"面板设置如图10-2-4所示。另外两个RadioButton组件实例的"属性"面板设置只是label参数值不同。

图 10-2-2　Label 实例"属性"面板　　图 10-2-3　TextInput 实例"属性"面板　　图 10-2-4　RadioButton 实例"属性"面板

（7）在"籍贯"文字的右边创建一个 ComboBox（组合框）组件实例，组件实例名称分别为 jg，它的"属性"面板设置如图 10-2-5 所示。单击该面板内 dataPrevider 参数栏内右边的 ![按钮]，弹出"值"对话框。单击第 0 行 label 栏文本框，输入"北京"文字，单击第 0 行 data 栏文本框，输入 0。再单击 ![按钮]，添加第一行，输入"天津"和 1。按照上述方法，输入其他行文字，如图 10-2-6 所示。

（8）在"体育爱好"文字的右边创建五个 CheckBox（复选框）组件实例，组件实例名称分别为 yy、hx、ds、qm 和 jj。第一个 CheckBox 组件实例的"属性"面板设置如图 10-2-7 所示。其他四个 CheckBox 组件实例的"属性"面板设置与图 10-2-7 所示基本一样，只是 label 参数值不同，依次是"围棋"、"乒乓球"、"历史"和"军事"。

图 10-2-5　ComboBox 实例"属性"面板　　图 10-2-6　RadioButton 实例"值"对话框　　图 10-2-7　CheckBox 实例"属性"面板

（9）在"简历"文字的右边创建一个 TextArea（多行文本框）组件实例，组件实例名称为 jl，它的"属性"面板设置如图 10-2-8 所示。

（10）在 TextArea 组件实例的下边，创建两个 Button 组件实例，组件实例名称分别为 tj 和 cz，第一个实例的"属性"面板设置如图 10-2-9 所示。另外一个实例的"属性"面板设置与图 10-2-9 所示基本一样，只是 label 参数值为"重置"。

图 10-2-8　TextArea 实例"属性"面板设置　　图 10-2-9　Button 实例"属性"面板设置

10.2.3　相关知识

1．TextInput 组件参数

TextInput 是一个文本输入组件，可利用它输入文字或密码类型字符。TextInput 组件"属性"面板如图 10-2-3 所示。组件参数的含义如下：

（1）displayAsPassword 参数：设置输入的字符是否为密码。其值为 true 时显示密码。

（2）editable 参数：设置下拉菜单中显示的内容是否为可编辑的状态。其值为 true 时可以编辑。

（3）enabled 参数：设置组件是否可以接受焦点和用户输入。默认值是 true。

（4）maxChars 参数：设置用户可以在文本字段中输入的最大字符。

（5）restrict 参数：设置用户可以在文本字段中输入的字符。

（6）text 参数：设置该组件中的文字内容。

（7）visible 参数：设置组件对象是 (true) 否 (false) 可见。默认值为 true。

2．TextArea 组件参数

TextArea 组件是一个多行文本框，它的"属性"面板如图 10-2-8 所示。组件参数的含义如下：

（1）condenseWhite 参数：设置该组件是否可以压缩空白。其值为 true（选中复选框）时可以。

（2）editable 参数：设置下拉菜单中显示的内容是否为可编辑的状态。其值为 true（选中复选框）时可以编辑，可以输入内容。

（3）enabled 参数：设置组件是否可以接受焦点和显示内容。其值为 true（选中复选框）时可以显示内容。默认值是 true。

（4）horizontalScrollPolicy 参数：设置水平滚动条是否始终打开。

（5）htmlText 参数：指定 Label 组件显示的文本，包括表示该文本样式的 HTML 标签。

（6）maxChars 参数：设置用户可以在文本字段中输入的最大字符。

（7）restrict 参数：设置用户可以在文本字段中输入的字符。

（8）text 参数：设置该组件中的文字内容。

（9）verticalScrollPolicy 参数：设置垂直滚动条是否始终打开。

（10）visible 参数：设置组件对象是 (true) 否 (false) 可见。默认值为 true。

（11）wordWrap 参数：设置是否可以自动换行。其值为 true 时，可以换行。

3. FLVPlayback 组件

FLVPlayback 组件实例的"属性"面板"组件参数"栏如图 10-2-10 所示。部分参数的含义如下：

（1）skin 参数：设置 FLVPlayback 组件实例的外观，双击该参数，可以弹出"选择外观"对话框，如图 10-2-11 所示。利用该对话框可以选择组件的外观（包括颜色）。

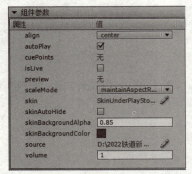 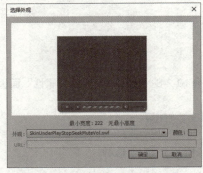

图 10-2-10　FLVPlayback 组件实例"属性"面板　　图 10-2-11　"选择外观"对话框

（2）autoPlay 参数：当载入外部 FLV 流媒体视频文件后才有此参数。该参数用来设置载入外部 FLV 流媒体视频文件后一开始是否进行播放。其值为 true 时，一开始就播放；其值为 false 时，一开始暂停。

（3）skinAutoHide 参数：设置视频下方的控制器是否隐藏外观。其值为 true 时（选中该复选框），当鼠标指针不在视频下方时隐藏控制器；其值为 false 时，不隐藏控制器。

（4）source 参数：指定 FLV 流媒体视频文件的 URL。双击该参数，可弹出"内容路径"对话框，如图 10-2-12 所示。利用它可以加载 FLV 视频文件。FLV 视频文件的 URL 地址可以是本地计算机上的路径、HTTP 路径或实时消息传输协议（RTMP）路径。

（5）volume 参数：设置 FLV 视频播放音量相对于最大音量的百分比，取值为 0～100。

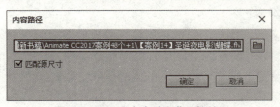

图 10-2-12　"内容路径"对话框

●●●● 思考与练习 10-2 ●●●●

1. 制作一个"商品出入库登记表"动画，该动画运行后的画面如图 10-2-13（a）所示。这是一个网上商品出入库的登记表，填写信息后的效果如图 10-2-13（b）所示。

2. 制作一个"学生档案表"动画，这是一个供学生填写档案的表格。

(a)　　　　　　　　　　　　(b)

图 10-2-13 "商品出入库登记表"动画运行后的两幅画面

3．利用 FLVPlayback 组件，制作一个"视频播放器"动画，该动画运行后的两幅画面如图 10-2-14 所示。单击 ▶ 按钮，播放视频；单击 ▌▌ 按钮，暂停播放；单击 🔊 按钮，在播音和静音之间切换；拖动左边滑块，可调整视频进度；拖动右边滑块，可调整音量大小；单击按钮 ◀◀，可以回到第 1 帧画面。

图 10-2-14 "视频播放器"动画播放和暂停画面

提示：（1）选中"图层 1"图层第 1 帧，导入外部一幅框架图像到舞台工作区内，刚好将整个舞台工作区完全覆盖。

（2）在"图层 1"图层之上创建"图层 2"图层，选中"图层 2"图层第 1 帧，将"组件"面板内的 FLVPlayback 组件拖动到舞台工作区内，调整组件实例的大小和位置，调出该组件实例的"属性"面板，在"组件参数"栏内进行组件属性的设置。

4．修改"视频播放器"动画，利用 FLVPlayback 组件实例的"属性"面板更换一个视频，播放器更换为另一种，同时给视频播放配备一个背景音乐。

10.3　【案例 42】列表浏览金陵十二钗

10.3.1　案例描述

"列表浏览金陵十二钗"动画运行后的两幅画面如图 10-3-1 所示。刚运行后，图像框内显示的是一幅 12 金钗图像，左下边文本框内显示"这是金陵十二钗"文字。单击下拉列表框中的一个选项或单击列表框中的选项，则会在右边的图像框中显示对应的图像，同时相应的文字会显示在文本框中，拖动滚动条的滑块、拖动图像或单击滑槽内的按钮，可以调整图像的显示部位。

10.3.2 操作方法

1. 建立影片剪辑元件与 ScrollPane 组件的链接

（1）在"金陵12钗"文件夹内保存"宝钗.jpg"……"迎春.jpg"12个图像文件。设置舞台大小的宽为500像素、高为400像素，以名称"列表浏览金陵十二钗.fla"保存在"【案例42】列表浏览金陵十二钗"文件夹中。

图 10-3-1 "列表浏览金陵十二钗"动画运行后的两幅画面

（2）将"图层1"图层名称改为"框架标题"，单击选中该图层的第1帧，导入外部一幅框架图像，将该图像调整的刚好将舞台工作区完全覆盖。在框架图像内上边创建一个红色立体文字"列表浏览金陵十二钗"，如图10-3-1所示。在"框架标题"图层之上创建"组件"图层，将"框架标题"图层锁定。

（3）单击"插入"→"新建元件"命令，弹出"创建新元件"对话框。单击"高级"按钮，展开"创建新元件"对话框。在"名称"文本框内输入"图像"，在"类"文本框中输入PIC1，选中"ActionScript链接"栏内的两个复选框，如图10-3-2所示。单击"确定"按钮，进入"图像"影片剪辑元件的编辑窗口。导入"金陵12钗"文件夹内的"金陵12钗.jpg"图像到舞台工作区中，将该图像左上角与舞台工作区的中心点对齐。然后，回到主场景。

图 10-3-2 "创建新元件"对话框

（4）选中"组件"图层第1帧，将"组件"面板中的 ScrollPane（滚动窗格）组件拖动到舞台工作区中。选中 ScrollPane 组件实例，在其"属性"面板的"实例名称"文本框中输入该实例的名称 INPIC。在"组件参数"栏内，设置 scource 值为"库"面板中"图像"影片剪辑元件的类名称 PIC1，建立该组件与该影片剪辑元件的链接，如图10-3-3所示。

2. ComboBox（组合框）组件设置

（1）选中"组件"图层第1帧，将 ComboBox（组合框）组件拖动到舞台工作区中，形成组件实例，给该实例命名为 comboBox1。选中 comboBox1 组件实例，打开"属性"面板，展开"组件参数"栏，如图10-3-4所示（还没有设置）。

第 10 章　组件动画

 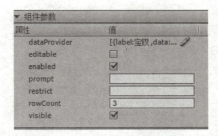

图 10-3-3　ScrollPane"组件参数"栏设置　　图 10-3-4　ComboBox"组件参数"栏设置

（2）在 ComboBox（组合框）组件"属性"面板的"组件参数"栏内，单击 dataProvider 参数右边的值，弹出"值"对话框，单击第 0 行 label 栏文本框，输入"宝钗"文字，单击第 0 行 data 栏文本框，输入 0，如图 10-3-5 所示。

（3）单击"值"对话框内的 ■ 按钮，添加第 1 行。按照上述方法，输入其他行的文字，如图 10-3-5 所示。在上述"值"对话框中，单击 ■ 按钮可以删除选中的选项，单击 ■ 按钮可以将选中的选项向下移动一行，单击 ■ 按钮可以将选中的选项向上移动一行。

3．List（列表框）组件和文本框设置

（1）将 List（列表框）组件拖动到舞台工作区中，给该实例命名为 list1。"属性"面板设置如图 10-3-6 所示。设置方法与 ComboBox 组件的设置方法基本一样。

图 10-3-5　"值"对话框　　图 10-3-6　List 组件"属性"面板"组件参数"栏

（2）在 List（列表框）组件实例的下边创建一个动态文本框，设置它的大小为 26 点，颜色为红色，实例名称为 text。单击它的"属性"面板内的"嵌入"按钮，弹出"字体嵌入"对话框，在该对话框"字符范围"栏中选中"数字"和"简体中文 1 级"复选框，在"名称"文本框中输入"字体 1"，单击"确定"按钮完成嵌入字体设置。

（3）调整各组件实例和文本框的大小和位置，选中动态文本框，利用"字体嵌入"对话框进行嵌入"字体 1"字体设置。最后舞台工作区界面如图 10-3-1 所示。

4．程序设计

选中"组件"图层第 1 帧，在它的"动作"面板内输入如下程序：

```
list1.addEventListener(Event.CHANGE, changeHandler1);
function changeHandler1(e: Event): void {
 var sti = String(e.target.selectedItem.label);
 var url = "金陵12钗/" + sti + ".jpg";
 var req1: URLRequest = new URLRequest(url);
```

```
    INPIC.load(req1);
    text.text = "这是" + sti;
}
comboBox1.addEventListener(Event.CHANGE, changeHandler2);
function changeHandler2(e: Event): void {
    var sti = String(e.target.selectedItem.label);
    var url = "金陵12钗/" + sti + ".jpg";
    var req1: URLRequest = new URLRequest(url);
    INPIC.load(req1);
    text.text = "这是" + sti;
}
```

程序中，selectedItem 是 comboBox 和 list1 组件实例的属性，可获取这两个组件实例的参数值。例如，selectedItem.label 可以获取 label 参数值，selectedItem.data 可以获取 data 参数值。

10.3.3 相关知识

1. ComboBox 组件参数

ComboBox 组件包含一个下拉列表，用户可以从该列表中选择单个值。ComboBox 组件"属性"面板如图 10-3-4 所示。组件参数的含义如下：

（1）dataProvider 参数：用于设置下拉列表中显示的内容，以及传送的数据。

（2）editable 参数：设置下拉列表中显示的内容是否为可编辑的状态。

（3）enabled 参数：设置组件是否可以接受焦点和用户输入。默认值是 true。

（4）prompt 参数：设置对 ComboBox 组件开始显示时的初始内容。

（5）restrict 参数：设置用户可以在文本字段中输入的字符。

（6）rowCount 参数：用于设置下拉列表中可以显示的最大行数。

（7）visible 参数：设置组件对象是 (true) 否 (false) 可见。默认值为 true。

2. List 组件参数

List 组件是一个单选或多选列表框，可以显示文本、图形及其他组件。用户可以在列表中选择需要的选项。List 组件"属性"面板如图 10-3-6 所示。组件参数的含义如下：

（1）allowMultipleSelection 参数：指示是（true）否（false）可以选择多个值。

（2）dataProvider 参数：用于设置下拉列表当中显示的内容，以及传送的数据。

（3）enabled 参数：设置组件是否可以接受焦点和用户输入。默认值是 true。

（4）horizontalLineScrollSize 参数：设置当单击水平方向上的滚动箭头时，水平移动的数量。其单位为像素，默认值为 4。

（5）horizontalPageScrollSize 参数：设置当单击滚动条轨道时，水平滚动条上滚动滑块要移动的数量。其单位为像素，默认值为 4。当该值为 0 时，该属性检索组件的可用宽度。

（6）horizontalScrollPolicy 参数：设置水平滚动条是否始终打开。有 auto、on 和 off 三个选项。

（7）verticalLineScrollSize 参数：设置当单击垂直方向上的滚动箭头时，垂直移动的数量。其单位为像素，默认值为 4。

（8）verticalPageScrollSize 参数：设置当单击垂直方向上的滚动条轨道时，垂直滚动条上滚动滑块要移动的数量。其单位为像素,默认值为 4。

(9) verticalScrollPolicy 参数:设置垂直滚动条是否始终打开。有 auto、on 和 off 三个选项。

(10) visible 参数:设置组件对象是 (true) 否 (false) 可见。默认值为 true。

思考与练习 10-3

1. 参考【案例 42】介绍的制作动画的方法,制作一个"列表浏览文本"动画,通过它可以浏览 10 个文本文件。

2. 参考【案例 42】动画的制作方法,制作一个"列表浏览世界名胜"动画,通过它可以列表浏览 10 幅外部世界名胜图像,同时给出相应的世界名胜名称文字。

3. 参考【案例 42】动画的制作方法,制作一个"列表浏览中国名花"动画,通过它可以列表浏览 10 幅外部中国名花图像和相应的文字介绍,同时给出相应的说明文字。

10.4 【案例 43】中国名花浏览 2

10.4.1 案例描述

"中国名花浏览 2"动画播放后的一幅画面如图 10-4-1 所示。它在【案例 34】"中国名花浏览 1"动画功能基础之上增加了一些功能。可以拖动图像右边和下边的滚动条或图像来调整图像位置,可以拖动文本框滚动条内的滑块、单击滚动条内的按钮或者拖动文字,来浏览文本框中的文本,还可以在文本框中复制、粘贴文本。

图 10-4-1 "中国名花浏览 2"动画播放后的一幅画面

10.4.2 操作方法

1. 使用 UIScrollBar 组件制作可滚动文本

使用 UIScrollBar(滚动条)组件可以制作有滚动条滚动显示文本的文本框。

(1)打开【案例 34】的"中国名花浏览 1.fla"文档,删除"按钮文本"图层第 1 帧内的"图像"影片剪辑元件的实例(一个很小的圆),在"按钮文本"图层之上新增"图像组件"和"文本组件"图层。然后,以名称"中国名花浏览 2.fla"保存在"【案例 43】中国名花浏览 2"文件夹内。

(2)单击"窗口"→"组件"命令,打开"组件"面板,如图 10-4-2 所示。选中"文本组件"

图层第1帧，将"组件"面板中的UIScrollBar组件拖动到右边动态文本框的右边，调整其大小和位置，使它的高度与动态文本框一样，如图10-4-3所示。

（3）选中UIScrollBar（滚动条）组件实例，在"属性"面板的"实例名称"文本框中输入gdt，在"组件参数"栏中设置scrollTargetName值为TEXT1，确定UIScrollBar组件实例与要控制的动态文本框TEXT1的连接；设置direction值为vertical，表示滚动条垂直摆放。"属性"面板的"组件参数"栏设置如图10-4-4所示。

图10-4-2　"组件"面板　　图10-4-3　UIScrollBar组件实例　　图10-4-4　组件"属性"面板设置

（4）选中"图像组件"图层第1帧，单击选中右边的动态文本框，其"属性"面板内的文本名称为TEXT1。单击"属性"面板中的"嵌入"按钮，弹出"字体嵌入"对话框，确保选中"字符范围"栏内的"数字"和"简体中文-1级"复选框，在"系列"下拉列表框内选择Arial，在"名称"文本框内输入"字体1"，添加字体后单击"确定"按钮。

2．使用ScrollPane组件制作可滚动图像

使用ScrollPane（滚动窗格）组件可以制作右边和下边有滚动条的图像框，可以滚动和拖动显示图像框内的图像。

（1）选中"图像组件"图层第1帧，将"组件"面板中的ScrollPane组件拖动到舞台工作区内左边，调整它的大小和位置，如图10-4-5所示。

（2）右击"库"面板内"图像"影片剪辑元件，弹出它的快捷菜单，单击该菜单内的"属性"命令，弹出"元件属性"对话框，单击"高级"按钮，展开"元件属性"对话框，在"链接"栏内选中"为ActionScript导出"复选框，同时"在第1帧导出"复选框也被选中。在"类"文本框中输入PHOTO1，如图10-4-6所示。然后，单击"确定"按钮。

图10-4-5　UIScrollBar组件实例　　　　图10-4-6　"元件属性"对话框

（3）将"鲜花.jpg"图像导入到"库"面板内，双击"图像"影片剪辑元件，进入它的编辑状态，将"库"面板内的"鲜花.jpg"拖动到舞台工作区内，使图像左上角与舞台工作区中心（十字线注册点）对齐。然后，回到主场景。

（4）单击选 ScrollPane（滚动窗格）组件实例，在"属性"面板内设置在"实例名称"文本框内输入 INPIC，在"组件参数"栏内设置 source 参数值为 PHOTO1，建立该组件与"图像"剪辑元件的链接。

（5）选中 ScrollDrag 复选框，设置 ScrollDrag 参数值为 true，表示框架中的图像可以被拖动，如图 10-4-7 所示。

（6）选中"程序"图层第 1 帧，在"动作"面板的脚本窗口内进行程序修改。在"动作"面板的脚本窗口内将程序中调外部图像加载到 TU1 影片剪辑实例中的语句改为调外部图像加载到 INPICScrollPane（滚动窗格）组件实例中。

图 10-4-7 ScrollPane 组件的"属性"面板

例如，将原程序中下面的两条语句改为一条语句"INPIC.load(req1);"。

```
ldr.load (req1); // 利用 load() 方法进行加载
TU1.addChild(ldr); // 利用 addChild() 方法将加载的内容显示出来
```

原程序的前 27 条语句修改如下。其他语句由读者自行修改。

```
stop();
var n1; // 定义变量 n1, 变量 n1 用来显示图像的序号
var ldr: Loader = new Loader(); // 实例化一个 Loader 对象:ldr
var urlldr: URLLoader = new URLLoader(); // 实例化一个 URLLoader 对象:urlldr
var req1: URLRequest = new URLRequest("PIC/ 鲜花 .jpg"); // 定义外部文档位置
ldr.load(req1); // 利用 load() 方法进行加载
n1.text = "" + 0; // 图像的序号
var req2: URLRequest = new URLRequest("TEXT/ 名花介绍 .TXT"); // 定义外部文档位置
urlldr.load(req2); // 利用 load() 方法进行加载
urlldr.addEventListener(Event.COMPLETE, loadover1);
// 注册 URLLoader 加载完毕事件监听器
function loadover1(e: Event) {
    TEXT1.text = urlldr.data;
}
AN11.addEventListener(MouseEvent.CLICK, load1);
function load1(event: MouseEvent): void {
    var req1: URLRequest = new URLRequest("PIC/ 图像 1.jpg"); // 定义外部文档位置
    INPIC.load(req1);
    n1.text = "" + 1; // 图像的序号
    var req2: URLRequest = new URLRequest("TEXT/MH1.TXT"); // 定义外部文档位置
    urlldr.load(req2); // 利用 load() 方法进行加载
    urlldr.addEventListener(Event.COMPLETE, loadover1);
    // 注册 URLLoader 加载完毕事件监听器
    function loadover1(e: Event) {
```

```
            TEXT1.text = urlldr.data;
    }
}
```

10.4.3 相关知识

1. UIScrollBar 组件参数

UIScrollPane（滚动条）组件的"属性"面板如图 10-4-4 所示。组件参数的含义如下：

（1）direction 参数：设置 UIScrollBar 组件实例是垂直方向滚动还是水平方向滚动。有 vertical 和 horizontal 可选。默认值为 vertical。

（2）scrollTargetName 参数：设置组件实例要控制的文本框的实例名称。

（3）visible 参数：用来设置组件对象是否可见，选中该复选框，即参数值为 true（是），则组件对象是可见的；不选中该复选框，即参数值为 false（否），则组件对象是不可见的。visible 参数默认值为 true，即该复选框选中。

2. ScrollPane 组件参数

ScrollPane（滚动窗格）组件的"属性"面板如图 10-4-7 所示。组件参数的含义如下：

（1）enabled 参数：设置组件是否可以接受焦点和用户输入。默认值是 true。

（2）horizontalLineScrollSize 参数：设置当单击水平方向上滚动箭头时，水平移动的数量。其单位为像素，默认值为 4。

（3）horizontalPageScrollSize 参数：设置按滚动条轨道时，水平滚动条上滚动滑块要移动的像素。当该值为 0 时，该属性检索组件的可用宽度。

（4）horizontalScrollPolicy 参数：设置水平滚动条是否始终打开。有 auto、on 和 off 三个选项。

（5）horizontalPageScrollSize 参数：设置按滚动条轨道时水平滚动条上滚动滑块要移动的像素。当该值为 0 时，该属性检索组件的可用宽度。

（6）source 参数：要加载到滚动窗格中的内容。该值可以是本地 SWF 或 JPEG 文件的相对路径，或 Internet 上文件的相对或绝对路径。

（7）verticalLineScrollSize 参数：设置当单击垂直方向上滚动箭头时垂直移动的数量。其单位为像素，默认值为 4。

（8）verticalLineScrollSize 参数：设置当单击垂直方向上滚动箭头时垂直移动的数量。其单位为像素，默认值为 4。

（9）verticalScrollPolicy 参数：设置垂直滚动条是否始终打开。

（10）visible 参数：设置组件对象是 (true) 否 (false) 可见。默认值为 true。

●●●● **思考与练习 10-4** ●●●●

1. 制作一个"滚动文本"动画，该动画运行后，可以拖动滚动条内的滑块、单击滚动条内的按钮或者拖动文字来浏览文本框中的文本，还可以在文本框中复制和粘贴文本。

2. 参考【案例 43】动画的制作方法，制作一个"中国名胜"动画，该动画是在思考与练习 9-1

第 3 题制作的"中国名胜"动画基础之上改进的。该动画运行后，可以拖动滚动条内的滑块、单击滚动条内的按钮或者拖动文字来浏览文本框中的文本。

10.5 【综合实训 10】指针表

10.5.1 实训效果

"指针表"动画播放后的两幅画面如图 10-5-1 所示。动画运行后，显示一幅指针表，这个指针表除了有时针、分针和秒针外，还显示当前的年、月、日和星期，以及"上午"或"下午"。指针表有秒针、分针和时针，不停地随时间的变化而改变。

图 10-5-1 "指针表"动画播放后的两幅画面

10.5.2 实训提示

1. 制作影片剪辑元件

（1）新建一个 Animate 文档，设置舞台大小的宽为 460 像素，高为 620 像素，背景为白色。以名称"指针表 .fla"保存在"【综合实训 10】指针表"文件夹中。

（2）创建并进入 second 影片剪辑元件编辑状态，绘制一条红色的细线、蓝色的坠和一个立体小圆，并将它们组合，作为秒针，如图 10-5-2（a）所示。然后，回到主场景。

（3）创建一个 minute 影片剪辑元件，其中绘制一个图 10-5-2（b）所示的分针。创建一个 hour 影片剪辑元件，其中绘制一个图 10-5-2（c）所示的时针。

注意：应将秒针、分针和时针的中心点调到线的底部，而且与舞台的中心十字重合。

（4）创建并进入"指针表"影片剪辑元件的编辑状态。将"图层 1"图层的名称改为"表盘"。单击"表盘"图层中的第 1 帧，导入一幅表盘图像，如图 10-5-3 所示。

（5）在"表盘"图层的上边创建一个"日期时间"图层。选中该图层第 1 帧，创建四个动态文本框，字体都为黑体，颜色为蓝色，大小为 26 磅。上边的动态文本框变量名称为 RQ，第二行动态文本框变量名称为"SW"，第三行动态文本框变量名称为 TIME，下边动态文本框的变量名称为 WK。

（6）在"日期时间"图层的上边创建一个"时针"图层，单击选中该图层第 1 帧，将"库"面板中的 hour 影片剪辑元件拖动到舞台工作区中。在"时针"图层的上边创建一个"分针"图层，单击该图层第 1 帧，将"库"面板中的 minute 影片剪辑元件拖到舞台工作区中。在"分针"图层的上边创建一个"秒针"图层,选中该图层第 1 帧,将"库"面板中的 second 影片剪辑元件拖到舞台工作区中。将时针、分针和秒针底部移到钟表盘中心处,如图 10-5-4 所示。注意,钟表盘的中心应与舞台工作区的中心十字重合。

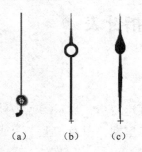  

图 10-5-2　秒针、分针和时针　　　　图 10-5-3　表盘　　图 10-5-4　指针与表盘中心重合

2．设计程序

（1）利用"属性"面板,将 hour 影片剪辑实例命名为 hourhand,将 minute 影片剪辑实例命名为 minutehand,second 影片剪辑实例命名为 secondhand。

（2）在"秒针"图层上边创建一个"程序"图层,单击选中该图层第 1 帧。在"动作"面板内输入如下脚本程序:

```
var mydate=new Date();              // 将日期（Date）类实例化一个名称为 mydate 的实例
var mysec=mydate.getSeconds();      // 获取当前秒数,赋给变量 mysec
var myminute=mydate.getMinutes();   // 获取当前分钟数,赋给变量 myminute
var myhour=mydate.getHours();       // 获取当前小时数,赋给变量 myhour
// 按照当前时间旋转秒针、分针和时针
secondhand.rotation=mysec*6;        // 按照当前时间旋转秒针
minutehand.rotation=myminute*6;     // 按照当前时间旋转分针
hourhand.rotation=myhour*30         // 按照当前时间旋转时针
// 根据 myhour 的值是否大于 12,确定是上午还是下午,并显示上午或下午
SW.text=" 上午 ";
if (myhour>12) {
  myhour=myhour-12;
  SW.text=" 下午 ";
}else{
  SW.text=" 上午 ";
}
// 显示日期
var myyear=mydate.getFullYear();    // 获取年份,存储在变量 myyear 中
var mymonth=mydate.getMonth()+1;    // 获取月份,存储在变量 mymonth 中
var myday=mydate.getDate();         // 获取日子,存储在变量 myday 中
// 调整日期,使它们在 1 位数时前面补 0
if (mymonth<10) {
    mymonth="0"+mymonth;
}
```

```
if (myday<10) {
    myday="0"+myday;
}
RQ.text=myyear+" 年 "+mymonth+" 月 "+myday+" 日 ";// 获取日期存储文本框变量 RQ 中，显示日期
// 显示时间
TIME.text = myhour + ":" + myminute + ":" + mysec; // 获取时间存储文本框变量 TIME 中，
// 显示星期
var myarray=new Array(" 日 "," 一 "," 二 "," 三 "," 四 "," 五 ", " 六 ");    // 定义数组
var myweek=myarray[mydate.getDay()];        // 获取星期数，存储变量 myweek 中
WK.text=myweek;                             // 将星期数在文本框 WK 中显示
```

（3）按住【Ctrl】键，单击各图层中的第 2 帧，按【F5】键。然后，回到主场景。

（4）将"库"面板中的"指针表"影片剪辑元件拖动到舞台工作区中，形成一个实例。

3．程序解释

（1）"secondhand.rotation = mysec*6;"语句：因为秒针旋转一周是 360°，而时钟指针转一周是 60 个基本单位，一个基本单位是 6°（360 除以 60，等于 6）。所以必须进行换算，将时钟指针基本单位乘以 6。

（2）"minutehand.rotation = minute*6;"语句：分针转一周是 60 个基本单位，一个基本单位是 6°（360 除以 60，等于 6）。所以必须进行换算，将分针的分基本单位乘以 6。

（3）"hourhand.rotation = myhour*30;"语句：由于时针的一周是 12 小时，即 12 个基本单位，一个基本单位为 30°（360 除以 12 等于 30），还要进行转换，将 myhour 乘以 30。

（4）第 9 ~ 16 行的 if…else 语句：因为"getHours()"的值范围是 0 ~ 23，而钟表的时针一周是 12 小时，所以必须使用"if (mymonth<10){mymonth="0"+mymonth;}"语句，当超过 12 小时减去 12，得到当前十二进制时间。例如，15 点即下午 3 点（15-12=3）。

10.5.3 实训评测

能力分类	评价项目	评价等级
职业能力	对于影片剪辑实例进行旋转的方法，即使用影片剪辑实例旋转属性 rotation 的方法	
	Date（日期）对象的常用方法	
	Array（数组）的创建方法，数组的复制方法，以及数组属性的使用方法	
	分支语句 if 的使用方法	
通用能力	自学能力、总结能力、合作能力、创造能力等	
能力综合评价		